职业教育食品类专业教材系列

食品生物机械设备

主　编　刘延岭
副主编　袁代聪
主　审　余奇飞

科学出版社

北京

内 容 简 介

本书共分 12 章，内容包括分级分选及输送、清洗、空气净化、发酵、离心分离、均质、蒸发与结晶、蒸馏、过滤与膜分离、干燥、吸附与萃取、包装等单元操作的机械与设备的结构、原理、性能特点和操作要点等。每章均有实践操作和思考题。

本书可作为职业教育食品类相关专业教材，也可作为相关企业人员的参考用书。

图书在版编目（CIP）数据

食品生物机械设备/刘延岭主编. —北京：科学出版社，2022.9
（职业教育食品类专业教材系列）

ISBN 978-7-03-066136-4

Ⅰ．①食… Ⅱ．①刘… Ⅲ．①食品加工设备-职业教育-教材
Ⅳ．①TS203

中国版本图书馆 CIP 数据核字（2020）第 174967 号

责任编辑：沈力匀 / 责任校对：王万红
责任印制：吕春珉 / 封面设计：耕者设计工作室

科学出版社 出版
北京东黄城根北街 16 号
邮政编码：100717
http://www.sciencep.com

北京九州迅驰传媒文化有限公司 印刷
科学出版社发行　　各地新华书店经销

*

2022 年 9 月第 一 版　　开本：787×1092　1/16
2022 年 9 月第一次印刷　　印张：16 1/4
字数：400 000
定价：56.00 元
（如有印装质量问题，我社负责调换〈九州迅驰〉）

销售部电话 010-62136230　编辑部电话 010-62135235（VP04）

前　　言

　　食品生物机械设备是食品生物技术专业的专业必修课，具有很强的职业性和实践性。本书充分体现职业教育的特色，突出实用性，重点介绍食品生物机械与设备的工作原理、构造、分类及特点等方面的知识。通过课程的学习，培养学生的动手能力及科学地分析和解释一些生产中所遇到的问题和现象的能力，为学习后续程，从事食品生物生产和科学研究工作打下一定的基础。

　　本书内容按加工过程从原料到成品工艺流程方向的单元操作编排，循序渐进，详细介绍了分级分选及输送、清洗、空气净化、发酵、离心分离、均质、蒸发与结晶、蒸馏、过滤与膜分离、干燥、吸附与萃取、包装等单元操作的机械与设备。全书各章节之间相对独立，各职业院校可根据专业方向及教学安排调整组合教学内容。每章末附有实践操作和思考题，以帮助学生理解并掌握相关理论知识，培养学生综合运用所学知识的能力。

　　本书由四川工商职业技术学院刘延岭担任主编，编写第一章至第四章，并对全书进行了统稿。漳州职业技术学院余奇飞担任主审。参加编写的人员还有：河北省廊坊市高级技工学校孙秀菊（第五章、第七章、第八章），河北省廊坊市百冠包装设备有限公司袁代聪（第十章至第十二章），四川工商职业技术学院的周文（第六章）、唐贤华（第九章）。

　　在本书的编写过程中，编者引用了大量相关教材和参考书的内容，并得到了四川工商职业技术学院朱克永教授的大力支持，在此一并表示感谢。

　　由于编者水平有限，加之编写时间仓促，书中难免有误，望读者提出宝贵意见，以便进一步修订。

目　　录

绪论……………………………………………………………………………………… 1

　一、食品生物机械与设备的性质和作用 ……………………………………………… 1

　二、食品工业机械与设备的发展趋势 ………………………………………………… 1

　三、食品生物机械设备课程的学习意义 ……………………………………………… 2

第一章　分级分选及输送设备 ……………………………………………………… 4

　一、分级分选设备 ……………………………………………………………………… 4

　二、输送设备 …………………………………………………………………………… 10

　实践操作 ………………………………………………………………………………… 23

　思考题 …………………………………………………………………………………… 23

第二章　清洗设备 …………………………………………………………………… 24

　一、原料清洗设备 ……………………………………………………………………… 24

　二、包装容器清洗设备 ………………………………………………………………… 26

　三、在线清洗系统 ……………………………………………………………………… 33

　实践操作 ………………………………………………………………………………… 39

　思考题 …………………………………………………………………………………… 41

第三章　空气净化设备 ……………………………………………………………… 42

　一、概述 ………………………………………………………………………………… 42

　二、空气预处理设备 …………………………………………………………………… 48

　三、空气过滤器 ………………………………………………………………………… 51

　四、净化空调系统 ……………………………………………………………………… 53

　实践操作 ………………………………………………………………………………… 58

　思考题 …………………………………………………………………………………… 58

第四章　发酵设备 …………………………………………………………………… 59

　一、概述 ………………………………………………………………………………… 59

　二、好氧（通风）发酵设备 …………………………………………………………… 60

　三、厌氧发酵设备 ……………………………………………………………………… 67

　四、固态发酵设备 ……………………………………………………………………… 80

　实践操作 ………………………………………………………………………………… 88

　思考题 …………………………………………………………………………………… 90

第五章 离心分离设备 …………………………………………………………… 91

一、概述 ………………………………………………………………………… 91

二、过滤式离心机 …………………………………………………………… 92

三、沉降式离心机 …………………………………………………………… 97

四、分离式离心机 …………………………………………………………… 99

实践操作 …………………………………………………………………………… 101

思考题 ……………………………………………………………………………… 102

第六章 均质设备 ……………………………………………………………… 103

一、概述 ………………………………………………………………………… 103

二、高压均质机 …………………………………………………………………… 103

三、胶体磨 ………………………………………………………………………… 105

四、高剪切乳化均质机 …………………………………………………………… 107

实践操作 …………………………………………………………………………… 110

思考题 ……………………………………………………………………………… 110

第七章 蒸发与结晶设备 …………………………………………………… 111

一、蒸发设备 …………………………………………………………………… 111

二、结晶设备 …………………………………………………………………… 125

实践操作 …………………………………………………………………………… 132

思考题 ……………………………………………………………………………… 133

第八章 蒸馏设备 ……………………………………………………………… 134

一、概述 ………………………………………………………………………… 134

二、粗馏塔 ………………………………………………………………………… 137

三、精馏塔 ………………………………………………………………………… 140

实践操作 …………………………………………………………………………… 147

思考题 ……………………………………………………………………………… 149

第九章 过滤与膜分离设备 ………………………………………………… 150

一、过滤设备 …………………………………………………………………… 150

二、典型的过滤设备 …………………………………………………………… 152

三、膜分离设备 ………………………………………………………………… 157

实践操作 …………………………………………………………………………… 169

思考题 ……………………………………………………………………………… 171

第十章 干燥设备 ……………………………………………………………… 172

一、概述 ………………………………………………………………………… 172

二、对流型干燥设备 ……………………………………………………… 173

三、传导型干燥设备 ……………………………………………………… 189

四、冷冻干燥设备 ………………………………………………………… 192

实践操作 …………………………………………………………………… 195

思考题 ……………………………………………………………………… 196

第十一章　吸附与萃取设备 …………………………………………………… 197

一、吸附设备 ……………………………………………………………… 197

二、萃取设备 ……………………………………………………………… 201

实践操作 …………………………………………………………………… 209

思考题 ……………………………………………………………………… 211

第十二章　包装机械设备 ……………………………………………………… 212

一、概述 …………………………………………………………………… 212

二、灌装机 ………………………………………………………………… 218

三、封口机 ………………………………………………………………… 228

四、贴标机 ………………………………………………………………… 239

实践操作 …………………………………………………………………… 247

思考题 ……………………………………………………………………… 248

参考文献 ………………………………………………………………………… 249

绪　　论

一、食品生物机械与设备的性质和作用

食品工业是我国国民经济的重要支柱产业，也是关系国计民生及关联农业、工业、流通等领域的大产业。机械行业为食品工业提供了技术设备，对食品工业的发展起着举足轻重的作用。机械与设备的技术水平，是衡量食品工业技术装备能力的重要标志，机械与设备的现代化程度是一个国家食品工业发展水平的直接反映。没有现代化的机械与设备，就没有现代化的食品工业。机械工业的技术进步为食品制造业和食品加工业的快速发展提供了重要的技术基础保障；食品工业的快速发展又促进了机械工业的迅速发展，促进了机械与设备的不断创新、发展与完善。

生物技术是当今世界发展最快、潜力最大、影响最深远的一项高新技术，被视为是21世纪人类彻底解决人口、资源、环境三大危机，实现可持续发展的有效途径之一。食品工业是生物技术应用的重要领域之一，自20世纪70年代明确提出了食品生物技术的概念以来，生物工程下游技术、细胞工程、基因工程、发酵工程、酶工程、生物芯片等等众多技术的发展，对现代食品加工技术的快速发展起了极大的推动作用。

食品生物技术是生物技术在食品原料生产、加工和制造中应用的一个学科，已经渗透到食品工业的方方面面，21世纪的食品工业将是建立在现代食品生物技术和现代食品工程技术两大支柱上的一个全新的朝阳产业。食品生物技术产业化必须通过相关的机械与设备来实现。食品生物机械与设备的技术创新，将成为决定我国食品工业在世界食品工业领域内是否具有竞争力的决定性因素。

二、食品工业机械与设备的发展趋势

中国食品及包装机械工业协会和中国食品科学技术学会食品机械分会制定的中国食品和包装工业"十三五"发展规划中指出，按照行业"十三五"规划的发展战略和目标，坚持稳定规模、调整结构、提升水平、保障食品安全的发展思路，把技术创新、智能化、信息化、绿色安全、高效节能及重要成套装备作为"十三五"食品和包装机械行业的发展重点。"十三五"期间，我国的食品和包装机械行业将以"中国制造 2025"发展纲要为指导，全面推进智能制造、绿色制造和优质制造，努力实现"中国制造向中国创造转变、中国速度向中国质量转变、中国产品向中国品牌转变"。食品工业机械与设备主要有以下趋势。

1. 食品干燥技术与设备的研究

食品干燥技术与设备方面，以保证食品品质、提高效率、降低能耗为出发点，重点开展食品物性与干燥方法的优化及集成研究，优化食品干燥工艺，提高设备智能化水平。

重点开发节能高效的热风干燥技术与设备、负压红外热辐射干燥技术与设备、高效热泵干燥技术与设备、太阳能干燥技术与设备、真空微波干燥技术与设备、连续真空冷冻干燥及多热源组合节能干燥技术与设备，以实现产业化应用。

2. 高效食品分离技术与设备

高效食品分离技术与设备方面，重点开展离心分离、膜分离、萃取分离、物态转化分离等方法研究。开展高速离心机关键技术的研究和关键零部件的设计与制造，开发高速碟片离心机和卧式离心沉降分离机，实现国产化替代进口。开展膜分离技术的研究，开发新型的膜分离过滤材料，提高膜分离关键部件的技术水平，开发高效智能的膜分离设备。开展绿色萃取溶剂的研究，优化萃取工艺，提高萃取效率和质量，开发大生产能力的智能化超声与微波辅助提取等萃取生产设备。开展过滤工艺和可再生聚苯乙烯颗粒的无土过滤技术的研究，采用新型过滤工艺及过滤元件彻底取代以往的添加介质的过滤工艺，研发食品多功能智能化过滤系统技术及设备。

3. 食品冷冻冷藏技术与设备

食品冷冻冷藏技术与设备方面，重点开展高效节能制冷冰蓄冷技术、蒸发器换热技术、高效节能配风技术和除霜技术等研究，开展高效无轨螺旋输送装置、连续冻干装置等关键装置的研发，开发高效节能的流态化速冻机、双螺旋速冻机、液氮超低温速冻机、真空冻干机、流态化制冰机等，以提高设备的生产效率和自动化水平，以降低能耗。

4. 食品加工洁净技术与设备

食品加工洁净技术与设备方面，对有洁净、无菌要求的食品加工、食品包装环节，积极采用洁净技术，建立洁净的生产环境，确保食品洁净生产和食品安全。结合食品加工工艺，研发洁净技术与设备。

5. 食品智能包装关键技术与设备

食品智能包装关键技术与设备方面，重点开展粉体阀口防静电包装、超细粉体高精度计量包装、浓酱高效灌装封盖、抗氧化气调包装、异性物料混合包装、多轴伺服数控和机器人视觉识别系统等关键技术研究，研发高粉尘物料防尘包装、黏稠食品快速计量灌装与封盖、即食食品保质包装、多轴数控枕式包装和多种非规则物料连续混合包装、预制袋充填封口真空气调包装和制袋充填封口真空气调包装等大型智能包装装备、高速罐头智能包装生产线、900 罐/min 以上的高速全自动食品超薄罐制罐生产线等。

三、食品生物机械设备课程的学习意义

食品生物机械设备是一门专业性很强的专业核心课程。在食品生物产业化过程中，机械与设备是不可缺少的工具，无论是理论性研究还是实际生产，几乎离不开食品机械与设备。

通过本课程的理论学习，学生可以充分了解和掌握各类食品生物机械与设备的结构、

原理、性能特点和操作要点等；各章节对应的实践操作，可以培养学生良好的实践能力，使学生具有一定的食品生物类机械与设备的基础知识，以及相应食品生物生产线机械与设备的选配能力，并掌握一定相关机械与设备的安装、使用、维护能力，为学生以后从事实际工作奠定坚实的基础。

第一章 分级分选及输送设备

生产所用的原料在收集、运输和贮藏过程中难免会混入各种异杂物，在进行产品加工之前，必须对这些异杂物进行去除和分选，否则将会影响成品的质量，并且对后序加工设备造成不利的影响。同时，加工过程又涉及从原料到产品的各种物料的输送，为了提高生产率、减轻劳动强度、提高生产安全性，需要使用输送设备来完成物料的输送任务。

一、分级分选设备

（一）概述

食品生物生产中所用的原料多为农副产品，除带有各种异杂物外，还存在多方面的差异，如大小、形状、密度等。为了使加工的农副产品原料的规格和品质的指标达到标准，需要对物料进行分级和分选。

分级是指对清理后的物料按其尺寸、形状、密度、颜色或品质等特性分成等级，以有效地保证成品的品质。分选是指清除物料中的异物及杂质。

分级和分选作业的工作原理和方法有不少共同之处，分级分选往往是在同一个设备上完成的。常用的分级分选方法、分级分选原理、典型设备及分离对象如表 1-1 所示。

表 1-1 分级分选方法、分级分选原理、典型设备及分离对象

分级分选方法	分级分选原理	典型设备	分离对象
气流分选法	空气动力学性质	吸式、吹式、循环式	轻杂质、重杂质
筛选法	粒度差异	圆筒筛、振动筛、平面回转筛	大杂质、小杂质
精选法	长度差异	碟片精选机、滚筒精选机	长杂质、短杂质
重力分选法	密度差异	密度去石机、重力分级机	并肩杂质
磁选法	磁性	栏式、栅式、滚筒式磁选机	铁杂质
色选法	光学性质	光电分选机	有色杂质

分级分选的主要作用：保证产品的规格和质量指标；降低加工过程中原料的损耗率，提高原料的利用率，降低产品的成本；提高劳动生产率，改善工作环境；有利于生产的连续化和自动化。

（二）典型分级分选设备

在食品加工生产之前，原料往往需要经过筛分去杂、精选分级等处理过程。

筛分去杂是将粉粒状物料通过一层或数层带孔的筛面，使物料按宽度或长度分成若干个粒度级别的过程。典型的筛分去杂设备有振动筛和滚筒筛。精选分级是根据杂质与

原料长度不同的特点来进行分离。常用的精选分级机有碟片式和滚筒式两种，其利用带有袋孔（窝眼）的工作面来分离杂粒，袋孔中嵌入长度不同的颗粒被带升的高度不同而分离。精选分级一般是在筛分去杂之后进行。

1. 振动筛

振动筛是指筛框做小振幅、高频次振动的一类筛分机械，有效地消除了筛孔堵塞现象，大大提高了筛子的生产率和筛分效率（E 为 80%～90%）。常用来对粒度在 0.25～350mm 的碎散物料进行筛分。这类筛分机的规格用筛面的宽度 B 和长度 L（$B \times L$）表示，也可用于固体物料的脱水、脱泥、脱介等做业，因而在固体物料的分选过程中应用得最为广泛。

根据筛框的运动轨迹，振动筛可分为圆运动振动筛和直线运动振动筛两类。圆运动振动筛包括惯性振动筛、自定中心振动筛和重型振动筛。重型振动筛包括双轴直线振动筛和共振筛。目前生产中使用的圆运动振动筛主要有 YK 系列圆运动振动筛、YKR 系列圆运动振动筛、德国 KHD 公司的 USK 型振动筛、ZD 系列振动筛和 YA 系列振动筛等。ZD 系列和 YA 系列振动筛属于座式轴偏心自定中心振动筛。

1）惯性振动筛

惯性振动筛有时也称为单轴惯性振动筛，惯性振动筛有悬挂式和座式两种。

图 1-1 和图 1-2 分别是 SZ 型惯性振动筛的结构图和工作原理示意图。从图中可以看出，这种筛子有 8 个主要组成部分，其中筛网固定在筛箱上，筛箱安装在两个椭圆形板簧上，板簧底座固定在基础上，偏重轮和皮带轮安装在主轴上，重块安装在偏重轮上。改变重块在偏重轮上的位置，可以得到不同的离心惯性力，以此来调节筛子的振幅。主轴通过两个滚动轴承固定在筛箱上。筛箱一般呈 15°～25° 倾斜安装，以促进物料在筛面上向排料端运动。

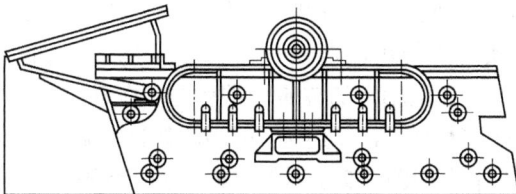

1. 筛箱；2. 筛网；3. 皮带轮；4. 主轴；
5. 轴承；6. 板簧；7. 重块；8. 偏重轮。

图 1-1　SZ 型惯性振动筛的结构图　　　　图 1-2　SZ 型惯性振动筛的工作原理示意图

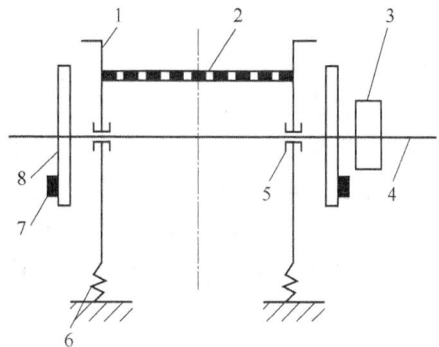

当电动机带动皮带轮转动时，偏重轮上的重块即产生离心惯性力，从而引起板簧做拉伸或压缩运动，使筛箱沿椭圆轨迹或圆轨迹运动。惯性振动筛也正是因筛子的激振力是离心惯性力而得名。

惯性振动筛要求给料速度尽量保持恒定。另外，惯性振动筛工作时，由于皮带轮的几何中心在空间做圆运动,致使皮带时松时紧,造成电动机的负荷波动,这既影响电动机的使用寿命,也会加速皮带的老化。为了减小这一不利影响,惯性振动筛的振幅一般都比较小,所以这种筛子只适合用来筛分中、细粒级的碎散物料,入筛物料中的最大块粒度常常不超过100mm,而且这种筛分机的规格也不能做得太大。

2)自定中心振动筛

自定中心振动筛目前在工业生产中应用得最多。它同样有座式和悬挂式两种,其突出特点是皮带轮的旋转中心线在工作中能保持不动。

图1-3和图1-4分别是皮带轮偏心式自定中心振动筛的结构图和工作原理示意图。对比图1-1和图1-2可以看出,自定中心振动筛与惯性振动筛在结构上的区别主要在于,前者的皮带轮与传动轴同心安装,而后者的皮带轮则与传动轴不同心,两者之间的偏离距离为 a。a 布置在皮带轮几何中心与偏心重块相对的一侧(图1-4),在这里 a 就是筛子工作时的振幅。另外,这种筛分机的中部也有偏心质量,当它与偏心重块在同一个方向时可以获得最大的激振力,而在相反方向时则激振力最小。

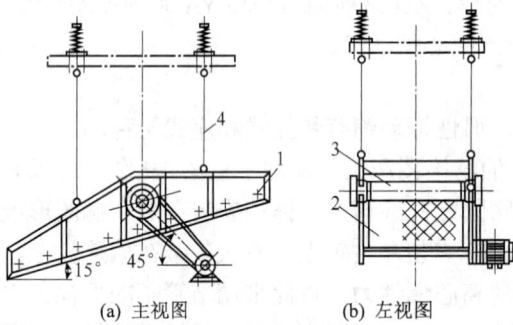

(a) 主视图　　　　　(b) 左视图

1. 箱筛; 2. 筛网; 3. 激振筛; 4. 弹簧吊杆。

图1-3　皮带轮偏心式自定中心振动筛的结构图

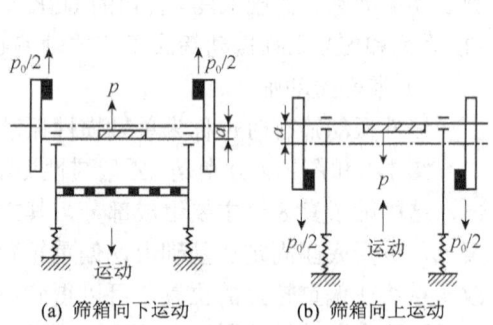

(a) 筛箱向下运动　　　(b) 筛箱向上运动

图1-4　皮带轮偏心式自定中心振动筛的工作原理示意图

从图1-3中可以看出,在电动机的带动下,当偏心质量向上运动时,离心惯性力的方向也向上,由于运动滞后于激振力180°的相位角,所以此时筛子向下运动,装在筛箱上的主轴也一起向下运动,而这时皮带轮的几何中心则位于主轴的上方[图1-4(a)]。相反,当偏心质量向下运动时,筛箱及主轴则向上运动,皮带轮的几何中心位于主轴的下方[图1-4(b)]。由此可见,借助于这种特殊的机械结构,实现了筛子在工作过程中皮带轮的几何中心(即旋转中心)保持不动,主轴的中心线绕皮带轮几何中心线旋转。同时也必须指出,采用这种机械结构虽然能实现皮带轮自定中心,但固定在筛箱上的主轴及固定在主轴上的皮带轮都参与了振动过程,致使振动质量较大。为了有效地减少参与振动的质量,常采用如图1-5所示的机械结构,这种筛分机称为轴承偏心式自定中心振动筛。

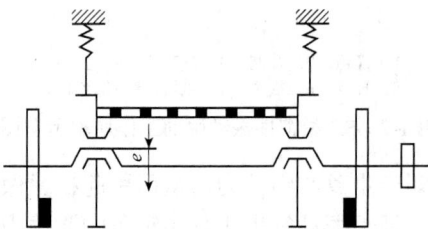

图1-5　轴承偏心式自定中心振动筛的结构图及工作原理

由图1-5可知,不平衡重块的位置恰好与偏心轴颈的位置相反,从而实现了与皮带轮偏心式自定中心振动筛完全一样的工作原理。在这种筛分机中,主轴和皮带轮都不参与振动,只做回转运动，所以参与振动的质量小，能耗低，且可以获得较大的振幅。

由于自定中心振动筛在工作过程中能自定中心，从而大大地改善了电动机和传动皮带的工作条件，使得这种筛子的振幅可以比惯性振动筛的大一些，振动频率比惯性振动筛的低一些，规格也可以比惯性振动筛制造得大一些，筛分物料的最大块粒度也相应提高到了150mm。

3）重型振动筛

重型振动筛包括双轴直线振动筛和共振筛。

双轴直线振动筛是靠两根带偏心重块的主轴做同步反向旋转而产生振动的筛分机，其筛面呈水平或稍微倾斜安装。双轴直线振动筛激振器的工作原理如图1-6所示。两偏心重块的质量相等，且做同步反向回转，所以在任何时候，两偏心重块产生的离心惯性力在 K 方向（即振动方向）上的分力总是互相叠加，而在垂直于 K 方向上的离心惯性力分力总是互相抵消，从而形成了单一的沿 K 方向的激振力，驱动筛分机做直线振动。1、3 位置时，激振器产生的离心力相互叠加，激振力为 2F；在 2、4 位置时，激振器产生的离心力完全抵消，激振力为零。

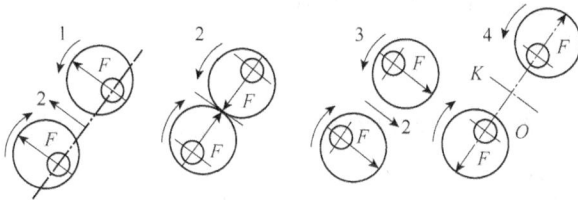

图 1-6　双轴直线振动筛激振器的工作原理

与圆运动振动筛相比，直线振动筛具有如下的优点：

（1）运动轨迹为直线，物料在筛面上的运动情况比较好，因而筛分效率比较高。

（2）筛面可以水平安装，因而降低了筛子的安装高度。

（3）由于筛箱常呈水平安装，它除了用于物料的筛分以外，特别适合于物料的脱水、脱泥和脱介。

共振筛是在共振状态下工作的，其工作频率接近于系统的固有频率。惯性振动筛、自定中心振动筛和双轴直线振动筛是在远超共振的非共振状态下工作的，其工作频率远大于系统的固有频率。

根据激振机构的不同，可以将共振筛细分为弹性连杆式共振筛和惯性式共振筛两种类型。目前在生产中使用 RS 型共振筛的结构如图1-7所示。这种筛分机具有筛箱和平衡架两个振动体，平衡架通过橡胶弹簧固定在基础上。筛箱与平衡架之间装有导向板弹簧和由带间隙的非线性弹簧组成的主振弹簧。电动机带动装在平衡架上的偏心轴，然后通过装有传动弹簧的连杆，将力传给筛箱，驱动筛箱做往复运动，同时，平衡架也受到反方向的作用力，而做反向运动。

RS 型共振筛中有 4 种不同形式的弹簧。主振弹簧具有较大的刚度，使系统处于近共振状态下工作，它的作用是贮存能量和释放能量；导向板弹簧的作用是使筛箱与平衡架沿垂直于板弹簧的方向振动；传动弹簧用以传递激振力，并减小筛分机工作过程中传给偏心轴的惯性力和筛分机启动时电动机的转矩，使系统实现弹性振动；隔振弹簧（即橡胶弹簧）用以隔离机器的振动，减小传给基础的动载荷。

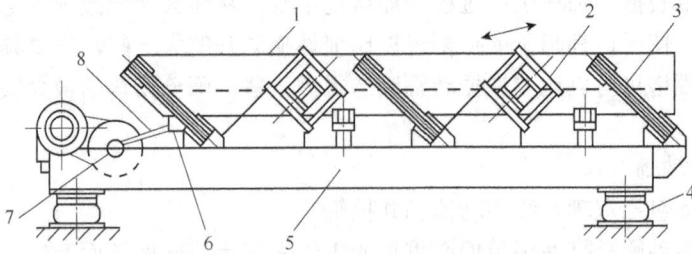

1. 筛箱；2. 主振弹簧；3. 导向板弹簧；4. 隔振弹簧；5. 平衡架；6. 传动弹簧；7. 偏心轴；8. 连杆。

图 1-7　RS 型共振筛的结构图

共振筛的筛箱、弹簧和机架等部分组成一个弹性系统，产生弹性振动。在筛分机的工作过程中，筛箱的振动动能和弹簧系统的弹性势能互相转化，所以只需要给筛子补充在能量转换过程中损失掉的机械能，即可维持正常工作。

共振筛的突出特点是筛面面积大，生产能力大，筛分效率高，且能耗比较低。但这种筛分机的制造工艺复杂，隔振弹簧也容易老化。

2. 滚筒筛

物料通过料斗流入滚筒，在滚筒内发生滚动和移动，并在此过程中通过相应的筛孔流出，以达到分级目的。

滚筒筛由分级滚筒、支撑装置、传动装置、收集料斗、清筛装置 5 部分组成，主要用于粒状和小块状硬物料的分级。

分级滚筒是滚筒筛的主要构件，用 1.5～2.0mm 的钢板冲孔后卷焊成圆柱形筒状筛。筛筒按分级需要设计成几节，各节筛孔孔径不同，而同一节中孔径一样。整个转筒上进料口端孔径小，出料口端孔径大。各节用连接滚圈连接。每节转筒下装有一个收集料斗，料斗数目与分级数目相同，但不一定与转筒节数相同。

支撑装置由滚圈、摩擦轮、机架和轴承组成。滚圈除具有连接各节筛筒的作用外，还具有支撑滚筒和使滚筒转动的作用。

工作时，物料通过滚筒相应孔径的筛孔流出，往往会出现筛孔被物料堵塞的情况，因此需要安装清筛装置，将堵在筛孔中的物料挤回到滚筒内。通常在滚筒外壁平行于其轴线安装一个木制滚轴，在弹簧作用下压紧在滚筒外壁以达到清筛的目的。

滚筒筛的主要特点如下：结构简单，分机效率高，工作稳定，不存在动力不平衡的现象；但占地面积大，开孔率低，筛网调整困难，对物料的适应性不强。

3. 精选分级机

啤酒生产所需的麦芽在发芽操作之前，需要对大麦进行精选分级以除去圆形杂粒，特别是断裂的半粒和草籽。按物料颗粒长度不同，精选分级常采用滚筒精选机及碟片精选机，按物料形状不同，精选分级常采用螺旋精选机。

1）滚筒精选机

滚筒精选机工作部件是窝眼筒，其结构如图 1-8 所示。圆筒内壁上有许多均匀分布的圆形窝眼（也称袋孔）。物料从转动的窝眼筒的一端流入，其中，长度小于窝眼的物料容易进入窝眼，并随窝眼筒回转至较高的位置后，落入窝眼筒中部的收集槽内，由槽中螺旋输送器推出；长度大于窝眼的物料不易进入窝眼，由筒底的螺旋输送器推出。窝眼筒常用于种子按长度分级或精选上。

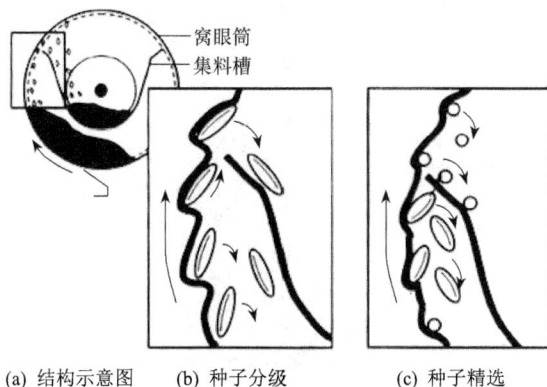

(a) 结构示意图　　(b) 种子分级　　(c) 种子精选

图 1-8　滚筒精选机窝眼筒的结构图

2）碟片精选机

碟片精选机主要由进料装置、碟片组、机壳、输送螺旋和传动部分等组成。碟片由硬质铸铁精密铸造而成，两面均设有窝眼。碟片式精选机的工作原理类似滚筒精选机。工作时，物料从进料口流入，在机内堆积到一定的深度，物料依靠碟片轮辐上的叶片向前推进，由出料口送出机外；短粒由碟片窝眼带至一定高度后，从窝眼内滑出落至卸料口内排出机外。碟片精选机的结构如图 1-9 所示。

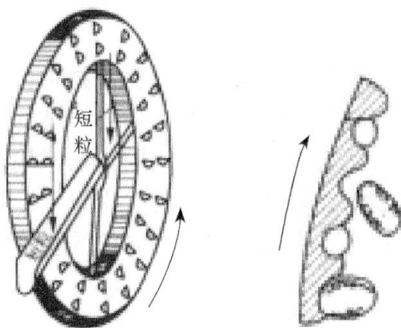

图 1-9　碟片精选机的结构图

3）螺旋精选机

螺旋精选机也称抛车，结构如图 1-10 所示，多用于从长颗粒中分离出球形颗粒，如从小麦中分离出荞麦、野豌豆等。螺旋精选机由进料斗、放料闸门及 4～5 层围绕在同一垂直轴上的斜螺旋面所组成。靠近轴线较窄的并列的几层螺旋面称为内抛道，较宽的一层斜面称为外抛道。外抛道的外缘装有挡板，以防止球状颗粒滚出。外抛道下边均设有出口。小麦由进料斗出口均匀地分配到几层内抛道上，内抛道螺旋斜面倾角要适当，使小麦在沿螺旋面下滑的过程中速度近似不变，其与垂直轴线的距离也近似不变，因此不会离开内抛道；荞麦、野豌豆等球形颗料在沿螺旋斜面向下滚动时越滚越快，因离心力的作用而被抛至外抛道，从而实现与小麦的分离。

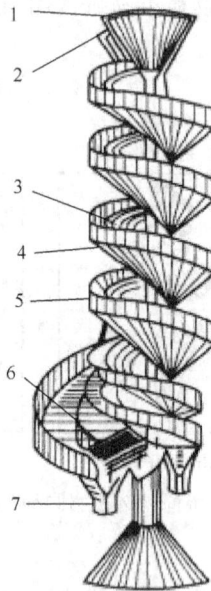

1. 进料斗；2. 放料闸门；3. 内抛道；4. 外抛道；5. 挡板；6. 隔板；7. 出口管道。

图 1-10　螺旋精选机的结构图

二、输 送 设 备

（一）概述

输送设备的作用是在一台单机或一条生产线中，将物料按生产工艺的要求从一个工作点输送到另一个工作点，有时还在输送过程中对物料进行某种工艺操作。

根据被输送物料的不同，可将输送设备分为固体物料输送机、液体物料输送设备。输送固体物料时，采用各种类型的输送机及气力输送设备，如带式输送机、斗式提升机和螺旋输送机；输送液体物料时，则采用各种形式的泵和液流输送装置，如离心泵和真空吸料装置。

（二）典型的输送设备

1. 带式输送机

带式输送机是应用较广泛的一种连续输送机械。它用一根闭合环形输送带作牵引及承载构件，将其绕过并张紧于前、后二滚筒上，依靠输送带与滚筒间的摩擦力使输送带产生连续运动，依靠输送带与物料间的摩擦力使物料随输送带一起运行，从而完成输送物料的任务。带式输送机的生产能力大，输送距离长，调速范围广，但动力消耗较大。常用于块状、颗粒状物料及整件物料水平方向或倾斜不大方向的运送，同时还可用作选择、检查、包装、清洗和预处理操作等。

1）带式输送机的结构

带式输送机的一般结构，如图 1-11 所示。它主要由输送带、托辊、驱动滚筒、张紧装置、卸料装置、清扫装置和机架等部件组成。

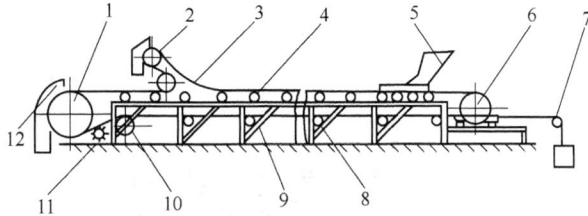

1. 驱动滚筒；2. 卸料小车；3. 输送带；4. 上托辊；5. 进料斗；6. 张紧滚筒；7. 张紧装置；
8. 下托辊；9. 机架；10. 导向滚筒；11. 清扫装置；12. 卸料装置。

图 1-11　带式输送机的结构图

（1）输送带。在带式输送机中，输送带既是牵引构件，又是承载构件。常用的输送带有橡胶带，各种纤维编织带，塑料、尼龙、强力锦纶带，板式带，钢带和钢丝网带。其中用得最多的是普通型橡胶带。

橡胶带：橡胶带是由 2～10 层棉织品或麻织品、人造纤维的衬布用橡胶加以胶合而成。其外表面附有覆盖胶作为保护层，起到连接衬布，防止运送物料时受损伤及引起磨损和防止潮湿及外部介质的侵蚀的作用。工作面的覆盖层厚为 3～6mm，而非工作面为 15～30mm。橡胶带中间的衬布用以传递动力时承受工作载荷。

橡胶带按其用途不同分为强力型、普通型和耐热型 3 种。相对于普通型橡胶带而言，强力型能承受更大的载重，而耐热型能用于比室温高些的温度环境。

橡胶输送带购回后需自行连接。胶带连接的方式有皮线缝合法、胶液冷粘缝合法、带扣搭接法和加热硫化法。其中，以加热硫化接头最好，接口无缝，表面平整，运转平稳，且强度可达原来的 90%。缝合法和带扣法则简单易行，但强度降低很多，只有原来的 35%～40%。更换输送带时，一定要符合标记中的规格要求。

钢带：钢带采用低碳钢制成，其厚度一般为 0.6～1.5mm，宽度在 650mm 以下。钢带的强度大，不易伸长，耐高温，因而常用于烘烤设备中。

钢丝网带：钢丝网带强度高，耐高温。由于有网孔，故多用于边输送边进行固液分离的场合，如油炸食品炉中的物料输送，水果洗涤设备中的水平输送等。钢丝网带用于烘烤食品设备中时，因网带网孔能透气，故烘烤时食品生坯底部水分容易蒸发，其外形不会因胀发而变得不规则或发生油滩、洼底、粘带及打滑等现象。但当长期烘烤时，网带上积累的面屑炭黑不易清洗，致使制品底部粘上黑斑而影响食品质量。为此，常在网带上涂镀防粘材料。

（2）驱动装置。驱动装置主要由电动机、减速装置和驱动辊等组成。在倾斜式输送机上还有制动装置或停止装置。减速装置通常用体积较小的齿轮减速器或涡轮蜗杆减速器，驱动辊通常为直径较大、表面光滑的空心辊筒。滚筒通常用钢板焊接而成，为了增加滚筒和输送带的摩擦力，有时在表面包上木材、皮革或橡胶。滚筒的宽度比带宽宽出 100～200mm。驱动滚筒的中间部分直径比两端直径稍大（即呈腰鼓形），这样能自动纠正胶带的跑偏。

　　驱动滚筒的牵引力，应根据输送带在滚筒表面不打滑为条件来确定。可以通过加大包角 α 和摩擦因数 f 的办法来增加滚筒的牵引力。增加包角的办法，如图 1-12（a）、图 1-12（b）所示。在滚筒表面包上橡胶和木条可以增大摩擦因数。此外，采用图 1-12（c）的布置形式亦可增大牵引力。

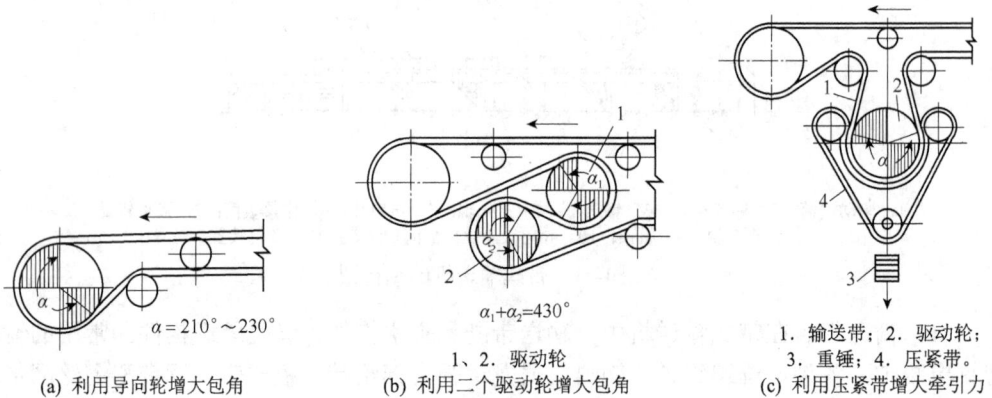

$\alpha = 210° \sim 230°$

(a) 利用导向轮增大包角

$\alpha_1 + \alpha_2 = 430°$

1、2. 驱动轮

(b) 利用二个驱动轮增大包角

1. 输送带；2. 驱动轮；
3. 重锤；4. 压紧带。

(c) 利用压紧带增大牵引力

图 1-12　驱动滚筒的布置方案

　　（3）清扫器。清扫器用于清扫黏附在输送带上的食品物料。对具有黏附性的物料，安装可靠的清扫器十分必要。清扫器分为弹簧清扫器与刮板清扫器两种，前者装在头部滚筒处，用以清扫卸料后黏附在输送带承载面上的物料；后者装在尾部滚筒前，用以清扫输送带运转面上的物料。

　　（4）进料和卸料装置。进料装置又称喂料器，它的作用是保证均匀地供给输送机以定量的物料，使物料在输送带上均匀分布，通常使用料斗进行装料。卸料装置也称卸料器，常位于末端滚筒处。

　　2）带式输送机的使用与维护

　　（1）开机前，应检查各传动部分是否完好，并加足润滑油。

　　（2）输送带的运转方向应与驱动滚筒和托辊垂直，并使输送带保持适当的松紧度，不能使输送带下垂超过托辊间距的 25%。工作时要随时注意调整张紧机构。

　　（3）输送带的速度要根据被输送物料的粒度、坚硬度及进料和卸料的方式来选取，有时还要通过试验来确定。

　　（4）在输送轻质粉状物料时，要尽量减少粉尘飞扬，并要注意传动部件的密封，既要防止粉尘侵入转动部位，又要防止润滑油流出而污染物料。

　　（5）工作时，先要空载运转，并注意观察机器的工作情况，待正常后方能加料。

　　（6）要注意加料的均匀性，切忌过载，以防出现胶带打滑或机械事故。物料太湿或太黏也不宜采用带式输送机。

　　（7）工作结束时，应先停止供料，待输送带上的物料卸空后方能停机，并清洁输送带和机件，以备下次使用。

　　2. 斗式提升机

　　在连续生产中，有时需要将物料沿垂直方向或接近于垂直方向进行输送，此时常采用斗式提升机。例如，酿造食品厂输送豆粕、散装粉料，罐头食品厂把蘑菇从料槽升送到预煮机等。

斗式提升机占地面积小，可把物料提升到较高的位置（30～50m），生产能力范围较大（3～160m³/h），但过载敏感，必须连续均匀地供料。斗式提升机多用于粉状、粒状物料的提升，如面粉、谷物、花生等。

1）斗式提升机的结构

斗式提升机有倾斜和垂直两种典型结构型式，如图 1-13 所示。斗式提升机主要由料斗、牵引带（或链条）、驱动装置、机壳、进料装置、卸料装置等组成。倾斜斗式提升机为了便于改变物料的运送高度，以适应不同要求，机上安装了拆方便的链节，使提升机可以随意伸长与缩短，支架也相应设计成可伸缩的，并在底部安装滚轮，便于灵活移动。

（1）料斗。料斗是提升机的盛料构件，根据运送物料的性质和提升机的结构特点，料斗常有圆底的深斗和浅斗及尖角形斗 3 种结构形状，如图 1-14 所示。

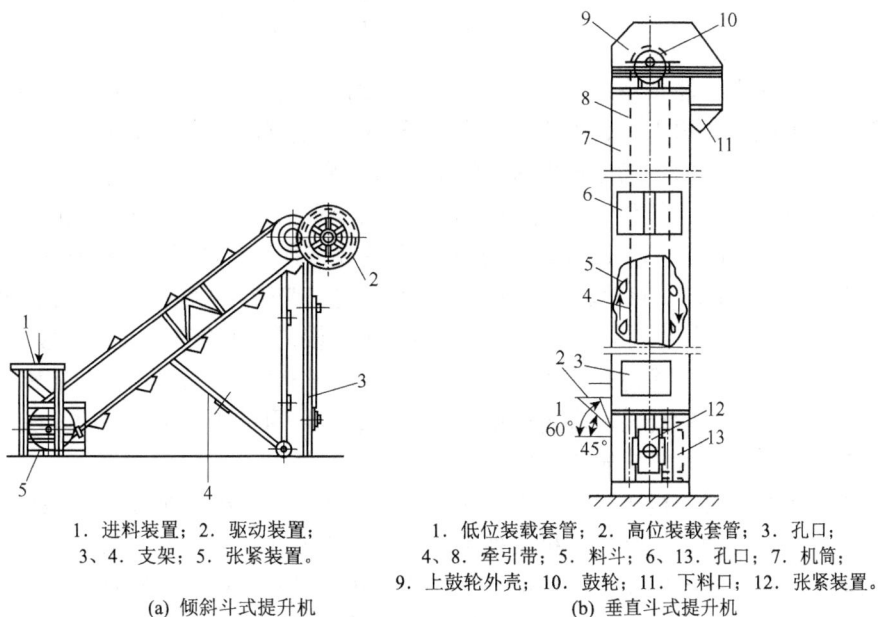

1. 进料装置；2. 驱动装置；
3、4. 支架；5. 张紧装置。

（a）倾斜斗式提升机

1. 低位装载套管；2. 高位装载套管；3. 孔口；
4、8. 牵引带；5. 料斗；6、13. 孔口；7. 机筒；
9. 上鼓轮外壳；10. 鼓轮；11. 下料口；12. 张紧装置。

（b）垂直斗式提升机

图 1-13　斗式提升机的两种典型结构图

深斗斗口呈 65° 的倾斜，斗的深度较深，如图 1-14（a）所示，用于干燥的、流动性好的、能很好地撒落的粒状物料的输送。浅斗斗口呈 45° 的倾斜，深度浅，如图 1-14（b）所示，它适用于运送潮湿的和流动性差的粉末和粒状物料。由于倾斜度较大和斗浅，物料容易从斗中倒出。深斗和浅斗在牵引件上的排列有一定的间距，斗距通常为 23～30h（h 为斗深）。

尖角形斗如图 1-14（c）所示，它与上述两种料斗不同之处是斗的侧壁延伸到底板外，使之成为挡边。卸料时，物料可沿一个斗的挡边和底板所形成的槽卸料，主要用于黏稠性大和沉重的块状物料的运送，料斗采用密集排列，料斗间一般没有间隔。

料斗常用 2～6mm 厚的不锈钢板或铝板焊接、铆接或冲压而成。

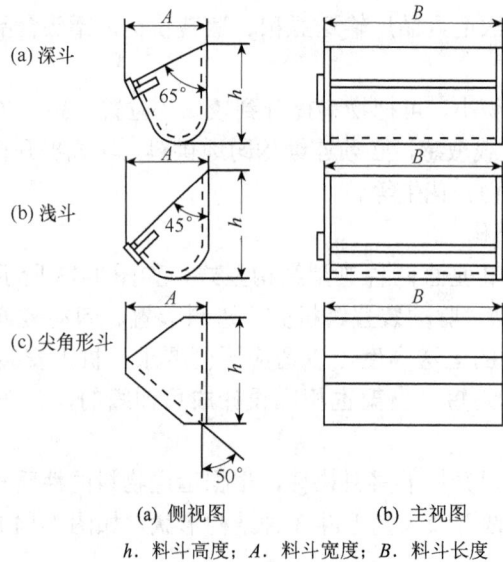

(a) 侧视图　　　　　　　　　(b) 主视图

h. 料斗高度；A. 料斗宽度；B. 料斗长度

图 1-14　料斗的形状

（2）牵引构件。斗式提升机的牵引构件为带或链。常用的带有纱带和胶带。纱带是用棉纱织成，它的优点是柔软，价格较低；缺点是强度较低，使用寿命短。在输送高度小、生产能力小的斗式提升机料斗的形状中常用。胶带与带式输送机用的胶带相同，胶带的优点是价廉、自重小，运行平稳，可采用较高的工作速度，适用范围较广；缺点是强度较低，固定料斗时需要在胶带上打孔，致使胶带强度明显下降；不适宜输送潮湿、含油量大或高温的物料。目前新型尼龙芯胶带和钢绳芯胶带，大幅度提高了胶带的强度。常用的链为滚子链，根据料斗宽度的大小，可采用一根或两根链条，在环境较差的场合多见。

（3）机头。斗式提升机的机头由头轮、机头外壳、停止器及传动装置等组成。

头轮通常是驱动轮，多用铸铁或铸钢制成。当用带作牵引构件时，头轮是带轮；当用链作牵引构件时，头轮是链轮。

机头外壳又称机头罩壳，它是斗式提升机外壳的上部，通常用 1～2mm 厚的钢板或 20～25mm 厚的木板制成。机头外壳的形状应符合卸料方式的要求。外壳的侧面开设有观察窗，可观察卸料状况。顶部开设有泄爆孔，以减少粉尘爆炸时所产生的气体压力，避免事故的发生。卸料管处装有吸风管，以减少卸料时灰尘外溢。卸料管的上缘安装舌板，以减少物料的回流量。

停止器又称止逆器，多数装设在头轮轴的最外端上，它的作用是防止驱动轮逆转。斗式提升机工作时，往往因突然停电或其他原因需要重载停机，由于上下行分支重量不等，会使斗式提升机产生逆转，料斗内的物料回流机座，造成机座堵塞，使再次开机困难，因此多配置停止器。

斗式提升机的传动装置多为减速装置，通常第一级采用 V 带传动，第二级采用齿轮减速器，减速器的低速轴通过联轴器与头轮轴连接。近年来，一些斗式提升机使用装有摆线针轮减速器的电动机与头轮轴直接连接，简化了传动结构，减小了传动装置的尺寸。

（4）机筒。机筒是斗式提升机机壳的中间部分，通常为两根矩形截面的筒，多使用厚度为 2～4mm 的钢板制成。

（5）机座。机座是斗式提升机机壳的下部分，由机座外壳、底轮、张紧装置及进料斗组成。底轮的大小与头轮基本相同。机座侧面的下方有开口并安装插板，用来清理机座内存留的物料。进料斗、出料口的上方也安装有插板，用来调节进料流量。机座的正面安装有观察窗，用以观察机座内物料面的位置和料斗的装料状况。

2）斗式提升机的装料和卸料方式

斗式提升机的装料方式分为挖取式和撒入式两种，如图 1-15 所示。前者适用于粉末状、散粒状等磨损性较小的物料，输送速度较高，可达 2m/s，料斗间隔排列；后者适用于输送大块和磨损性较大的物料，输送速度较低（＜1m/s），料斗呈密接排列。

斗式提升机的卸料方式有离心式、重力式和离心-重力式，如图 1-16 所示，分别采用离心抛出、重力下落和离心与重力同时作用等原理来卸料。

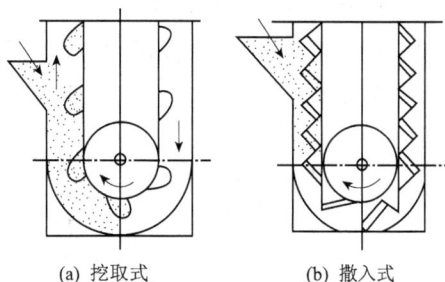

(a) 挖取式　　　　　(b) 撒入式

图 1-15　斗式提升机的装料方式简图

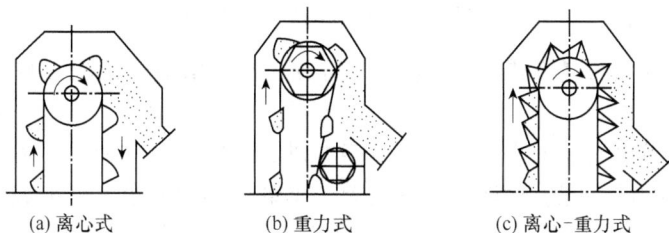

(a) 离心式　　　　(b) 重力式　　　　(c) 离心-重力式

图 1-16　斗式提升机的卸料方式简图

物料提升速度较快时，多用离心式卸料，提升速度较低时，多用重力式卸料。离心-重力式卸料适用于提升速度比较低且流动性不良的散状、纤维状物料或潮湿物料。

3）斗式提升机的使用与维护

（1）开机前，要检查驱动机构、牵引件及各转动部位，使之能灵活、轻快地运转，并加足润滑油。

（2）工作时，先空载运转，当无异常声音和噪声时方能加入物料。

（3）要根据物料的物性选择进料和卸料方式及输送速度。

（4）随时检查料斗和牵引件的连接情况，发现松动要及时紧固。

（5）对于链式牵引件，因它对安装误差反应较敏感，故要定期检查其情况，以防脱链，避免发生链条与料斗一起垮落的事故。

（6）要定期清扫机架底部的残料，防止因残料结块、堆积和变质而影响机器的使用和生产。

（7）应随时注意牵引件的松紧程度，并通过调节张紧机构使松紧度合适。

（8）工作完毕后，应清洁机器的各个部位，扫清残存料，并加上润滑油。

3. 螺旋输送机

螺旋输送机是一种不带挠性构件的连续输送机，是利用旋转的螺旋将被输送物料在固定的机壳内向前推送的,其主要用于各种干燥松散的粉状、粒状、小块状物料的输送,如面粉输送。输送过程中还可以对物料进行搅拌、混合等操作,但不宜输送黏性大、易结块及大块状的物料。另外,还有一种螺距不等(或内径不等)的螺旋输送机,如在绞肉机、压榨机中的螺旋,它在输送的同时又可以对物料产生挤压作用。

1)螺旋输送机的结构

螺旋输送机的结构如图1-17所示,主要是由料槽、轴承、中间轴承、螺旋、传动轮与支架等组成。

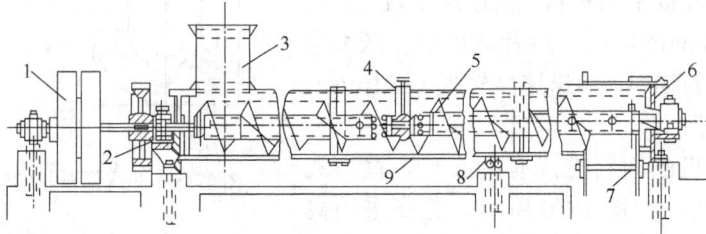

1. 传动轮;2. 轴承;3. 进料口;4. 中间轴承;5. 螺旋;6. 支架;7. 卸料口;8. 支座;9. 料槽。

图1-17　螺旋输送机的结构图

根据螺旋主轴的布置方式,螺旋输送机可分为水平螺旋输送机、倾斜式螺旋输送机、垂直螺旋输送机3种。

螺旋输送机沿机器长度方向常安装有多个进、出料口,并使用平板闸门启闭。传动装置装在槽头或槽尾。螺旋输送机构造简单,横截面的尺寸小,制造成本低;便于中间加料和卸料;操作安全方便,密封性好,但物料与机壳和螺旋之间都存在较大的摩擦力,动力消耗较大;叶片可能对物料造成严重的粉碎及损伤,相互磨损严重;运输距离不宜太长,一般在30m以下,过载能力低。

螺旋分右旋或左旋两种,可以制成单线、双线或三线,常用的为单线螺旋。按螺旋叶片的形状可分为实体式、带式、叶片式和成型式4种,如图1-18所示。

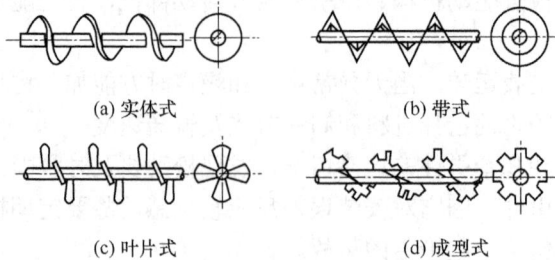

(a) 实体式　　　　　　　　　　　(b) 带式

(c) 叶片式　　　　　　　　　　　(d) 成型式

图1-18　螺旋形状

输送干燥的小颗粒或粉状物料时,多采用实体式螺旋。输送块状或黏滞性物料时,多采用带式螺旋。输送韧性和可压缩性物料时,常采用叶片式或成型式螺旋,这两种螺旋在输送物料的同时,还可以对物料进行搅拌、揉捏、混合等工艺操作。

螺旋轴有实心轴和空心轴两种,一般由长2～4m的轴段组装而成。比较常用的是钢管制成的空心轴,其便于连接,且重量轻。各轴段的连接常用轴节插入空心轴的衬套内,再以螺栓固定,如图1-19所示。

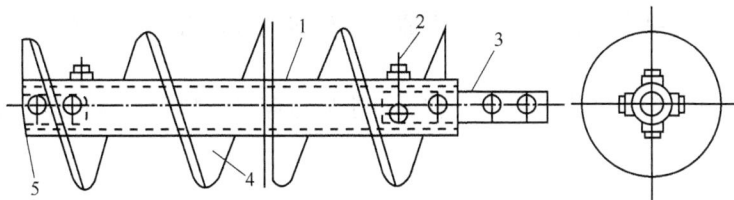

1. 轴；2. 螺栓；3. 轴节；4. 螺栓面；5. 衬套。

图 1-19 轴及连接

轴节还可以作为中间轴承和头部轴承的轴颈，使结构紧凑，但装拆比较麻烦。对大型的螺旋输送机，比较多的是采用法兰连接，如图 1-20 所示。它是利用一段两端带法兰的短轴与螺旋轴的端法兰相连。这种连接方法，装卸容易，但径向尺寸相对较大。

螺旋输送机中的轴承分为头部轴承和中间轴承。头部轴承除了具有向心轴承外，还应装推力轴承，以承受由于推送物料所产生的轴向力，推力轴承一般放在输送物料的前方，使轴处于受拉状态。轴较长时，应在中部设置悬吊轴承，用于支撑螺旋轴，使整个螺旋轴处于较好的工作状态。悬吊轴承一般采用剖分式滑动轴承。

料槽一般由 3~8mm 厚的不锈钢板或薄钢板制成，横截面呈 U 形。为了便于连接和增加

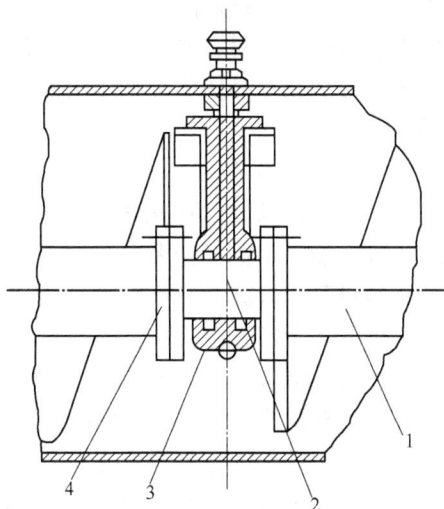

1. 轴；2. 轴连接；3. 剖分式滑动轴承；4. 法兰。

图 1-20 轴的法兰连接

刚性，在料槽各段的端口连接处焊有角钢，各段之间以螺栓相连。槽的上口用便于取下的盖子封住。

料槽的内径应稍大于螺旋直径，两者之间留有一定的间隙。螺旋和料槽的制造和装配越精密，间隙越小，有利于减少磨损和动力消耗。一般间隙为 6~10mm。

2）螺旋输送机的使用与维护

（1）安装时要特别注意各节料槽的同轴度和整个料槽的直线度。否则，会导致动力消耗增大，甚至损坏机件。

（2）开机前，应检查各传动部位，使之转动灵活，并加足润滑油，然后空载运转。如无异常方可添加物料。

（3）加料应当均匀，不能过载。否则，会在中间轴承处造成物料的堵塞，使阻力急剧升高而导致完全梗塞。

（4）对料槽的连接处、料盖的密封处应紧密结合，特别是输送轻质、粉状物料时更要注意防止物料飞扬。

（5）要定期检查螺旋的工作情况。部件磨损过大时应及时修复和更换。

（6）对转动部位的密封，特别是中间轴承的密封要特别注意。严防润滑油外溢而污染物料和物料进入转动部件而导致磨损加剧。

（7）螺旋对物料有挤碎作用。它不适合于输送大块、易碎、磨磋性强和黏滞性大的物料。

（8）停机前，应先停止进料，待物料排空后再停机。然后清洁机器、加油，以备下次使用。

4. 气力输送设备

气力输送又称气流输送，是利用气流的能量，在密闭管道内沿气流方向输送颗粒状物料，是流态化技术的一种具体应用。气力输送装置的结构简单，操作方便，可做水平的、垂直的或倾斜方向的输送，在输送过程中还可同时进行物料的加热、冷却、干燥和气流分级等物理操作或某些化学操作。与机械输送相比，此法能量消耗较大，颗粒易受破损，设备也易受磨蚀。对于含水量多、有黏附性或在高速运动时易产生静电的物料，不宜进行气力输送。

1）气力输送设备的结构

气力输送装置不论采用何种形式，也不管风机以何种方式供应能量，都是由气源部分、料封泵、落灰斗及落灰管、输灰管道等几部分组成。其中，料封泵及落灰斗由生产厂提供，其余部分由用户自配。料封泵由进气部分、扩散混合室、出料部分组成。进气部分由进气调节阀、活动风管、调整机构、喷嘴等组成，扩散混合室由泵体、气化装置、上部落灰斗组成，出料部分由扩压器（渐缩管、渐扩管）出灰短节组成。

工作时，由气源来的低压空气，经调节阀（或减压阀）碟式止回阀、活动风管、喷嘴进入泵体扩散室内，当粉状或颗粒状物料由落料斗落下进入喷嘴与扩压器之间的高速气流区时，即被吹散。加之底部气化装置的气化作用，使物料气化而成悬浮状态，此后即被高速气流送入扩压器的渐缩管内，流经喉部扩散管，进入输送管路，送至所要求的卸料点，即完成送料过程。

2）气力输送的分类

根据颗粒在输送管道中的密集程度及呈现的状态，气力输送可以分为以下不同的类型。

（1）根据颗粒在输送管道中的密集程度，气力输送可分为稀气力输送、密相输送、负压输送 3 种类型。

稀气力输送适用于固体含量低于 $1\sim10kg/m^3$ 的输送场合，操作气速较高（$18\sim30m/s$），输送距离基本上在 300m 以内。输送操作简单，无机械转动部件，输送压力低，无维修、免维护。

密相输送适用于固体含量 $10\sim30kg/m^3$ 或固气比大于 25 的输送过程。操作气速较低，用较高的气压压送。现成熟设备仓泵，输送距离达到 500m 以上，适合较远距离输送，但此设备阀门较多，气动、电动设备多。输送压力高，所有管道需要用耐磨材料。间歇充气罐式密相输送，是将颗粒分批加入压力罐，然后通气吹松，待罐内达一定压力后，打开放料阀，将颗粒物料吹入输送管中输送。脉冲式输送是将一股压缩空气通入下罐，将物料吹松；另一股频率为 $20\sim40min^{-1}$ 脉冲压缩空气流吹入输料管入口，在管道内形成交替排列的小段料柱和小段气柱，借空气压力推动物料前进。

负压输送时，管道内压力低于大气压，自吸进料，但需要在负压下卸料，能够输送的距离较短。其优点为设备投资、负荷较小；缺点为运行流速高，管道磨损严重，磨损出现漏洞无法察觉。

在水平管道中进行稀相输送时，气速应较高，使颗粒分散悬浮于气流中。气速减小到某一临界值时，颗粒将开始在管壁下部沉积，此临界气速称为沉积速度，这是稀相水平输送时气速的下限。操作气速低于此值时，管内出现沉积层，流道截面减少，在沉积层上方气流仍按沉积速度运行。

在垂直管道中做向上气力输送，气速较高时颗粒分散悬浮于气流中。在颗粒输送量恒定时，降低气速，管道中固体含量随之增高。当气速降低到某一临界值时，气流已不能使密集的颗粒均匀分散，颗粒汇合成柱塞状，出现腾涌现象，压力降急剧升高。此临界速度称噎塞速度，这是稀相垂直向上输送时气速的下限。对于粒径均匀的颗粒，沉积速度与噎塞速度大致相等；但对粒径有一定分布的物料，沉积速度将是噎塞速度的 2～6 倍。

（2）根据散粒物料呈现的状态（悬浮），气力输送可分为吸送式、压送式、吸压送相组合的综合式 3 种类型。

吸送式输送是将大气与物料一起吸入管道内，用低气压力的气流进行输送，因而又称为真空吸送。吸送式气力输送装置如图 1-21 所示。

吸送式气力输送具有以下特点：适用于从多处向一处集中输送。供料点可以是一个或几个，落料管可以装一根或多根支管，不但可以将多处供料点的物料依次输送卸料点，而且也可以同时将多处供料点的物料输送至卸料点。在负压作用下，物料很容易被吸入，因此喉管处的供料简单。料斗可以敞开，能连续地供料

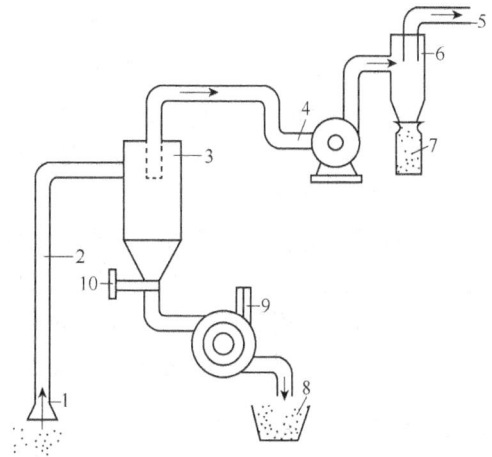

1. 物料；2. 输送管；3. 1 号旋风分离器；4. 抽风机；
5. 废气；6. 2 号旋风分离器；7. 集尘袋；
8. 料仓；9. 粉碎机；10. 落料管。

图 1-21 吸送式气力输送装置

和输送。物料在负压下输送，水分易于蒸发，因此对含水量较高的物料，比压送式易于输送。对加热状态下供给的物料，经输送可起到冷却作用。部件要保持密封，分离器、除尘器、锁风器等部件的构造比较复杂。风机设在系统末端，要求空气净化程度高。

压送式气力输送是用高于大气压力的压缩空气推动物料进行输送的。压送式气力输送系统如图 1-22 所示。

压送式气力输送具有以下特点：适用于从一处向几处进行分散输送，即供料点是一个，而卸料点可以是一个或者是几个。与吸送式相比，浓度与输送距离可大为增加；在正压情况下，物料易从排料口卸出，因而分离器、除尘器的构造简单，一般不需要锁风器。鼓风机或空气压缩机在系统首端，对空气净化程度要求低；在正压作用下，物料不易进入输送管，因此供料装置构造比较复杂。

把真空输送与压力输送结合起来，就组成了综合式气力输送系统，如图 1-23 所示。风机一般安装在整个系统的中间。在风机前，物料靠管道内的负压来输送，即吸送段；而在风机后，物料靠空气的正压来输送，即压送段。

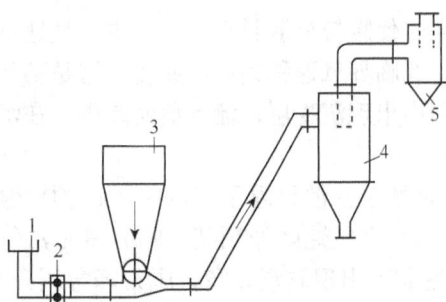

1. 空气粗滤器；2. 鼓风机；3. 供料器；
4. 分离器；5. 除尘器

图 1-22　压送式气力输送系统

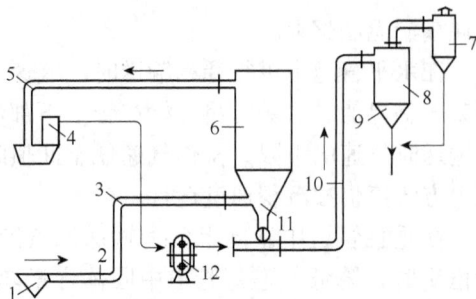

1. 吸嘴；2. 软管；3. 吸入侧固定管；4. 过滤器；
5. 吸出风管；6. 分离器；7. 二次分离器；
8. 压出侧分离器；9. 排料口；10. 压出侧固定管；
11. 旋转卸料器；12. 风机。

图 1-23　综合式气力输送系统

此种形式的气力输送系统综合了吸送式和压送式的优点，既可以从几处吸取物料，又可以把物料同时输送到几处，且输送的距离可较长。其主要缺点是中途需要将物料从压力较低的吸送段转入压力较高的压送段，含尘的空气要通过鼓风机，使它的工作条件变差，同时整个装置的结构也较复杂。

在选用气力输送装置时，必须要对输送物料的性质、形状、尺寸、输送能力、输送距离等情况进行详细的分析，并结合实际经验综合考虑。当从几个不同的地方向一个卸料点送料时，采用吸送式气力输送系统最适合；而当从一个加料点向几个不同的地方送料时，采用压送式气力输送系统最适合。

（三）液体物料输送设备

液体物料输送对食品工厂各生产过程中起着重要的作用，料液一般通过泵、管路、阀门、管件和贮罐等构成的系统完成输送任务。液体输送系统中的动力设备是泵，泵的种类很多，按输送物料的不同可分为清水泵、污水泵、耐腐蚀浓浆泵、油泵和奶泵等；按其结构特征和工作原理的不同可分为叶片式、往复式和旋转式 3 种类型。

凡是依靠高速旋转的叶轮对被输送液体做功的泵属于叶片式泵，主要有离心泵、轴流泵、漩涡泵等。利用泵体内往复运动的活塞或柱塞的推挤对液体做功的泵属于往复式泵，主要有活塞泵、柱塞泵或隔膜泵等。依靠做旋转运动的转子的推挤对液体做功的泵，属于旋转式泵，主要有螺杆泵、齿轮泵、罗茨泵、滑片泵等。往复式泵和旋转式泵均以动件的强制推挤作用来达到输送液体的目的，因此又称为正位移式泵或容积式泵。下面主要介绍生产中常用的离心泵和真空吸料装置。

1. 离心泵

离心泵是目前使用最广泛的流体输送设备，具有结构简单、性能稳定及维护方便等优点。它既能输送低、中黏度的流体，也能输送含悬浮物的流体。

离心泵主要的部件为叶轮和泵壳。

叶轮是将电动机的机械能传送给液体的部件，同时提高液体的静压能和动能。如图 1-24（a）所示，离心泵叶轮内常装有 6～12 片叶片。叶轮通常有 4 种类型，第一种为闭式叶轮，如图 1-24（a）所示，叶片两侧带有前盖板及后盖板。液体从叶轮中央的入口进入后，经两盖板与叶片之间的流道流向叶轮外缘。这种叶轮效率较高，应用最广，但只适用于输送清洁液体。第二种为半闭式叶轮，如图 1-24（b）所示，吸入口侧无前盖板。第三种为开式叶轮，如图 1-24（c）所示，叶轮不装前后盖板。半闭式与开式叶轮适用于输送浆料或含有固体悬浮物的液体。因叶轮不装盖板，液体在叶片间运动时易产生倒流，故效率较低。第四种为双吸叶轮，如图 1-24（d）所示，适用于大流量泵，其抗气蚀性能较好。

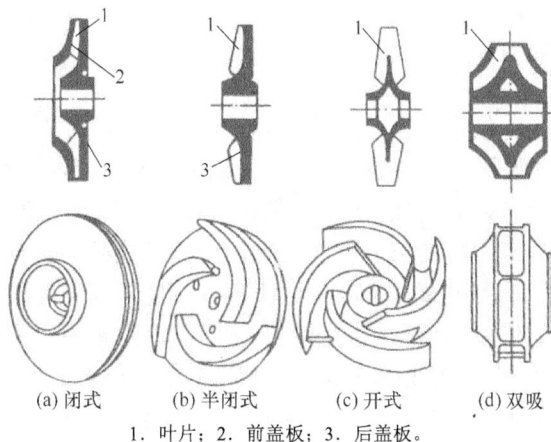

(a) 闭式　　　(b) 半闭式　　　(c) 开式　　　(d) 双吸
1. 叶片；2. 前盖板；3. 后盖板。
图 1-24　离心泵的叶轮

　　泵壳的外壳多做成蜗壳形，其中有一个截面逐渐扩大的蜗牛壳形通道，如图 1-25 中的 1 所示。

　　叶轮在泵壳内顺涡形通道逐渐降低流速，减少了流量损失，并使部分动能省效地转化为静压能。所以，泵壳不仅是一个汇集内叶轮抛出液体的部件，而且本身又是一个能量转换装置。有的离心泵为了减少液体进入蜗壳时的碰撞，在叶轮与泵壳之间安装了固定的导轮。电子导轮具有很多转向的扩散流道，故使高速流过的液体能均匀而缓和地将动能转换为静压能，从而减少能量损失。

　　离心泵的工作原理示意图如图 1-26 所示。泵轴上装有叶轮，叶轮上有若干弯曲的叶片。泵轴受外力作用，带动叶轮在泵壳内旋转。液体由入口沿轴向垂直进入叶轮中央，并在叶片之间通过而进入泵壳，最后从泵的液体出口沿切向排出。

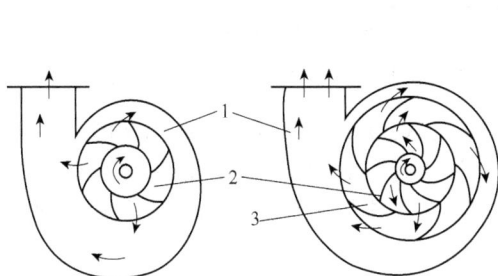

1. 泵壳；2. 叶轮；3. 导轮。
图 1-25　泵壳与导轮

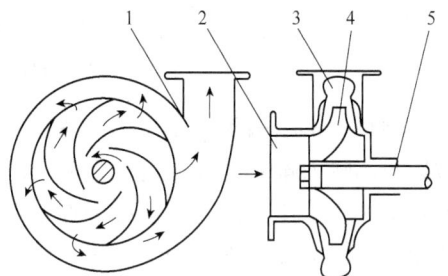

1. 液体出口；2. 液体入口；3. 泵壳；4. 叶轮；5. 泵轴。
图 1-26　离心泵的工作原理示意图

泵体内叶轮叶片之间的间隙即为液体的流动空间。离心泵在启动前应先向泵体内注满被输送料液。启动泵后，主轴带动叶轮及叶轮叶片间的料液一同高速旋转，在离心力的作用下，料液从叶片间沿半径方向被甩向叶轮外缘，进入泵体的泵腔；由于泵腔中料液流道逐渐加宽，使进入其中的料液流速逐渐降低。动能转变为静压能使压强提高后从出料口排出；与此同时，由于料液被甩向叶轮外缘，且主轴转速较高，于是在泵的叶轮中心形成一定的真空，与吸料口处产生压力差，在压力差的作用下，料液就不断地被吸入泵体内，由于叶轮不停地转动，液体会不断地被吸入和排出，保证料液排出的连续性。

2. 真空吸料装置

真空吸料装置是一种依靠在系统内建立起一定的真空度而在压力差作用下进行物料输送的设备。采用真空吸料装置在输送过程中，液料不通过结构复杂、不易清洗的部件，避免了液料通过泵体而带来的腐蚀、污染、清洗等问题；由于物料处于抽真空的贮罐内，比较卫生，同时把物料组织内的部分空气排除，减少了成品的含气量；可直接利用系统真空作为动力，简化了动力装置。但其输送距离近，提升高度有限，效率较低。

真空吸料装置的工作原理示意图如图 1-27 所示，真空泵将密闭输入罐 4 中的空气抽去，造成一定的真空度。由于密闭输入罐 4 与相连的输出槽 1 之间产生了一定的压力差，物料即由输出槽 1 经管道 2 送到密闭输入罐 4 里。密闭输入罐 4 上有一阀门 3 用来调节密闭输入罐的真空度及密闭输入罐内的液位高度。真空泵 7 与分离器 5 相连，分离器 5 再与密闭输入罐 4 相连。密闭输入罐内抽出的空气有时还带有液体，因此要先在分离器分离后再进入真空泵中抽走。

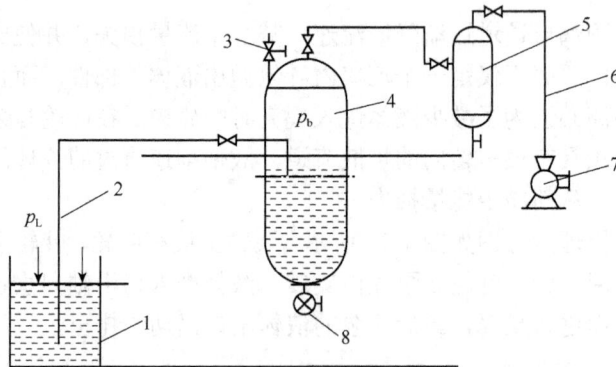

1. 输出槽；2、6. 管道；3. 阀门；4. 密闭输入罐；5. 分离器；7. 真空泵；8. 叶片式阀门。

图 1-27 真空吸料装置的工作原理示意图

物料从密闭输入罐 4 排出的方法有间歇出料和连续出料两种。间歇出料法需要首先破坏密闭输入罐 4 的真空度，然后将料液从叶片式阀门 8 卸出。连续出料法在保持密闭输入罐 4 内工作真空度的情况下通过叶片式阀门 8 或排料泵连续排出，要求旋转阀门出料能力与管道 2 吸进密闭输入罐 4 中的流量相同。

真空吸料装置适用于各种料液的输送，对于果酱、番茄酱等或带有固体块、粒的料液尤为适宜。

实践操作

螺旋输送机的操作

【实践目的】

（1）通过对螺旋输送机操作，进一步熟悉螺旋输送机的结构和工作原理。

（2）了解螺旋输送机的工作特点和适合输送的物料种类。

（3）掌握螺旋输送机的操作方法。

【原料与设备】

（1）原料：不同性能的物料（脆性物料、颗粒状物料、肉类、水果类）。

（2）设备：水平式螺旋输送机。

【操作步骤】

（1）开机前仔细检查螺旋输送机的各部分是否有松动现象，若有松动立即拧紧。

（2）开机空载运转，观察机器是否有不正常现象，必要时做适当调整。

（3）等机器工作正常后，开始投料，观察出料情况。

（4）更换几种不同性能的物料，观察出料及螺旋内部输送的情况。

（5）停止供料，待物料全部排空后停机。

（6）清理机器内外，以备下次使用。

思考题

（1）简述固体物料输送机的种类。

（2）简述螺旋输送机的结构、工作原理及特点。

（3）简述泵的分类。

（4）简述真空吸料装置的工作原理及其适用范围。

第二章 清 洗 设 备

食品生产过程中，需要对包括原料、加工设备、包装容器、加工场所等在内的各种对象进行清洗。清洗是从源头上保证和提高产品质量安全性的重要措施。清洗可分为湿洗与干洗。湿洗是利用水作清洗介质的清洗过程，就清洗的质量来说，以湿洗的效果最好。干洗相对于湿洗而言，利用诸如空气流、筛分、磁选等方法原理除去泥尘、异质物和铁质等污染物的操作都属于干洗范畴。干洗效果有局限性，只能作为湿洗的辅助手段。

对于各种清洗对象均可采用人工方法进行清洗，但为了提高清洗效率和保证清洗质量，生产过程应尽可能采用机械清洗的方法。迄今为止，可以利用机械与设备完成清洗操作的对象主要有原料、包装容器和加工设备三大类。

清洗的本质是利用清洗介质将污染物与清洗对象分离的过程。各种清洗设备一般用物理与化学原理相结合的方式进行清洗。物理清洗的原理主要利用机械力（如刷洗、水冲等）将污染物与被清洗对象分开；而化学清洗的原理是利用清洗剂（如表面活性剂、酸、碱等）使污染物从被清洗物表面溶解下来。

一、原料清洗设备

食品生产所用原料在生长、收获、贮藏和运输过程中，会受到尘埃、沙土、肥料、微生物、包装物等的污染，加工前必须进行有效的清洗。清洗主要采用浸泡、喷洗、刷洗、振动清洗或者利用水、气及洗涤液通过物料表面进行清洗。

（一）鼓风式清洗机

鼓风式清洗机又称气泡清洗机，主要用于果蔬、水产品等的清洗，如红枣、胡萝卜、苹果、马铃薯等，可去除果蔬产品表面的泥土和杂质，洗净度高，能保持产品原有色泽。它代替了繁重的体力劳动实现了清洗的自动化操作，大大节约了企业的用工成本。

鼓风式清洗机由输送网带、喷淋管、洗槽等组成，其结构如图 2-1 所示，图 2-2 是其外形图。

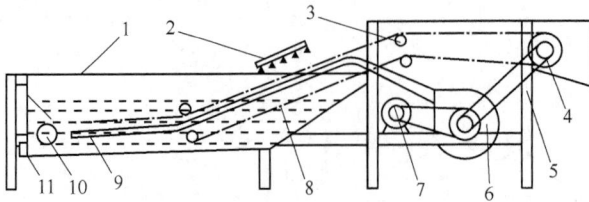

1. 洗槽；2. 喷淋管；3. 改向压轮；4. 驱滚筒；5. 支架；6. 鼓风机；
7. 电动机；8. 输送网带；9. 吹泡管；10. 张紧滚筒；11. 排污口。

图 2-1　鼓风式清洗机的结构图　　　　图 2-2　鼓风式清洗机的外形图

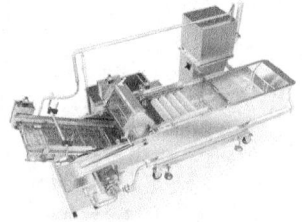

　　鼓风式清洗机的清洗原理：其利用鼓风机把空气送进洗槽中，使清洗原料的水产生剧烈的翻动，由于空气对水的剧烈搅动，使湍急的水流冲刷物料表面将污物洗净。利用空气进行搅拌，即可加速清洗掉污物，又能使原料在强烈的翻动下不致损伤。

　　工作时，网带式输送机下部浸入洗槽的水面下，鼓风机出口从输送网带侧面与输送网带中间的吹泡管接通，吹泡管上开有许多小孔，由鼓风机送出的空气经吹泡管中的小孔吹出，穿过输送网带使水剧烈翻动。工作时，洗槽中盛有清洗水，电动机带动驱动滚筒使输送网带运转，同时鼓风机也启动。被清洗的原料放入输送机的下水平段。在洗槽中，由于鼓风机送出的空气对水的剧烈搅拌作用，将物料表面的污物冲洗掉，随后随着输送网带的运动，物料被带到输送网带的倾斜段，然后喷淋管进行最后一次冲洗。此后进入上水平段，最后一次检查后送入下道工序。

（二）滚筒式清洗机

　　滚筒式清洗机的主体是滚筒，其转动可以使筒内的物料自身翻滚、互相摩擦，也与筒壁发生摩擦作用，从而使表面污物剥离。但这些作用只是清洗操作中的机械力辅助作用，这类清洗机需要与淋水、喷水洗或浸泡配合，喷淋式滚筒清洗机、浸泡式滚筒清洗机也因此而得名。按操作方式，滚筒式清洗机可以分为连续式和间歇式两种。

　　滚筒一般为圆形筒，但也可制成六角形筒。按滚筒式清洗机的驱动方式不同，可分为齿轮驱动式、中轴驱动式和托辊滚圈驱动式 3 种，目前，采用最多的是托辊滚圈驱动方式。这种驱动方式结构简单可靠，传动平稳。

1. 喷淋式滚筒清洗机

　　这是一种连续式清洗机，结构较简单，适用于表面污染物易被浸润冲除的物料，其结构如图 2-3 所示。它主要由栅状滚筒、进水管及喷淋装置、机架和传动装置等构成。

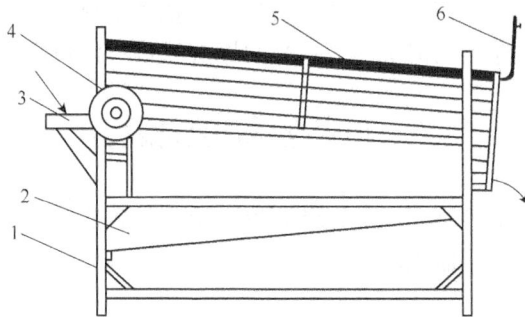

1. 机架；2. 排水斗；3. 进料斗；4. 传动装置；5. 栅状滚筒；6. 进水管及喷淋装置。

图 2-3　喷淋式滚筒清洗机的结构图

　　滚筒的驱动有两种形式：一种是在滚筒外壁两端配装滚圈。滚筒（通过滚圈）以一定倾斜角度（3°~5°）由安装在机架上的支承托轮支承，并由传动装置驱动转动。喷水管可安装在滚筒内侧上方；另一种是在滚筒内安装（由结构幅条固定的）中轴，驱动装置带动中轴从而带动滚筒转动。这种形式的清洗机，喷水管只能装在滚筒外面。

　　清洗时物料由进料斗进入滚筒内，随滚筒的转动而在滚筒内不断翻滚、相互摩擦加上喷淋水的冲洗，使物料表面的污垢和泥沙脱落，由滚筒的筛网洞孔随喷淋水经排水排出。

2. 浸泡式滚筒清洗机

如图 2-4 所示为浸泡式滚筒清洗机的结构图。转动的滚筒的下半部浸在水槽内，电动机通过 V 带传动涡轮减速器及偏心机构，滚筒的主轴由涡轮减速器通过齿轮驱动。水槽内安装有振动盘，通过偏心机构产生前后往复振动，使水槽内的水受到冲击搅动，加强清洗效果。滚筒内壁固定有按螺旋线排列的抄板。

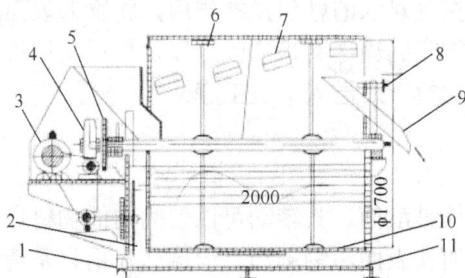

1. 排水管接口；2. 振动盘；3. 电动机；4. 涡轮减速器；5. 齿轮进料口；6. 主轴；
7. 抄板；8. 进水管及喷水装置；9. 出料口；10. 滚筒；11. 水槽。

图 2-4　浸泡式滚筒清洗机的结构图

清洗时，物料从进料斗进入清洗机后落入水槽内，由抄板将物料不断捞起再抛入水中，最后落到出料口的斜槽上。在斜槽上方安装的喷水装置，将经过浸洗的物料进一步喷洗后卸出。

传统的滚筒式清洗机由于物料在其中翻滚碰撞激烈，除了使表面污物剥离外，同时也会对物料造成一定的损伤，因而是一种适合于块状硬质物料清洗的清洗机。

滚筒式和鼓风式清洗机主要借助流体力学原理实现清洗的设备，往往难以有效清洗原料表面附着牢固的污物。在滚筒式清洗机内加装适当毛刷，或浸泡和喷淋相结合的滚筒式清洗机可用于这类原料的清洗，也可采用刷洗机进行清洗。

二、包装容器清洗设备

目前，可用机械方式进行清洗的包装容器主要有玻璃瓶、塑料瓶和制造罐头用的金属空罐等。本书主要介绍洗瓶机。

（一）概述

洗瓶机是在饮料等瓶装食品生产过程中，对所使用的瓶状容器进行清洗的一类机械设备。清洗时，必须完全去除瓶子内外的污垢，同时还要除去旧商标等杂物。

1. 洗瓶的方法

洗瓶的基本方法有浸泡、喷射、刷洗 3 种。

（1）浸泡。将瓶子浸没于一定浓度、一定温度的洗涤液中（一般为碱性溶液）软化、乳化或溶解黏附于瓶上的不洁物。浸泡后，再将瓶中污水倒去。

（2）喷射。洗涤剂或清水在一定压力（0.2～0.5MPa）下，通过一定形状的喷嘴（喷嘴口径一般较小），对瓶内（外）进行喷射，清除瓶内（外）污物。

（3）刷洗。用旋转刷子将瓶内的污物刷洗掉。因为是直接接触污物洗刷，所以去除效果较好。

2. 洗瓶机的类型

（1）按机械化程度不同，洗瓶机可分成手工洗瓶机械、半机械化洗瓶机械、机械化洗瓶机械和全自动洗瓶机械。全自动洗瓶机按输瓶链带的运动方式，又分为间歇式和连续式两类。

（2）按瓶在洗瓶机中的流向，洗瓶机可分成单端式（在洗瓶机同一端进行进瓶和出瓶操作，也称来回式）和双端式（在洗瓶机的一端给瓶、另一端出瓶，也称直通式）。

（3）按洗瓶方式洗瓶机分为浸泡刷洗式（将瓶浸泡后，用转刷将瓶刷净）、浸泡喷射式（经过热水或碱液的连续浸泡和喷射或间隔地进行浸泡和喷射）、喷射式（没有浸瓶槽，单纯使用喷射清洗）等。

（二）洗瓶的设备

1. 半机械化洗瓶设备

比较老式的洗瓶设备都是用手工或半机械化操作。浸泡、喷射、刷洗 3 种洗瓶方法一般都会用到。如图 2-5 所示是几种半机械化洗瓶设备。

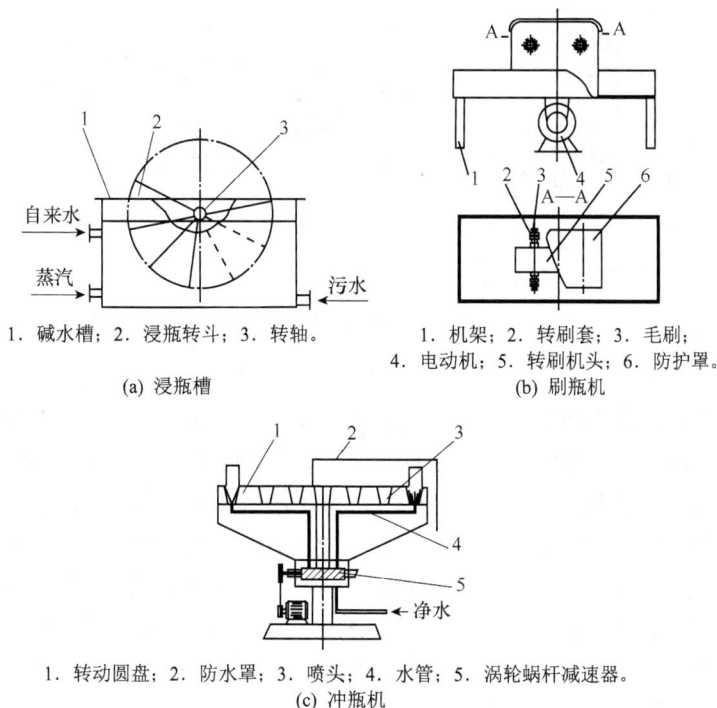

1. 碱水槽；2. 浸瓶转斗；3. 转轴。

(a) 浸瓶槽

1. 机架；2. 转刷套；3. 毛刷；
4. 电动机；5. 转刷机头；6. 防护罩。

(b) 刷瓶机

1. 转动圆盘；2. 防水罩；3. 喷头；4. 水管；5. 涡轮蜗杆减速器。

(c) 冲瓶机

图 2-5 半机械化洗瓶设备

2. 浸泡喷冲内刷式机械化洗瓶设备

随着我国食品工业的发展，对洗瓶的要求也在逐步提高，于是出现了各种自动洗瓶机。如图 2-6 所示的自动洗瓶机就是其中一种，可用于多种规格的圆柱形瓶的清洗。

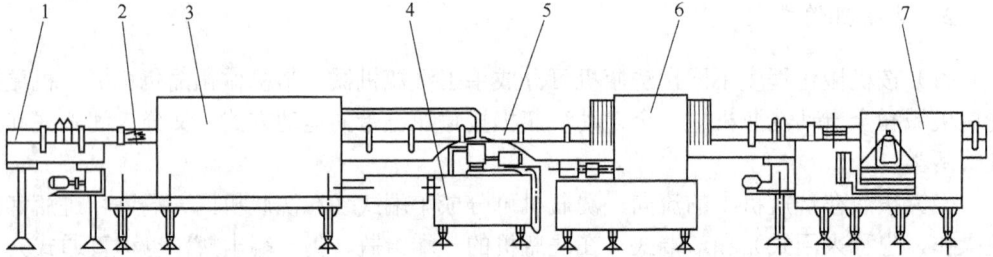

1. Ⅰ输瓶机；2. 进瓶拨盘；3. 浸泡机；4. 热碱水循环泵站；5. Ⅱ输送机；6. 外洗机；7. 内刷沥干机。

图 2-6　自动洗瓶机

该机由浸泡机、外洗机、内刷沥干机、输瓶机等组成。各机之间应调整至动作协调，防止破瓶并能准确地完成整个洗瓶的工艺过程。

1）浸泡机

浸泡机主要由传动系统、滚筒、浸泡槽、滤标器、热碱水循环泵站等组成，如图 2-7 所示。

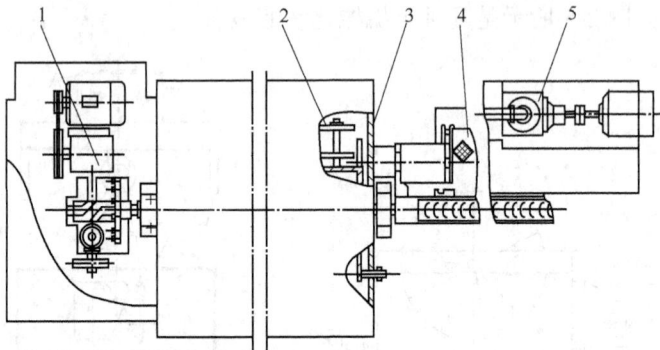

1. 传动系统；2. 滚筒；3. 浸泡槽；4. 滤标器；5. 热碱水循环泵站。

图 2-7　浸泡机的结构图

滚筒是浸泡机的主要构件，其结构如图 2-8 所示。在主传动系统的控制下，它和进瓶拨盘配合动作（其运动状态是间隙转动），整个滚筒共排有瓶子 12 列，每列一般可排 24 只瓶子（视瓶子直径大小）。在工作时，整个浸泡机中一般要保持 12×24=288 只瓶。瓶子进入浸泡机后，按图 2-9 所示排列在滚筒上，首先通过安装在滚筒上面的圆弧形喷淋管组对瓶子内外表面进行预喷淋，使瓶子均匀受热逐渐升温，然后开始以下浸洗过程：高压热水喷冲瓶子内外表面→倒出瓶内污水→浸泡→倒出污水，视瓶子直径大小，反复 3～4 次后出瓶，即每只瓶子要在浸泡机里随滚筒转过 3～4 圈后才被推出浸泡机。此时，大部分的旧商标和污物已被去除。

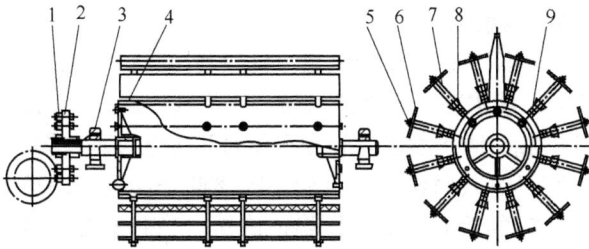

1．滚子；2．转位盘；3．轴承；4．滚筒件；5．螺杆；
6．瓶颈隔板；7．上隔板；8．瓶身隔板；9．下隔板。

图 2-8　滚筒的结构

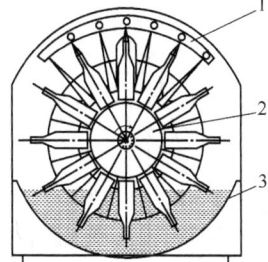

1．喷淋管组；2．滚动件；3．浸泡槽。

图 2-9　瓶子浸泡、喷射示意图

随着浸泡机的运行，大量的废商标或杂物必须及时得到排除，以防止喷淋管道的堵塞。可在浸泡槽溢流管出口处下方安置一个圆柱形的筛网（由传动系统带动），废标随碱液落在筛网上，待转到下部时脱落，在筛网中伸入一水盘，将碱液导入泵站水槽，如图 2-10 所示。

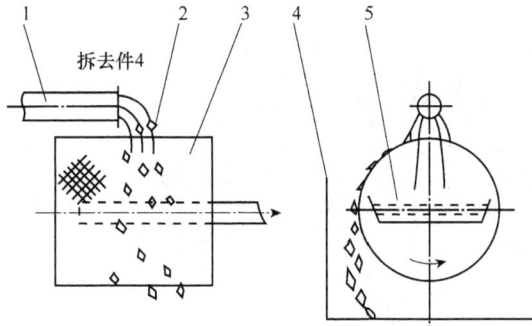

1．浸泡槽溢流管；2．废标；3．筛网；4．废标池；5．水盘。

图 2-10　废标捕集器

浸泡机的碱水是循环使用的。从浸泡槽出来的碱液经去除废标及杂物后，进入泵站水槽，经蒸汽加热后，由水泵打回浸泡机喷淋管组。碱水浓度一般控制在 25%左右，温度控制在 50～55℃，一般每班更换一次。

2）外洗机

图 2-11 所示为一种外洗机的结构图。这种外洗机可利用洗瓶后道清洗水作为水源。

工作时，瓶子靠输送带送入外洗机后，机内特制的喷头所形成的高压水对瓶子外部进行冲洗，工作示意图如图 2-12 所示。瓶子经冲洗后，废标和杂物被冲至瓶子两边，沿输瓶机两侧板和外洗机罩壳，掉入集水盘，由集水盘下面的滤标滚筒排出外洗机。滤后清水流入水箱，再由水泵打入喷水管，实现清洗水的循环使用。为保证清洗效果，要定时补充新的清洗水。

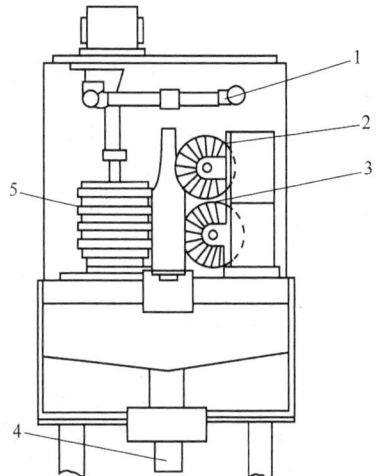

1．喷嘴；2．旋转刷；3．固定导轨；
4．污水排放管；5．回转带轮。

图 2-11　外洗机的结构图

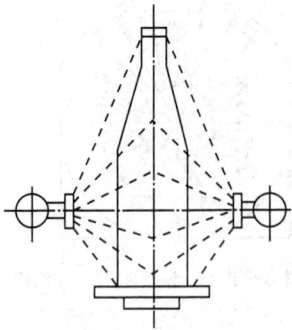
图2-12　瓶子外洗的工作示意图

3）内刷沥干机

内刷沥干机主要由滚筒、引导套、转刷、进瓶拨轮、瓶刷机构、清水喷头及砂滤水喷头等组成。该机中，瓶子主要经过刷瓶、清水喷射、砂滤水喷射等工艺过程（图2-13）。

瓶子进入内刷沥干机后，随滚筒一起做间隙转动，而候在一旁的毛刷电动机始终在旋转。当瓶子轴线转到水平位置时，高速旋转的刷子由曲柄滑块机构驱动，进入瓶内进行刷洗。刷毕，刷子退出，滚筒转过一定角度后，装在机架上的一排喷头即对瓶内进行清水喷射冲洗。当瓶子处于垂直向下位置时，由水阀自动控制的另一排喷头即对瓶内进行砂滤水的喷射冲洗。随后，即转入沥干阶段。待瓶子转到垂直向上时，被推出，进入后面的输送带。

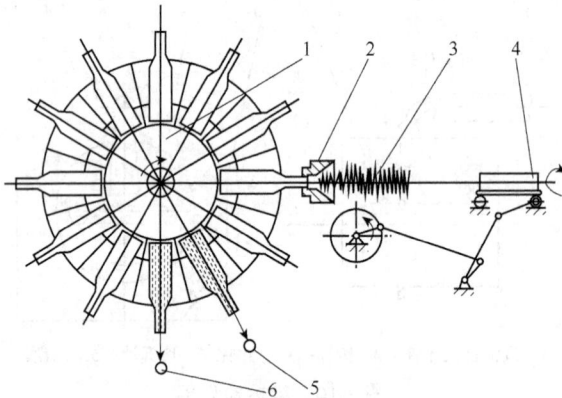
1.滚筒；2.引导套；3.转刷；4.瓶刷机构；5.清水喷头；6.砂滤水喷头。
图2-13　内刷沥干机的工作示意图

3. 喷射式全自动洗瓶机和浸泡-喷射式自动洗瓶机

在喷射式全自动洗瓶机中，洗净是靠高压喷头逐个对瓶子内部进行多次喷射清洗实现的。一般要经过预热喷射、多次碱性洗液喷射及多次回收水（热水、温水、冷水）喷射，最后是净水喷射，图2-14所示的便是其中一种（属双端式）。

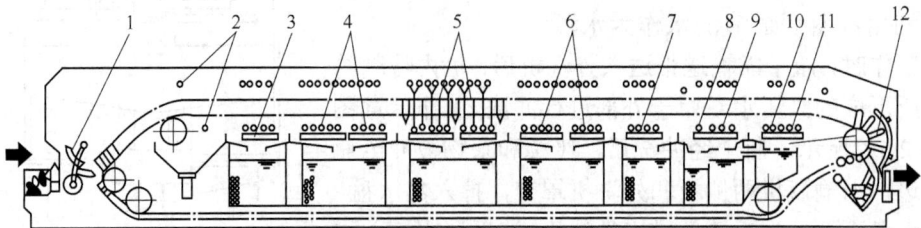
1.进瓶机构；2.预喷射器；3.温水喷射器；4.第一次洗液喷射器；5.第二次洗液喷射器；6.第三次洗液喷射器；
7.第四次洗液喷射器；8.第一次循环水（热水）喷射器；9.第二次循环水（温水）喷射器；
10.第三次循环水（冷水）喷射器；11.净水喷射器；12.出瓶机构。
图2-14　喷射式全自动洗瓶机的结构图

由图 2-14 可见，这种洗瓶机在一个箱式壳体内主要有进瓶机构、喷射机构及出瓶机构，还有回收各种温度水的水箱及其净化机构。

在浸泡-喷射式自动洗瓶机中，是靠连续多次洗液浸泡和多次喷射，或者间隔多次浸泡和喷射来获得满意的洗净效果，一般要经过预浸泡、多次洗液浸泡、洗液喷射、热水喷射、温水喷射、冷水及净水喷射。其外形多为箱式，如图 2-15 所示为其中一种（属单端式）。

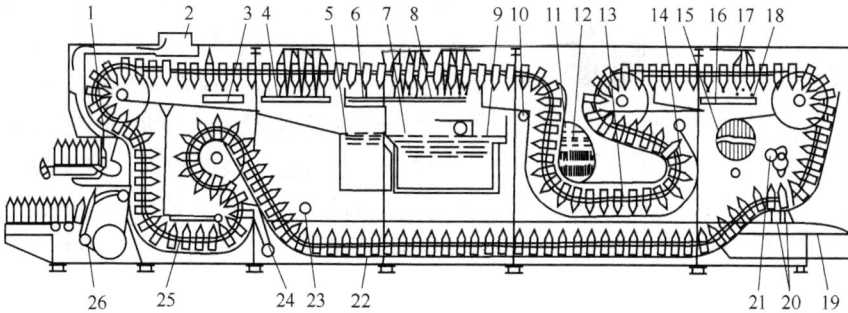

1. 进瓶装置；2. 预浸泡槽；3. 热水进管；4、13、17. 洗液喷射管；5. 第一浸泡槽；
6. 洗液同步喷射装置；7. 晃瓶机构；8. 废标；9、11. 洗液喷头；17. 反射板；15. 第一浸泡槽加热器；
14. 第二浸泡槽；15. 滤标装置；16. 第二浸洗槽加热器；18. 热水回收管；19. 热水喷头；
20. 热水池；21. 热水喷头；22. 冷水池；23. 冷水喷头；24. 净水喷头；25. 蒸汽排出口；
26. 出瓶装置。

图 2-15　浸泡-喷射式自动洗瓶机的结构图

1）进出瓶装置

进出瓶装置的设立是为了使从输送带来的瓶子能稳定、顺利、准确无误地进入瓶罩，或者从瓶罩出来，没有冲击（或很少冲击）地进入输送带上，以免损坏瓶子。如图 2-16 所示为几种常见的进出瓶装置。

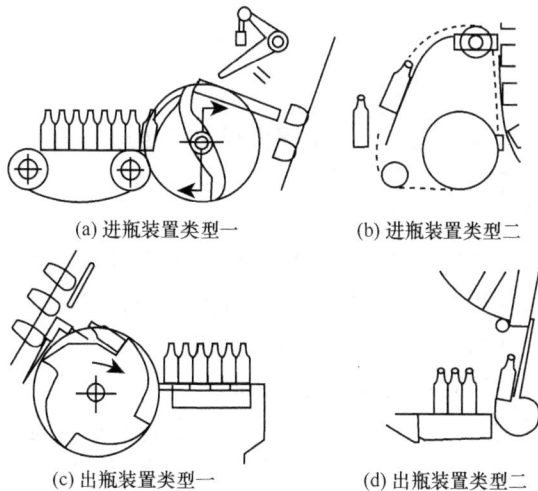

(a) 进瓶装置类型一　　　　　　　(b) 进瓶装置类型二

(c) 出瓶装置类型一　　　　　　　(d) 出瓶装置类型二

图 2-16　进出瓶装置的结构图

2）瓶罩

使瓶子在洗瓶机中运动并保持正确和准确的装置称为瓶罩。常见的有肩承式和口承

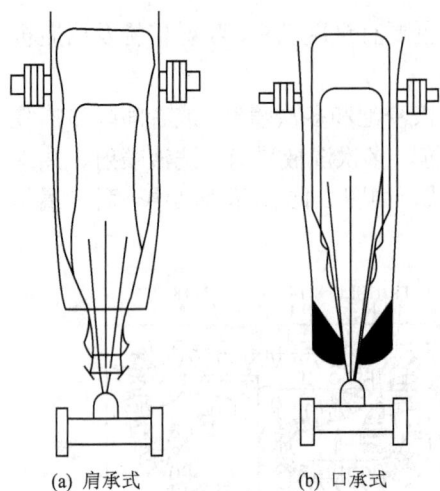

(a) 肩承式　　　　　　(b) 口承式

图 2-17　瓶罩类型

式两大类，如图 2-17 所示。

3）滤标装置

洗瓶过程中，浸泡槽及某些接收槽中会留下大量的废标必须随时去除，以免堵塞管道，影响洗瓶效果。滤标装置就是为这一目的设置的，图 2-18 显示了几种滤标装置。如图 2-18（a）所示为一滤网带，在动力驱动下回转，滤网在洗液面下移动，将黏附于其上的废标带出浸泡槽，然后用空气将它们吹掉（掉入废标盒）。图 2-18（b）所示为一圆柱形滤网。滤网是固定在其两端部的大齿轮上，动力由小齿轮输入。图 2-18（c）所示为一圆盘形滤网。它在链轮带动下转动，不断带起洗液中的废标，待转到上部，用空气将其吹入废标接收盒。

以上 3 种滤标装置，可使去除的废标中几乎不含水分，为后面的处理带来了诸多方便。另外，在去除废标的同时，也可将一些脏物一起带出。

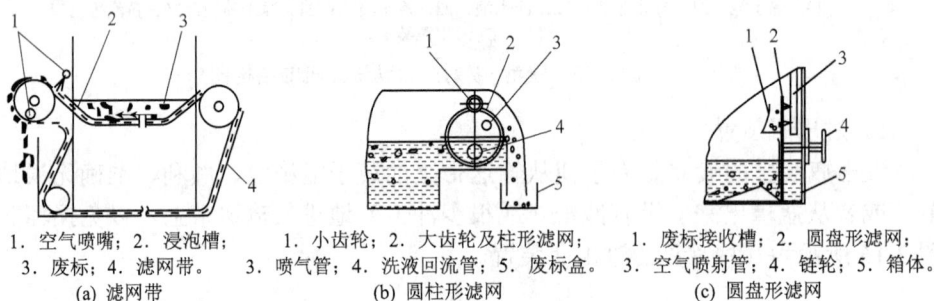

1. 空气喷嘴；2. 浸泡槽；　　1. 小齿轮；2. 大齿轮及柱形滤网；　1. 废标接收槽；2. 圆盘形滤网；
3. 废标；4. 滤网带。　　　3. 喷气管；4. 洗液回流管；5. 废标盒。　3. 空气喷射管；4. 链轮；5. 箱体。

(a) 滤网带　　　　　　　　(b) 圆柱形滤网　　　　　　　　(c) 圆盘形滤网

图 2-18　滤标装置的结构图

全自动洗瓶机有以下特点。

（1）输瓶链带是连续运动的，且在机器内部瓶子传送的速度是恒定的，所需的驱动力低。另外，这种匀速连续输瓶可以避免间歇运动速度不均匀的缺点，不会出现瓶子在瓶罩内来回碰撞，从而减少瓶子的磨损及破裂。

（2）为了对瓶子有一个连续的喷射时间，要求喷嘴与连续移动的瓶罩有一个同步运动，即同步喷射，它是通过一个有一定形状的凸轮获得的（图 2-15）。实际上，喷射时间占整个循环工作时间的 2/3，余下的 1/3 时间为回程。

（3）对瓶子外部的冲洗是利用折射板完成的。

（4）设立了晃瓶机构（图 2-15 中的件 7），由于输瓶没有间隙，在输送过程中，瓶子一般靠向瓶罩的某一侧，商标易夹在瓶罩与瓶外壁之间而躲过喷洗。现在，当瓶子通过特设的晃瓶机构时，瓶子在瓶罩内被晃动几下，这时瓶子会脱开一下原来靠着的一侧瓶罩，而喷头将不失时机地用强有力的洗液喷射，将其中的商标包括脏物冲掉。此处的喷射头也有一个与瓶子的同步运动。

洗瓶机工作时水的循环使用及热能的回收是很重要的。洗瓶机水及热能利用如图 2-19 所示。

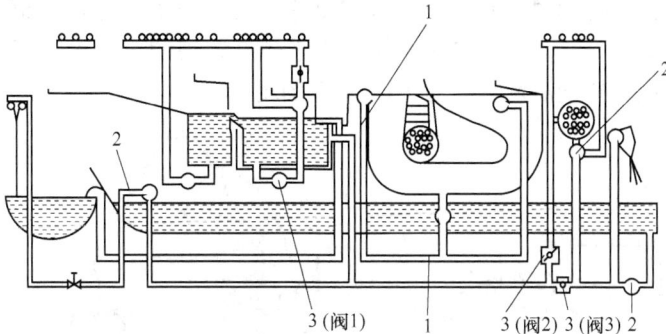

1. 经滤标处理后的管道；2. 泵；3. 阀。

图 2-19 洗瓶机水及热能利用示意图

水的循环使用一般是采取与瓶子逆向流动的方法。净水从机外泵入，对瓶进行最后的喷射，回收后，作为对瓶的冷水喷射，经滤标处理后，一部分经热水回收盘回流到预浸泡槽内，另一部分仍回到热水池。浸泡槽两端的洗液喷射及洗液水喷射，也是循环使用洗液。

热能的利用主要是通过需要冷却的瓶中热量传给需加热的瓶子。例如，预浸泡槽中的热量主要来自热水池（预浸泡槽有溢流管通出机外），而热水池的热量主要来自瓶本身（第二浸泡槽的温度较高）。另外，将两个加热器布置在机器中心部，可以减少对周围的传热及辐射的热量损失。

在开始工作时，热水池及浸泡槽等是靠加热器来加热的。这时，将阀 1、阀 2 打开，阀 3 关闭，热水池夹套中的热水会溢出而流入预浸泡槽中。

为保证各水池及浸泡槽的温度，一般都设有温度自动控制系统，以保持正常工作。

若回收瓶外部很脏，且为一些较难去除的污物，如粘得很牢的泥沙等，可以在洗瓶机（主机）前设置一外洗机（预洗机）。

三、在线清洗系统

食品加工生产设备，在使用前后甚至在使用中应进行清洗，主要有两个原因：一方面，使用过程中表面可能会结垢，从而直接影响操作的效能和产品的质量；另一方面，设备中残留物会成为微生物繁衍场所或产生不良的化学反应，这种残留物若进入食品中，会带来食品安全隐患。

小型简单的设备可以采用人工方式清洗，但对于大型或复杂的生产设备系统，如果采用人工方式清洗，既费时又费力，而且往往难以取得理想的清洗效果。现代食品加工生产设备，多采用在线清洗技术。

在线清洗（clean in place，CIP），又称为原位清洗、就地清洗，即在不拆解生产设备的情况下，利用清洗液在封闭管线的流动冲刷作用或管线端喷头的喷射作用，对输送管线及与食品接触的设备内表面进行清洗。CIP 往往与就地消毒（sterilizing in place，SIP）操作配合，有的 CIP 系统本身就可以做 SIP 操作。CIP 清洗技术已经广泛地应用在先进的食品行业。

    CIP 系统可以分为固定式与移动式两类。固定式是指洗液贮罐是固定不动的，与之配套的系统部件也保持相对固定。移动式 CIP 系统通常只有一个洗液罐，并与泵及挠性管装置构成可移动单元。移动式 CIP 系统多用于独立存在的小型设备清洗。图 2-20 所示为利用移动式装置与摔油机配合进行 CIP 清洗的情形。

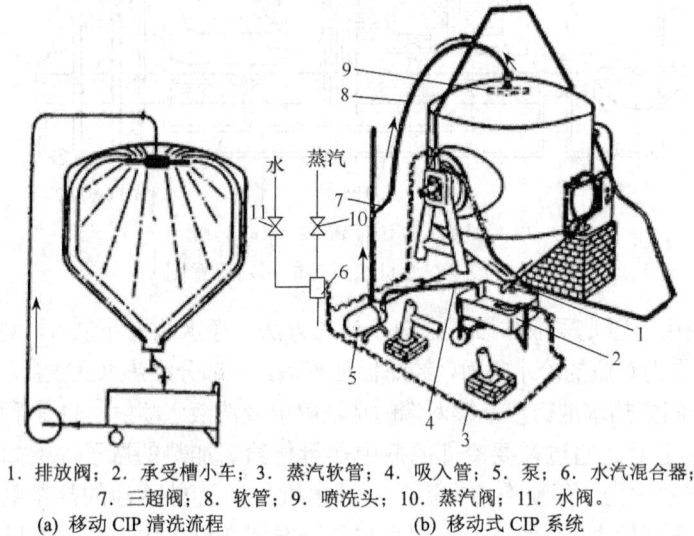

1. 排放阀；2. 承受槽小车；3. 蒸汽软管；4. 吸入管；5. 泵；6. 水汽混合器；
7. 三超阀；8. 软管；9. 喷洗头；10. 蒸汽阀；11. 水阀。
(a) 移动 CIP 清洗流程   (b) 移动式 CIP 系统

图 2-20 摔油机就地清洗组合

（一）CIP 系统的构成

    CIP 系统根据不同的分类，有不同的组成，但一般来说，它通常由清洗液贮罐、加热器、送液泵、管路、管件、阀门、过滤器、清洗头、回液泵及控制系统等组成。典型 CIP 系统如图 2-21 所示。图中的三个容器为 CIP 清洗的对象设备，它们与管路、阀门、泵及清洗液贮罐等构成了 CIP 循环系统。整个系统一般常用不锈钢 1Cr18Ni9（SUS302）、0Cr19Ni9（SUS304）、OCr17Ni12Mo2（SUS316）和 1Cr18Ni9Ti 来制作。

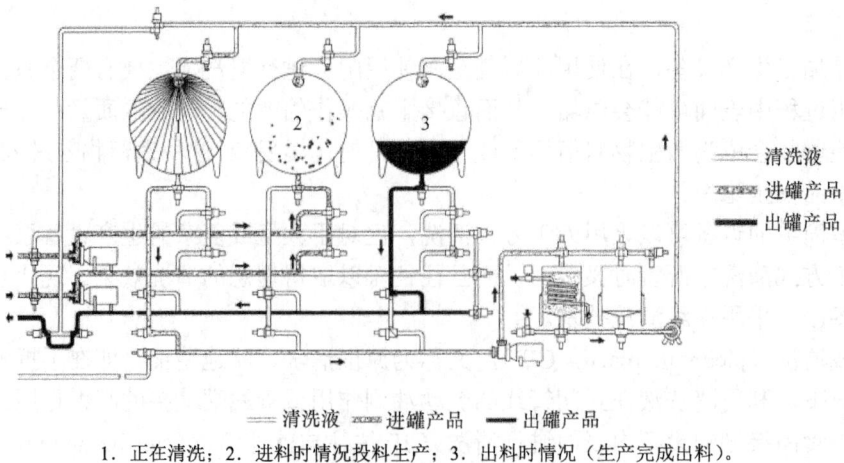

清洗液   进罐产品   出罐产品

1. 正在清洗；2. 进料时情况投料生产；3. 出料时情况（生产完成出料）。

图 2-21 典型 CIP 系统

CIP 系统中的贮液罐是用来存贮清洗液和热水的，内壁必须经抛光处理，内表面 R_a 小于等于 1.0μm；外表面 R_a 小于等于 2.5μm 可根据需要来做处理；上下封头采用碟形和椭圆形，底封也可用锥形，锥角可参考安息角设计便于清洗；贮罐有立式和卧式两种形式。立式贮罐一般是相互独立的圆柱筒罐。卧式贮罐通常是由隔板隔成若干区的卧放圆筒。

管路按作用可分为进水管路、排液管路、加热循环清洗管路、自清洗管路等。管路中的控制阀门、在线检测仪、过滤器、清洗头等配置按设计要求配备。

加热器可以独立于贮罐而串联在输液管路上，也可装在贮液罐内。加热器常采用板式热交换器、盘管式热变换器间接加热，也可用无声蒸汽直接加热。板式热交换器的优点是传热系数高、占地空间较小，但相对价格高、易堵塞。盘管式热交换器的优点是结构简单、价格低，但要放置于罐内，易结垢，表面要进行人工清洗。无声蒸汽加热器结构简单，价格低，热效率高，但易改变槽液浓度，且易结垢。

CIP 系统中的泵分供液泵和回液泵两类。供液泵用于将清洗液送到需要清洗的位置，为清洗液提供动能，也便于以一定的速度在管内流动和提供喷头所需的压力。清洗液常采用离心冲压式，该种泵的最大特点是过流部位均被抛光，没有死角，易清洗干净，故俗称卫生泵。回液泵用于将清洗过的液体回收到贮液罐，供洗液回收使用。大型啤酒发酵罐与产品输送站及 CIP 清洗管的连接流程如图 2-22 所示。

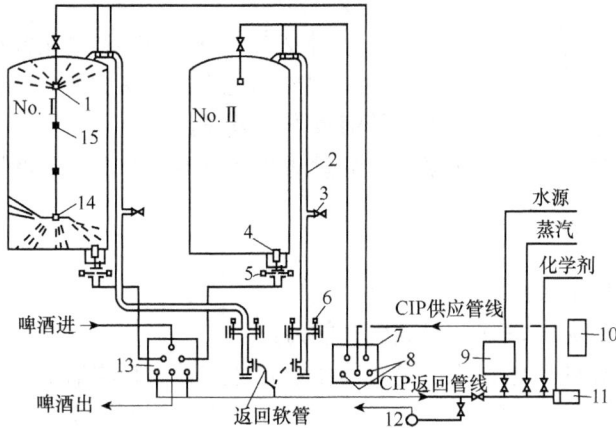

1. 固定喷头；2. 通气管；3. 通气阀；4. 沉渣阻挡器；5. 双重出口；6. 压力调节阀；7. 清洗剂分配站；8. 微型开关；9. 水箱；10. 控制盘；11. CIP 供应泵；12. 污水泵；13. 啤酒进出站；14. 回转弯头；15. 滑动接头。

图 2-22 大型啤酒发酵罐与产品输送站及 CIP 清洗管的连接流程

（二）CIP 清洗的原理

CIP 清洗是在洗净能和机械共同作用下完成清洗工作的。

CIP 洗净能有 3 种，即化学能、热能和动能。一般 CIP 系统均需围绕以上 3 种清洗能及清洗时间的有机结合进行设计。

（1）化学能主要是加入其中的化学试剂产生的，它是决定清洗效果最主要的因素。一般厂家可根据清洗对象的污染性质和程度、构成材质、水质、所选清洗方法、成本和安全性等方面来选用洗涤剂。常用的清洗液有酸碱清洗液和灭菌剂。

酸碱清洗液中的酸是指 1%～2% 的硝酸溶液，碱指 1%～3% 的氢氧化钠（65～80℃）。

灭菌剂为经常使用的氯系杀菌剂，如次氯酸钠、二氧化氯等。

酸碱清洗剂的优点：能将微生物杀死；去除有机物效果较好；缺点：对皮肤有较强的刺激性；水洗性差。

灭菌剂的优点：杀菌效果迅速，对所有微生物有效；稀释后一般无毒；不受水硬度影响；在设备表面可形成薄膜；浓度易测定；易计量；可去除恶臭。缺点：有特殊味道；需要一定的贮存条件；不同浓度杀菌效果区别大；气温低时易冻结；用法不当会产生副作用；混入污物杀菌效果明显下降；洒落时易污染环境并留有痕迹。

（2）热能来自洗液的温度。洗液流量一定时，温度升高其黏度会下降，雷诺数（Re）增大。同时，温度的上升通常可以改变污物的物理状态，加速化学反应速度，同时增大污物的溶解度，便于清洗时杂质溶液脱落，从而提高清洗效果，缩短清洗时间。

（3）动能来自洗液的循环流动，动能的大小由（Re）来衡量的，增大 Re 可以缩短洗净时间。Re 对 CIP 洗涤效果的影响如图 2-23 所示。Re 的一般标准如下：从罐内壁面流下的薄液，槽类 $Re > 200$，管类 $Re > 3000$，而 $Re > 30\,000$ 洗涤效果最好。

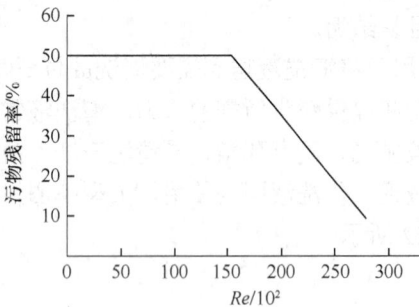

图 2-23 Re 对 CIP 洗涤效果的影响

水为极性化合物，对油脂性污物几乎无溶解作用，对碳水化合物、蛋白质、低级脂肪酸有一定的溶解作用，对电解质及有机或无机盐的溶解作用较强。

机械作用由运动而产生，如搅拌、喷射清洗液产生的冲击力和摩擦力等。

（三）CIP 清洗的特点

CIP 清洗具有以下特点。

（1）能使生产计划合理化及提高生产能力。

（2）与人工清洗相比较，不但没有因作业者之差异而影响清洗效果，还能提高其产品质量。

（3）能防止清洗作业中的危险，节省劳动力。

（4）可节省清洗剂、蒸汽、水及生产成本。

（5）能增加机器部件的使用年限。

（四）CIP 清洗效果的影响因素

设备污染程度、污染物性质及产品生产工艺等因素是决定清洗效果的重要原因，如果清洗时不根据其特性来确定 CIP 的条件，很难达到理想的目的或因此导致清洗费用过高等缺陷。

目前食品行业应用的清洗液主要有酸、碱等。碱类清洗液对含蛋白质较高的污物有很好的去除作用，但对食品橡胶垫圈等有一定的腐蚀作用。酸类清洗液对碱性清洗剂不能去除的顽垢有较好的效果，但对金属有一定的腐蚀性，应添加一些抗腐蚀剂或用清水冲洗干净。清洗液还有表面活性剂、螯合剂等，但只在特殊需要时才使用，如清洗用水硬度较高时，可使用螯合剂去除金属离子。

提高清洗液浓度时，可适当缩短清洗时间或弥补清洗温度的不足。清洗液浓度的增高会造成清洗费用的增加，而且清洗浓度的增高并不一定能有效提高清洗的效果，因此厂家有必要根据实际情况确定合适的清洗液浓度。

清洗液温度每升高 10℃，化学反应速度会提高 1.5～2.0 倍，清洗速度也相应提高，清洗效果较好。清洗温度一般应不低于 60℃。

清洗时间受许多因素的影响，如清洗剂种类、浓度、清洗温度、产品特性、生产管线布置及设备设计等。清洗时间必须合适，太短不能对污物进行有效的去除，太长则浪费资源。

（五）CIP 清洗评定的标准

作为食品生产理想的 CIP 系统，清洗效果必须达到以下标准。

1. 感官标准

感官标准主要从气味、视觉两方面评定。

气味：清新、无异杂味，对于特殊的处理过程或特殊阶段允许有轻微的气味，但不能影响最终产品的安全和自身品质。

视觉：清洗表面光亮，无积水，无膜，无污垢或其他。同时，经过 CIP 处理后，设备的生产处理能力明显改变。

2. 卫生指标

微生物指标达到相关要求；不能造成产品其他卫生指标的提高。

3. 经济性

在满足清洗要求的条件下，成本是衡量清洗效果的重要因素。

4. 操作

CIP 操作必须相对安全、方便等。

（六）CIP 清洗程序及形式

1. CIP 清洗程序

（1）预洗。将冷水或温水泵入罐中，经过 10～15min 清洗，污垢被分散解离，废水排出罐外。

（2）洗涤。以氢氧化钠为主要成分、浓度为 0.2%～1% 的强碱性水溶液，清洗 20min。预洗工序中大部分污垢已被清除，因此，在此工序中碱性洗液消耗较少，且可将用过的碱液回收，适当补充碱液浓度，以循环使用。

（3）中间冲洗。把生产罐中附着的残留碱液用冷水冲洗干净，清洗 20min，目的是减少杀菌液的负担。

（4）杀菌工序。用有效氯浓度 50～200mg/L 的次氯酸钠水溶液进行 15min 杀菌。杀菌剂消耗较少，可回收并适当补充，调整到原来浓度，以重复使用。

（5）最后冲洗。用无菌水冲洗 5min。

2. CIP 清洗系统的形式

CIP 清洗系统的形式按照洗液的使用方式分为一次性使用系统、循环使用系统和混合系统。

一次性使用系统工作过程中洗液是一次性使用，清洗后洗液排放。一次性使用系统主要由清洗液贮罐、离心泵、喷射器等设备组成，其装置的设备组成如图 2-24 所示。

一次性使用系统适用于那些贮存寿命短、易变质的杀菌剂，或是设备中有较高残留固形物容易使清洗液、杀菌剂污染而不宜重复使用的场合。

循环使用系统工作过程中清洗液可循环使用。循环使用系统包括过滤器、循环泵、新鲜清洗液、热水贮罐及回收罐等设备，贮罐中设有加热装置，其装置的设备组成如图 2-25 所示。

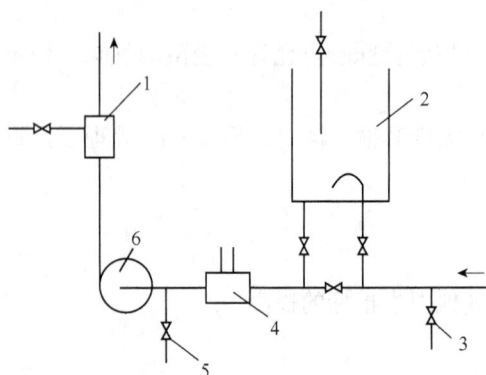

1. 过滤器；2. 清洗液贮罐；3. 排污口；
4. 喷射器；5. 蒸汽进口；6. 循环泵。

图 2-24　一次性使用系统的设备组成

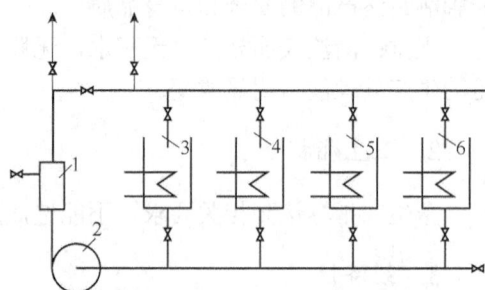

1. 过滤器；2. 循环泵；3. 新鲜清洗液贮罐；
4. 回收清洗液贮罐；5. 热水罐；6. 回收水贮罐。

图 2-25　循环使用系统的设备组成

循环使用系统适用于生产设备生产单一产品的场合。循环使用系统在保证不发生交叉感染的同时，可以重复利用清洗液、杀菌剂，以减少排污对环境的污染，节约生产成本。

混合系统工作过程中清洗液可循环使用，亦可部分排放、部分循环使用。

混合系统包括洗涤剂回收罐、循环泵、过滤器等设备。其装置设备组成如图 2-26 所示。混合系统集一次性系统和循环使用系统的特点于一体，具有使用灵活的优越性。

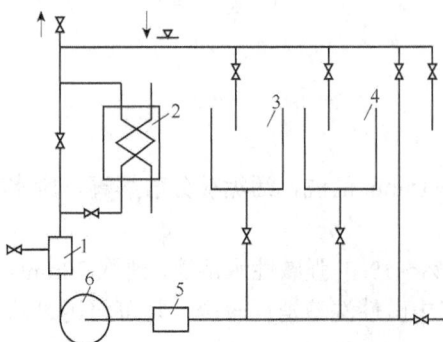

1. 过滤器；2. 加热罐；3. 清洗液罐；
4. 回收罐；5. 喷射器；6. 循环泵。

图 2-26　混合系统的设备组成

（七）CIP 清洗的制动控制

CIP 系统的制作控制有两种方式：手动控制

和自动控制。

手动控制完全由手工操作阀门，如加液、清洗、排放、控温等功能。自动控制是由设计人员按要求来设置能够调节的流量、温度、浓度、压力、时间等参数仪器和仪表对CIP 系统进行自动控制，并且按设定的清洗工艺，以最少的时间、工作量、耗量，完成清洗的目的，实现最大的利润。由于考虑酸、碱等清洗液对人体的伤害及清洗质量是无菌生产的重要因素，因此 CIP 的自动控制显得十分必要。

许多人认为 CIP 系统就是用水和碱水对着清洗设备内腔进行冲洗，实际上，CIP 系统应该根据它的清洗工艺来设计其装置。第一，明确它的清洗对象是什么，需要用什么样的清洗液对它清洗，清洗液的种类决定洗罐的数量。第二，需确定清洗液的浓度（包括水）、温度、压力、速度、时间、距离（距清洗罐）和雷诺数。第三，确定清洗顺序，先洗什么，后洗什么，哪些一次性洗，哪些定期洗。CIP 系统中关键的技术指标是其清洗工艺，设备是硬件，工艺是软件。针对不同的清洗对象（啤酒、饮料、果汁、乳制品、药液、矿泉水、食品、化妆品等生产线），应设置不同的清洗工艺。

实践操作

乳制品在线清洗的操作

【实践目的】

（1）熟悉 CIP 清洗系统的操作程序。

（2）掌握设备、管道清洗与灭菌的工艺方法。

【原料与设备】

（1）原料：碱、酸等。

（2）设备：乳制品生产线。

【操作步骤】

1. 冷管路及其设备的 CIP 清洗

乳品加工中的冷管路主要包括乳管线、原料乳贮存罐等设备。牛奶在这类设备和连接管路中由于没有受到热处理，相对结垢较少。清洗程序如下所述。

（1）水冲洗 3～5min。

（2）用 75～80℃热碱性清洗液循环冲洗 10～15min（若选择氢氧化钠，建议浓度为 0.8%～1.2%）。

（3）水冲洗 3～5min。

（4）每周用 65～70℃的酸液循环冲洗一次，时间为 10～15min（如浓度为 0.8%～1.0%的硝酸溶液）。

（5）用 90～95℃热水消毒 3～5min。

（6）逐步冷却 10min（贮乳罐一般不需要冷却）。

2. 热管路及其设备的 CIP 清洗

乳品加工中，由于各段热管路加工工艺目的的不同，牛奶在相应的设备和连接管路中的受热程度也有所不同，因此，要根据具体结垢情况，选择有效的清洗程序。

（1）受热设备的清洗。清洗程序如下所示。

① 用水预冲洗 5～8min。

② 用 75～80℃热碱性清洗液循环冲洗 15～20min。

③ 用水冲洗 5～8min。

④ 用 65～70℃热碱性清洗液循环冲洗 15～20min。

⑤ 用水冲洗 5min。

生产前一般用 90℃热水循环冲洗 15～20min，以便对管路进行杀菌。

（2）巴氏消毒系统的清洗。对巴氏消毒设备及其管路一般建议采用以下的清洗程序。

① 用水预冲洗 5～8min。

② 用 75～78℃热碱性清洗液（如浓度为 1.2%～1.5%氢氧化钠溶液）循环冲洗 15～20min。

③ 用水冲洗 5min。

④ 用 65～70℃酸性清洗液（如浓度为 0.8%～1.0%的硝酸溶液或 2.0%的磷酸溶液）循环冲洗 15～20min。

⑤ 用水冲洗 5min。

（3）超高温瞬时灭菌（ultra-high temperature instantaneous sterilization，UHT）系统的清洗。系统的正常清洗相对于其他热管路的清洗来说要更复杂和困难。UHT 系统的清洗程序与产品类型、加工系统工艺参数、原材料的质量、设备的类型等有很大的关系。UHT 设备都需要 AIC（aseptic intel-mediate cleaning）中间清洗过程和 CIP 过程。AIC 是指生产过程中在没有失去无菌状态的情况下，对热交换器进行清洗，而后续的灌装可在无菌罐供乳的情况下正常进行的过程。采用这种清洗是为了去除加热面上沉积的脂肪、蛋白质等垢层，降低系统内压力，有效延长运转时间。生产后都应进行 CIP 清洗，以保证管道的无菌状态，所以用合适的 CIP 工段来配合 UHT 工作，这在工艺上是十分必要的。

① 配料设备、管道的清洗。为避免交叉污染，配料罐原则上要求清空一锅清洗一次。日常清洗以纯水冲洗为主，但每天必须有一次高温消毒，3 天做一次碱清洗，周末进行一次酸碱清洗。

管道的清洗分两部分：调配罐后的管道与 UHT 同时清洗。调配罐前的管道，如两次使用间隔时间短，则不清洗，最好在前一次泵完物料后控制适量顶水将管道内残余物料冲洗干净，将质量隐患产生的可能性降到最低。

② 换热器的清洗。UHT 的清洗除了温差达到 6℃必须进行完整清洗外，加工期间还要随时监控温度的变化趋势，以及时做出 AIC 清洗的决定。UTH 清洗时要和输出到无菌罐的管路一起清洗。对中性产品，一般连续加工 8h 左右，设备本身就需要进行在线清洗。对酸性产品，灭菌温度在 110℃左右，即使连续加工 24h，也不会出现温度报警，即使如此，也一定要坚持 24h 内停机清洗的制度。

③ 无菌罐的清洗。应严格执行 24h 内做一次完整清洗的制度。无菌罐的无菌空气滤芯要严格执行每使用 50 次更新一次的规定，以确保无菌条件。无菌罐和无菌罐输出管道需一起清洗。在加工线更换产品时，也必须进行清洗。

④ 包装机的清洗。当停机超过 40min，要求对包装机及其管路进行清洗后才能继续生产。连续加工 24h 内要确保做一次清洗。

思考题

（1）简述 CIP 系统的工作原理及特点。
（2）简述乳制品 CIP 系统的操作步骤。
（3）简述洗瓶机的类型与特点。

第三章　空气净化设备

绝大多数工业微生物发酵和动植物细胞培养都是利用好氧性微生物或动植物细胞进行深层悬浮纯种培养。在培养过程中无论是生长还是合成代谢产物都需要消耗大量的氧气，以满足微生物的生长、繁殖及代谢的需要。这些氧气通常由空气提供，但空气中浮游着大量颗粒物质，既包括尘埃等非生物颗粒，又包括微生物等生物颗粒。

空气净化设备概述

空气中的这些微生物如果进入培养系统，便会大量繁殖，与发酵生产中的生产菌竞争、抢夺营养物，产生各种副产物，从而干扰或破坏纯种培养的正常进行，使生物产品的获得率降低，产量下降，甚至使培养过程彻底失败导致倒灌，造成严重的经济损失。因此，采用合理可靠的空气预处理和除菌设备是生物细胞培养过程中极其重要的一个环节。

一、概　　述

设法除去空气中含有的大量生物和非生物微粒的过程称为空气净化。空气净化设备能够造成全室或局部高洁净度的空气环境，这是保证生产环境洁净和无菌的主要手段，也是保证生产能正常进行的重要措施。

空气净化设备分为两类：一类是装配式洁净室和配套设备。另一类是局部净化设备。为了降低生产成本，一般采取局部净化的方式，如发酵生产中对细胞培养过程中所需的空气有严格的洁净要求，这类空气净化装置属于局部净化设备。

为了确保药品生产的质量安全，国家发布了《药品生产质量管理规范》（简称GMP），重点是防止药品的污染。2013 年颁布的药品生产企业《洁净厂房设计规范》（GB 50073—2013），对医药工业洁净厂房的空气洁净度等级标准做了明确规定。目前，日益严峻的食品安全问题，使得对食品生产环境的要求也越来越高。参照药品生产 GMP 管理模式，已经成为食品行业发展的趋势。净化空调系统可对室内空气进行过滤、除湿、加热等，使之成为无尘、无菌清洁的空气，且使室内温度和相对湿度符合相关规定，在空气洁净技术中起着十分重要的作用，因而被广泛地应用于生物、食品加工等领域。

（一）空气净化的方法

空气净化的方法主要有静电吸附、介质过滤、辐射杀菌、热杀菌、负离子净化、低温等离子净化、光催化。

生物工业上应用的"无菌空气"是指通过除菌处理使空气中的含菌量降至一个极低的百分数，从而控制发酵污染至极小机会的空气。食品生产上使用的空气量大，要求处理的空气设备简单，运行可靠，操作方便，现就各种空气净化的方法简述如下。

1. 静电吸附

静电吸附是利用静电引力来吸附带电粒子而达到除尘、除菌的目的。静电吸附不仅能除去空气中的水雾、油雾和尘埃，同时也能除去空气中的微生物。对 $1\mu m$ 的微粒去除率达 99%，消耗能量小，每处理 $1000m^3$ 的空气每小时耗电只有 $0.4\sim0.8kW$，同时空气的压力损失小。

静电吸附净化空气的优点：①阻力小，约 1.01×10^4Pa；②染菌率低，平均低于 10%～15%；③除水、除油效果好；④耗电少。

缺点：①设备庞大，需要采用高压电技术，且一次性投资较大；②不适于空气流速较大的场合。

2. 介质过滤

介质过滤是目前生物工业上最常用的空气净化方法，常用的过滤介质有活性炭、棉花、活性炭、超细玻璃纤维和石棉板、烧结材料（烧结金属、烧结陶瓷、烧结塑料）、微孔超滤膜等。与通常的过滤原理不一样，一方面由于空气中气体分子间引力较小，且微粒很小，常见的悬浮于空气中的微生物粒子大小为 $0.5\sim2\mu m$，而过滤常用的过滤介质如棉花的纤维直径一般为 $10\sim20\mu m$，当充填系数为 8% 时，棉花纤维所形成的网格的空隙为 $20\sim50\mu m$，孔径是微粒直径几倍到几十倍，因此过滤机制比较复杂，如图 3-1 所示。

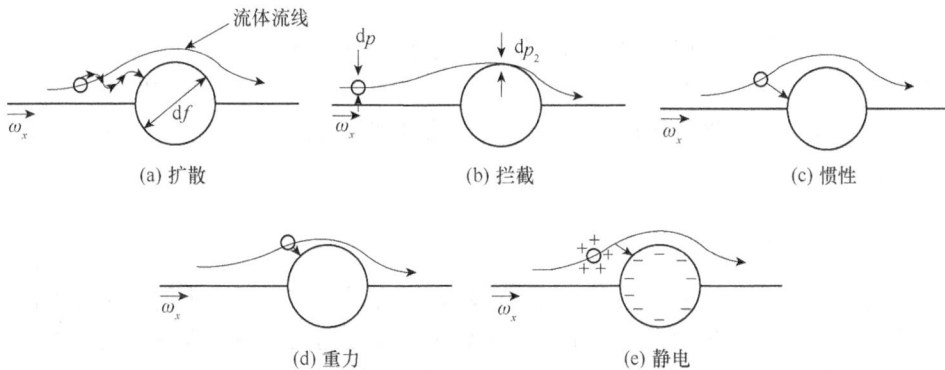

图 3-1　介质过滤除菌机示意图

（1）惯性冲击滞留作用机理。当微粒随气流以一定的速度垂直向纤维方向运动时，空气受阻即改变运动方向，绕过纤维前进，而微粒由于其运动惯性较大，难以及时改变运动方向，直冲到纤维的表面，由于摩擦黏附，微粒就滞留在纤维表面上，即称为惯性冲击滞留作用。惯性冲击滞留作用是影响空气过滤除菌效率的主要因素。

（2）拦截滞留作用机理。当微生物等微粒随低速气流慢慢靠近纤维时，微粒所在的主导气流受纤维所阻而改变流动方向，绕过纤维前进，并在纤维的周边形成一层边界滞流区。滞留区的气流速度较慢，进到滞留区的微粒慢慢靠近和接触纤维而被黏附滞留，即称为拦截滞留作用。

（3）布朗扩散作用机理。直径很小的微粒在流速很慢的气流中能产生一种不规则的直线运动，称为布朗扩散。布朗扩散的运动距离很短，在很小的气流速度和较小的纤维间隙中，布朗扩散作用可大大增加微粒与纤维的接触滞留机会。

（4）重力沉降作用机理。微粒虽小，但仍具有质量。当微粒所受的重力大于气流对它的拖带力时，微粒便沉降。重力沉降作用一般与拦截作用配合，在纤维的边界滞留区内，微粒的沉降作用可提高拦截的效率。

（5）静电吸附作用机理。静电吸附的原因之一是微生物粒子带有与介质表面相反的电荷，或是由于感应而得到相反的电荷而被吸附。另一原因是当空气流过介质时，介质表面就感应出很强的静电荷而使微生物粒子被吸附。悬浮在空气中的微生物大多带有不同的电荷，这些带电的微粒会受带电异性电荷介质所吸引而沉降。

当空气流过介质时，惯性冲击滞留、拦截滞留、布朗扩散、重力沉降和静电吸附 5 种机理同时起作用。当气流速度较大时，惯性冲击滞留起主要作用；当气流速度中等时，拦截滞留起主要作用。

3. 辐射杀菌

α 射线、X 射线、β 射线、γ 射线、紫外线、超声波等能破坏蛋白质及生物活性物质，从而起到杀菌作用。其中，应用较广泛的是紫外线，它通常用于无菌室和医院手术室灭菌。但紫外线杀菌效率较低，杀菌时间较长，一般要结合甲醛熏蒸等来保证无菌室的无菌程度。

4. 热杀菌

虽然空气中的细菌芽孢是耐热的，但温度足够高也能将它杀灭，如悬浮在空气中的细菌芽孢在 218℃下 24s 即被杀死。但是采用蒸汽或电热来加热大量的空气，以达到灭菌目的，这样做太不经济。所以，利用空气压缩时产生的热进行灭菌对于无菌要求不高的场所来说是一个经济合理的方法。

5. 负离子净化

人造负离子主要采用高压电场、高频电场、紫外线、放射线和水的撞击等方法使空气电离而产生。负离子在调节空气中正、负离子浓度比的同时还可吸附空气中的尘粒、烟雾、病毒、细菌等生物悬浮污染物，变成重离子而沉降，达到净化的目的。缺点是容易扬灰，造成二次污染。

6. 低温等离子净化

低温等离子净化是利用外加电场使介质放电，产生大量携能电子轰击污染物分子，使其电离、离解和激发，然后引发一系列复杂的物理化学反应，使复杂的大分子污染物转变为简单的小分子安全物质，或使有毒有害物质转变成无毒无害或低毒低害的物质。此方法无法去除颗粒物，也无法彻底降解污染物。

7. 光催化

光触媒在紫外线照射下，产生类似光合作用的光催化反应，生成氧化能力极强的氢氧自由基和活性氧，氧化分解各种有机化合物和部分无机物，以杀死细菌，把有机污染物分解成无污染的水和 CO_2，并可以彻底降解有机污染物。其缺点是无法去除颗粒污染物，催化效率不高。

（二）空气净化的级别

按照过滤去除颗粒的大小、多少，空气净化分为初效过滤、中效过滤、亚高效过滤和高效过滤 4 个级别。

1. 初效过滤

初效过滤能过滤空气中自然降尘的颗粒，如直径 5μm 以上尘埃粒子，常用棉花、泡沫塑料、涤纶无纺布等作过滤介质。无纺布具有容量大、阻力小、滤材均匀、不易老化等优点，且便于清洗，成本低廉，应用越来越广泛，有替代泡沫塑料的趋势。

2. 中效过滤

中效过滤能过滤去除直径为 1～10μm 的颗粒。常用细孔泡沫塑料、超细合成纤维或玻璃纤维、优质无纺布等作过滤介质。中效过滤可去除空气中的飘尘和油滴，对高效过滤器起保护作用，延长其使用寿命。

3. 亚高效过滤

亚高效过滤能过滤去除直径为 0.5～5μm 的颗粒，常用玻璃纤维滤纸、过氯乙烯纤维滤布、聚丙烯纤维滤布等作过滤介质。在额定风量下，对不小于 0.5μm 颗粒的去除率为 95%～99.9%，可作为空气净化的末端过滤装置。

4. 高效过滤

高效过滤能过滤去除直径为 0.1～1μm 的颗粒，常用超细玻璃纤维、超细石棉纤维等作过滤介质。高效过滤，可完全滤除细菌等微细颗粒，多设置于洁净厂房、局部净化设备的最后一级。一般安装在通风系统的末端，作为洁净区的进风口使用。

（三）空气净化的流程

空气净化的流程是按生物工业生产对空气的无菌程度、空气压力、温度和相对湿度等，并结合采气环境的空气条件、净化设备的特性及空气的性质而制定的。总之，生物工业中所使用的空气净化流程应根据生产的具体要求和当地的气候条件而设计。下面介绍几种典型的空气净化流程。

1. 压缩冷却空气净化流程

压缩冷却空气净化流程如图 3-2 所示。由涡轮式空气压缩机或无油润滑空气压缩机、贮罐、空气冷却器和过滤器等组成。这种流程只能适用于气候寒冷、相对湿度很低的地区。由于空气的温度低，压缩后温度也不会升高很多，特别是空气的相对湿度低，空气中的绝对湿含量很小，虽然空气经压缩并冷却到培养要求的温度，但最终空气的相对湿度还能保持在 60% 以下，可保证过滤设备的净化效率。

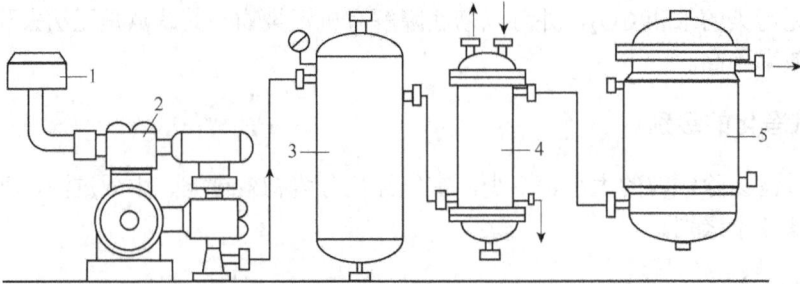

1. 粗过滤器；2. 压缩机；3. 贮罐；4. 冷却器；5. 总过滤器。

图 3-2　压缩冷却空气净化流程

2. 两级冷却、分离、加热空气净化流程

两级冷却、分离、加热空气净化流程如图 3-3 所示，其特点是两次冷却、两次分离、适当加热。两次冷却、两次分离油水的主要优点是可节约冷却用水，油和水雾分离比较完全，可保证干过滤。经第一级冷却后，大部分的水、油已结成较大的雾粒，且雾粒浓度比较高，可用旋风分离器分离。第二级冷却器使空气进一步冷却后析出较小的雾粒，宜采用丝网分离器分离，这类分离器可分离较小直径的雾粒且分离效率高。

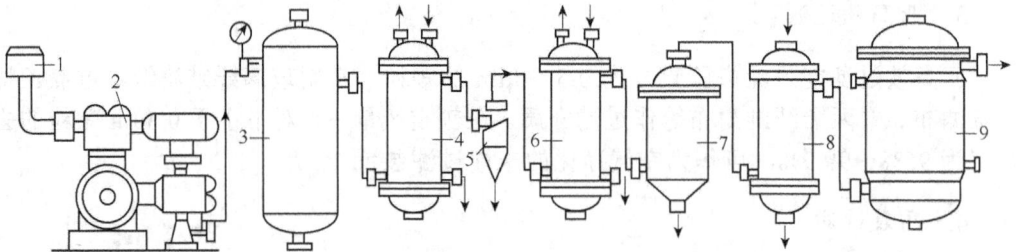

1. 粗过滤器；2. 压缩机；3. 贮罐；4、6. 冷却器；5. 旋风分离器；7. 丝网分离器；8. 加热器；9. 总过滤器。

图 3-3　两级冷却、分离、加热空气净化流程

3. 高效前置空气净化流程

高效前置空气净化流程如图 3-4 所示。该流程使空气先经中效、高效过滤后，进入空气压缩机。经前置高效空气过滤器后，空气的无菌程度可达 99.99%。再经冷却、分离和主过滤器过滤后，空气的无菌程度就更高。这种流程的特点是无菌程度高。

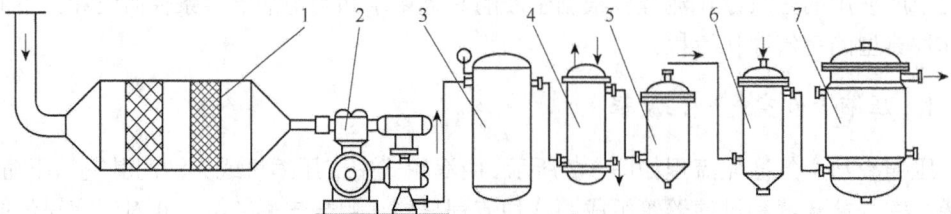

1. 高效过滤器；2. 压缩机；3. 贮罐；4. 冷却器；5. 丝网分离器；6. 加热器；7. 总过滤器。

图 3-4　高效前置空气净化流程

4．冷热空气直接混合式净化流程

图 3-5 是冷热空气直接混合式净化流程。从流程图中可以看出，压缩空气从贮罐出来后分成两部分，一部分进入冷却器，冷却到较低温度，经分离器分离水分、油雾后，与另一部分未处理过的高温压缩空气混合。此时混合空气的温度为 30～35℃，相对湿度为 50%～60%，之后进入过滤器过滤。该流程的特点是可省去第二级冷却后的分离设备和空气加热设备，流程比较简单，冷却水用量少。该流程适用于中等湿含量地区，但不适合于空气湿度较高的地区。

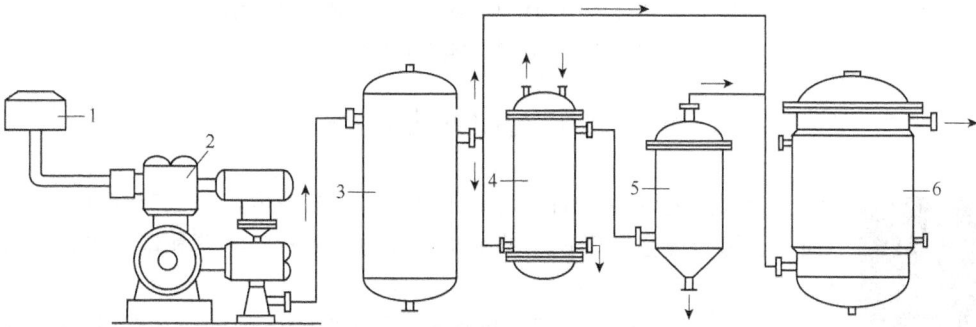

1．粗过滤器；2．压缩机；3．贮罐；4．冷却器；5．丝网分离器；6．过滤器。

图 3-5　冷热空气直接混合式净化流程

5．热空气加热冷空气净化流程

图 3-6 是热空气加热冷空气净化流程。它利用压缩后的热空气和冷却后的冷空气进行热交换，使冷空气的温度升高，降低相对湿度。此流程对热能的利用比较合理，热交换器还可兼作贮罐，但由于气-气换热的传热系数很小，加热面积要足够大才能满足要求。

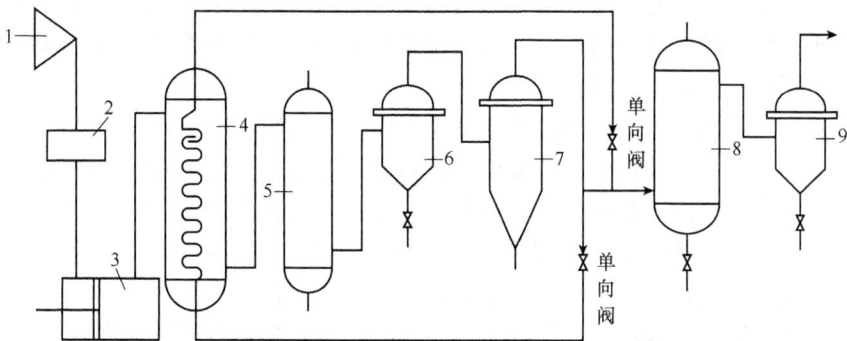

1．高空采风；2．粗过滤器；3．压缩机；4．热交换器；5．冷却器；6、7．析水器；8．总过滤器；9．分过滤器。

图 3-6　热空气加热冷空气净化流程

生物工厂典型净化流程如图 3-7 所示。

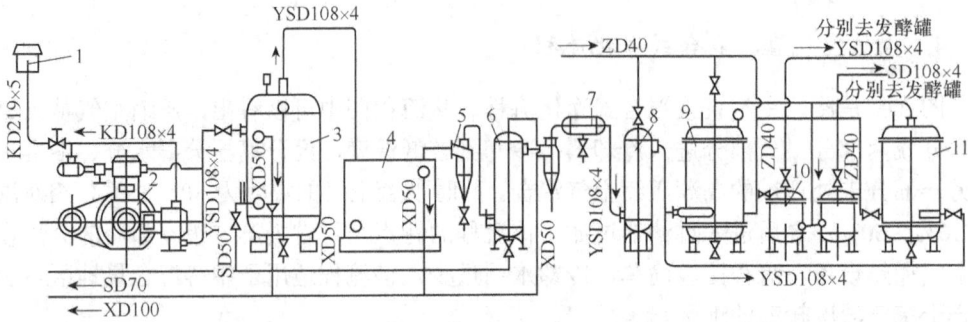

1. 粗过滤器；2. 压缩机；3. 贮罐；4. 冷却器；5. 油水分离器；6. 二级空气冷却管；
7. 除雾器；8. 加热器；9、11. 总过滤器；10. 金属微孔管过滤器。

图 3-7　生物工厂典型净化流程

二、空气预处理设备

空气预处理的目的是提高压缩空气的洁净度，降低空气过滤器的负荷；去除压缩空气中所带的油水，以适合的相对湿度和温度进入空气过滤器。

空气中的微生物大多数依附于空气中的尘埃颗粒上，提高压缩前空气的洁净度的主要措施是提高空气吸气口的位置和加强吸入空气的前过滤。

空气预处理设备

（一）高空取气管

高空取气管是远离地面几十米的管子，结构是一个类似烟囱的圆柱形钢结构设备，为了防止雨水灌入，顶部设计有防雨罩。高空取气管内的空气流速不能太快，否则噪声过大。一般空气在高空取气管内的截面流速小于等于 8m/s。

（二）空气压缩机

为使空气能透过过滤介质，须对空气施加一定压力。压强差是空气过滤的推动力。空气压缩机是常用的空气动力设备，其作用是提供能量，克服输送系统中的各种阻力。常用的空气压缩机有涡轮式和往复式两种。

涡轮式空气压缩机一般由电机直接带动涡轮，靠涡轮高速旋转时所产生的"空穴"作用，吸入空气并使其获得较高的离心力，再通过固定的导轮和涡轮形机壳，使部分动能转变为静压能后输出。其特点是输气量大；输出空气压力稳定；工作效率高；设备紧凑，占地面积小；无易损部件；获得的空气不带油雾。

往复式空气压缩机是靠活塞在气缸内的往复运动而将空气吸入和压出。由于出口压力不稳定，且气缸内有润滑油，易使空气中带有油雾，导致传热系数降低，给空气冷却带来困难。

（三）除尘器

除尘器又称空气粗滤器，一般作为空气压缩机的附件，安装在空气压缩机的空气进口处。其结构为一个内装过滤介质的方形或圆形容器，其作用是捕集较大的灰尘颗粒，防止压缩机受损，同时也可减轻总过滤器的负荷。粗过滤器的过滤效率要高，阻力要小，若阻力大则会增加空气压缩机的吸入负荷和降低空气压缩机的排气量。通常用布袋式过滤器、填料式过滤器、油浴洗涤器和水雾除尘器等。

1. 布袋式过滤器

布袋式过滤器结构最简单，如图 3-8 所示。只要将滤布缝制成与骨架相同形状的布袋，绷紧焊在进气管的架上，并缝紧所有会造成短路的空隙。它的过滤效率和阻力损失要视所选用的滤布结构情况和过滤面积而定，布质结实细微则过滤效率高，但阻力大。布袋最好采用毛质绒布，其过滤效果较好。另气流速度越大，阻力越大，且过滤效率也低。

2. 填料式过滤器

使用填料式过滤器（一般用油浸铁丝网、玻璃纤维或其他合成纤维等），过滤效果稍比布袋式过滤器好，阻力损失也比较小，但结构比较复杂，占地面积比较大，内部填料需要经常洗换才能保持一定的过滤作用，操作比较麻烦，填料式过滤器有定型产品，如箱式填料除尘器等，可按需选购。

3. 油浴洗涤器

油浴洗涤器如图 3-9 所示。空气进入装置后，在油箱内被油层洗涤，空气中的颗粒被油黏附，沉降于油箱底部而被除去。经过油浴的空气因带有油雾，需要经百叶窗式的圆盘分离较大颗粒油雾，再经滤网分离小颗粒的油雾后，由中心管吸入压缩机。这种洗涤器效果较好，对有分离不净的油雾带入压缩机无影响，阻力不大，但耗油量大。

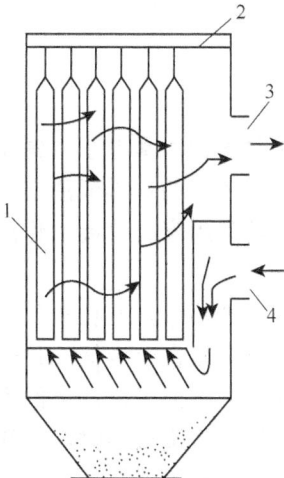

1. 滤袋；2. 振动机；3. 出气口；4. 进气口。

图 3-8　布袋式过滤器

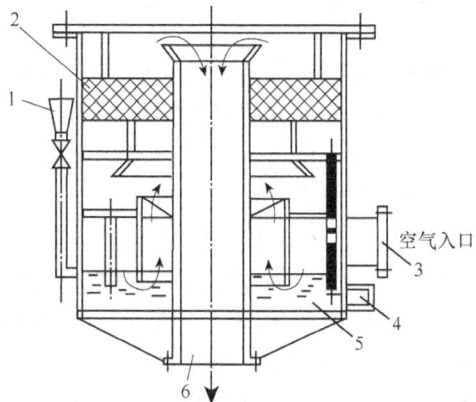

1. 加油斗；2. 滤袋；3. 进气口；4. 油镜；5. 油层；6. 排气口。

图 3-9　油浴洗涤器

4. 水雾除尘器

如图 3-10 所示，空气从底部进入，经上部喷下的水雾洗涤，将空气中灰尘、微生物微粒黏附沉降，从器底排出。带微细小雾的空气经上部过滤网过滤后排出，进入压缩机。经过洗涤，可除去空气中大部分微粒和小部分微小粒子。

（四）空气贮罐

由于往复式压缩机排气压力不稳定，在其后应安装空气贮罐，结构如图 3-11 所示。空气贮罐的作用是：消除压缩机排气量的脉冲，维持稳定的空气压力；利用重力沉降作用分离部分油雾；让气体在高温条件下维持一定时间，达到杀菌目的。大多数情况下，贮罐安装在压缩机之后。

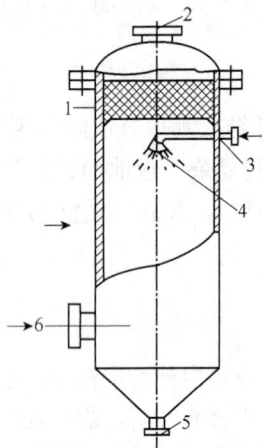

1. 过滤网；2. 空气出口；3. 高压水入口；
4. 喷雾器；5. 废水出口；6. 进气口。

图 3-10　水雾除尘器

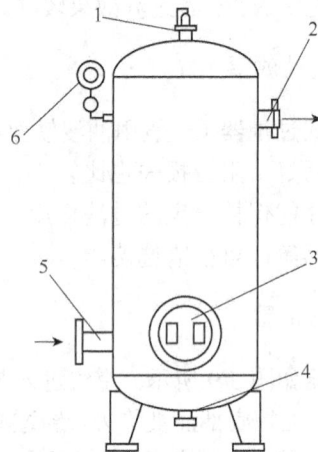

1. 安全阀；2. 排气管；3. 人孔；
4. 排污口；5. 进气管；6. 压力表。

图 3-11　空气贮罐结构图

（五）气液分离器

气液分离器的作用是分离去除空气中被冷凝成雾状的水雾和油雾粒子。常用的有填料式和旋风式。填料式是利用填料的惯性拦截作用分离空气中的水雾或油雾，填料有焦炭、活性炭、瓷环、金属丝网、塑料丝网等。旋风式是利用离心分离的作用分离气流中液滴及颗粒物。

旋风分离器又称为旋风除尘器，结构与工作原理如图 3-12 所示。它由进气口、上圆筒、排气口、倒锥体和集料管组成。通常呈矩形的进气口安装在上圆筒的顶部，进气路线与上圆筒内壁相切。气流以一定速度从切线方向进入上圆筒时，沿上圆筒的内壁形成旋转，呈螺旋状向下流动，称为外旋气流。气流下旋进入倒锥体时，气流旋转速度逐渐增大，气流中液滴或颗粒贴器壁向下，经集料管落入连接的料桶中。气流因负压而向上，形成旋转向上的内旋气流，最终从顶部排气口排出。排出气流中，液滴及颗粒含量大大减少，实现了气流的分离净化。

（六）空气冷却器

空气冷却器使用的换热器种类很多，常用的有立式列管式热交换器、沉浸式热交换器、喷淋式热交换器和板翅式热交换器等。由于空气的给热系数很低，提高空气给热系数的最好方法是增加空气流速。图 3-13 所示为水冷式空气冷却器，其工作原理如下：压缩空气在管内流动，冷却水在管外水套中流动，在管道壁面进行热交换。水冷式空气冷却器出口空气温度约比冷却水的温度高 10℃。水冷式空气冷却器散热面积比风冷式大许多倍，热交换均匀，分水效率高，具有结构简单、使用和维修方便等优点，使用较广泛。

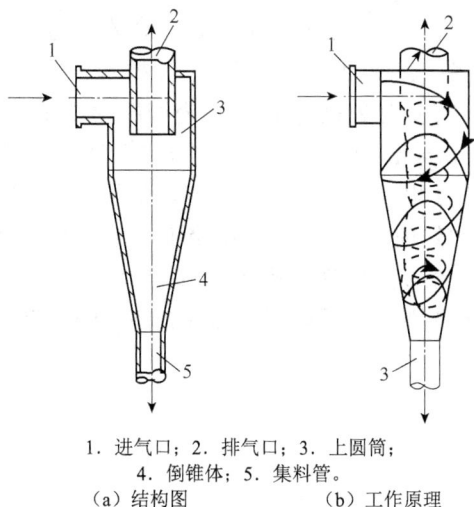

1. 进气口；2. 排气口；3. 上圆筒；
4. 倒锥体；5. 集料管。
（a）结构图　　　（b）工作原理

图 3-12　旋风分离器结构与工作原理图

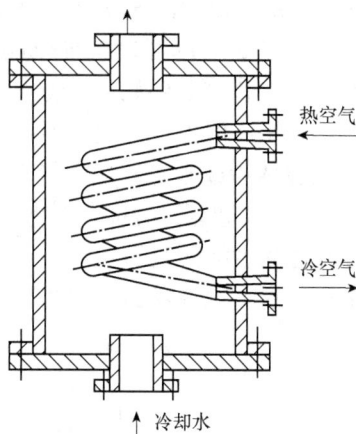

图 3-13　水冷式空气冷却器

三、空气过滤器

　　空气过滤器主要有两种：一种是以纤维状物（如棉花、玻璃纤维、腈纶、涤纶、维尼纶等）或颗粒状物（如活性炭）为介质所构成的过滤器，这种过滤器过滤层厚度大，体积大，压力降大，操作麻烦；另一种是以微孔滤纸、滤板、滤棒构成的过滤器，其中又分两种过滤形式，一种是以超细玻璃纤维纸、石棉板、聚四氟乙烯、聚乙烯醇、金属烧结材料等为介质，制成旋风式或管式；另一种是用微孔滤膜为过滤介质，其孔隙小于 0.5μm，甚至小于 0.1μm，能将空气中的细菌真正滤除（称为绝对过滤）。

（一）纤维状或颗粒状介质过滤器

　　以纤维状或颗粒状介质为过滤床的过滤器，如图 3-14 所示。过滤器内有上、下孔板，

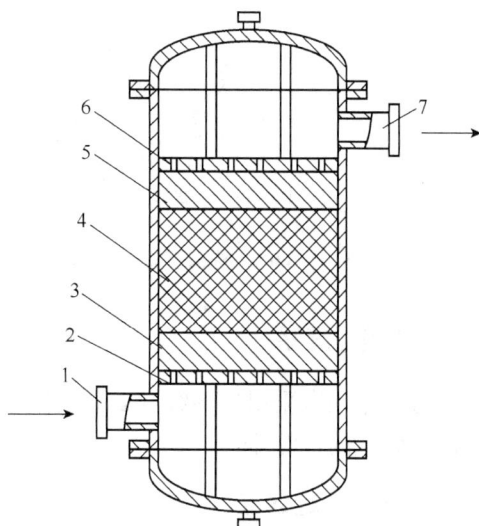

1. 入口；2. 下孔板；3、5. 纤维介质；
4. 活性炭颗粒；6. 上孔板；7. 出口。

图 3-14　棉花（玻璃棉）-活性炭过滤器

过滤介质置于两孔板之间,被孔板压紧。介质主要为棉花、玻璃纤维、活性炭,也有用矿渣棉,对介质有一定要求。一般棉花置于上、下层,活性炭在中间,也可全部用纤维介质。介质放置时应注意均匀、贴壁、平整,有一定填充密度,以防空气走短路或介质被空气吹翻。

(二)滤纸类过滤器

这种过滤器的形式有旋风式(图 3-15)和套管式(图 3-16),过滤介质为超细玻璃纤维纸,过滤层很薄,一般用 3～6 张滤纸叠在一起使用,属于深层过滤技术。纤维间的孔隙为 1～1.5μm,厚度为 0.25～0.4mm,实体密度为 2600kg/m^3,填充密度为 384kg/m^3,填充率为 14.8%。其除菌效率相当高,对大于 0.3μm 颗粒的去除率为 99.99% 以上,阻力小,压力降小;但强度不大,特别是受潮后强度更差。为了增加强度,常用酚醛树脂、甲基丙烯酸树脂或含氢硅油等增韧剂或疏水剂处理。也可在制造滤纸时,在纸浆中加入 7%～50% 木浆,以增加强度。安装时,将滤纸夹在多孔法兰花板中间,花板上开 ϕ8mm 小孔,开孔面积占板面积的 40%,在滤纸上、下分别铺上铜丝网和细麻布,外面各有一个橡胶垫圈。这种过滤器的阻力较小。

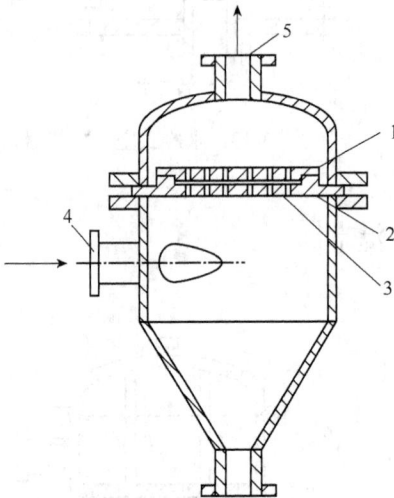

1. 上孔板;2. 滤纸;3. 下孔板;
4. 入口;5. 出口。

图 3-15　旋风式滤纸过滤器

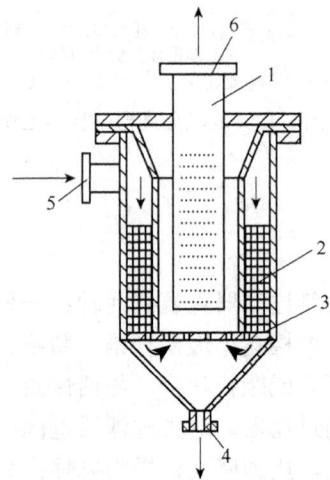

1. 套管;2. 金属丝网层;3. 多孔筛板;
4. 排水口;5. 空气入口;6. 空气出口。

图 3-16　套管式滤纸过滤器

(三)新型过滤器

近年来还有采用玻璃纤维、聚四氟乙烯、聚乙烯醇、玻璃或陶瓷、金属粉末烧结材料制成管式的过滤器。

1. Bio-x 过滤器

Bio-x 过滤器为英国 Domnick Hunter 公司(DH 公司)生产的过滤器,其用直径 0.5μm的玻璃纤维制成 1mm 厚的滤材,卷成 3 圈,再以较粗的坚韧的玻璃纤维无纺布作内外支持，在内、外以不锈钢网状里衬固定，做成滤筒状，能滤除 0.01μm 颗粒（噬菌体大小为 0.02μm），过滤效率可达 99.999 9%。其填充率仅为 6%，空气流量大，压力降小，结构简单，安装使用方便。其缺点是强度不大，易损而失效，受潮也易失效。

2. 高流量过滤器

高流量过滤器为 DH 公司以聚四氟乙烯（PTFE）材料为滤芯开发的。其过滤机理和过滤效率均同于 Bio-x 过滤器，而使用 PTFE 材料可做成折叠滤芯，增加了过滤面积，使空气流量为 Bio-x 过滤器的 3 倍，并进一步缩小了体积。

DH 公司开发的这两种空气过滤器由蒸汽过滤器、预过滤器和精过滤器组成一套预过滤器，其过滤效率为 99.97%，能凝集压缩空气中的油、水成液滴并予以排除，但不能用于蒸汽灭菌。

3. 聚乙烯醇（PVA）过滤器

聚乙烯醇（PVA）过滤器是用具有特殊多孔型结构和耐热性能的聚乙烯醇海绵状物质为介质加工制成的，有圆筒形和圆板形两种，其介质孔隙为 10~20μm，过滤效率可达 99.9999%。

四、净化空调系统

室内的空气环境，一般要受两个方面的干扰：一方面是来自室内生产过程和人所产生的余热、余湿及其他有害物的干扰；另一方面是来自太阳辐射和气候变化所产生的外热作用及外部有害物的干扰。为了保证生产的正常进行，需要对进入生产车间、厂房、无菌室等洁净区的空气进行净化处理。

净化空调系统

空气净化一方面是送入洁净空气对室内污染空气进行稀释，另一方面是加速排出室内浓度高的污染空气。为保证生产环境或其他用途的洁净区所要求的空气洁净度，必须采取一定的综合措施才能达到目标，主要包括过滤技术（三级过滤）、气流技术（送风量与流型）、压力控制技术（正负压）。过滤技术保证了送入室内的是清洁的空气，气流技术确保尽快稀释或排除室内污染空气，压力控制技术控制室外污染的入侵。

（一）空气净化的标准

洁净区的空气洁净度目前国际上没有统一的标准，各国有自己的等级标准。我国《药品生产质量管理规范》的规定见表 3-1。

洁净区应保持正压，即高级洁净区的静压值高于低级洁净区的静压值；洁净区之间按洁净度的高低依次相连，并有相应的压差以防止低级洁净区的空气逆流到高级洁净区；除工艺对温度、相对湿度有特殊要求外，洁净区的温度应为 18~26℃，相对湿度为 45%~65%。

表 3-1 洁净区空气洁净度级别表

空气洁净度等级	含尘浓度		含菌浓度	
	尘粒粒径/μm	尘粒数量/（个/m³）	浮游菌个/m³	沉降菌/个（φ9cm 碟 0.5h）
100	≥0.5	≤3500	≤5	≤1
	≥5	0		
10 000	≥0.5	≤350 000	≤100	≤3
	≥5	≤2000		
100 000	≥0.5	≤3 500 000	≤500	≤10
	≥5	≤20 000		
300 000	≥0.5	≤10 500 000		
	≥5	≤60 000		

（二）洁净区空调系统

空气调节是使某一房间或空间内的空气温度、相对湿度、洁净度和空气流动速度（俗称"四度"）等参数达到给定要求的技术，简称"空调"。空调可以对建筑热湿环境、空气品质进行全面控制，它包含了通风的部分功能。有些特殊场合还需要对空气的压力、气味、噪声等进行控制。

净化空调是空调工程中的一种，它不仅对室内空气的温度、相对湿度、风速有一定要求，而且对空气中的含尘粒子、微生物浓度等均有较高的要求。净化空调对保证无菌制剂的质量关系很大，凡进入室内的空气均须经过严密过滤、去湿、加热等处理，成为无尘、无菌、洁净、新鲜的空气，并能调节室内的温度与湿度。洁净区净化空调系统如图 3-17 所示。

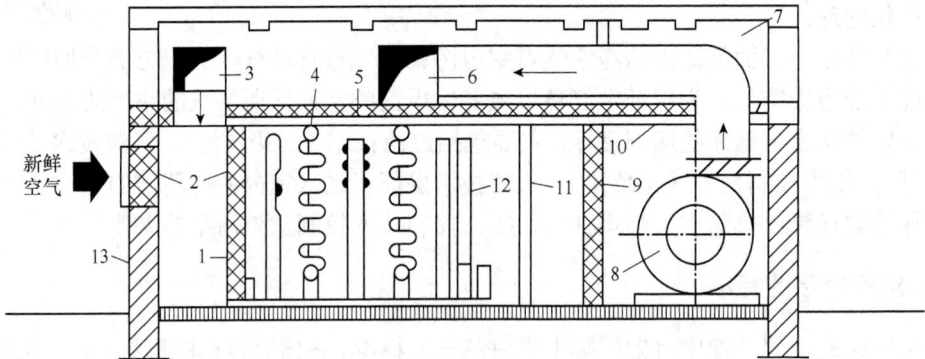

1. 送风室；2、9. 过滤器；3. 回风管；4. 表面冷却器；5. 喷雾器；6. 送风管；7. 屋顶；
8. 鼓风机；10. 混凝土板及保温层；11. 蒸汽加热器；12. 挡水板；13. 外墙。

图 3-17 洁净区净化空调系统

当鼓风机 8 开动后，室内的回风和室外的新风都被吸入送风室 1 中，空气首先经过初效过滤器 2，以除去大部分尘埃和细菌；过滤后的空气通过表面冷却器 4，使空气温度下降，并让空气中的水分冷凝除去。然后通过挡水板 12 除去雾滴，再通过鼓风机，使空气经过蒸汽加热器 11，进一步调节空气温度和降低相对湿度，再通过蒸汽加湿器（或水加湿器）调节空气的相对湿度；然后再经过中效过滤器，将洁净空气由送风管 6 送往操作室，在送风管末端通过高效过滤器后进入操作室。室内的空气可经回风管 3 送回送风室，与新风混合后，循环使用；新风应经初效过滤器过滤后进入送风室。通过调节新风量，使室内保持正压，以免污物从缝隙中进入无菌室。空调系统可除去 98% 以上的尘埃，但仍达不到理想洁净度的要求。如要达到更高的洁净度，只有采用空气净化技术。

空气过滤器是净化空调的关键设备之一，它的性能优劣直接影响到空调净化的效果及洁净度级别。净化空气用的过滤器应满足效率高、阻力小、容尘量大等性能要求。过滤器按照效率可以分为粗效过滤器、中效过滤器、亚高效过滤器和高效过滤器。初效过滤器设置在新风口，可用于新风过滤，去除空气中大部分大颗粒。中效过滤器设置在正压段，可用于过滤新风和回风，以延长高效过滤器的使用年限。高效过滤器设置在系统末端，作为整个空调系统实现洁净度的保障。对于净化空调而言，过滤器一般是串联使用的。

新风过滤网、回风过滤网需每月清洗一次。初效过滤器每 2 个月清洁一次，用清水和洗涤剂反复挤压洗涤，再用清水漂洗至水不浑浊、无泡沫后，自然晾干或甩干后备用。中效过滤器每 4 个月清洁一次。亚高效过滤器和高效过滤器检测不合格时应立即更换。

1. 净化空调系统分类

净化空调系统可分为集中式净化空调系统、半集中式净化空调系统和分散式净化空调系统 3 种类型。

1）集中式净化空调系统

集中式净化空调系统是指所有的空气净化处理设备都集中设置在空调机房内，被处理空气通过送回风管道输配到各洁净房间，并形成循环。它是净化空调系统中最基本的方式，也是我国目前洁净厂房应用最为广泛和典型的系统。

集中式净化空调系统主要靠大量的、经过处理的洁净空气送入各个洁净室，以不同的换气次数和气流形式来实现各洁净室不同的洁净级别。由于集中式净化空调系统处理设备集中于空调机房内，对噪声和振动处理相对容易；同时该系统的处理设备控制多个洁净房间，故要求各洁净室的同时使用系数高；因此它适用于生产工艺连续、洁净室面积较大、位置相对集中、噪声和振动控制要求严格的洁净厂房。

2）半集中式净化空调系统

半集中式净化空调系统主要由集中送风处理室和室内局部处理设备（又称末端装置）所组成。根据室内局部处理装置的不同，一般将它分为三大类型：具有热湿处理能力的末端装置系统、单纯具有净化作用的末端装置系统、风机过滤器单元送风系统。

3）分散式净化空调系统

分散式净化空调系统是指把热湿处理设备和各级过滤器集中组合在一个箱体内，并将其分散设置在洁净室内或相邻的房间、走廊等处所形成的净化空调系统。该系统具有造价低、布置改造灵活等特点，经常在改造项目中采用。

2. 净化空调系统的控制方式

净化空调系统是如何实现对室内环境的控制呢？下面将通过 3 个典型例子来说明它的控制方法。

图 3-18 是一个典型的送风系统，新鲜空气经百叶窗进入空气处理室，在空气处理室中，空气首先经过空气过滤器，除掉空气中的灰尘，然后再进入空气换热器，在换热器中经加热或冷却处理后，经风机、风道、送风口送入房间。

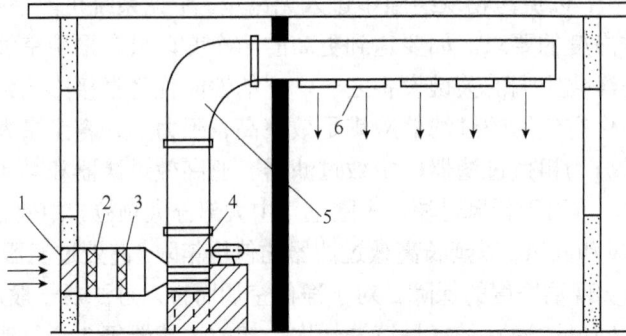

1. 百叶窗；2. 空气过滤器；3. 空气换热器；4. 风机；5. 风道；6. 送风口。

图 3-18　典型送风系统

图 3-19 是一个典型的排风系统，主要用于处理生产车间产生的粉尘、有害气体等。在该系统中，有害物经排风口、排风管道从室内抽出，经除尘或净化设备处理达到排放标准后，经风帽排至室外。

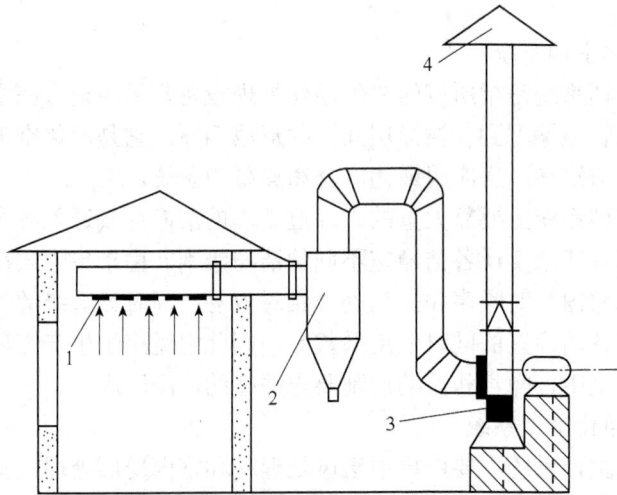

1. 排气口；2. 净化设备；3. 风机；4. 风帽。

图 3-19　典型排风系统

图 3-20 是个典型的净化空调系统。新风经百叶窗进入空气处理室后，经过滤、加热（或冷却）处理，再由风机送入房间。在空气的处理过程中，空调系统不是简单地仅对空气进行过滤、加热，而是从温度、相对湿度等多方面对空气综合控制。

通风与空气调节系统由于控制对象不同、要求不同、所用的方法不同、承担冷热负荷的介质不同等，可以分成很多形式。因此，通风与空气调节的基本方法就是采用适当的手段，消除室内、室外两方面的干扰，从而达到控制室内环境的目的。通风与空气调节，不仅要研究对空气的各种处理方法，还要研究室内空间各种干扰量的计算、通风空调系统的各组成部分的设计选择、处理空气冷热源的选择及干扰变化情况下通风空调系统的运行调节、自动控制等问题。

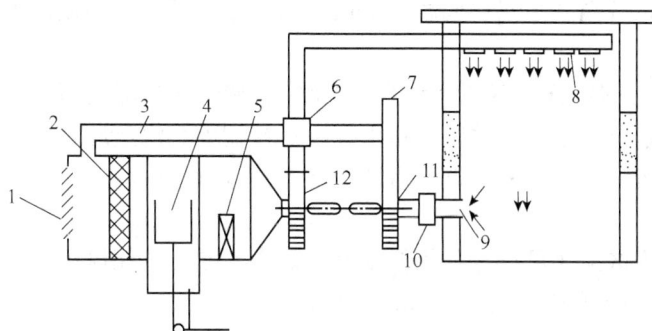

1. 百叶窗；2. 过滤器；3. 送风管道；4. 喷水池；5. 加热器；6. 消声器；
7. 排风口；8. 送风口；9. 回风口；10. 消声器；11. 回风机；12. 送风机。

图 3-20 典型净化空调系统

3. 净化空调系统的特点

净化空调系统与一般空调系统的区别如下所述。

（1）设计参数。从温湿度来说，一般空调系统只考虑人员的舒适性要求，而净化空调系统不仅要考虑人员的舒适性，更重要的是要保证工艺所要求的特殊的温度、相对湿度环境（包括减少静电荷）。除了温湿度以外，净化空调系统的设计参数还包括室内外的发尘量和发菌量。

（2）负荷特性。净化空调系统的负荷计算方法与一般的计算方法相同。但是洁净室的空调冷负荷与一般建筑物不同。一般情况下，洁净室处于内室，室内工艺设备的散热负荷和设备排风引起的新风负荷占主要部分，而传统空调系统中循环风机的动力负荷、维护结构传热、照明、人体散热等负荷只占总负荷的10%左右。

（3）送风量。《洁净厂房设计规范》（GB 50073—2013）规定洁净区的送风量应取下面三项的最大值：保证空气洁净度的送风量；根据热湿负荷计算确定的送风量；向洁净室内供给的新鲜空气量。一般来讲，保证空气洁净度的送风量总是最大的，这是净化空调系统的特点，洁净风量对于消除余热余湿是足够的。

4. 净化空调系统的操作程序

不同的净化空调系统有着不同的操作。下面简略介绍常见的工业净化空调系统的一般性操作。

1）开机前准备

开机前，做好设备卫生和机房卫生，打开出风开关，关闭回风和新风开关。需逐一检查的项目，包括传动皮带松紧度、润滑油量、各种流体管和阀门连接密封性、温度计和压力表的指示准确度等，以及初效、中效、高效等过滤器是否完好，确定框架连接处有无松动、空调器上所有门是否关闭和牢固等。

2）开机运行

（1）挂上设备运行标志，合上配电柜电源，启动空调器风机，运行达到全速无异常后，慢慢开启回风，开启度为 50%，再开启新风到确定的位置后锁定。观察电流，再慢慢开启回风，直至稳定在额定值即可。

（2）通入冷水降温。先开启低温水进口，启动水泵后再开启低温水出口，压力控制在 0.1MPa。

（3）通入蒸汽升温。开启蒸汽疏水器的旁路，再慢慢开启蒸汽，压力控制在 0.02MPa，待蒸汽管内凝结水排干净后，关闭旁路再继续慢慢调整蒸汽至压力 0.2MPa。

（4）空调系统调整正常后，再开启洁净区内的排气风机。

3）停止运行

首先停止洁净区排风风机，关闭低温水（蒸汽）泵，关闭风机，关闭回风和新风开关，填写好记录，挂好设备停止标志和完好标志。

实践操作

生物反应器空气过滤系统操作

【实践目的】

能够进行机械搅拌通风发酵罐的空气过滤系统的操作。

【原料与设备】

（1）原料：水。

（2）设备：10～100L 机械搅拌通风发酵罐空气过滤系统，蒸汽发生器，空气压缩机，空气贮罐。

【操作步骤】

（1）先打开过滤器底部的排污阀，然后通入饱和蒸汽。

（2）排除蒸汽冷凝水后（不少于 5min），调整排污阀开度，保持蒸汽过滤器压力为 0.2MPa。

（3）调整过滤器压力维持在 0.11～0.12MPa（温度对应 120～123℃），维持 25～30min。

（4）关闭蒸汽阀的同时迅速打开过滤器进气阀，用压缩空气将过滤器吹干，时间控制在 25～30min。

（5）过滤器吹干后必须对整个空气进气系统进行保压，压力维持在 0.12～0.15MPa。

思考题

（1）粗过滤器的作用及要求是什么？

（2）简述机械搅拌通风发酵罐的空气过滤系统的操作步骤。

（3）空气贮罐在过滤中的作用是什么？

（4）静电除尘的原理是什么？

（5）空气净化的方法都有哪些？

（6）常见的空气净化流程有哪些？

（7）空调净化系统作用是什么？

第四章 发 酵 设 备

英语中发酵"fermentation"是从拉丁语"fervere"派生而来的,原意为"翻腾",它描述的是酵母菌作用于果汁或麦芽浸出液时的现象。工业生产上,把一切依靠微生物的生命活动而实现的工业生产均称为发酵。工业发酵要依靠微生物的生命活动,而生命活动又需要依靠生物氧化产生的能量来支撑,因此工业发酵覆盖了微生物生理学中有氧呼吸、无氧呼吸等生物氧化方式。

一、概　　述

近百年来,随着科学技术的进步,发酵技术发生了划时代的变革,已经从利用自然界中原有的微生物进行发酵生产的阶段进入按照人的意愿改造成具有特殊性能的微生物以生产人类所需要的发酵产品的新阶段。随着对发酵本质的逐渐了解认知,科学家对"发酵"这一概念进行新的定义:通过对微生物(或动植物细胞)进行大规模的生长培养,使之发生化学变化和生理变化,从而产生和积累大量人们需要的代谢产物的过程。要完成这一过程的装置就称为发酵罐(也称生物反应器)。发酵罐是实现生物技术产品产业化的关键设备,是连接原料和产物的桥梁,也是生物技术产品能否实现产业化的关键装置。发酵工业的主要设备包括种子制备设备、主发酵设备、辅助设备、发酵液预处理设备、产品提取和精制设备、废物回收处理设备,其中最关键的设备是发酵罐。

20世纪初,出现了200m^{3}的钢质发酵罐,在面包酵母发酵中开始使用空气分布器和机械搅拌装置。1944年,第一个大规模工业化生产青霉素的工厂投产,发酵罐体积为54m^3,标志着发酵工业进入一个新的阶段。随后,机械搅拌、通气、无菌操作、纯种培养等一系列技术逐渐完善起来,并出现了耐高温在线连续测定的pH电极和溶氧电极,开始利用计算机进行发酵过程控制。1960~1979年,机械搅拌通气发酵罐的容积增大到80~150m^3,由于大规模生产单细胞蛋白的需要,出现了压力循环和压力喷射型发酵罐,计算机开始在发酵工业中得到广泛应用。1979年后,随着生物工程技术的迅猛发展,大规模细胞培养发酵罐应运而生。胰岛素、干扰素等基因工程的产品商品化,对发酵罐的严密性、运行可靠性的要求越来越高。发酵过程的计算机控制和自动化应用已十分普遍。pH电极、溶氧电极、溶解、CO_2电极等在线检测已相当成熟。近年来,伴随着食品生物产业的飞速发展,固定床式、流化床式、多管式、转框式、中空纤维式、气升式、自吸式、塔式、膜式、摇动式、波浪混合式、三维旋转灌注式等类型的生物反应器应运而生。不仅如此,还出现了一些可提供光合作用、细菌冶金、新能源等新型生物反应器。生物反应器正朝着大型化、多样化和自动化的方向发展。

实验室研究型发酵罐一般为1~100L,其中1~10L的实验室小型发酵罐可由玻璃制成,10L以上发酵罐由不锈钢材料制成。中试规模发酵罐一般为50~5000L,生产规模发酵罐趋于大型化，如废水处理 2700m³ 发酵罐，单细胞蛋白 3500m³ 发酵罐，啤酒 600m³ 发酵罐，柠檬酸 200m³ 发酵罐。

根据发酵过程中微生物对氧的不同需求可以将发酵罐分为好氧（通风）发酵罐和厌氧（嫌气）发酵罐；根据发酵培养基的形式性质可分为固体发酵罐和液体发酵罐；根据发酵工艺流程可分为连续发酵设备和分批发酵设备。

目前，发酵罐已具备了不易染菌、电耗少、单位时间单位体积的生产能力高、操作控制维修方便、生产安全、有良好的传质、传热和动量传递性能、检测功能全面和自动化程度高等特点。

二、好氧（通风）发酵设备

好氧（通风）发酵设备是好氧发酵的核心和基础。工业用好氧（通风）发酵罐通常采用通风和搅拌两种方式来强化发酵液中的溶氧量，以满足微生物对氧的需求。好氧（通风）发酵设备均要求具有良好的传质和传热性能、结构严密、防杂菌污染、培养基流动与混合良好、有配套的检测与控制、设备较简单、方便维护检修及能耗低等特点。

目前，常用的好氧（通风）发酵罐有机械搅拌式、鼓泡塔式、气升式、自吸式等多种形式，其中机械搅拌式好氧（通风）发酵罐一直占据着主导地位。

（一）机械搅拌式好氧（通风）发酵罐

机械搅拌式好氧（通风）发酵罐在生物工业中得到了广泛使用，据不完全统计，它占了发酵罐总数的 70%～80%，故又称之为通用式发酵罐。目前，我国珠海益力味精厂拥有 630m³ 特大型机械搅拌式好氧（通风）发酵罐，是世界上最大型的通用式发酵罐之一。这类大型发酵罐靠通入的压缩空气和搅拌器实现发酵液的混合、溶氧传质，同时强化热量传递。

机械搅拌式好氧（通风）发酵罐一般由罐体、搅拌器、挡板、消泡器、空气分布器、换垫装置、轴封、联轴器、人孔（手孔）、视镜等构成。其外形与结构如图 4-1 所示。

1. 罐体

罐体由圆柱形罐身及椭圆形或碟形封头焊接而成，小型发酵罐的罐顶和罐身用法兰连接，材料多采用不锈钢。大型发酵罐可用复合不锈钢制成或采用碳钢及内衬不锈钢结构。小型发酵罐罐顶设有手孔可用于清洗；大中型发酵罐罐顶则设有快开人孔。罐顶装有视镜及灯镜，在其内面装有压缩空气或蒸汽的吹管，用以冲洗玻璃。罐顶的接管有进料管、补料管、排气管、接种管和压力表接管，为避免堵塞，排气管靠近封头的中心轴封位置。罐身上有冷却水进出管、空气进管、温度计插管和 pH、DO 等测控仪表接口。取样管位于罐身或罐顶，以方便取样。

罐体各部分的尺寸有一定的比例，罐的高度与直径之比一般为 1.7～4.0。常用的发酵罐各部分的比例尺寸如图 4-2 所示。

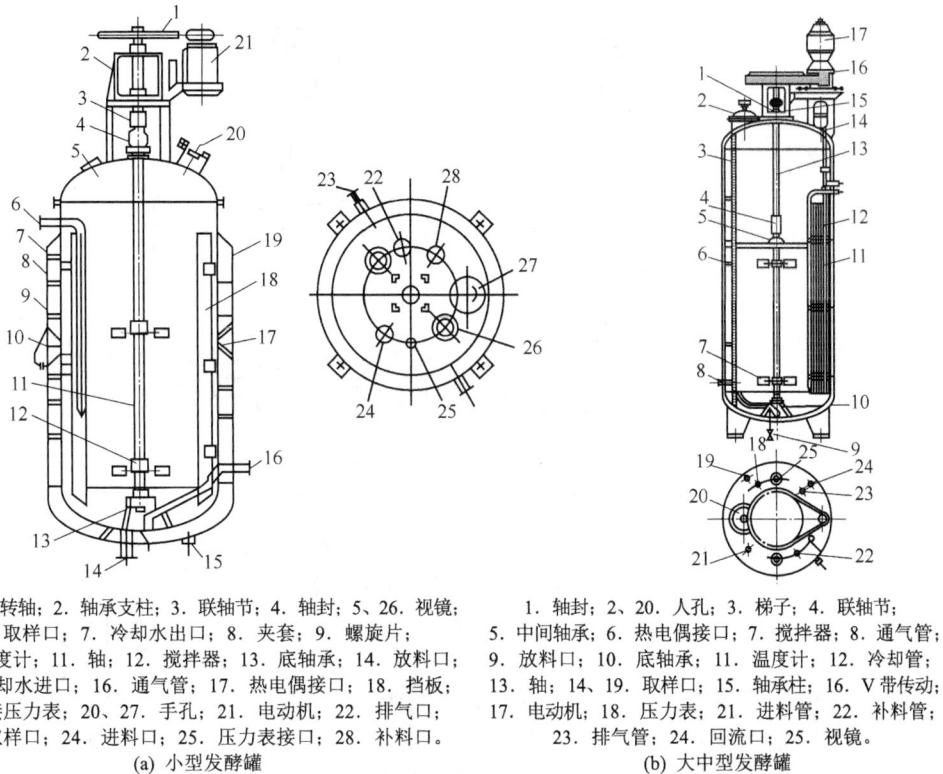

1. V带转轴；2. 轴承支柱；3. 联轴节；4. 轴封；5、26. 视镜；
6. 取样口；7. 冷却水出口；8. 夹套；9. 螺旋片；
10. 温度计；11. 轴；12. 搅拌器；13. 底轴承；14. 放料口；
15. 冷却水进口；16. 通气管；17. 热电偶接口；18. 挡板；
19. 接压力表；20、27. 手孔；21. 电动机；22. 排气口；
23. 取样口；24. 进料口；25. 压力表接口；28. 补料口。

(a) 小型发酵罐

1. 轴封；2、20. 人孔；3. 梯子；4. 联轴节；
5. 中间轴承；6. 热电偶接口；7. 搅拌器；8. 通气管；
9. 放料口；10. 底轴承；11. 温度计；12. 冷却管；
13. 轴；14、19. 取样口；15. 轴承柱；16. V带传动；
17. 电动机；18. 压力表；21. 进料管；22. 补料管；
23. 排气管；24. 回流口；25. 视镜。

(b) 大中型发酵罐

图 4-1 机械搅拌式好氧（通风）发酵罐的外形与结构图

2. 搅拌器和挡板

发酵罐内物料的混合和气体的分散是靠搅拌器和挡板来实现。搅拌器使通入的空气气泡破碎，以增加气液接触面并与发酵液充分混合，获得所需溶氧速度，并使细胞均匀悬浮于发酵体系中，以维持适当的气-液-固三相的混合与质量传递，同时强化了传热过程。

搅拌器转动过程中即可使流体产生圆周运动，又可以产生轴向运动，因此可分为轴向和径向推进两种形式，如图 4-3 所示。桨叶式和螺旋桨式属于轴向推进式，而涡轮式则属于径向推进式。发酵罐内的搅拌器可以采用不同的形式。目前涡轮式搅拌器应用的比较广泛，按桨叶形状可分为圆盘平直叶涡轮搅拌器、圆盘弯叶涡轮搅拌器、圆盘箭叶涡轮搅拌器 3 种形式，其结构如图 4-4 所示。搅拌器一般采用不锈钢板制成。为安装拆卸方便，大型搅拌器一般做成多段式，通过联轴器联成一体。发酵罐通常装有两组搅拌

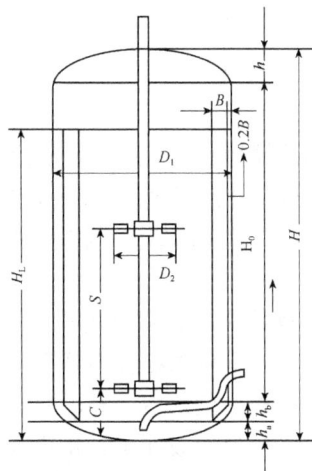

H. 罐身高；H_0. 罐高；D_1. 罐内径；H_L. 液位高；
S. 相邻搅拌叶轮间距；B. 挡板宽度；
D_2. 搅拌叶轮直径；C. 下搅拌叶轮与罐底距；
h_a. 椭圆短半轴长度；h_b. 椭圆形封头的直边高度。

图 4-2 发酵罐比例尺寸

注：$H/D1 = (2.5\sim4.0)/1$；$H0/D1 = 2/1$；
$S/D2 = (2\sim5)/1$；$D1/D2 = (2\sim3)/1$（一般为 3/1）；
$C/Di = (0.8\sim1.0)/1$；$D1/B = (8\sim12)/1$。

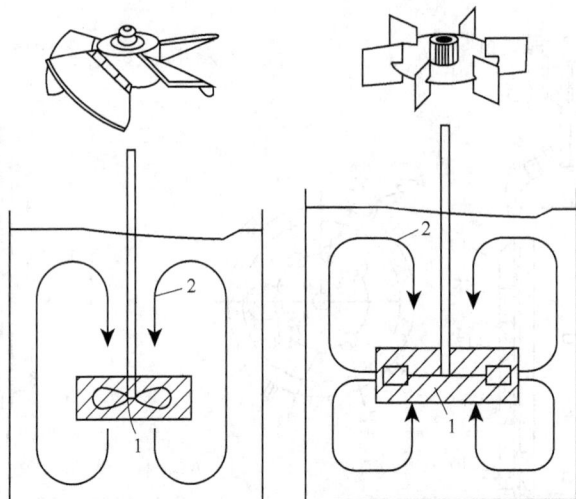

1. 径向流；2. 轴向流。

(a) 浆式搅拌器及流动状态　　　　　(b) 涡轮式搅拌器及流动状态

图 4-3　搅拌器及流动状态

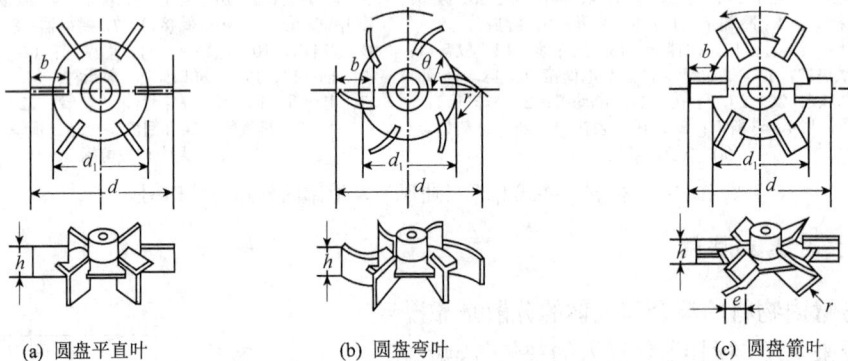

(a) 圆盘平直叶　　　　　(b) 圆盘弯叶　　　　　(c) 圆盘箭叶

图 4-4　涡轮式搅拌器结构图

器，两组搅拌器的间距约为搅拌器直径的 3 倍。

挡板的作用是使发酵罐内的液流由径向流变成轴向流，以防止液面产漩涡，促使液体激烈翻动，提高溶氧量。挡板的安装需要满足全挡板的条件：即在一定转速下，再增加挡板或罐内附件，轴功率仍保持不变而漩涡正好消失的最低条件。

挡板数量及安装方式不是随意的，它会影响流型和动力的消耗。一般安装有 4~6 块挡板。发酵罐内挡板沿罐壁周向均匀直立安装。液体黏度低时，挡板紧贴罐壁，黏度高时，挡板离壁安装，黏度更高时，挡板倾斜一定的角度进行安装，可防止液体在挡板与罐壁连接处形成死角。罐内有传热蛇管等热量交换装置时，挡板安装在蛇管内侧。挡板上缘与静止液面齐平。料液中有质轻浮于液面不易润湿物料时，挡板上缘可低于液面100~150mm，挡板下缘可到罐底。发酵罐中有足够多列管或排管式换热装置时，发酵罐内不另设挡板。

3. 消泡器

在通气搅拌条件下发酵常产生大量的泡沫，严重时会导致发酵液外溢，增加染菌的机会，因此在发酵罐搅拌轴上安装有消泡器。根据结构不同，常用的消泡器主要有耙式和涡轮式两种，其结构如图4-5所示。

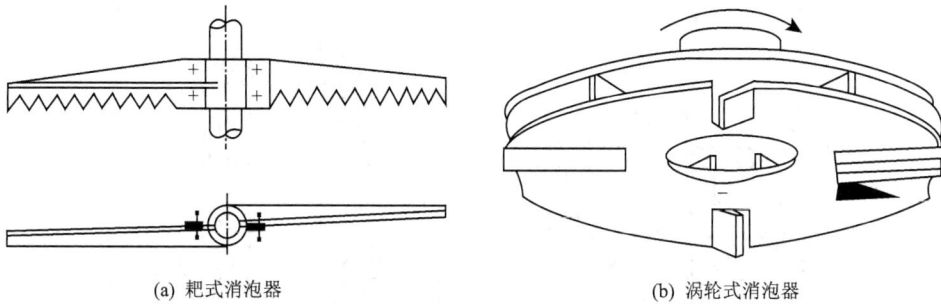

(a) 耙式消泡器　　　　　　　　　　　　(b) 涡轮式消泡器

图4-5　消泡器结构图

在发酵罐中，消泡器常安装在传动轴上端。在其下部安装搅拌器，其上部安装有消泡电极，当产生的泡沫越过消泡器后，消泡电极向控制系统传输电流信号，指示相关机构加入消泡剂，以保证泡沫不溢流出发酵罐。

4. 空气分布器

发酵罐借助空气分布器（图4-6）吹入无菌空气，并使空气均匀分布，通常有环管式和单管式。单管式空气分布器管口正对罐底，管口与罐底的距离约40mm，这样空气分散效果较好。空气由分布管喷出上升时，在搅拌器作用下与发酵液充分混合。

5. 换热装置

换热装置主要有夹套式、竖式蛇管式、竖式列管式3种。

（1）夹套式换热装置。多应用于中小型发酵罐、种子罐。夹套的高度比静止液面高度稍高即可，夹套式换热器有蜂窝式、分段式等类型，以满足不同发酵类型的需要。夹套式换热装置的结构简单，加工容易，罐内无冷却设备，死角少，但其传热壁降温效果差，须配合罐内搅拌提高热传递速度。

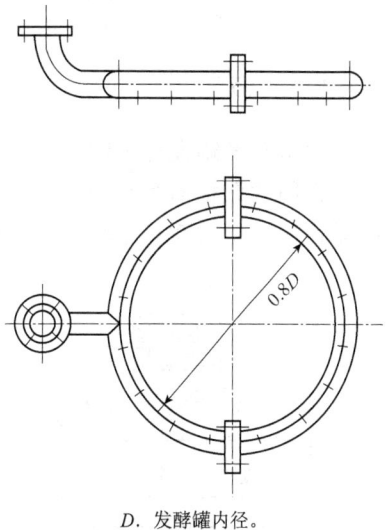

D. 发酵罐内径。

图4-6　环管式空气分布器

（2）竖式蛇管式换热装置。这种装置安装于发挥罐内，有4组、6组或8组不等，根据蛇管直径大小而定，中型以上的发酵罐多采用这种换热装置。冷却水在管内的流速大，传热系数高。这种冷却装置适用于冷却用水温度较低的地区，气温高的地区采用冷冻乙醇或冷冻水冷却。

（3）竖式列管式换热装置。以列管形式分组对装于发酵罐内，优点是加工方便，适用于气温较高、水源充足的地区。缺点是其传热系数较蛇管低，用水量较大。

6. 轴封

轴封的作用是使罐顶或罐底与轴之间的缝隙加以密封，防止泄漏及污染杂菌。常用的形式有填料式和端面式两种，如图 4-7 所示。

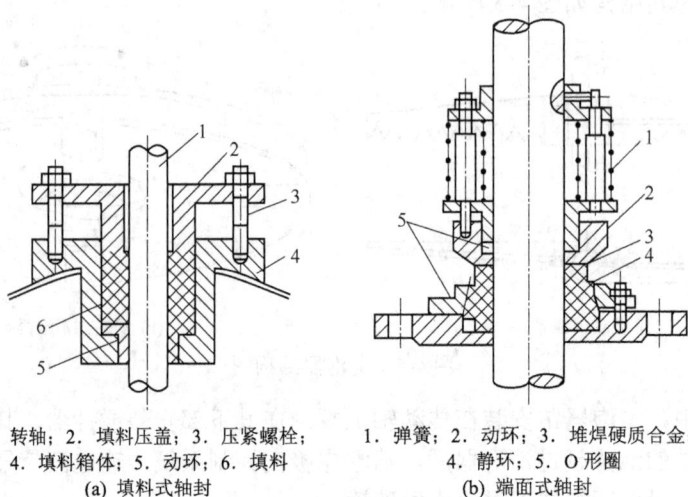

1. 转轴；2. 填料压盖；3. 压紧螺栓；　　　1. 弹簧；2. 动环；3. 堆焊硬质合金；
4. 填料箱体；5. 动环；6. 填料　　　　　4. 静环；5. O 形圈
(a) 填料式轴封　　　　　　　　　　　　　(b) 端面式轴封

图 4-7　轴封结构图

7. 联轴器

大型发酵罐搅拌轴较长，常分为 2～3 段，利用联轴器将搅拌轴连接成牢固的刚件连接。常用的联轴器有凸缘式及套筒式两种，如图 4-8 所示。小型的发酵罐采用法兰将搅拌轴连接，轴的连接应垂直，中心线对正。

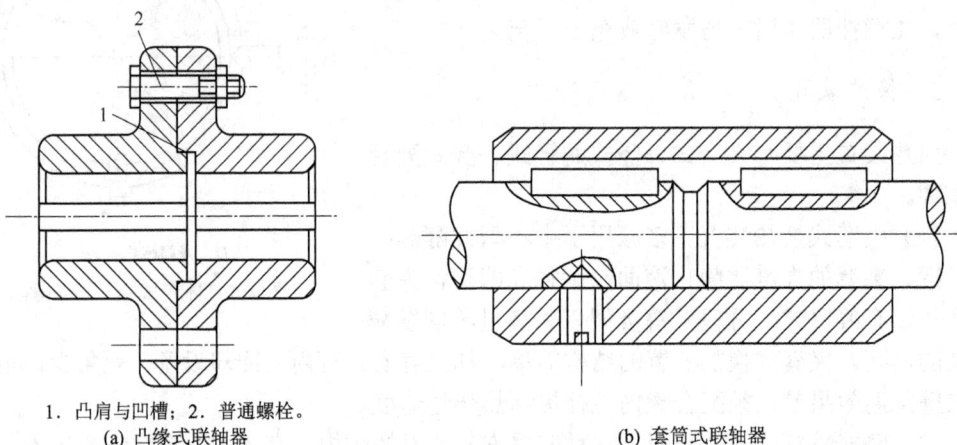

1. 凸肩与凹槽；2. 普通螺栓。
(a) 凸缘式联轴器　　　　　　　　　　　　　　　(b) 套筒式联轴器

图 4-8　联轴器形式

（二）鼓泡塔式发酵罐

鼓泡塔式发酵罐又称塔式发酵罐，它是以发酵液为连续相，无菌空气为分散相的气流搅拌生物反应器。其结构特点多为空塔加装隔板，仅少数装有填料。空塔结构的鼓泡塔又称为简单鼓泡塔，是早期用于大规模培养微生物及植物细胞的主流生物反应器。

简单鼓泡塔由塔体、保温夹套、气体分布器、隔板、培养基进出口、换热器、气液分离器等部件组成，如图 4-9 所示。

鼓泡式发酵罐结构简单，无运动部件，密封性能好，清洗和维护方便，它的高度与直径比为 7 左右。其关键部件是气体分布器。气体分布器的作用在于持续产生大小均匀的气泡。研究发现，鼓泡塔气体分布器的穿孔孔径在 1.2～2.5mm 时，形成的气泡均匀连续，从而在气体分布器上方形成气泡稳流区、过渡湍流区、气泡合并湍流区。当气泡处于过渡湍流区时，气体分散和氧气溶解均达到最佳状态。因此，鼓泡塔气体分布器的气孔直径一般控制在 1.2～2.5mm。

塔内可安置水平多孔隔板以提高气体分散程度和减少液体返混，也可在塔内液层中放置填料以增加气液接触面积减少返混流动。为了保持发酵液的温度，在塔外加装了循环管，并设计有加热恒温系统。以满足散热和传热的需要。由于鼓泡塔式发酵罐不带搅拌装置，仅由气流搅拌，而气流速度较小，因而对于高黏度的发酵液溶氧效果较差，鼓泡塔式发酵罐适合于低黏度产品的发酵生产。

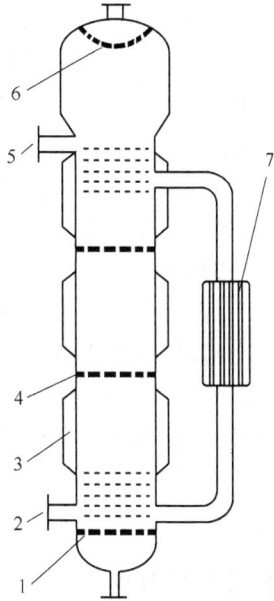

1. 气体分布器；2. 培养基进口；3. 保温夹套；
4. 隔板；5. 培养基出口；
6. 气液分离器；7. 换热器。

图 4-9 鼓泡塔式发酵罐

（三）气升式发酵罐

气升式发酵罐是应用较广泛的生物反应器。这类反应器具有结构简单、不易染菌、溶氧效率高、能耗低等优点。气升式发酵罐有多种类型，常见的有气升环流式、鼓泡式、空气喷射式等。典型的气升式发酵罐有内环流气升式和外环流气升式两种类型，其结构如图 4-10 所示。

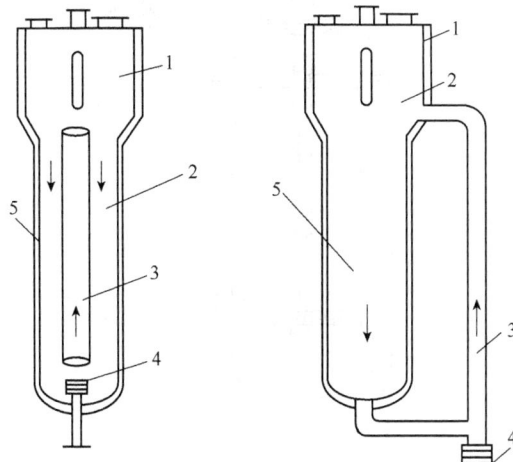

1. 气液分离器；2. 下降管；3. 上升管；
4. 气体分布器；5. 夹套。
(a) 内循环流式

1. 夹套；2. 气液分离器；3. 上升管；
4. 气体分布器；5. 罐体。
(b) 外循环流式

图 4-10 气升式发酵罐结构图

气升式发酵罐结构简单，主要由气体分布器、上升管、下降管、气液分离器、夹套及罐体组成。部分气升式发酵罐还设计有搅拌器。

利用气升式发酵罐进行发酵时，洁净空气以 250～300m/s 的速度从喷嘴喷出，经气体分布器均匀分散后以气泡的形式扩散于液体中，含大量气泡的发酵液沿上升管上升。在上升过中，发酵液饱含大量的空气，当上升到气液分离器后，过量的空气被释放，发酵液气体含率下降。由于气液分离器中发酵液气泡少密度大，下部液体气泡多密度小，在密度差和重力作用下，上部发酵液沿下降管下降，而下部液体上升，在高速喷出空气的推动下，形成发酵液的循环流动，起到高效溶氧的作用。

气升式发酵罐放大较易，国际上用于生产单细胞蛋白质的气升式发酵罐单罐最大容积为 $2000m^3$。近年来，气升式反应器在各种生化过程及化学反应过程的应用越来越多，国内已在发酵红曲色素、核酸酶、单细胞蛋白、β-胡萝卜素、谷氨酸、甘油等产品的生产和研究使用气升式反应器，其使用效果均令人满意。由于气流速度高，对于高黏度发酵液具有较强的搅拌力，因而气升式发酵罐可用于高黏度产品的发酵生产。

（四）自吸式发酵罐

自吸式气发酵罐是一种不用气体输送机械而能自行吸入空气的生物反应器。它装有一种特殊的机械搅拌装置，当搅拌桨转动时，紧密贴在桨底的导气管借助于桨叶排出液体时产生的局部真空把空气吸入罐内。

自吸式发酵罐由罐体、搅拌器、传动部件、传热部件和控制部件所组成。自吸式发酵罐的传动部件有上位安装和下位安装两种，大型自吸式发酵罐一般都采用上位安装式，如图 4-11 所示。

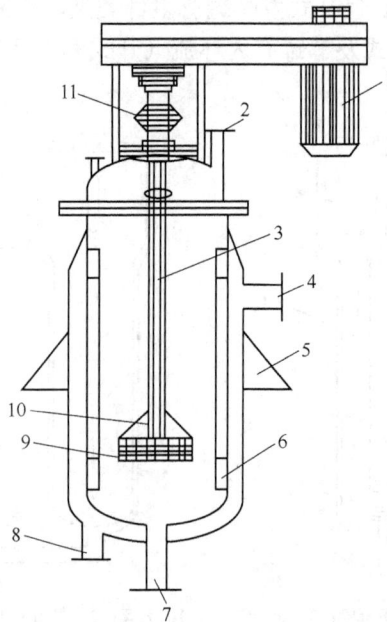

1. 电动机；2. 吸气口；3. 吸气管；4. 夹套冷水出口；5. 承重支座；6. 折流挡板；
7. 发酵液出口；8. 夹套冷却水进口；9. 空心涡轮搅拌器；10. 搅拌轴；11. 联轴器。

图 4-11　自吸式发酵罐

自吸式发酵罐罐体由罐体、电动机、联轴器、搅拌轴、空心涡轮搅拌器、夹套冷水进口、发酵液出口、折流挡板、承重支座、夹套冷水出口、吸气管和吸气口等组成。

在自吸式发酵罐的组成部件中，空心涡轮搅拌器的内部空间与吸气管相通，且凿刻有微小气孔与发酵罐内胆空间相通。在搅拌轴带动下，空心涡轮搅拌器在旋转过程中将内部的空气甩出后成真空，在压力差作用下，外部的空气不断地从吸气口经吸气管进入空心涡轮搅拌器内部空间，随后被离心力甩出并在搅拌下扩散到发酵液中。在发酵过程中，空心涡轮搅拌器既起搅拌的作用，又起输送和分散空气的作用。

由于靠空心涡轮的旋转产生真空吸入空气，与空压机输送空气相比，自吸式发酵罐向发酵液中输送氧气的流量小，因而只适用于耗氧量不大的微生物培养生产。

三、厌氧发酵设备

微生物分厌氧性和好氧性两大类。供微生物生长和代谢的生物反应器也各不相同，有厌氧发酵设备和好氧发酵设备。最常见的厌氧发酵设备主要有乙醇发酵设备、啤酒发酵设备和葡萄酒发酵设备。

（一）乙醇发酵设备

乙醇发酵过程是酵母将糖转化为乙醇的过程，欲获得较高的转化率，除满足酵母生长和代谢的必要工艺条件外，还需要一定的生化反应时间。在生化反应过程中将释放出一定数量的生物热，若该热量不及时移走，将直接影响酵母生长及乙醇的转化率。因此，乙醇发酵罐的结构必须满足上述工艺要求。此外，从结构上，还应考虑有利于发酵液的排出，设备的清洗、维修及制造安装方便等问题。

从乙醇发酵罐的几何形状上看，分为碟形封头发酵罐、锥形发酵罐、圆柱形斜底发酵罐。碟形封头发酵罐是早期发酵罐的基本形状。由于醪液排出不如锥形发酵罐顺畅，加之制作大容积碟形封头发酵罐封头比锥形发酵罐锥体难度大，现在大型发酵罐已很少有碟形封头发酵罐设计。锥形发酵罐由于对支撑地基强度要求高，目前还很难做到超过 $800m^3$ 的锥形发酵罐。斜底发酵罐由于地基基础容易处理，只要把斜底角度处理适当，发酵罐罐底处理平坦光滑，也相当于变形的锥形发酵罐。

近年来，国内外乙醇发酵设备已日趋大容量发展。大型发酵罐具有简化管理、节省投资、降低成本及利于自控等优点，并已在大型发酵罐中实现了自动清洗。目前，常见的 $800m^3$ 以下发酵罐多设计为锥形发酵罐；超过 $800m^3$ 容积的发酵罐多设计为圆柱形斜底发酵罐。

1. 锥形乙醇发酵罐

1）罐体

乙醇厂所用的发酵罐通常可分为封闭式和开放式两种。封闭式发酵罐的优点是可以防止杂菌污染，便于保温冷却及控制发酵温度，乙醇产量高，损失少，可回收 CO_2，发酵效率高；缺点是结构较复杂，造价较高。目前大多数乙醇厂采用封闭式发酵罐。

封闭式发酵罐有锥底和斜底之分。乙醇发酵罐的罐身为圆柱形，底盖和顶盖均为碟形或锥形的立式金属容器。锥形乙醇发酵罐如图 4-12 所示。罐顶装有废气回收管（主要指 CO_2 气体，图中 4）、进料管、接种管（图中 6）、压力表、各种测量仪表接口管及供观察清洗和检修罐体内部的人孔等，罐身上下部装有取样口和温度计接口，罐底装有排料口和排污口（图中 12）。

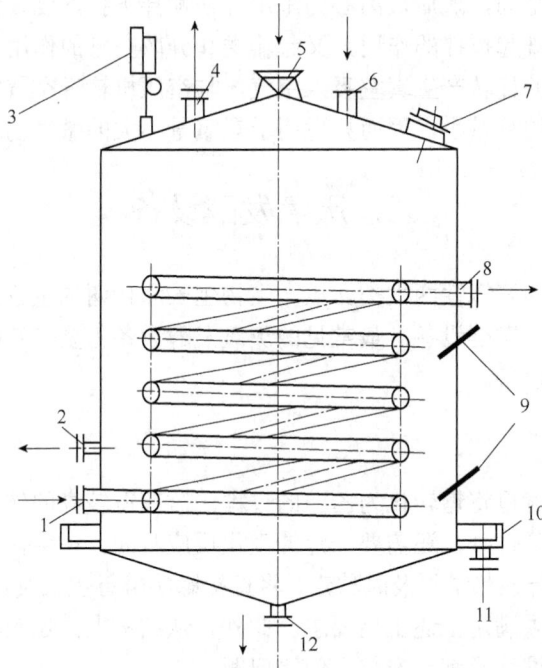

1. 冷却水入口；2. 取样口；3. 压力表；4. CO_2 气体出口；5. 喷淋水入口；6. 料液及酒母入口；
7. 人孔；8. 冷却水出口；9. 温度计接口；10. 喷淋水收集槽；11. 喷淋水出口；12. 发酵液及污水出口。

图 4-12 锥形乙醇发酵罐

乙醇发酵罐发酵时，罐内不同高度的发酵液 CO_2 含量不同，形成 CO_2 含量梯度。罐底 CO_2 气泡密集程度较高，醪液密度小，罐上部 CO_2 密集程度低，醪液密度大。于是，底部发酵液具有上浮提升能力。同时，上升 CO_2 气泡对周围液体也具有拖曳力。拖曳力和液体上浮的提升力一起形成气体搅拌作用，以使发酵液在罐内循环。因此，乙醇发酵罐一般不配置搅拌器。但发酵罐体积大时，可配置侧向搅拌器。

2）冷却装置

对于乙醇发酵罐的冷却方式。中小型发酵罐多采用罐顶喷水淋于罐外壁表面进行膜状冷却。大型发酵罐的罐内装有蛇管或罐内蛇管和罐外壁喷洒联合冷却的装置。此外，也有采用罐外列管式喷淋冷却的方法。这种方法具有冷却发酵液均匀、冷却效率高等优点，为避免发酵车间的潮湿和积水，要求在罐体底部四周装有集水槽。

3）洗涤装置

乙醇发酵罐的清洗过去均由人工操作，不仅劳动强度大，而且 CO_2 气体一旦未彻底排除，工人入罐清洗会发生中毒事故。目前已逐步采用水力喷射洗涤装置和高压水力喷射装置，从而降低了工人的劳动强度和提高了操作效率。

水力喷射装置如图 4-13 所示，是由一根两头装有喷嘴的喷水管组成。两头喷水管弯成一定的弧度，喷水管上均匀地钻有一定数量的小孔，喷水管安装时呈水平，喷水管借活接头和固定供水管相连接，它是借喷水管两头喷嘴喷出水的反作用力，使喷水管自动旋转。

高压水力喷射装置如图 4-14 所示。它是一根直立的喷水管，沿轴向安装于罐的中央，在垂直喷水管上按一定的间距均匀地钻有 4～6mm 的小孔，孔与水平呈 20°，水平喷水管接活接头，上端和供水总管，下端与垂直分配管相连接，洗涤水压为 0.6～0.8MPa。水流在较高压力下，由水平喷水管出口处喷出，使其以 48～56r/min 自动旋转，并以极大的速度喷射到罐壁各处，而垂直的喷水管也以同样的水流速度喷射到罐体四壁和罐底，约 5min 即可完成洗涤作业。洗涤水若用废热水，还可提高洗涤效果。

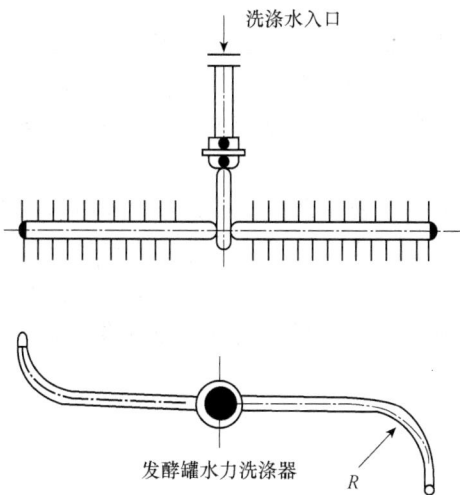

图 4-13　水力喷射装置

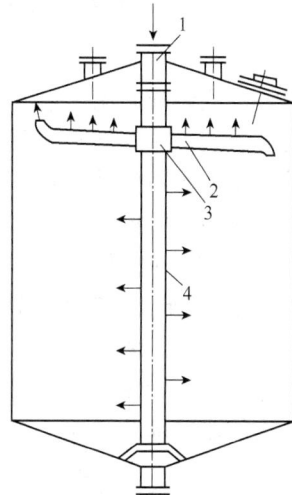

1. 洗涤剂入口；2. 水平喷水管；
3. 活络接头；4. 垂直喷水管。

图 4-14　高压水力喷射装置

在发酵罐使用中，应防止罐内超压和真空状态对罐体的损坏。超压一般是由于酵母发酵旺盛时产生的大量 CO_2 所致。真空则是由发酵罐放料速度过快或进风量不足引起负压所致。另外，罐内若留有 CO_2 气体，清洗时含碱性物质的洗涤液与 CO_2 反应使其浓度降低也会形成真空。

4）乙醇捕集器

在乙醇发酵过程中，为了回收 CO_2 气体及其所带出的部分乙醇，发酵罐宜采用密闭式。发酵过程中，随 CO_2 带走乙醇的损失量为 0.5%～1.2%。为回收这些乙醇，工厂采用在发酵车间设置乙醇捕集器回收乙醇。乙醇捕集器的作用原理是利用乙醇易被水吸收的特性，含乙醇的 CO_2 混合气通过水层时，乙醇蒸气就会被水吸收，从而达到回收的目的。

常用乙醇捕集器有泡罩塔式、填料式、复合式 3 种。

（1）泡罩塔式乙醇捕集器。泡罩塔结构及工作原理如图 4-15 所示，它主要由升气管及泡罩构成。泡罩安装在升气管的顶部，分圆形和条形两种，以前者使用较广，泡罩的下部周边开有很多齿缝，齿缝一般为三角形、矩形或梯形。泡罩在塔板上为正三角形排列。

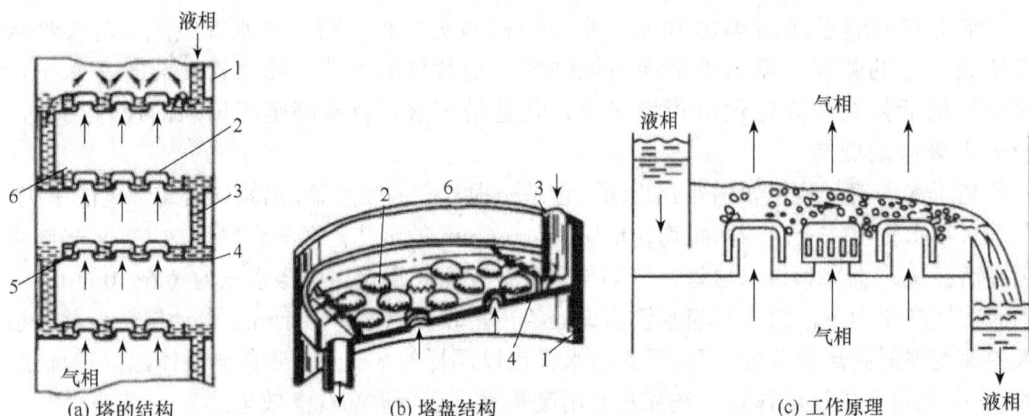

1. 塔壁；2. 泡罩；3. 溢流管；4. 塔板；5. 短管；6. 溢流堰。

图 4-15　泡罩塔的结构及工作原理

工作时，液体横向流过塔板，靠溢流堰保持板上有一定厚度的液层，齿缝浸没于液层之中而形成液封。升气管的顶部应高于泡罩齿缝的上沿，以防止液体从中漏下。上升气体通过齿缝进入液层时，被分散成许多细小的气泡或流股，在板上形成鼓泡层，为汽液两相的传热和传质提供大量的界面。

（2）填料式乙醇捕集器。典型填料式乙醇捕集器主要由塔体、填料和塔附件 3 部分组成，如图 4-16 所示。塔体一般为立式圆柱体，设有 4 个开孔，分别为气体出口、入口和液体出口、入口；塔内填充了一定高度的填料，其位置通过上部的填料压板及下部的支撑板限定；塔内设置有助于液体均匀喷洒的液体分布器、液体再分布器、支撑板、填料压板及除沫器等辅助元件。

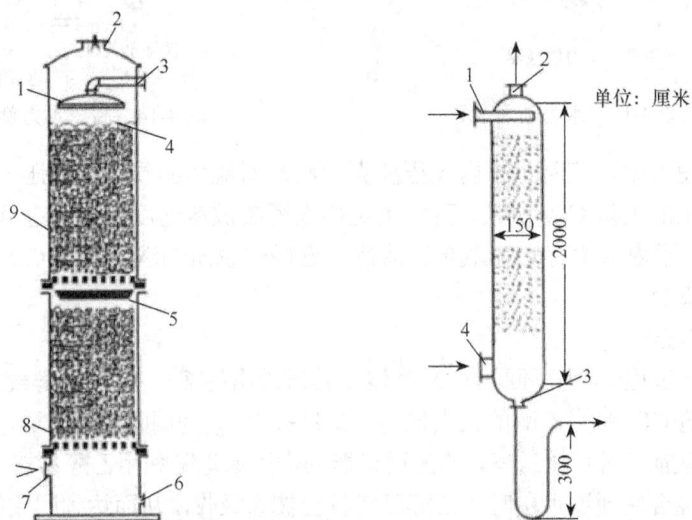

1. 液体分布器；2. CO$_2$ 出口；
3. 进水口；4. 填料压板；5. 液体再分布器；
6. 含乙醇水出口；7. 含乙醇 CO$_2$ 进口；
8. 填料支撑板；9. 填料。
(a) 填料吸收塔

1. 进水口；2. CO$_2$ 出口；
3. 含乙醇水出口；4. 含乙醇的 CO$_2$ 进口。
(b) 乙醇捕集器结构图

图 4-16　填料式乙醇捕集器

　　工作时，液体由塔顶液体入口进入塔内，经过分布器喷淋在填料上，受重力的作用流下，并在填料表面与自塔底进入的气体发生连续逆流接触，从而发生气、液两相间的传质、传热过程。填料塔内液体的流动存在向壁面偏流的倾向，因此除塔顶液体入口装有分布器外，当填料层很高时，同样要将其分段，各段间均需布置液体再分布器，使液相在塔内各截面位置的分布趋于均匀。

　　（3）薄膜冷凝式乙醇捕集器如图 4-17 所示。它由两部分组成，上部是一节筛板塔，下部是膜冷凝器。器身冷凝段有冷却水进出口，器身底部有 CO_2 进口，上盖有水进口和 CO_2 出口，下盖有淡酒出口。

　　工作时，CO_2 先进行冷却，并在涡流状态下与很薄的水膜接触，在接触过程中 CO_2 夹带的乙醇被水膜所吸附。然后 CO_2 进入筛板段，所带的乙醇全部被塔板上的水层吸附。

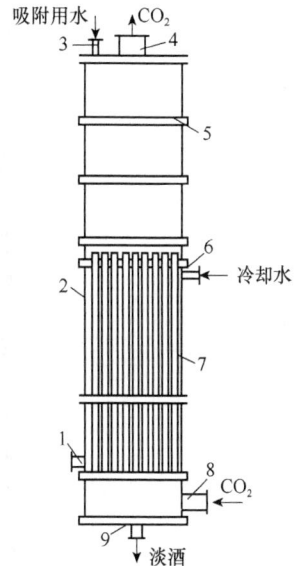

1. 冷却水出口；2. 膜冷凝器；3. 进水口；4. CO_2 出口；5. 筛板塔；6. 冷却水进口；7. 列管；8. CO_2 进口；9. 淡酒出口。

图 4-17　薄膜冷凝式乙醇捕集器

　　捕集器下部是一个列管式冷却器，列管内部装有螺旋式涡流产生导片，来自上部的淡酒沿列管冷却器内壁以薄膜状态下流并与上升的 CO_2 气体进行激烈的质交换，然后 CO_2 气体进入上部筛板段，再次与塔板上的水层进行质交换。

　　吸附乙醇用的水从捕集器上部进入第一块筛板，依次流入第二块、第三块……最后一块筛板，并进入冷凝段。列管上端口部有特殊的刻纹来保证淡酒以薄膜状沿管壁下流。流出捕集器的淡酒含乙醇量可高达 5%（体积分数）。

2. 斜底乙醇发酵罐

　　斜底乙醇发酵罐基本结构如图 4-18 所示。斜底发酵罐的主体结构是圆柱形，罐底斜面与水平面成 5°～20°，高径比趋向于 1∶1，容积可达 3000～4500m³，罐外设有冷却水夹层、保温层及发酵料液循环装置，罐内设有 CIP 系统，罐顶为碟形或锥形，上设有料液入口、视镜、CO_2 排出口等，罐底设有料液入口及侧搅拌装置。发酵罐外壁设有降温用的水夹层。

（二）啤酒发酵设备

　　自 2002 年我国啤酒产量首次超过美国，成为世界第一啤酒生产大国后，啤酒产量保持年均增长 10% 的速度向前发展。在国际上，啤酒工业的发展趋势是大型化和自动化，工艺上趋向于缩短生产周期，提高整体生产的经济效益。

　　啤酒发酵设备逐渐向大型、室外、联合的方向发展。目前使用的大型发酵罐主要是立式罐，如奈坦罐、朝日罐、联合罐，迄今为止，使用的大型发酵罐容量已经达到了 1500m³，清洗设备大多采用 CIP 系统。发酵罐大型化使得产品质量均一化，同时由于啤酒生产的罐数较多，生产合理化，降低了主要设备的投资成本。

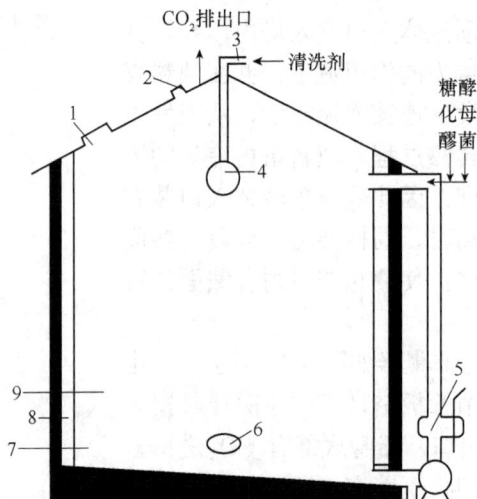

1. 罐顶入口；2. 视镜；3. CO₂出口；4. CIP 系统喷头；5. 换热器；
6. 罐底入口；7. 降温水层；8. 侧搅拌；9. 保温层。

图 4-18　斜底乙醇发酵罐的结构图

1. 传统啤酒发酵设备

传统的啤酒发酵为分批式，传统啤酒发酵设备根据啤酒发酵工艺分为前发酵槽和后发酵槽，分别在其中完成啤酒前发酵和后发酵。

1）前发酵槽

前发酵槽又称为主发酵槽，用于啤酒发酵过程的主要阶段。传统的前发酵槽均置于室内，大部分为开口式。制造材料有钢板和钢筋混凝土，也有用砖砌、外面抹水泥的发酵槽，外形以长方形和正方形为主。

尽管发酵槽的结构形式和材质各不相同，但为了防止啤酒中有机酸对各种材质的腐蚀，前发酵槽内均要涂布一层特殊材料作为保护层。有采用沥青蜡涂料作为防腐层的，虽然防腐效果较好，但成本高，劳动强度大，且年年要维修，不能适应啤酒生产的发展。因此如今啤酒生产企业多采用不饱和聚酯树脂、环氧树脂或其他特殊涂料，但还未完全符合啤酒低温发酵的要求。

前发酵槽的底略有倾斜，有利于废水排出，离槽底 10～15cm 处，伸出嫩啤酒放出管，该管为活动接管，平时可拆卸，因此伸出槽底的高度也可以适当调节。管口有个塞子，以挡住沉淀下来的酵母，避免酵母污染放出的嫩啤酒。嫩啤酒放空后，可拆去啤酒出口管头，酵母即从槽底该管口直接流出。为了维持发酵槽内醪液的低温，在槽内装有冷却蛇管或排管。

密闭式发酵槽具有回收 CO₂，减少前发酵室内通风换气的耗冷量及减少杂菌污柒机会等优点。因此，这种密闭式发酵罐已日益被新建的啤酒厂采用。

除了在槽内装上冷却蛇管，维持一定的发酵温度外，也需在发酵室内配置冷却排管，维持室内低温。但这种冷却排管消耗的金属材料多，占地面积大，且冷却效果差，故新建工厂多采用空调装置，使室内维持工艺要求的温度和相对湿度。

2）后发酵槽

后发酵槽又称为贮酒罐，该设备主要完成嫩啤酒的继续发酵，并饱和 CO₂，促进啤酒的稳定、澄清和成熟。

由于后发酵过程残糖较低，发酵温和，产生发酵热较少，故槽内一般无须再安装冷却蛇管；后发酵的发酵热借室内低温将其带走，因此贮酒室的保温要求不能低于前发酵室。

后发酵槽是金属的圆筒形密闭容器，有卧式和立式。工厂大多采用卧式。由于发酵过程中需要饱和 CO_2，因此后发酵槽应制成耐压容器（0.1～0.2 压的容器）。后发酵槽槽身装有人孔、取样阀、进出啤酒接管、排出 CO_2 接管、压缩空气接管、温度计、压力表和安全阀等附属装置。

后发酵槽的材料，近几年来采用碳钢与不锈钢压制的复合钢板制造。该材料能保证酒糟的安全、卫生和防腐蚀性，并且造价比不锈钢的低。

为改善后发酵的操作条件，较先进的啤酒厂将贮酒槽全部放置在隔热的贮酒室内，以维持一定的后发酵温度。毗邻贮酒室外建有绝热保温的操作通道，通道内保持常温，开启发酵液的管道和阀门都接到通道里，在通道内进行后发酵过程的调节和操作。贮酒室和通道相隔的墙壁上开有一定直径和数量的观察窗，便于观察后发酵室的内部情况。

2. 啤酒大容量发酵罐

为了适应大生产的需要，各种形式的大容量发酵设备应运而生。我国的啤酒工业从 20 世纪 80 年代开始迅速发展，大容量发酵设备已在新老啤酒厂中广泛应用。

1）圆筒体锥底发酵罐

啤酒行业中广泛采用的啤酒发酵设备是圆筒体锥底发酵罐。其优点是发酵速度快，易于沉淀收集酵母，可减少啤酒及其苦味物质的损失，泡沫稳定性得到改善，对啤酒工业的发展极为有利。目前国内最大的锥形罐为 $600～700m^3$。

圆筒体锥底发酵罐一般采用不锈钢或碳钢制作，用碳钢材料时，需要涂料作为保护层，如图 4-19 所示为圆筒体锥底发酵罐。

罐的上部封头设有人孔、视镜、安全阀、压力表、CO_2 排出口；如果 CO_2 为背压，为了避免用碱液清洗时形成负压，可以设置真空阀；锥体上部中央设不锈钢可旋转洗涤喷射器，具体位置要能使喷出水最有力地射到罐壁结垢最厉害的地方。大罐罐体的工作压力根据大罐的工作性质而定，如果发酵罐兼作贮酒罐，工作压力可定为 $(1.5×10^6)～(2.0×10^6)$ Pa。

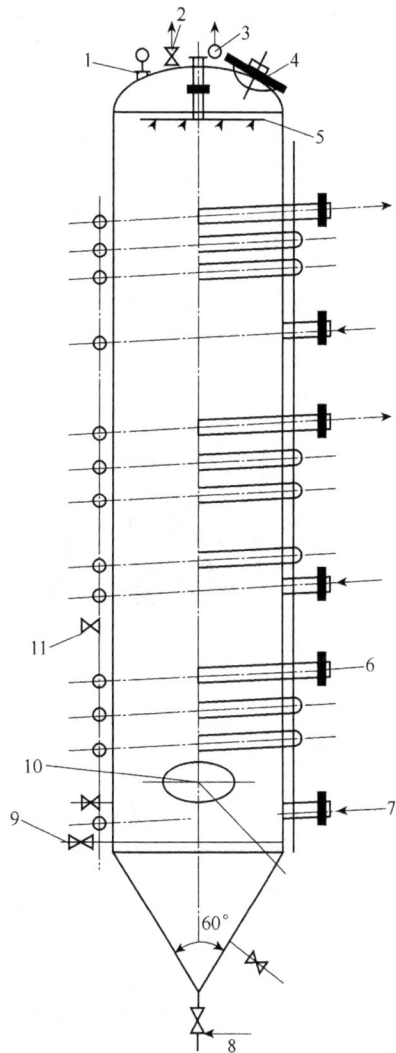

1. 压力表；2. 排气口；3. 安全阀；4、10. 人孔；
5. 洗涤器；6. 冰盐水出口；7. 冰盐水入口；
8. 麦汁进口，丙酮和啤酒出口；
9. 洗涤 CO_2 入口；11. 取样口。

图 4-19 圆筒体锥底发酵罐的结构图

　　这种发酵设备一般置于室外。已经灭菌的新鲜麦汁与酵母由底部进入罐内，发酵最旺盛时，使用全部冷却夹套，以维持适宜的发酵温度。冷介质多采用乙二醇或乙醇溶液，也可以用氨作冷介质。

　　如果放置在露天，罐体保温绝热材料可以采用聚氨酯泡沫塑料、脲醛泡沫塑料、聚苯乙烯泡沫塑料或膨胀珍珠岩矿棉等，厚度为 100～200mm，具体厚度可以根据当地的气候选定。如果采用聚氨酯泡沫塑料作保温材料，可以采用直接喷涂后，外层用水泥涂平。为了罐的美观和牢固，保温层外部可以加薄铝板外套，或镀锌铁板保护，外涂银粉。

　　考虑到 CO_2 的回收，就必须使罐内的 CO_2 维持一定的压力，因此大罐就成为一个耐压罐，有必要设立安全阀。罐的工作压力根据不同的发酵工艺而有所不同。若作为前发酵和贮酒两用，就应以贮酒时 CO_2 含量为依据，所需的耐压程度要稍高于单用于前发酵的罐。

　　大型发酵罐和贮酒设备的机械洗涤，现在普遍使用自动清洗系统（CIP）。该系统设有碱液、热水罐、甲醛溶液罐和循环用的管道和泵，洗涤剂可以重复使用，浓度不够时可以添加。使用时先将 50～80℃ 的热碱液用泵送往发酵罐，贮酒罐中高压旋转不锈钢喷头，如图 4-20 所示。压力不小于 $(4.00 \times 10^5) \sim (9.80 \times 10^5)$ Pa，使积垢在液流高压冲洗下迅速溶于洗涤剂内，达到清洁的效果。洗涤后，碱液回流贮槽，每次循环时间不应少于 5min，之后，再分别用泵送热水、清水、甲醛液，按工艺要求交替清洗。

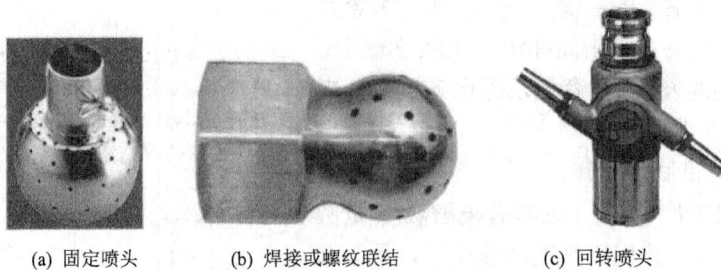

(a) 固定喷头　　　　(b) 焊接或螺纹联结　　　　(c) 回转喷头

图 4-20　喷头

　　该发酵罐的优点在于能耗低、采用的管径小，生产费用可以降低。最终沉积在锥底的酵母可以打开锥底阀门，将其排出罐外，部分酵母留作下次待用。圆筒体锥底发酵罐的缺点在于：由于罐体比较高，酵母沉降层厚度大，酵母泥使用代数一般比传统低（只能使用 5～6 代）；贮酒时，澄清比较困难（特别在使用非凝聚性酵母），过滤必须强化；若采用单酿发酵，罐壁温度和罐中心温度一致，一般要 5～7d 以上，短期贮酒不能保证温度一致。

　　2）大直径露天贮酒罐

　　大直径露天贮酒罐既可以作为发酵罐，又可以作为贮酒罐。其直径与罐高之比远比圆筒体锥底罐要大，结构如图 4-21 所示。大直径露天贮酒罐一般只要求贮酒保温，没有较大的降温要求，因此，其冷却系统的冷却面积远比圆筒体锥底罐小，安装基础也较简单。

　　大直径露天贮酒罐是一柱体形罐，略带浅锥形底，便于回收酵母等沉淀物和排出洗涤水。因其表面积与容量之比较小，罐的造价较低。冷却夹套只有一段，位于罐的中上部，上部酒液冷却后，沿罐壁下降，底部酒液从罐中心上升，形成自然对流。因此，罐的直径虽大，仍能保持罐内温度均匀。罐顶可设安全阀，必要时设真空阀。罐内设自动清洗装置，并设浮球带动出酒管，滤酒时可以使上部澄清酒液先流出。为加强酒液的自然对流，在管的底部加设 CO_2 喷射环。环上 CO_2 喷射眼的孔径为 1mm 以下。当 CO_2 在罐中心向上鼓泡时，酒液运动使底部出口处的酵母浓度增加，便于回收，同时挥发性物质被 CO_2 带走，CO_2 可以回收。大直径露天贮酒罐外部是保温材料，厚度为 100~200mm。

3）朝日罐

朝日罐又称为单一酿槽，它是 1972 年日本朝日啤酒公司研制成功的前发酵和后发酵合一的室外大型发酵罐。它采用了一种新的生产工艺，解决了酵母沉淀困难的问题，大大缩短了贮藏啤酒的成熟期。

朝日罐为一罐底倾斜的平底柱形罐，其直径与高度之比为 1：（1~2），用厚度为 4~6mm 的不锈钢板制成。罐身外部设有两段冷却夹套，底部也有冷却夹套，用乙醇溶液或液氨作为冷介质。罐内设有可转动的不锈钢出酒管，

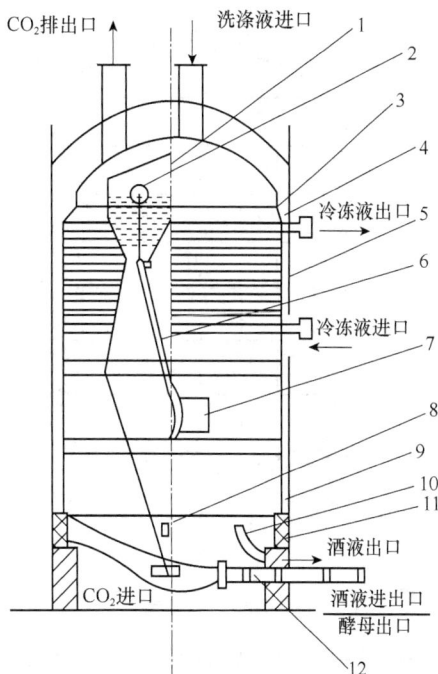

1. 自动洗涤装置；2. 浮球；3. 罐体；
4. 保温层；5. 夹套；6. 滤酒管；7. 人孔；
8. CO_2 喷射泵；9. 支脚；10. 酒液排出阀；
11. 机座；12. 酵母排出口

图 4-21 大直径露天贮酒罐结构图

可以使放出的酒液中 CO_2 含量比较均匀。朝日罐生产系统如图 4-22 所示。其特点是利用酵母离心机回收酵母，利用薄板换热器控制发酵温度，利用循环泵把发酵液抽出又送回去。

使用朝日罐进行一罐法生产啤酒，可以加速啤酒的成熟，提高设备的利用率，使罐容积利用系数达 96% 左右；在发酵液循环时酵母分离，发酵液循环损失很少；还可以减小罐的清洗工作，设备投资和生产费用比传统法要低。但是朝日罐使用时动力消耗大，冷冻能力消耗大。

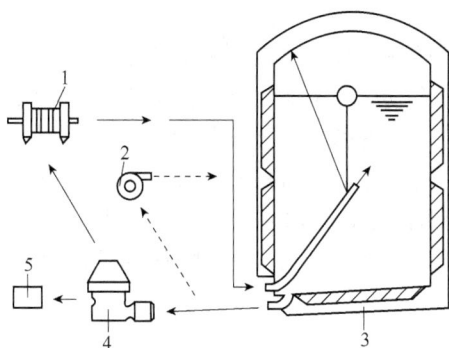

1. 薄板换热器；2. 循环泵；3. 罐体；
4. 酵母离心机；5. 酵母。

图 4-22 朝日罐生产系统

4）联合罐

联合罐是一种具有较浅锥底的大直径，高径比为 1：（1~1.3）的发酵罐，能在罐内进行机械搅拌，并具有冷却装置。联合罐在发酵生产上的用途与圆筒体锥底发酵罐相同，既可用于前、后发酵，也能用于多罐法及一罐生产。因此它适合多方面的需要，故又称该类型罐为通用罐。

联合罐是一圆柱体，如图 4-23 所示。它由带人孔的薄壳垂直圆柱体、拱形顶及有足够斜度以除去酵母的锥底所组成。锥底的形式可与浸麦槽的锥底相似。联合罐的罐体基

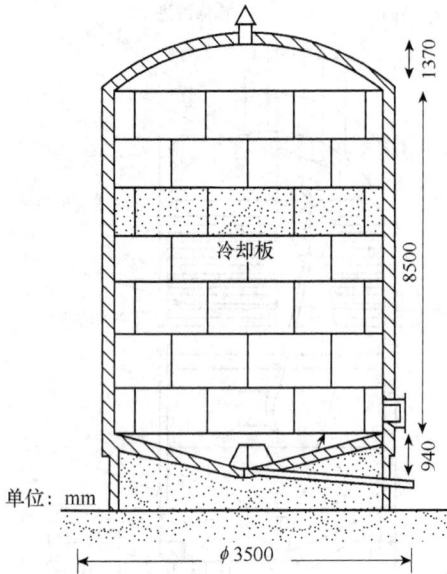

图 4-23 联合罐

础是钢筋混凝土圆柱体，其外壁高约 3m，厚 20cm。基础圆柱体壁上部的形状是按照罐底的斜度来确定的。有 30 个铁锚均匀地分埋于圆柱体壁中，并与罐焊接。圆柱体与罐底之间填入坚固结实的水泥砂浆，在填充料与罐底之间留 25.4cm 的空心层以绝缘。

（三）葡萄酒发酵设备

葡萄酒是国际性饮料之一，其产量仅次于啤酒，在世界饮料酒中列第二位。葡萄酒的品种很多，因葡萄的栽培、葡萄酒生产工艺条件的不同产品风格各不相同。一般按酒的颜色深浅、含糖量多少、含不含 CO_2 及采用的酿造方法来分类，也有以产地、原料名称来分类的。以成品颜色，葡萄酒可分为红葡萄酒、白葡萄酒及粉红葡萄酒三类。其中，红葡萄酒又分为干红葡萄酒、半干红葡萄酒、半甜红葡萄酒和甜红葡萄酒。白葡萄酒则分为干白葡萄酒、半干白葡萄酒、半甜白葡萄酒和甜白葡萄酒。以酿造方式葡萄酒可以分为葡萄酒、气泡葡萄酒、加烈葡萄酒和加味葡萄酒 4 类。

葡萄酒的发酵，由于工艺方法的不断改进和不断提出新要求，在设备上也在不断改进。发酵容器根据构造材料及形式的不同，可分为木桶、砖砌水泥池、块石水泥池、金属罐等。

1. 白葡萄酒发酵罐

白葡萄酒发酵罐的结构形式是葡萄酒发酵罐中最简单的，多为立式圆柱体结构。由筒体、罐底、封头、外夹层换热器及发酵罐所必需的液位计、取样阀、人孔、进料口、浊酒出口、清酒出口等组成，如图 4-24 所示。罐底为 2°～5° 的斜底，便于残液流出。

白葡萄酒也可进行连续发酵，如图 4-25 所示。发酵时每一罐成分均不一致，第一罐起进料作用，酵母在这里繁殖，之后每罐依次含糖量降低，乙醇浓度上升，酵母活性降低。各罐之间的输送则是通过电磁阀打开气室后与大气相通，压力的降低导致液体的进入。

2. 红葡萄酒发酵罐

红葡萄酒发酵设备现已有各种水泥池和专用的罐。

1）自动循环发酵罐

这种发酵罐具有酒液自动循环，淋洗"酒帽"的特点，在各国应用广泛。以意大利 Bucher 公司的 Blachere 罐为例（图 4-26），其基本结构分为上下两个部分，上部有水封室和装酒液用的罐体，它以下液阀门与下部连接，水封室则以水封管与下部连接，发酵罐中还装有具夹层的热交换器。

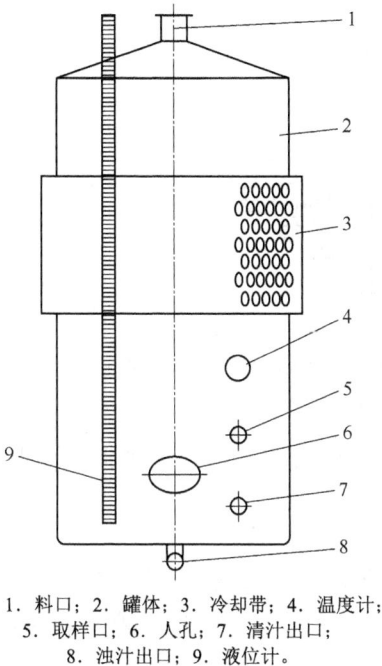

1. 料口；2. 罐体；3. 冷却带；4. 温度计；
5. 取样口；6. 人孔；7. 清汁出口；
8. 浊汁出口；9. 液位计。

图 4-24 白葡萄酒发酵罐结构图

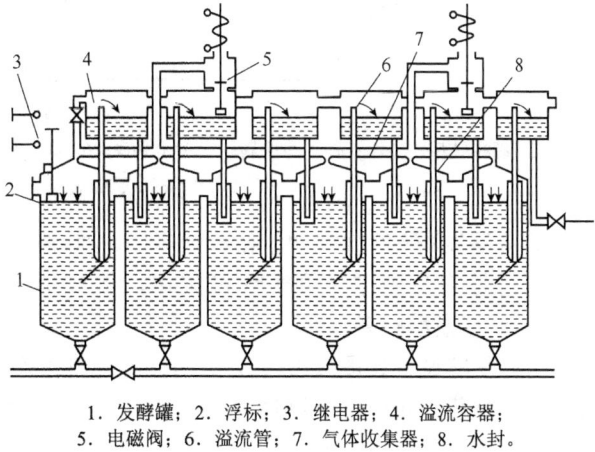

1. 发酵罐；2. 浮标；3. 继电器；4. 溢流容器；
5. 电磁阀；6. 溢流管；7. 气体收集器；8. 水封。

图 4-25 白葡萄酒连续发酵示意图

发酵时通过进料孔向罐内注入酒母，再加入葡萄浆，然后密闭，发酵过程中产生的 CO_2 气压将酒醪通过循环管和热交换器压入顶部，至一定压力时，CO_2 将水封中的水顶入上部，此时下部罐中的压力骤减，集中在上部的醪液通过下液管进入下罐，淋洗皮渣，如此往复。结束发酵后酒通过底部阀门排出，渣通过斜底依重力卸出。

其特点是发酵速度快，自动循环淋洗，浸提效果好，色素含量高，酒色深，味稍涩，挥发酸含量不高，卸空较易等。

2）旋转发酵罐

旋转发酵罐为一水平放置的圆筒，在筒体两端及内壁装有过滤筛，可形成一酒腔，顶部装有排渣口，罐内部有线圈状的螺旋线，上部有一自动排气阀，罐转动时，排气阀关闭，罐上带减速器的电机转动，典型的设备如法国的 Vaslin，意大利的 Feitz（图 4-27）。我国张裕公司及许多国家均有仿制。

发酵时葡萄浆由进料口进入，加入 SO_2 和酵母后开始发酵，浸渍发酵时罐正反方向转动，使皮渣浸渍均匀，浸提效果较好，发酵结束后可由穿孔的内层作用下取出自流酒，酒渣在内部螺线刮刀的作用下取出压榨。

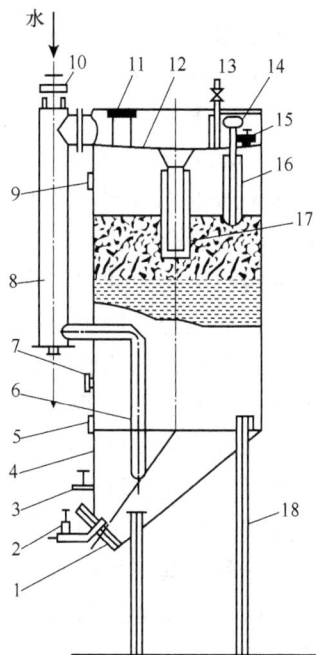

1. 酒渣出口；2. 电动机；3、13、15. 阀；
4. 罐体；5、9. 高度指示；6. 酒循环管；
7. 温度计；8. 热交换器；10. 分配装置；
11. 葡萄浆进口；12. 内壁；14. 盛水器；
16. 水封；17. 下液管；18. 支脚。

图 4-26 自动循环 Blachere 罐示意图

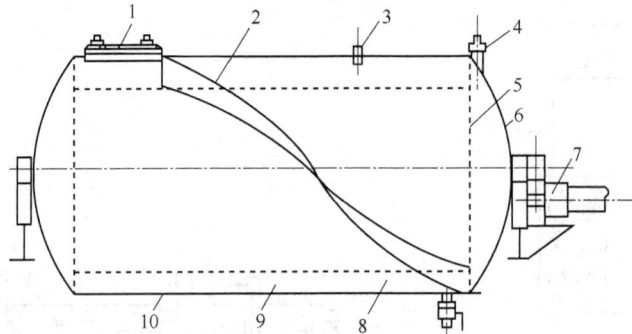

1. 盖；2. 螺线刮刀；3. 浮标；4. 安全阀；5. 穿孔假底；6. 底；7. 电动机；8. 穿孔内壁；9. 内层间隙；10. 转筒。

图 4-27 旋转发酵罐示意图（Feitz）

特点是发酵速度快、色素浸出多，色泽深，干浸出物增加，挥发酸降低，口味细腻。另外它易操作，可实现机械化，但投资较大。

3）连续发酵设备

连续发酵设备如图 4-28 所示，为一圆柱锥形底的发酵罐，罐体直径与高度之比为 1：(2～4)。葡萄浆入口位于罐体总高的 1/3 处，出渣口为一漏斗状管，做 120°倾斜引出罐外，自流酒筛子在皮渣层下部。

发酵时每隔 3h 由入口处泵入一定量的葡萄浆，同时把罐上部的酒渣经刮渣叶片到入排渣口，自流酒通过酒管不断流出。不泵入果浆时，排渣停止，但自流酒可由泵循环来喷淋浸提，如此往复。

连续发酵罐能实现自动化、速度快、产量大、劳动生产率高，但难以提取更多的多酚物质和色素。

4）Ganimcde 发酵罐

Ganimcde 发酵罐结构如图 4-29 所示，其结构特点是在发酵罐中间有一个大的锥台形隔板，连通锥形隔板上下腔有旁通阀。

进料时关闭旁通阀，当入罐醪液达到最高液位时，关闭的旁通阀阻止了隔板下腔的空气排到上腔。隔板与罐壁间是空的。液位升高，皮渣浮在表面随着发酵过程葡萄醪汁中的糖转化为乙醇同时，产生大量的 CO_2 积聚在隔板下腔与罐壁间的空间，聚满后 CO_2 只能通过锥台形隔板中心孔升到醪液表面逸出。此时打开旁通阀，大量的 CO_2 气柱冲入发酵醪，发酵醪立即占据原来被 CO_2 所充满的空间；同时 CO_2 气柱对顶部果皮形成搅拌作用，防止形成皮盖，液位迅速降低约 1m 左右。这时关闭旁通阀，随着发酵的进行，CO_2 不断重新积聚在隔板下腔，液位升高，再次打开旁通阀，发酵罐内重复以上过程，其结果提高了色泽浸提，使葡萄皮中的色泽和芳香物质柔和充分地提取到酒液内，如图 4-30 所示。该设备内部不设机械装置，结构简单，不需要额外动力，清洗方便。

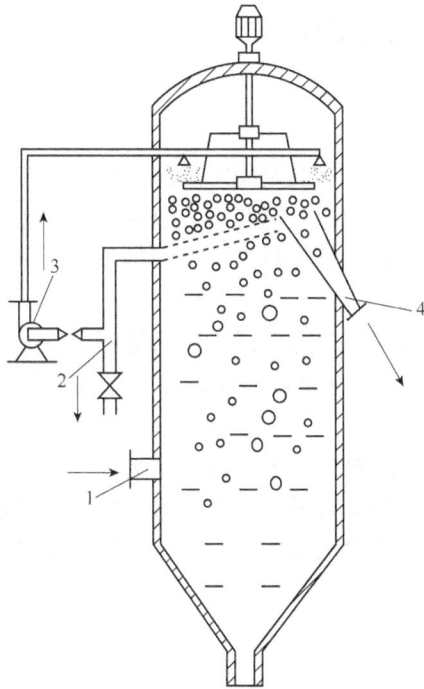

1. 葡萄浆入口；2. 自流酒出口；
3. 回流泵；4. 酒渣出口。

图 4-28 连续发酵示意图

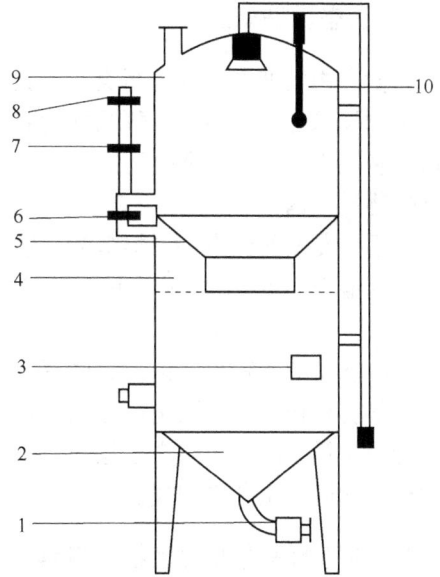

1. 底部排除阀；2. 葡萄籽收集区；3. 下部观察窗；
4. 空气富集区；5. 横隔板；6. 旁通阀；
7. 通气阀；8. 洗涤阀；9. 顶部进口；10. 液位计。

图 4-29 Ganimcde 发酵罐的结构图

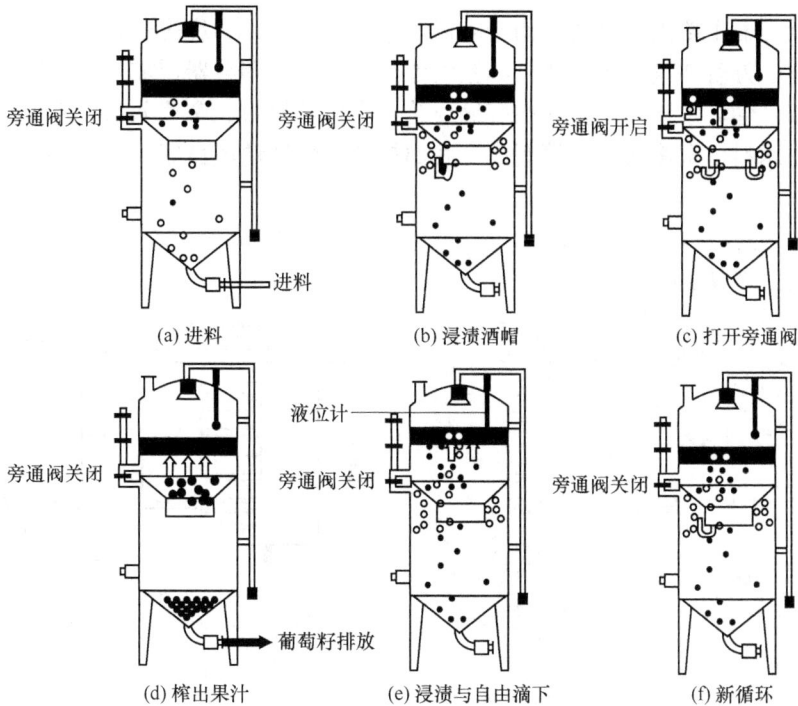

(a) 进料　(b) 浸渍酒帽　(c) 打开旁通阀

(d) 榨出果汁　(e) 浸渍与自由滴下　(f) 新循环

图 4-30 Ganimcde 发酵罐操作示意图

四、固态发酵设备

（一）固态发酵概述

微生物发酵方法分为两类，一类是液体发酵，一类是固态发酵。固态发酵是最古老的生物技术之一。固态发酵又称为固体发酵，是指微生物在一定温度与相对湿度的固体培养基上生长、繁殖和代谢的发酵过程。利用固态培养基进行发酵的设备，称为固态发酵生物反应器。

固态发酵的优点：原料多为天然基质或废渣，来源广泛，价格低廉。生产中产生废水和废洛少，环境污染小。设备较简单，技术较容易掌握，后处理方便。产物浓度较高，能耗较少，生产成本低。

固态发酵的缺点：由于有些菌种不适宜在固相中培养，故菌种选择性小。大规模生产时传质和传热受到限制，散热比较困难。天然原料成分复杂，时有变化，影响发酵生成物的质量和产量。生产过程中，工艺参数较难检测和控制，工艺操作劳动强度较大，发酵速度慢，生产周期较长。

（二）典型的固态发酵生物反应器

按照固体培养方式的不同，固态发酵生物反应器可归类为 6 种形式。

1. 无通风、无搅拌式生物反应器

这类反应器主要为浅盘式生物反应器，如图 4-31 所示。反应器为一个长方形密闭的反应室。室上方有 2 只空气吹风机、空气过滤器、湿度调节器、加热器、空气出口。室左侧有紫外灯管、水压阀。室右侧有循环管、空气吹风机、空气入口。室内有托盘、支架，托盘由木料、金属或塑料等制成，底部打孔以保证通风良好。

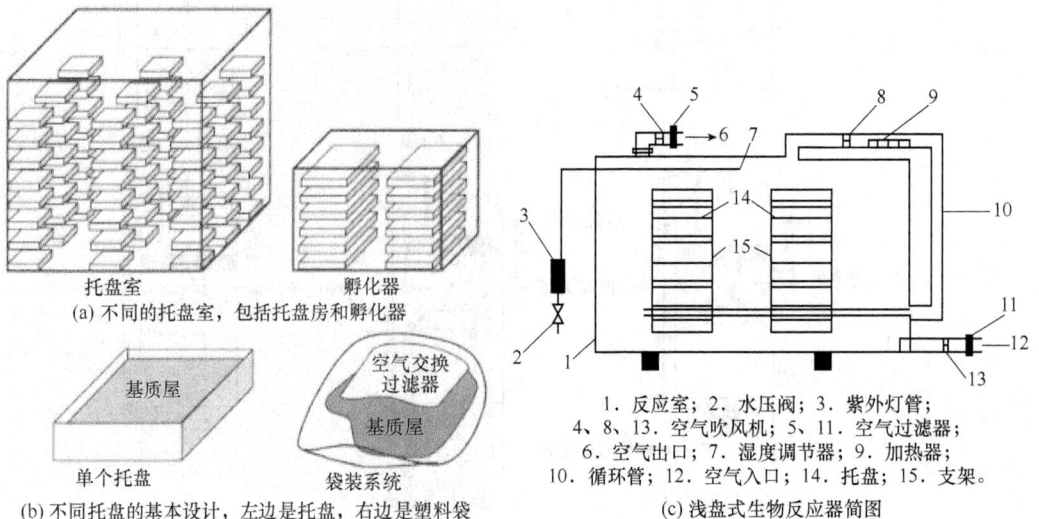

(a) 不同的托盘室，包括托盘房和孵化器

托盘室　　　　孵化器

基质屋　　　空气交换过滤器 基质屋

单个托盘　　　袋装系统

(b) 不同托盘的基本设计，左边是托盘，右边是塑料袋

1. 反应室；2. 水压阀；3. 紫外灯管；
4、8、13. 空气吹风机；5、11. 空气过滤器；
6. 空气出口；7. 湿度调节器；9. 加热器；
10. 循环管；12. 空气入口；14. 托盘；15. 支架。

(c) 浅盘式生物反应器简图

图 4-31　浅盘式生物反应器

浅盘式生物反应器的特点：结构简单，制造容易，投资少，能耗较低，易规模化生产。没有强制通风装置；占地面积大，消耗人力多，劳动强度较大。传质和传热受扩散和传导的限制，影响了浅盘床层的能力。

浅盘式生物反应器的操作要点：培养基经灭菌、冷却、接种后装入托盘，最大厚度为 15cm。将托盘在密室架子上逐层放置，每层托盘间留有适当空间，以保证通风。发酵过程中，应严格控制密室的相对湿度、温度，由循环的冷（热）空气进行自动调节。

浅盘式生物反应器适用于固相发酵工艺中固体曲制备，特别适合酒曲的制造。

2. 强制通风、无搅拌式生物反应器

此类生物反应器一般称为填充床式生物反应器，适合发酵期间完全不可搅拌的固态发酵过程。根据筒体中是否内置传热版可以分为带内置传热板的 Zymotis 填充床和不带内置换热片传统填充床，如图 4-32 所示。

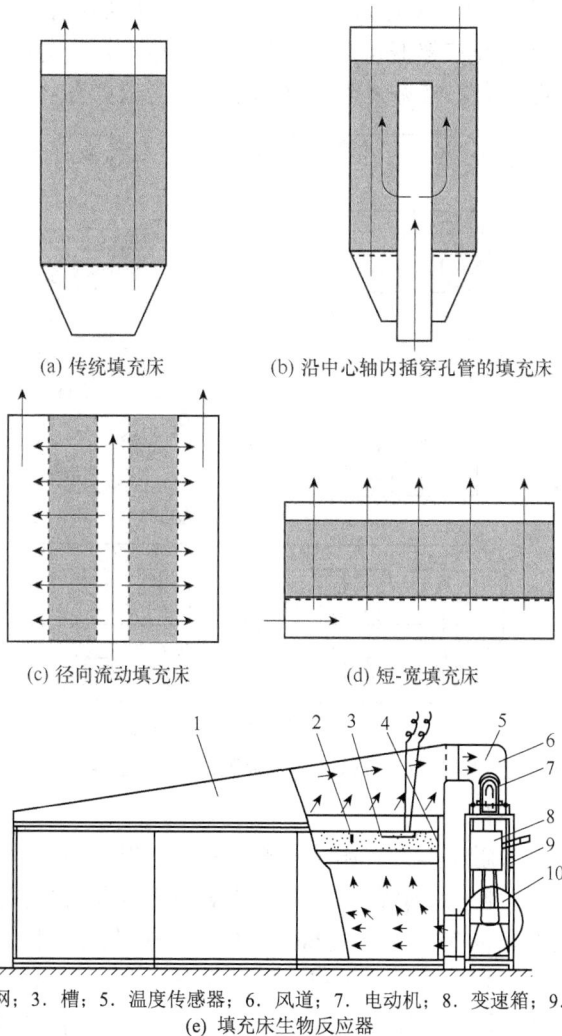

(a) 传统填充床　　　　　(b) 沿中心轴内插穿孔管的填充床

(c) 径向流动填充床　　　　(d) 短-宽填充床

1、4. 布；2. 不锈钢钢筋网；3. 槽；5. 温度传感器；6. 风道；7. 电动机；8. 变速箱；9. 空气入口；10. 鼓风机。

(e) 填充床生物反应器

图 4-32　填充床式生物反应器

填充床式生物反应器为静置式反应器，采用动力通风，有利于控制反应床中的环境条件，能调节温度和空气风速，除去热量效果比较好，基本解决了料层中心缺氧和温度过高的问题。但产环境较差，不利于发酵工艺的控制，进出料人工操作，劳动强度大，工作效率低。

填充床式生物反应器的操作要点：进料前将池室清洗打扫干净，并检查鼓风机等是否正常；将灭菌、冷却、接种后的培养基均匀铺入曲槽内，厚度为 30cm 左右。开鼓风机通风，并打开排风道，同时观察池室的温度和相对湿度。在反应过程中，通过调节温度和空气风速，来控制池室的温湿度。

填充床式生物反应器适用于对混合是有害的固态发酵过程，如真菌孢子等；也可用于葡萄糖淀粉酶、纤维素酶、单细胞蛋白、酱油等调味品、乙醇的发酵。

3. 转鼓式和搅拌鼓式生物反应器

转鼓式和搅拌鼓式生物反应器为空气吹入顶空但不强制穿过基质床层的一类反应器，如图 4-33 所示。此类反应器既可用于连续过程，也可用于分批操作。反应器带有折流板、旋转方向周期性改变。常见大型转鼓式生物反应器如图 4-34 所示。

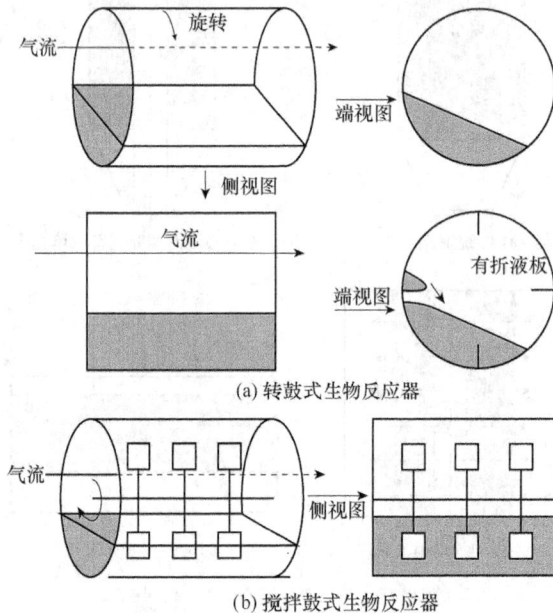

(a) 转鼓式生物反应器

(b) 搅拌鼓式生物反应器

图 4-33　转鼓式和搅拌鼓式生物反应器

1）转鼓式生物反应器

转鼓式反应器是由基质床层、气相流动空间和转鼓壁等组成的反应系统。

转鼓式生物反应器的特点：转鼓基质床层由处于滚动状态的固体培养基颗粒构成，一般含水量在 50%左右，也有含水量 30%或 70%等；转鼓的转速很低，只有 2～3r/min，对菌体的剪切力小；转鼓式生物反应器可以防止菌丝体与反应器粘连，转鼓旋转不仅筒内的基质达到较好混合，还改善了传质和传热状况，使菌体所处的环境比较均一，能满足通风和温度控制的要求。

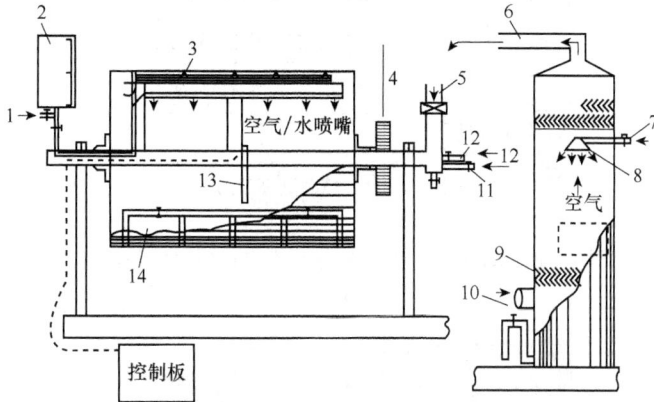

1、7、11. 进水口；2. 水箱；3、8. 喷嘴；4. 变速箱；5、10. 空气入口；
6. 空气调节器；9. 拉西环；12. 蒸汽入口；13. 温度传感器；14. 不锈钢丝网盖。

图 4-34　大型转鼓式生物反应器

转鼓式生物反应器的操作要点：将配好的培养基经灭菌冷却，接种后装入鼓内，一般为反应器总体积的 10%～40%；开启转鼓，使其以较低速度转动，并通入空气；在发酵过程中，应注意培养温度，以控制空气流速。

转鼓式生物反应器的适用场合：适用于发酵生产的有乙醇、制曲、酶、植物细胞培养、根霉发酵大豆生产等。

2）搅拌鼓式生物反应器

搅拌鼓式生物反应器有卧式的，也有箱式的。连续混合的水平桨混合反应器，它是一个搅拌固态发酵生物反应器。

搅拌鼓式生物反应器的特点：反应器体的夹层，可进行降温，传热效果较好。有搅拌器，固体颗粒温湿度均匀，空气接触较好，改善了菌体生长和代谢环境。反应器可用于不同的生产目的，并可以同时控制温湿度。由于热只能通过器壁移出，因此用于大规模生产的效率很低。

搅拌鼓式生物反应器操作要点：将配好的培养基经灭菌冷却接种后，进入反应器。开动搅拌器，同时通入空气。在发酵过程中注意温湿度变化，并通过控制空气流速和夹层冷却水进行调节。

搅拌鼓式生物反应器适用于单细胞蛋白、酶和生物杀虫剂等生产。

4. 连续搅拌、强制式通风型生物反应器

1）带机械搅拌器的搅拌床

此类反应器具有不同的搅拌方式（图 4-35），图 4-36 为内置搅拌器的机械搅拌类型。因此此类反应器也就有各种不同的外形。在填充床中，为了使蒸发最小，填充床的入口空气一直保持在饱和状态，这样在发酵期间向床层加水就很困难，而通入的干空气会加速床层干燥，从而影响到微生物的生长。相反，在连续搅拌的生物反应器中，无论是向床层中加水还是使用不饱和空气都变为了可能。机械搅拌式生物反应器只能采用连续搅拌模式，因为床层静止时无法提供良好的通风条件。

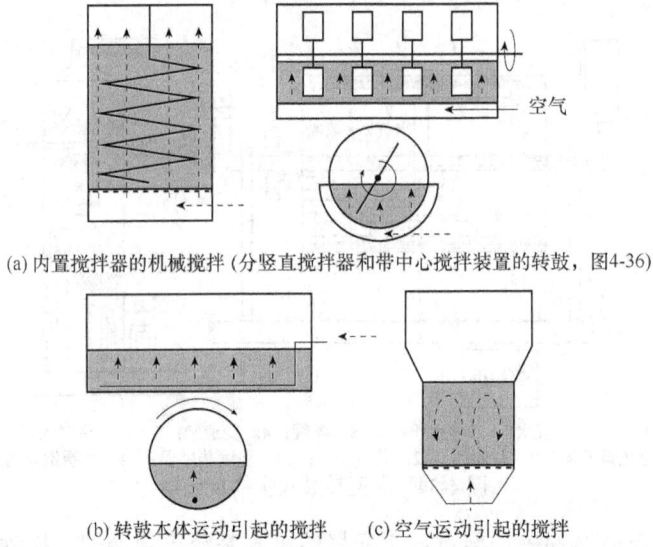

(a) 内置搅拌器的机械搅拌 (分竖直搅拌器和带中心搅拌装置的转鼓，图4-36)

(b) 转鼓本体运动引起的搅拌　　(c) 空气运动引起的搅拌

图 4-35　连续搅拌、强制式通风型生物反应器的搅拌方式

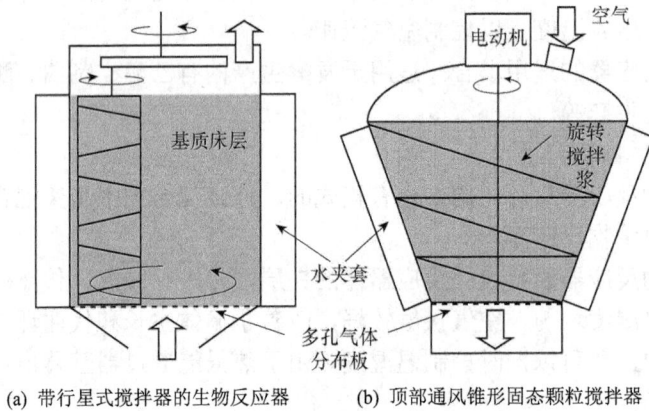

(a) 带行星式搅拌器的生物反应器　　(b) 顶部通风锥形固态颗粒搅拌器

图 4-36　内置搅拌器的机械搅拌类型

一些机械搅拌式生物反应器的基质层放置一多孔板（图 4-37），这样空气就可以吹过整个床层界面，内置于床层中的机械搅拌器对基质床层进行搅拌。

在其他机械搅拌式生物反应器中，空气由特定的入口进入，不会通过整个床层的横截面，这种情况下，通风效率取决于搅拌系统的混合效果。

2）流化床生物反应器

流化床利用流体（液体或气体）的能量使颗粒处于悬浮状态，控制比较容易，颗粒与流体的混合较充分。传热传质性能好，床层压力降小，且温度较均匀。主要有气固流化体与液固流化床 2 种类型。

气固流化床生物反应器由一个带有多孔底板的立室组成，孔中通入的空气或其他一些气体，气速足以使基质颗粒流化，如图 4-38 所示。

气固流化床生物反应器不存在床层堵塞、高压力降、混合不充分等问题，但固体颗粒的磨损较大。

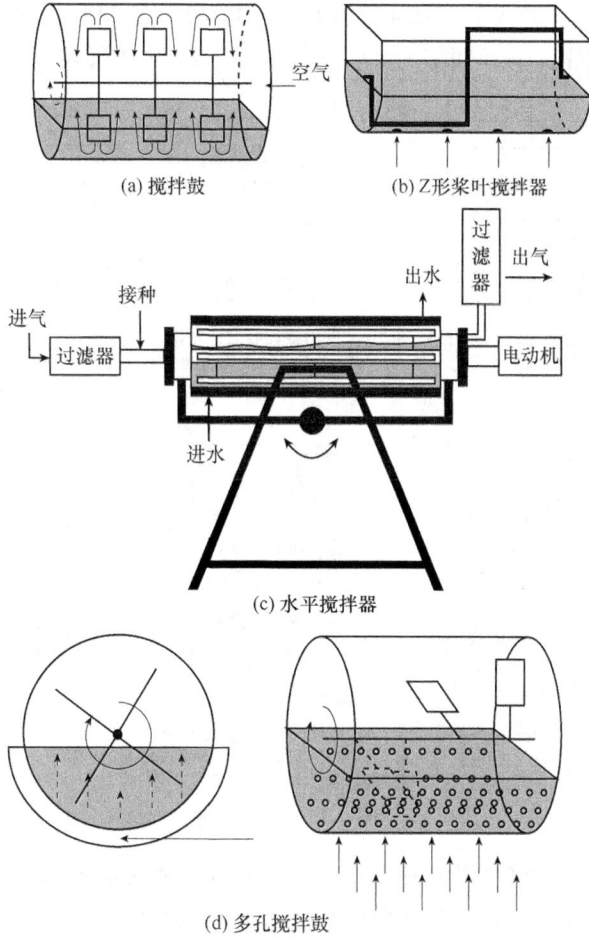

(a) 搅拌鼓   (b) Z形桨叶搅拌器

(c) 水平搅拌器

(d) 多孔搅拌鼓

图 4-37 带多孔板机械搅拌式生物反应器

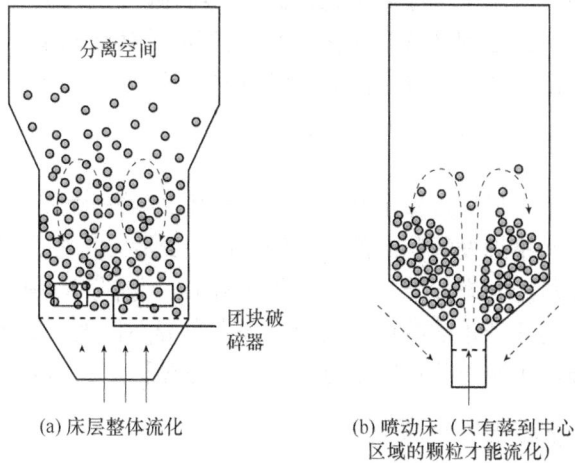

(a) 床层整体流化   (b) 喷动床 (只有落到中心区域的颗粒才能流化)

图 4-38 气固流化床生物反应器

液固流化时，液体从设备下方流入，通过分布器，进入颗粒物料层，其流速应能使固体颗粒流态化。以气体为介质时，空气（好氧）和氮气（厌氧）可以直接从反应器底部进入。

此类反应器容易产生沟流现象，具体原因如图 4-39 所示。操作时，要防止沟流不正常流化状态，沟流情况严重时，颗粒间隙内可能没有整体流动，传质只限于扩散，传热只限于导热。

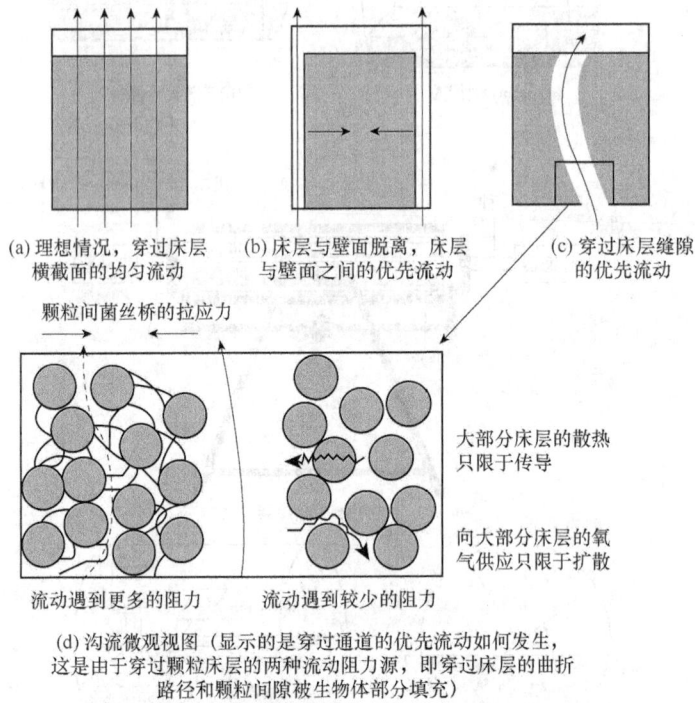

(a) 理想情况，穿过床层　(b) 床层与壁面脱离，床层　　(c) 穿过床层缝隙
横截面的均匀流动　　　　与壁面之间的优先流动　　　　的优先流动

颗粒间菌丝桥的拉应力

大部分床层的散热只限于传导

向大部分床层的氧气供应只限于扩散

流动遇到更多的阻力　　　流动遇到较少的阻力

(d) 沟流微观视图（显示的是穿过通道的优先流动如何发生，
这是由于穿过颗粒床层的两种流动阻力源，即穿过床层的曲折
路径和颗粒间隙被生物体部分填充）

图 4-39　沟流现象

在流化阶段，压力降不随流速而改变，自流速达到临界流速起，压力降维持恒定。在流化过程中，操作速度保持在起流速度（开始流化时的流体速度）与带起速度（颗粒将被带出床层的速度）之间，不应小于起流速度 3 倍。

流化床生物反应器可用于絮凝微生物、固定化细胞反应过程、固定化酶及固体基质的发酵，如固体基质制曲过程（气固流化床）、用絮凝性酵母酿造啤酒（液固流化床）、单细胞蛋白、酵母、乙醇生产、废水的硝化和反硝化等。

（三）固态发酵的应用

应用固态发酵技术进行大规模生产，其投资规模和生产成本通常低于液态发酵；固态发酵尤其适用于一些精细发酵制品的制备和生产。此外，固态发酵一般较少产生引起环境污染的废物。目前，固态发酵被广泛应用于食品、酶制剂、食用菌、医药化工及能源环境等诸多领域。随着技术的改进和完善，固态发酵不仅被广泛用于液态发酵难以实现的发酵过程，也被应用于一些目前已有的液态发酵过程，并与之一争高下。

1. 固态发酵在食品生产中的应用

固态发酵起源于传统食品生产，相应的生产技术沿用至今，为人们提供了日常生活所需的多种发酵食品。例如，面包是以淀粉为原料，采用酵母菌发酵的大众食品，其产量居世界固态发酵食品之首。干酪是以畜乳为原料，在乳酸链球菌和乳酪链球菌混合发酵下，经过凝乳酶的作用成形，再经过细菌或霉菌的进一步固态发酵，最终制成的既富营养价值又美味可口的发酵乳制品。酱油、豆酱是以大豆或其他豆类为主原料，采用米曲霉作为发酵微生物，固态发酵生产的酿造调味品。酿醋是在酿酒的基础上再通过醋酸菌发酵，使乙醇转变为醋酸。传统食醋的酿酒阶段和醋酸发酵阶段都可采用固态发酵法进行。腐乳是以豆腐干为原料，经过毛霉发酵，将豆腐中的蛋白质进行分解而产生的既可佐餐，又可调味的酿造食品。腌菜是乳酸菌在蔬菜上固态发酵后得到的一种美味可口的调味菜品。发酵肉制品、香肠则是通过采用自然微生物或人工接种微生物的固态发酵，赋予了肉制品更加丰富的风味。

2. 固态发酵在酶制剂生产中的应用

α-淀粉酶是目前国内用途最广泛、产量最大的酶制剂品种之一。在食品加工中主要用于淀粉加工业和乙醇酿造业。生产 α-淀粉酶的菌种有细菌和霉菌，霉菌 α-淀粉酶大多采用固态法生产，而细菌 α-淀粉酶则多采用深层液态发酵法生产。近年来，有研究者尝试用枯草杆菌变异菌种进行固态发酵，其产酶比液态发酵要高 4～5 倍，且生产成本较低，具有可观的经济效益。

纤维素酶可使植物纤维素糖化转变成食品原料，因此从长远来看，纤维素酶的生产是一项很有意义的工作。目前国内外纤维素酶生产工艺有两种：固态发酵和液体深层发酵。在生产纤维素酶上，固态发酵占有很多优势，发酵条件环境更接近于自然状态下木霉生长习性，使其产生的酶系更全，有利于降解纤维素，同时能源消耗少，设备投资相对减少，酶产品收率高，后续提取过程较液态发酵易处理。

3. 固态发酵在食用菌生产中的应用

食用菌不仅营养丰富，同时还具有一定的保健功能。目前各种各样的食用菌或药用菌的栽培已遍及全世界。食用菌栽培是利用木质纤维原料进行的固态发酵。采用培养基灭菌、纯种接种、纯种培养及自动控温控湿度等现代固态发酵技术栽培食用菌，不但可以实现稳产高产，增加经济效益，还可以提高产品品质，减少杂菌污染，提高其市场竞争力。

4. 固态发酵在医药化工领域的应用

中药发酵历史悠久，一些中药如红曲、神曲、六神曲、半夏曲、淡豆豉等，本身就是固态发酵产品。有些药材经过发酵炮制后，能增加药效或脱毒，更好地实现其药用价值。此外，还有药材应用方式的发展变化，如灵芝为珍贵药材，古代采集天然灵芝为药，现代则可以采用固态发酵技术大量生产收集其孢子粉。

近年来，国内外学者对于固态发酵生产乳酸、富马酸、草酸和亚麻酸等也进行了探索。固态发酵在一些次级代谢产物的生产方面也具有优势，人们已成功使用固态发酵技术生产抗生素、霉菌素、细菌内毒素、植物生长素、免疫类药物、生物碱和风味物质等次级代谢产物。此外，固态发酵在生物表面活性剂、麸酸胺、色素、维生素、类胡萝卜素、黄原胶等多种生物活性产品的生产中也都得到了成功应用。

5. 固态发酵在能源环境等领域的应用

固态发酵是解决能源危机、治理环境污染的重要手段之一。农业原料残渣常含有丰富的营养，可以为微生物的生长提供理想的生境。通过固态发酵，可以综合利用工农业原料残渣，使废弃物变为有价值的原料，减轻环境污染。例如，木薯是非洲、亚洲及南美洲地区人民最重要的食物之一，但它的蛋白质、维生素、矿物质含量低，也缺乏含硫氨基酸，目前已有几种固态发酵方法可以改善其营养价值。

　　一些农作物残渣可通过固态发酵来生产高蛋白物质或单细胞蛋白。固态发酵生产燃料乙醇是目前的研究热点之一，与液态乙醇发酵相比，固态乙醇发酵的优点有：可省去糖的萃取过程，节省成本；无废水排放，能耗低。

　　此外，固态发酵在生物农药等方面都有成功的应用。利用固态发酵生产真菌杀虫剂，不仅可以使生产成本得以降低，而且药物对害虫的毒力也有极大的提高。

实践操作

五器糖化发酵系统啤酒发酵操作

【实践目的】

掌握五器糖化发酵系统啤酒发酵设备的操作。

【原料与设备】

（1）原料：啤酒酵母、麦芽、酒花、纯水、大米等。

（2）设备：200L五器糖化发酵系统。

【操作步骤】

1. 糊化

糊化锅中加入90kg工艺水，打开夹套排冷凝水阀门，打开夹套进汽阀进蒸汽预热至30℃；将已粉碎好的大米10kg、麦芽1.5kg加入糊化锅中，继续向夹套通蒸汽加热至70℃，微开夹套蒸汽保温20min；继续打开夹套蒸汽加热至100℃，保温40min。

2. 糖化

在糖化锅中加入100kg工艺水，打开夹套排冷凝水阀门，打开夹套进汽阀进蒸汽预热至37℃；启动搅拌，将已粉碎好的麦芽25kg加入糖化锅中，停止搅拌，保温20min；启动搅拌继续向夹套通蒸汽加热至50℃，停止搅拌，保温40min；启动搅拌，打开兑醪阀，将糊化锅中醪液加入糖化锅中，调整温度为65℃，停止搅拌，保温70min；之后升温至78℃。

3. 过滤

打开管路阀门，将糖化锅醪液用泵打入过滤槽，同时启动耕刀旋转，使麦糟分布均匀；停止耕刀静置20min；打开回流管道阀门及回流泵，进行回流。

4. 煮沸

打开管道阀门及倒醪泵，将过滤槽醪液排入煮沸锅。打开煮沸锅夹套蒸汽，加热煮沸。麦汁煮沸10min，添加苦型酒花。麦汁煮沸30min后添加香型酒花。麦汁煮沸终止前10min添加苦型酒花。待麦汁浓度在0.15左右时停止煮沸。

5. 旋沉

打开泵及管道阀门，将醪液倒入回旋沉降槽，静置20min。

6. 冷却

薄板冷却器两段冷却，打开自来水进水阀及出水阀门，同时打开冷冻水进水阀及出水阀，打开泵，将麦汁从95℃左右冷却至7℃左右，同时打开进罐阀门，将麦汁打入发酵罐。

7. 充氧

打开充氧阀充氧，溶氧量为7mg/L时关闭充氧阀（也可在第六步边冷却边充氧）。

8. 发酵

提前将已扩培好的酵母菌或酵母泥在无菌条件下由酵母添加口加入发酵罐中，利用冷却麦汁冲匀酵母，主发酵温度为9℃，压力为0.04MPa，发酵时间为72~96h；待糖度降至4.0°Bé左右时进入后发酵，封罐后设置发酵温度为12℃，压力为0.15MPa，发酵时间为72~120h；双乙酰还原结束后降温至0℃，打开排液阀，将酵母排出。打开出酒阀，将酒液排至清酒罐贮酒。

9. 清洗

利用CIP系统对设备进行在线清洗。

机械搅拌通风发酵罐操作

【实践目的】

（1）掌握机械搅拌通风发酵罐的基本操作要领。

（2）能够进行机械搅拌通风发酵罐的空消、实消及发酵操作。

【原料与设备】

（1）原料：培养基、菌种。

（2）设备：摇瓶机，10~100L二级机械搅拌通风发酵罐系统，蒸汽发生器，空气压缩机，空气贮罐。

【操作步骤】

1. 10L种子罐制备一级种子操作

（1）配制培养基。按照种子培养基配方进行配制；消泡剂装瓶包扎，121℃灭菌30min。

（2）开启蒸汽发生器电源开关，电源指示灯亮。此时水泵自动向炉胆内加水，加水指示灯亮。当炉胆内加水达到设定水位后便自动转换到加热，此时加水指示灯熄灭，加热指示灯亮。约10min左右，便可得到约0.4MPa压力的饱和蒸汽，当压力达到0.4MPa时，加热指示灯自动熄灭，低于0.3MPa时又重新开始加热。根据发生器面板上的"档位"转换开关可以控制蒸汽产生的速度。

（3）种子罐电极安装与校正。

① 将pH电极探头置于pH值为6.86缓冲液中，读数稳定后在控制系统中单击零点校正，取出pH电极用纯水冲洗后置于pH值为4.01缓冲液中，读数稳定后在控制系统中单击斜率校正，取出pH电极用纯水冲洗套上电极护套插入发酵罐中，锁紧螺母后与导线连接。

② 将DO电极与溶解氧测试仪连接，打开仪器电源开关，以使DO发生极化作用（极化时间大约15min）。接着把DO电极头放入饱和氧的蒸馏水（向盛有蒸馏水的烧杯中持续通入氧气或空气30min）中，按照溶解氧测试仪厂家提供的说明书调整读数。此步骤需要根据测试样品所处环境而重复操作几次。然后把DO电极放入无水亚硫酸钠饱和溶液中（溶液底部有晶体可见），读数稳定后，调整溶氧测试仪上的零位控制器，直至仪表

显示读数为零。取出电极用蒸馏水冲洗电极,插入发酵罐中,锁紧螺母后与导线连接。

(4)先对空气净化系统进行灭菌操作,灭菌后通入空气吹干过滤器,维持一定的压力待用。检查底阀、放料阀、移种阀,从接种口倒入培养基,开启搅拌 100r/min,设置灭菌时间、温度,打开罐体排气阀。

(5)打开夹套排污阀,打开蒸汽总阀,缓慢打开夹套进汽阀。待罐温至 90℃,关闭搅拌,待罐温至 98℃关闭夹套进汽阀至微开,打开底阀蒸汽,打开发酵罐底阀,向罐内通入蒸汽。同步打开空气管路蒸汽及过滤器排冷凝水阀,保持过滤器压力不超过 0.15MPa,待过滤器冷凝水排干后开启进罐阀门,向罐内通入蒸汽。

(6)关闭罐体排气阀至微开,观察压力表及罐温,待罐温至 115℃,关闭底阀,微微开放料阀,同时减小空气管路蒸汽量,使罐温慢慢升至 121℃,保持进汽量与出汽量平衡。

(7)灭菌结束后,关闭所有蒸汽进汽阀门,微开罐体排气阀,待发酵罐内压力低于空气过滤器压力时,打开空气分布器气阀,通入无菌空气。

(8)打开夹套进水阀及排水阀,罐温降至 90℃左右时,开启搅拌 100r/min。待温度降到 40℃左右时,设置发酵温度、罐压、搅拌转速、溶氧等参数,关闭冷却水手动模式控制阀门,打开冷热水自动模式控制阀门。待温度降到工艺所需温度后,溶氧稳定后在系统中校正斜率为 100%。

(9)控制空气分布器空气进气阀,打开罐体排气阀将罐压降至 0 附近(不能降到零),接种口套上接种圈,点火,打开接种口,接入摇瓶种子后迅速关闭接种口。

(10)调整通气量及罐压,在系统中将消泡设置为自动模式,单击开始发酵。发酵一定时长后单击停止发酵,准备移种操作。

2. 100L 发酵罐发酵操作

(1)步骤同 10L 发酵罐操作相同,待所有工序完成后,100L 罐减小通气量,打开排气阀将 100L 发酵罐罐压降至 0.02MPa,10L 种子罐调节通气量及罐体排气阀,将罐压升至 0.1MPa;打开 10L 种子罐底阀、移种管阀、进罐阀,将合适体积的种子压入 100L 罐;移种结束后关闭移种管路阀门。

(2)100L 发酵罐调整通气量及罐压,在系统中设置温度、pH 值、DO、消泡等设置为自动模式,单击开始进行发酵。

(3)一定时间后停止发酵进行放料操作,放料后对发酵罐进行在线清洗操作,详见相关章节内容。

思考题

(1)发酵培养基灭菌完成之后为什么要先通入无菌空气再打开冷却阀门进行冷却操作?

(2)空气净化系统灭菌之后为什么要进行保压操作?

(3)发酵培养基灭菌时为什么要先使用夹套对培养基进行预热?

(4)简述薄板冷却器工作的原理。

(5)简述啤酒在线清洗的步骤。

(6)啤酒糖化车间糖化设备的组合形式有哪几种形式?

第五章　离心分离设备

离心分离设备在食品工业中有着广泛的应用，可用于不同状态分散体系的分离，如原料乳净化、奶油分离、淀粉脱水、食用油净化、大豆的浆渣分离等操作。

一、概　述

（一）离心机的原理

离心分离是利用惯性离心力的作用以实现非均相混合物分离的操作。离心分离按操作原理可分为：离心过滤、离心沉降和离心分离。

离心分离设备有两种形式。一种是让被分离的非均相混合物以切线的方式进入圆形容器，使其做高速旋转运动而产生惯性离心力，如旋风分离器、旋液分离器。另一种是通过设备本身的高速旋转使其内部物料产生惯性离心力，如离心机。

离心机是利用惯性离心力进行固、液、气三相分离的专用设备。离心机的主要构件是快速旋转的转鼓。

衡量离心机分离性能的主要指标是分离因数，其定义是物料所受的离心力与重力的比值，也等于离心加速度与重力加速度之比值，即

$$K_c = R\omega^2 / g$$

式中，K_c——分离因数；

R——转鼓半径；

ω——转鼓回转角速度；

g——重力加速度。

分离因数越大，说明分离能力越强。分离因数的大小，要根据不同的分离物料性质和不同的分离要求选取。一般在几百到几万，即离心机运转时的离心力为重力的几百倍到几万倍。

（二）离心机的类型

离心机品种规格繁多，分类方法也很多，可按分离因数、分离原理、操作方式、转鼓主轴位置、卸料方式、转鼓内流体和沉渣的运动方向、分离工艺操作条件等进行分类。

1. 按离心分离因数分类

按离心分离因数离心机可分为 3 类：常速离心机、高速离心机和超高速离心机。

（1）常速离心机：$K_c < 3000$，主要用于分离颗粒不大的悬浮液和物料的脱水。

（2）高速离心机：$3000 < K_c < 50\,000$，主要用于分离乳浊液和细粒悬浮液。

（3）超高速离心机：$K_c > 50\ 000$，主要用于分离极不易分离的超微细粒的悬浮系统和高分子的胶体悬浮液。

2. 按分离原理分类

按分离原理离心机可分为 3 类：过滤式离心机、沉降式离心机和分离式离心机。

（1）过滤式离心机：转速一般在 $1000 \sim 1500 \text{r/min}$，分离因数不大，只适用于易过滤的晶体悬浮液和较大颗粒悬浮液的分离及物料的脱水，主要类型有三足式离心机、上悬式离心机、刮刀缺料离心机、活塞推料离心机等。

（2）沉降式离心机：鼓壁上无孔，借助离心力实现沉降分离，主要类型有螺旋卸料沉降式离心机、机械卸料沉降离心机、水力旋流卸料沉降离心机等，用以分离不易过滤的悬浮液。

（3）分离式离心机：鼓壁上无孔，具有极大转速，一般为 4000r/min 以上，分离因数在 3000 以上，主要用于乳浊液的分离和悬浮液的增浓或澄清。

3. 按操作方式分类

按操作方式离心机可分为间歇式离心机和连续式离心机。

（1）间歇式离心机：在卸料时，必须停车或减速，然后采用人工或机械方法卸出物料，主要类型有三足式离心机、上悬式离心机等。其特点是可根据需要延长或缩短过滤时间，满足物料终湿度的要求，主要用于固-液悬浮混合液的分离。

（2）连续式离心机：整个操作工序均连续进行，主要类型有螺旋卸料沉降式离心机、活塞推料离心机和奶油分离机等，可用于固-液悬浮液和液-液乳浊液的分离。

4. 按转鼓主轴位置分类

按转鼓主轴位置离心机可分为卧式离心机和立式离心机。

5. 按卸料方式分类

按卸料方式离心机可分为人工卸料离心机、重力卸料离心机、刮刀卸料离心机、活塞推料离心机、螺旋卸料离心机、离心卸料离心机和振动卸料离心机。

6. 按转鼓内流体和沉渣的运动方向分类

按转鼓内流体和沉渣的运动方向离心机可分为逆流式离心机和并流式离心机。

7. 按分离工艺操作条件分类

按分离工艺操作条件离心机可分为常用型离心机和密闭防爆型离心机。

二、过滤式离心机

过滤式离心机主要适用于溶液固相浓度较高、固相颗粒粒度较大（通常大于 $50 \mu \text{m}$）的悬浮液的分离脱水，已在食品、医药、化工、轻工等各行业得到广泛的应用。在食品工业中，过滤式离心机主要用于蔗糖结晶体分离精制、脱水蔬菜制造的预脱水、淀粉脱水、肉块去血水、果蔬榨汁、回收植物蛋白和冷冻浓缩过程冰晶的分离等。

过滤式离心机按过滤操作过程可分为间歇式和连续式。间歇式过滤离心机对物料的适应性强，操作弹性大，滤渣含液量低，滤液澄清度高，加上结构简单、价格低廉、操作容易掌握、维修方便等优点，在中小型工厂中得到广泛的应用。连续式过滤离心机由于安装了先进的电气-液压控制系统或采用单板机的自动程序控制,实现了操作过程的半自动或全自动，提高了过滤离心机的自动化程度和可靠性。

常见过滤式离心机主要有以下几种。

（一）三足式离心机

三足离心机如图5-1所示，主要由转鼓、机壳、支柱、离心离合器、电动机等组成。转鼓又称滤筐，由不锈钢制成，鼓壁开有滤孔，由电动机通过传动装置，最后通过装在其轴下端的 V 带轮驱动。该机的特点是：机壳、转鼓和传动装置都通过减振弹簧组件悬在三个支柱上（故称作三足式离心机），以减弱离心机转鼓运转时产生的振动。

操作时，通过设在离心机上的进料管，将待分离的浆料注入转动着的（事先覆以滤布的）转鼓内，液体受离心力作用后穿过滤布及壁上的小孔甩出，在机壳内汇集后从下部的出液口流出。不能通过的固形物料则被截留在滤布上形成滤饼层。当滤饼层达到一定厚度时，要停机除渣，采用人工方式，连同滤布袋一起将固体滤层从离心机中取出。

三足式离心机的主要优点是：对物料的适

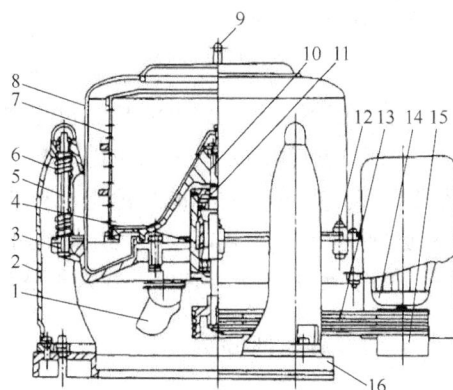

1. 出液管；2. 支柱；3. 底盘；4. 轴承座；
5. 摆杆；6. 减振弹簧；7. 转鼓；8. 机壳；
9. 进料管；10. 主轴；11. 轴承；12. 压紧螺栓；
13. V 带；14. 电动机；15. 离心离合器；16. 机座。

图 5-1 三足式离心机

应性强，能按需要随时调整过滤、洗涤的操作条件，可进行充分的洗涤并得到较干的滤渣，固体颗粒几乎不受损坏，且运转平稳、结构简单造价低廉。其缺点是：间歇操作，辅助作业时间较长，生产能力低，劳动强度大。

适用范围：三足式离心机适用于处理量不大，但要求充分洗涤的物料。广泛应用于食品工业中味精、柠檬酸及其他有机酸生产中的结晶与母液的分离。

使用注意事项：人工操作时，为使物料在转鼓内均匀分布，避免载荷偏心，宜采用低速加料，高速过滤、脱水，降速或停机卸料。机械卸料与自动化的三足式离心机有程序控制装置可实现自动操作。

（二）上悬式过滤离心机

上悬式过滤离心机如图5-2所示。其结构特点是电动机位于转鼓的上方，转鼓位于电动机长轴的下端，轴的支点远离转鼓的质量中心，运转时转鼓能自动对中，保证运行时的平稳性。

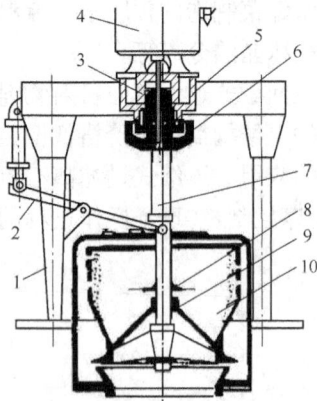

1. 电动机；2. 联轴器；3. 密封罩提升装置；
4. 机架；5. 轴承室；6. 刹车轮；7. 主轴；
8. 布料盘；9. 密封罩；10. 转鼓。

图 5-2 上悬式过滤离心机

上悬式过滤离心机每个工作循环包括加料、分离洗涤、脱水、卸料、滤网清洗等工序。根据操作要求，加料及卸料一般在低转速下进行。因此，离心机运行时转鼓回转速度连续做周期性变化，即低速加料、全速分离、洗涤、脱水、低速下卸料，如此做周期循环工作。

上悬式过滤离心机的优点是：稳定并允许转鼓有一定的自由振动；卸除滤渣较快、较易；支承和传动装置不与液体接触而不受腐蚀；处理结晶物料时，采用重力卸料能使晶形保持完整无破损；结构简单、操作与维修方便。

缺点是：主轴较长且易磨损，运转时振动较大，卸料时要先提起锥罩后才能将滤渣刮下，劳动强度较大。

适用范围：上悬式过滤离心机主要用于蔗糖和食盐的晶体与糖蜜（母液）的分离。

上悬式过滤离心机采用下部卸料。为减轻劳动强度，提高生产能力，改善操作条件，近年来采用变速电动机或直流电动机驱动，做全自动或半自动操作。目前国产上悬式离心机有两种自控方式，一种是用时间继电器程序控制，这种方式结构简单，使用可靠；另一种用 PLC 控制，这种方式调整变更控制程序相对容易。

（三）刮刀卸料离心机

刮刀卸料离心机是一种连续运转，循环实现进料、分离、洗涤、脱水、卸料、洗网等工序的过滤式离心机。其在全速运转下，各工序均能实现全自动或半自动控制其结构如图 5-3 所示。

启动控制，空转鼓全速运转，进料阀自动开启，悬浮液沿进料管进入全速转鼓内。在离心力作用下，大部分液体经滤网、衬网及转鼓上的小孔被甩出，经机壳排液阀排出机外，固体则留在转鼓内。进料阀经一定时间自动关闭，进料停止，固相在转鼓内被甩干。需要洗涤的物料可进行洗

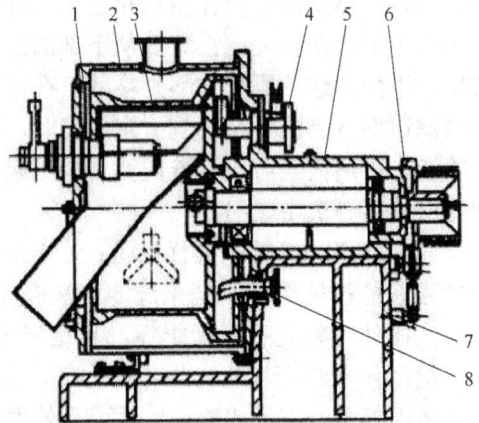

1. 门盖组件；2. 机体组件；3. 转鼓组件；4. 虹吸管机构；
5. 轴承箱；6. 制动器组件；7. 机座；8. 反冲装置。

图 5-3 刮刀卸料离心机的结构图

涤。刮刀自动旋转，将固相经接料斗排出机外。然后自动洗网，开始下一个循环。该机型的工作原理如图 5-4 所示。

刮刀卸料离心机的优点：可在全速下完成各工序，产量大、分离洗涤效果好，各工序所需的时间和操作周期的长短可视物料的工艺要求而进行调整，适应性较好。

缺点：卸渣时因受刮刀的刮削作用易使固体颗粒有一定程度的破碎，振动较大，刮刀容易磨损。

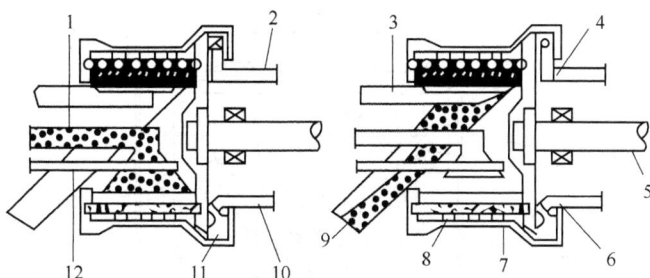

1. 悬浮液入口；2. 分离液出口；3. 刮刀；4. 虹吸管；5. 主轴；6. 反冲管；7. 内转鼓；
8. 外转鼓；9. 滤渣出口；10. 反冲水入口；11. 虹吸室；12. 洗涤液入口。

图 5-4 刮刀卸料离心机的工作原理

适用范围：该机可用于分离含粗、中、细颗粒的悬浮液，对物料的适应性强。但由于刮刀卸料后转鼓网上仍留有一薄层滤饼，对分离效果有影响，所以不适用于易使滤网堵塞而又无法清洗滤网的物料。在食品工业中，刮刀卸料离心机主要用于制盐工业中的盐浆、无水硫酸钠的脱水、淀粉工业中淀粉及淀粉糖的脱水。

（四）活塞推料离心机

活塞推料离心机如图 5-5 所示，悬浮液连续从进料管进入锥形布料漏斗内，锥形布料漏斗随轴旋转并将料液逐渐加速至转鼓速度，而后进入转鼓的筛网上，滤液经收集罩流出，滤渣截留于介质上。待滤饼形成一定厚度之后，被往复运动的推送器向前推移到转鼓开口端。在推送器每一返回行程中随同一起做往复运动的锥形布料漏斗将料液分布在刮清的滤网上。滤渣移置筛网中部，还可用水冲洗，再推送至筛网前缘甩入固定机壳内，并从卸渣口卸出。推料器的往复运动是用液压自动机构操纵的。

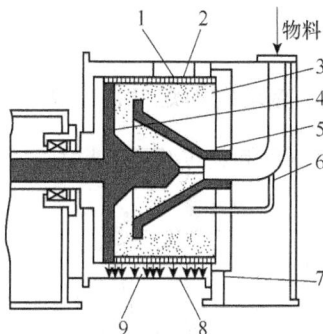

1. 转鼓；2. 滤网；3. 滤饼；4. 活塞推进器；
5. 进料斗；6. 冲洗管；7. 固体排出；
8. 洗水出口；9. 滤液出口。

图 5-5 活塞推料离心机

活塞推料离心机优点：过滤强度大，劳动生产率高。活塞推料离心机基本上是连续式过滤离心机，各道工序除卸料为脉动之外，其余都为连续操作，所有工序都在全速下进行。

适用范围：适用于易滤滤浆中含固形物 30%～50%、粒度为 0.25～10mm 物料的脱水，不宜用来分离胶状物料、无定形物料或滤饼层拱起不能维持正常的卸料的场合。食品工业上，卧式活塞推料离心机主要用于食盐的脱水。

（五）离心卸料离心机

离心卸料离心机又称锥篮式离心机或惯性御料离心机，有立式和卧式两种。立式锥篮式离心机的结构如图 5-6 所示，特点是利用滤渣自身的离心力自动卸料，不需卸料装置，是自动连续式离心机中结构最简单的一种。它对物料的过滤过程是一种动态过滤，过滤分离时薄层滤饼不断移动与更新，有利于提高分离效果。

优点：离心卸料离心机结构简单，处理能力大。

适用范围：在食品工业中，主要用于蔗糖、食盐的分离。

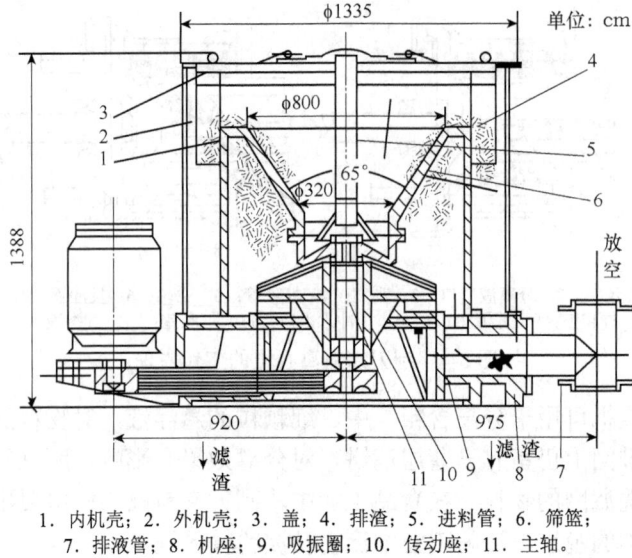

1. 内机壳；2. 外机壳；3. 盖；4. 排渣；5. 进料管；6. 筛篮；
7. 排液管；8. 机座；9. 吸振圈；10. 传动座；11. 主轴。

图 5-6　立式锥篮式离心机的结构图

（六）振动卸料过滤离心机

振动卸料过滤离心机具有锥篮式离心机的特点，并有所改进，其结构如图 5-7 所示。

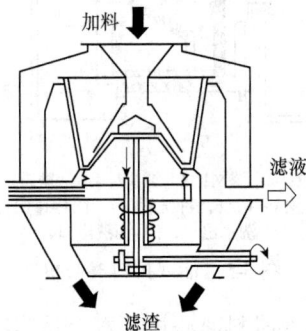

图 5-7　振动卸料过滤离心机的结构图

振动卸料过滤离心机有立式和卧式两种形式，其转鼓在旋转的同时由偏心机构或电磁装置产生轴向振动，振幅为 4～6mm、振动频率在 2000 次/min 以下。调整振幅和振动频率可以改变对物料产生的往复和回转惯性力。当两者之合力产生的沿转数大端方向的推动力大于物料与滤网之间的摩擦力时，物料即向大端方向移动，直至离开转鼓。转鼓的半锥角应小于物料与筛网的摩擦角，一般为 20°～35°

振动卸料过滤离心机优点：结构简单，自动化程度高，脱水效率高，晶体破坏小。其处理能力处于活塞推料离心机和螺旋卸料机之间。

缺点：分离因数低，物料在转鼓内停留时间短。

适用范围：适用于分离固体颗粒大于 0.3mm 的易过滤悬浮液，如海盐的脱水等。

（七）进动卸料过滤离心机

进动卸料过滤离心机又称颠动离心机或摆动离心机。进动卸料过滤离心机倾斜的转轴线与离心机的中心轴线的相交，转鼓在以自身的轴线做自转运动的同时绕中心轴线做公转运动，这种复合的转动在力学上称为进动。进动卸料过滤离心机是一种新型、自动连续的过滤离心机，利用进动运动原理，能在低的分离因数条件下达到自动惯性卸料和强化固液分离过程。其结构如图 5-8 所示。

进动卸料过滤离心机有立式和卧式两种形式，其转鼓在低的分离因数下运行时，在做自转转动的同时做公转摆动，利用进动惯性力推动滤饼向锥形转鼓的大端移动而自动卸料，从而极大地强化了固液分离过程。

进动卸料过滤离心机优点：生产能力大，结构简单，动力消耗少，运转平稳，物料磨损少，操作维修方便等优点。是一种有发展前途的离心机。

适用范围：适用于固相浓度高，颗粒粒度为 0.05～20mm 的易过滤物料；最宜用于分离固体浓度大于 55%，颗粒粒度大于 0.4mm 的物料，如有机盐、无机盐、芒硝等粗晶粒悬浮液。但不宜用于要求对滤饼做长时间洗涤的物料。

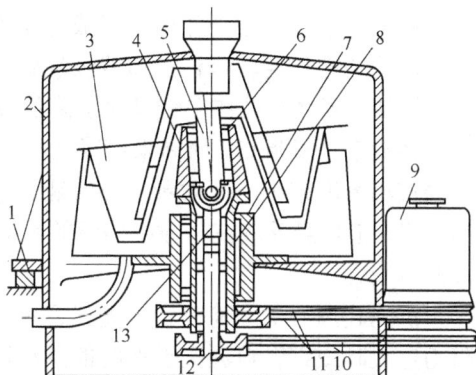

1. 减振器；2. 机壳；3. 转鼓；4. 轴承座套；5、8、12. 轴；6、7. 轴承；9. 电动机；10、11. 皮带传动装置；13. 万向联轴器。

图 5-8　进动卸料过滤离心机的结构图

（八）螺旋卸料过滤离心机

螺旋卸料过滤离心机是薄层滤饼分离固-液混合物的连续操作离心机，有立式和卧式两种形式，卧式结构如图 5-9 所示。由于转鼓内的物料层较薄并不断地被螺旋翻动、推移，所以排出的滤渣含湿量较低。

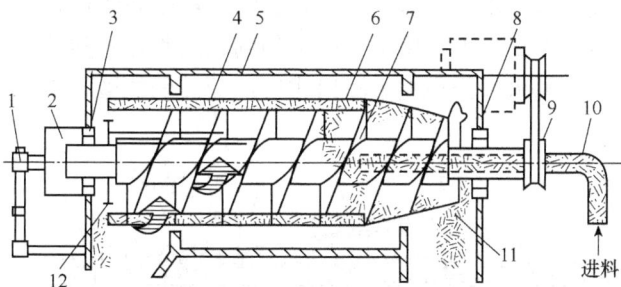

1. 过载保护装置；2. 差速器；3、8. 轴承；4. 转鼓；5. 机壳；6. 进料孔；7. 输料螺旋；9. V 轮；10. 进料管；11. 排渣口；12. 溢流孔。

图 5-9　卧式螺旋卸料过滤离心机的结构图

优点：分离因数较高，当量过滤面积及过滤强度较大，具有体积小、生产能力大、脱水效率高、运行费用低和能耗小等优点。

缺点：结构复杂，物料破碎率较高，洗涤不充分，滤网制造要求较高。

适用范围：适用于食品工业中颗粒粒度大于 75μm 的悬浮液物料的固液分离，如食盐、玉米淀粉、乙醇醪液等。

沉降式离心机

三、沉降式离心机

沉降式离心机是用离心沉降法分离悬浮液组分的离心分离机。其工作原理是加入转鼓中的悬浮液在离心力作用下形成环状液层，其中的固体颗粒沉降到转鼓壁上，形成沉渣。澄清的液体经转鼓溢流口或吸液管排出，称分离液。分离结束时用人工或机械方法卸出沉渣。固体颗粒在向转鼓壁沉降的过程中，还随液体流做轴向运动，进料量过大时，随液体流动至溢流口，而尚未沉降到鼓壁的细颗粒则随分离液排出转鼓，使分离液浑浊。对固液相密度差小、固体颗粒小或液体黏度大的难分离悬浮液应选择分离因数高的沉降离心机，延长悬浮液在转鼓中停留的时间（如减小进料量或采用长转鼓等），方能保证分离液澄清。

沉降式离心机用途较广，尤其适用于离心过滤中因固体颗粒易堵塞过滤介质而过滤阻力过大时或细颗粒漏失过多时的悬浮液分离，但沉渣的含湿量偏高。沉降式离心机可用于结晶、化学沉淀物、煤粉等悬浮液的分离、各种污水污泥的脱水及动植物油的除渣澄清等。沉降式离心机分间歇操作和连续操作两类。

间歇操作沉降离心机有三足式沉降离心机和刮刀卸渣沉降离心机等，整体结构与同类型的过滤离心机相似，但转鼓壁无孔。这种离心机的分离因数最大为1800，可用于处理固体颗粒粒度为 0.001～5mm、固液相密度差大于 0.05kg/dm^3 和固相浓度小于 10% 的悬浮液。连续操作离心机有螺旋卸料沉降离心机，分立式和卧式两种，但工业上以卧式为主，简称"卧螺"。

卧式螺旋卸料沉降离心机（图 5-10）是用离心沉降的方式分离悬浮液，以螺旋卸除物料的离心机。该机在高速旋转的无孔转鼓 8 内有同心安装的输料螺旋 7，二者以一定的差速同向旋转，该转速差由差速器 1 产生。悬浮液经中心的进料管 12 加入螺旋内筒，初步加速后进入转鼓，在离心力作用下，较重的固相沉积在转鼓壁上形成沉渣层，由螺旋推至转鼓锥段进一步脱水后经小端出渣口排出；而较轻的液相则形成内层液环由大端溢流口排出。

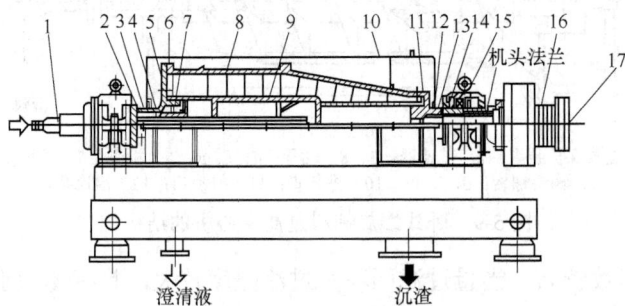

1. 进料管；2. 油封Ⅳ；3、13、17. 注油脂孔；4、12. 左右铜轴瓦；5. 轴承；6. 油封Ⅲ；7、11. 油封Ⅱ；8. 无孔转鼓；9. 输料螺旋；10. 壳体；14. 油封Ⅰ；15. 主轴承；16. 机头法兰。

图 5-10 卧式螺旋卸料沉降离心机

卧式螺旋卸料沉降离心机在全速运转下可连续进料、分离和卸料，具有连续操作、处理能力大、单位耗电量小、结构紧凑和维修方便等优点。

适用范围：适用于含固相（颗粒粒度为 0.005～2mm）浓度 2%～40%悬浮液的固-液分离、粒度分级、液体澄清等。尤其适合过滤布再生有困难，以及浓度、粒度变化范围较大的悬浮液的分离。

四、分离式离心机

在分离液-液系统的乳浊液和含极细颗粒的悬浮液时，需要有极大的离心力。分离式离心机的特点之一是转鼓半径较小，但转速很高。这样在使被分离料液获得所需离心力的同时，减小离心作用对鼓壁产生的压力。一般都采用高转速小直径的转鼓。一般分离式离心机（简称分离机）均属于超速离心机。

分离式离心机

分离式离心机可分为管式离心机、室式离心机和碟式离心机，它们在食品工业中有广泛的应用。

（一）管式离心机

这种离心机的转鼓直径较小而长度较长，形状如管，故称管式离心机，转鼓的转速高，用于处理难于分离的悬浮液、乳浊液或液-液-固三相混合物。图 5-11 所示为管式离心机的结构图。转鼓上悬支撑、上部转动是挠性轴结构，转鼓重心远低于轴的支点，运转时能自动定心，工作平稳，乳浊液或悬浮液自转鼓下端加入，被转鼓内纵向筋板带动与转鼓同速旋转，乳浊液被分离为轻、重液层，重液层在外，轻液层在内，分别自转鼓顶端的轻、重液溢流口排出。分离悬浮液或含固体颗粒的乳浊液时，固体颗粒沉降到鼓壁上形成滤渣。运转一段时间后，转鼓内聚集的滤渣增多，减少了转鼓有效容积，液体轴向流速增大，分离液澄清度下降，需停机清除转鼓内的滤渣。转鼓直径一般为 40～150mm，长度与直径之比为

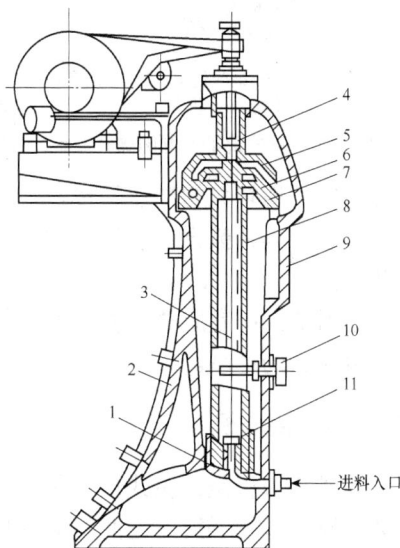

1. 底盘；2. 机座；3. 桨叶；4. 锁紧螺母；
5. 轻液收集器；6. 上盖；7. 重液收集器；
8. 转鼓；9. 外壳；10. 制动器；11. 进料分布盘。

图 5-11　管式离心机的结构图

4～8。管式离心机的分离因数可达 15 000～65 000 是分离式离心机中分离因数最高的，因此其分离效果最好。

管式离心机优点有分离强度高，离心力为普通离心机的 8～24 倍；紧凑和密封性能好。缺点有容量小，分离能力比室式分离机低，处理悬浮液时系间歇动作等。

适用范围：适于处理固体颗粒直径为 0.1～100μm，固、液相密度差大于 0.01g/cm^3、固相浓度小于 1% 的难分离的悬浮液和乳液，每小时处理能力为 0.1～4m^3，常用于动物油、植物油和鱼油的脱水，还可用于果汁、苹果浆、糖浆的澄清。

其技术发展趋势是研究和发展自动清理沉渣的转鼓，实现操作自动化，给机器增加密闭、防爆、耐蚀性能，提高转鼓强度，扩大应用范围，提高单机生产能力等。

（二）室式离心机

室式离心机是一种处理稀悬浮液的澄清型高速分离。它与碟式离心机的主要不

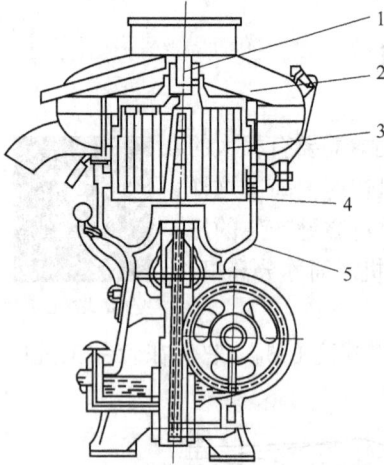

1. 进料管；2. 分离液收集室；3. 分离室；
4. 转鼓；5. 机壳。

图 5-12　室式离心机的结构图

同点在于转鼓。它的转鼓可认为是管式离心机的变形，即可看作由若干管式分离机的转鼓套叠而成。实际上，室式离心机是在转鼓内装入多个同心圆隔板，将转鼓分隔成多个同心环形小室，以增沉降面积、延长物料在转鼓内的停留时间。

室式离心机的结构如图 5-12 所示，其转鼓由鼓底、鼓体和上盖组成。上盖与鼓体用螺栓连接密封圈密封，以便开启转鼓卸渣。转鼓内装有多个与轴线同心的圆筒，将转鼓分成若干个环状分离室，这些圆筒从内到外依次安装在上盖和转鼓底上、分别在圆筒的下部和上部开有进料孔，形成串联式的流动通道。转鼓装在主轴上，主轴上部伸入转鼓底的轴承套中。该机转速高，主轴支承为挠性支承系统、主轴的传动系统类似碟式分离机，用电动机通过摩擦离心联轴器带动一对螺旋齿轮实现转鼓的高速回转。

优点：其转鼓直径较管式大，沉降面积较大，沉降距离小，生产能力高，澄清效果尤其好。

适用范围：室式离心机主要用作悬浮液澄清，如酒类、果汁，经过其澄清后可得到澄清度很高的产品。

（三）碟式离心机

碟式离心机是由室式离心机进一步发展而来的，其结构特点是在室式离心机的转鼓内装有许多互相保持一定间距的锥形碟片，使液体在碟片间形成薄层流动而进行分离，减少液体扰动和沉降距离，增加沉降面积，从而大大增加分离效率和生产能力。其主要用于乳浊液的分离和含有少量固相的悬浮液的澄清。同样，在分离乳浊液时，往往也包含着液-液-固三相的分离。所以碟式离心机按工艺操作原理分为有离心澄清型（图 5-13）和离心分离型（图 5-14）两大类，前者用于同固体颗粒为 0.5～500μm 悬浮液的固液分离；后者用于两不相溶液体所组成的乳浊液的分离，无论是澄清还是分离操作，都有排渣要求。

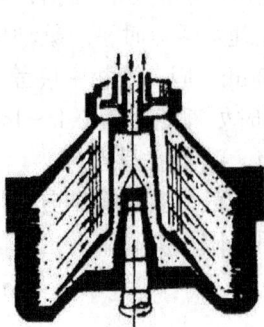

图 5-13　离心澄清型碟式离心机　　图 5-14　离心分离型碟式离心机

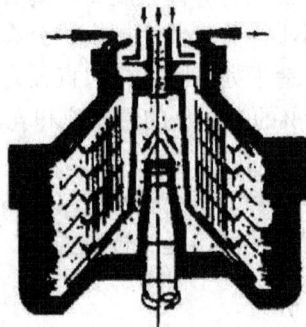

这两种碟式离心机用于分离和澄清目的的不同，转鼓上碟片和出液口的结构也存在差别。澄清用转鼓如图 5-13 所示，其碟片不开孔，出液口只有一个，工作时悬浮液从中心管加入，经碟片底架引到转鼓下方位置，密度大的固体颗粒沿着碟片下表面沉积到转鼓内壁，被定期停机取出。澄清液沿碟片表面向中间流动，由转鼓上部的出液口排出，分离用转鼓如图 5-14 所示，工作时物料从中心管加入，由底架分配到碟片层的中性孔位置，分别进入各碟片间，由于碟片间隙很小，可形成薄层分离。密度小的轻液沿碟片上表面向中间流动，由轻液口排出。重液则沿碟片下表面流向转鼓的外层，经重液口排出。当乳浊液含有少量固相时，则会沉积在转鼓内壁上，需定期排渣。

碟式离心机的分离因数较高，达 3000~10 000，且碟片数多，碟片间隙小，增大了沉降面积，缩短了沉降时间，故分离效率较高，碟片数一般为 50~180 片，视机型大小而定。碟片间隙常为 0.5~1.5mm，视处理物料性质而定。碟片母线与轴心终的夹角，即锥形碟片的半锥顶角一般为 30°~45°，此角度应大于固体颗粒与碟片表面的摩擦角。

碟式离心机的分类：按进料和排液方式分为散开式、半密封式和密封式。按排料方式分为人工排渣型、喷嘴排渣型和环阀（活塞）排渣型。

碟式离心机虽然有各种不同型式，其主要区别在于转鼓的具体结构有些差异，但从整体结构和布置来看，基本上都是大同小异。

碟式离心机的特点是：生产能力大，能自动连续操作，并可制成密闭、防爆形式。

适用范围：较广泛，如牛奶、酒、饮料、酵母、橘油、油脂、淀粉分离。

碟式离心机的发展趋势是进一步改善自动化控制系统和转鼓结构，研制转鼓材料，提高转鼓的强度，研究转鼓内的流体动力状态，以进一步提高分离效果和生产能力。

实践操作

三足式离心机操作

【实践目的】

（1）熟悉三足式离心机的基本结构和工作原理。

（2）掌握三足式离心机的基本操作要点。

【原料与设备】

（1）原料：苹果。

（2）设备：榨汁机、三足式上部卸料离心机（设备指标：转鼓直径 300mm，装料限量 10kg，转速 2500r/min）。

【操作步骤】

1. 榨汁

用榨汁机将苹果进行榨汁，装入容器内待用。

2. 开机前的检查工作

（1）检查并清除转鼓内杂物，用手顺时针转动转鼓，检查有无卡住现象。

（2）检查电动机部分各连接螺栓是否紧固，将 V 带调整到适当的松紧度。

（3）通电空运转，转鼓旋转方向必须符合方向指示牌的转向（从上向下看是顺时针旋转），严禁反方向运转，机器运转时无异常声响。

（4）检查氮气供应是否正常。

（5）检查离心机是否有"完好"、"待用"及"设备清洁状态"标示牌，确认离心机已清洁，并在清洁有效期内。

3．运转

（1）将"待用"标示牌更换为"运行""设备清洁状态"。

（2）检查滤布有无破损，如无破损，把滤布均匀置入转鼓内，禁止将滤布边缘与离心机内壁接触。

（3）检查静电接地线，打开压缩氮气阀，向离心机内通入压缩气。

（4）按"低速"按钮，运转2min后，待离心机运行平稳后，按停止按钮，再按"中速"按钮，打开放料阀约1/3，将物料尽可能均匀地放入转鼓内，装入物料的重量不得超过额定的最大限料量，放料结束后按工艺要求洗涤滤饼，洗涤完毕，按"停止""高速"按钮，离心至基本无母液流出。

（5）在运转过程中，应随时观察转鼓是否振摆，如有不正常声响和不正常气味，应及时停车检查原因，同时检查电动机有无过热的现象。

4．停车

（1）离心结束，按"停止"按钮。

（2）待转鼓完全停止运转后，关闭压缩氮气阀，才能进行卸料。转鼓未全停切勿接触转鼓。

（3）卸料结束后，关闭离心机。

（4）将"运行"标示牌更换为"待用"，填写"设备消洁状态"卡并挂在离心机上。

思考题

（1）简述离心机的工作原理。

（2）简述离心机的分类方法。

（3）简述常用离心机的结构、工作原理及特点。

（4）简述离心机常见的异常现象及处理方法。

第六章 均 质 设 备

均质是指对乳浊液、悬浊液等非均相流体物系进行边破碎、边混合的过程，通过均质可降低分散物质的尺寸，破碎液滴或颗粒，从而减少沉淀或上浮，提高分散物质分布的均匀性，改善食品的口感，帮助机体消化。

一、概 述

均质在现代食品工业中的作用越来越重要，它是非均相液态食品生产过程中的重要环节。悬浊液和乳浊液属于热力学不稳定体系，分散质在连续相中的悬浮稳定性与分散相的力度大小及其分布均匀性密切相关，粒度越小，分布越均匀，稳定性越大。好的均质过程能够提高食品的贮藏稳定性，增加黏度、改善食品的感官品质等。

在果汁生产中，通过均质处理能使料液中残存的果渣小微粒破碎，制成液相均匀的混合物，防止产品出现沉淀现象。在蛋白质饮料生产中，均质对于防止产品出现沉淀现象具有关键的作用。在冰激凌生产中，则能使料液中的牛奶降低表面张力、增加黏度，获得均匀的胶黏混合物，以提高产品质量。在固体饮料加工中，通过破碎微粒化、混合均匀化可获得均匀组织，有利于后期喷雾干燥，保证产品质量的均一性。在一些生物产品的细胞破碎和胞内物提取工艺中，均质设备也有着广泛的应用。

均质设备最早应用于乳制品生产加工过程中液体乳的生产，是食品精细加工机械，它往往与物料的混合、搅拌及乳化机械配套使用。

按照使用的能量类型，均质设备可分为压力型、旋转型。压力型均质设备首先向料液附加高压能，并将静压能转变为动能，使料液中的分散物质受到剪切力作用、空穴作用或撞击作用而发生碎裂。该类型设备常见的有高压均质机、超声波乳化机等。旋转型均质设备一般由转子和定子系统组成，直接将机械动能传递给分散物质，以高剪切力为主要作用使其破碎，达到均质的目的。该类型的设备的典型代表为胶体磨，按构造可分为高压、离心、超声波均质机和胶体磨式均质机等。食品工业常用的均质设备有高压均质机、胶体磨及高剪切乳化均质机等。

二、高压均质机

（一）高压均质机结构

高压均质机主要由使料液产生高压能量的高压泵和产生均质效应的均质阀两部分组成。高压泵是高压均质机的重要组成部分，是使料液具有足够静压能的关键。常用的料液均质压力为 25～40MPa，对于某些特殊需要的场合料液均质压力可达 70MPa。

高压均质机

1. 高压泵

高压泵是一个往复式柱塞泵，由进料腔、吸入活门、排出活门、柱塞等组成，其结构如图 6-1 所示。高压泵是一种恒定转速、恒定转矩的单作用容积泵，泵体为长方体，内有三个泵腔，柱塞 7 在泵腔内做往复运动，使物料吸入加压后流向均质阀。当柱塞 7 向右运动时，泵腔容积增大，使泵腔内产生低压，物料由于外压的作用顶开吸入活门进入泵腔，这一过程称为吸料过程；当柱塞 7 向左运动时，泵腔容积减小，泵腔内压力逐渐升高，关闭了吸入活门，达到一定高压时又会顶开排出活门，将泵腔内液体排出，称为排料过程。这是一个柱塞的工作过程，单个柱塞泵往复一次中只吸入和排出料液各一次，它的瞬间排出流量是变化的。为了克服单作用泵流量起伏不均的缺点，使排液量比较均匀，通常采用三柱塞往复泵。三柱塞泵有三个泵腔，每个泵腔配有吸入活门和排出活门各一个，共 6 个活门。往复泵主要适合于小流量、高压强的场合，不适宜输送高黏度物料。

高压泵柱塞的运动是由曲轴等速旋转通过连杆滑块带动的，其结构如图 6-2 所示。

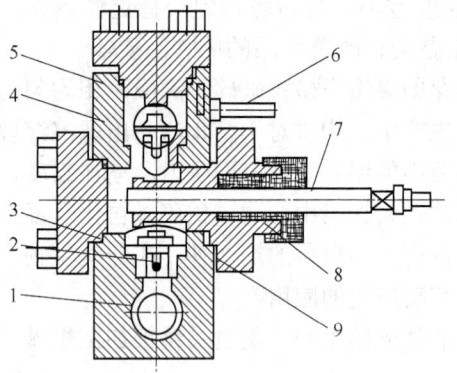

1. 进料腔；2. 吸入活门；3. 活门座；4. 排出活门；
5. 泵体；6. 冷却水管；7. 柱塞；8. 填料；9. 垫片。

图 6-1 高压泵结构图

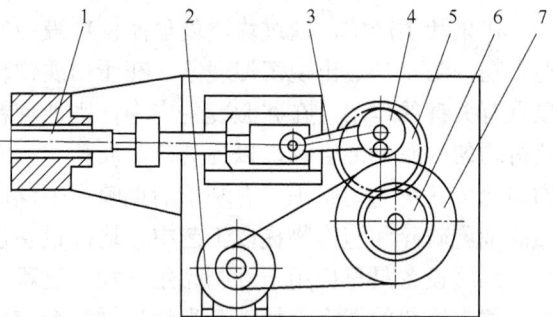

1. 柱塞；2. 电动机；3. 连杆；
4. 曲柄；5. 大齿轮；6. 小齿轮；7. 带轮。

图 6-2 高压均质机传动系统

1. 阀座；2. 阀芯；3. 挡板环；4. 弹簧；
5. 调节手柄；6. 第一级阀；7. 第二级阀。

(a) 工作原理　　(b) 双级系统

图 6-3 双级均质阀结构图

2. 均质阀

均质阀是均质机的关键部件，由高压泵送出的高压液体通过均质阀完成均质。均质阀安装在高压泵的排料口处，一般采用双级均质阀。双级均质阀主要由阀座、阀芯、弹簧、调节手柄等组成，其结构如图 6-3 所示。阀座和阀芯结构精度很高，两者之间间隙小而均匀，以保证均质质量；间隙大小由调节手柄调节弹簧对芯的压力来改变。由于物料高压、高速流动，阀座 1 和阀芯 2 耐腐蚀性是关键，且阀中接触料液的材质必须具备无毒、无污染、耐磨、耐冲击、耐酸、耐碱、耐腐蚀的条件，一般用坚

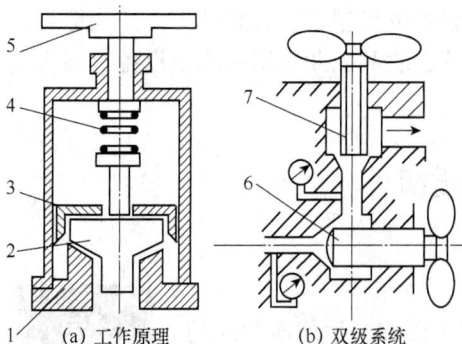

硬耐磨的钨、铬、钴等合金钢制造，使用时需经常检查阀体磨损的情况。

第一级均质压力为 20～30MPa，主要使大的颗粒得到破碎；第二级的压力在 35MPa 左右，可以使料液进一步细化并均匀分散。

（二）高压均质机的工作原理

工作时，在压力作用下，阀芯被顶起，使阀芯与阀座之间形成极小的环形间隙（一般小于 0.1mm），当物料在高压下流过此间隙时，物料中颗粒在间隙处的受力情况如图 6-4 所示。均质前所受压力为 p_0，流速为 v_0，当通过均质阀的缝隙时，受到两个侧向的压力 p_1，速度达到 v_1，在缝隙中心处速度最大，而附在阀座与阀芯的表面上的物料速度最小，形成了急剧的速度梯度，由此产生强烈的剪切作用、空穴作用和冲击作用（图 6-5），使物料中的颗粒物质被挤压伸长、变成波浪形，最后破碎成直径为 $2\mu m$ 以下的小球体。

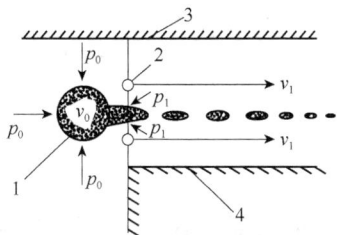

1. 脂肪滴；2. 增速区；3. 机盖；4. 机座。

图 6-4 高压均质阀颗粒受力示意图　　图 6-5 均质机工作原理示意图

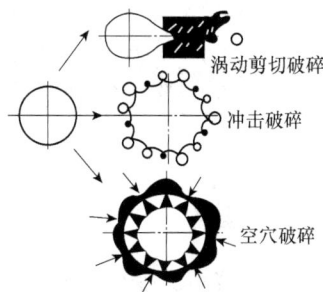

（三）影响高压均质机均质效果的因素

影响高压均质机均质效果的主要因素有操作压力、温度及物料通过均质阀的次数。

均质温度对均质效果影响很大，物料均质时温度高，液体的饱和蒸气压也高，均质时容易形成空穴，所以在均质前可将物料加热。例如，牛奶的均质温度一般为 50～70℃，50℃是牛奶有效均质的最低温度，超过 70℃就会在均质机中产生"气窝"。均质温度高，不利于蛋白质的热稳定性，这一点需在工艺上注意。

三、胶 体 磨

胶体磨是一种磨制胶体或近似胶体物料的机械。它可以在极短的时间内对悬浮液中的圆形物进行超微粉碎，同时兼有混合、搅拌、分散和乳化作用，成品粒径可达 $1\mu m$ 以下。胶体磨广泛应用于果汁、果酱、植物蛋白、乳品、油脂及一些调味品、添加剂的生产中。

（一）胶体磨的结构

胶体磨主要由进料斗、外壳、定子、转子、电动机、调节装置和底座等构成。

1. 转子与定子

转子与定子的配合有一定的锥度（1∶2.5），其间隙可调。为了加强摩擦和剪切作用以利于细化，两个磨体的表面各分三段，分别开有与轴线呈一定角度的沟槽。沟槽截面为矩形，沟槽宽度随物料的流向由粗到密排列，倾斜方向相反，而且两个磨体上相对应的沟方向也是相反的（图6-6）。物料的细化程度由沟槽的倾斜度、宽度、沟槽间隙及物料在转子与定子间隙的停留时间等因素决定。

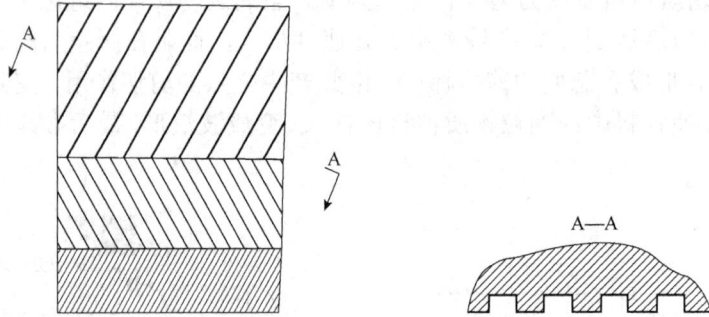

图 6-6　固定磨表面展开图

2. 间隙调节装置

通过定子的升降可改变转子与定子的间隙。转动调节手柄可由调节轮带动定子轴向位移而改变间隙的大小，调节程度可在调节轮的刻度上显示出来，一般调节范围在0.005～1.5mm。调节轮下方设有限位螺钉，以免转子和定子相碰。

3. 回流及冷却装置

胶体磨转速较高，为了达到理想的效果，物料往往要磨几次。回流装置是在出料管上安装一个碟阀，前接一条循环管通向料斗。当需要多次磨制时，关闭碟阀则物料回流，物料细度达要求时，打开碟阀即可排料。

磨制过程中物料会由于摩擦而升温，在定子与定子磨套之间形成一环形水槽，物料热量可由环形水槽中的冷却水带走。

（二）胶体磨的工作原理

当料液通过固定磨体（定子）和高速旋转的转动磨体（转子）两个磨体间隙时，由于转子在高速旋转，使附着于转子面上的物料运动速度最大，而附着于定子面上的物料速度为零，这样在液流中产生了巨大的速度梯度，使物料受到强烈的剪切、摩擦和湍动作用，物料因而被破碎、混合、分散和乳化。

（三）胶体磨的类型

按转轴的位置胶体磨可分为卧式和立式两种形式。卧式胶体磨（图 6-7）的转子随水平轴旋转，定子与转子的间隙通常为50～150μm，依靠转子的水平位移来调节。料液在旋转中心处进入，在间隙处被细化后从四周卸出。转子的转速为 3000～15 000r/min。这种胶体磨适用于黏性相对较低的物料。

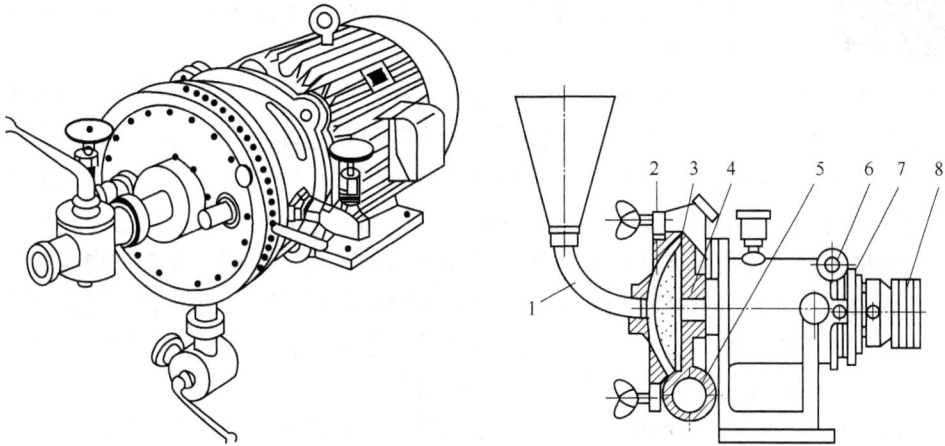

1. 进料口；2. 工作面；3. 转动体；4. 固定磨体；5. 卸料口；6. 锁紧装置；7. 调整环；8. 带轮。

图 6-7　卧式胶体磨

立式胶体磨（图 6-8）的转轴位于垂直方向，转子的转速为 3000～10 000r/min，适合于黏度相对较高的物料，其卸料和清洗都很方便。

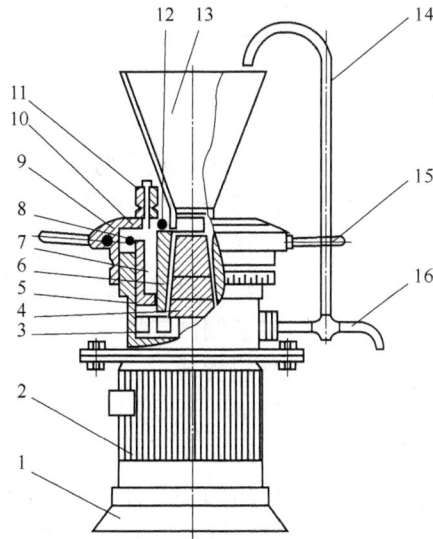

1. 底座；2. 电动机；3. 磨体；4. 旋转磨；5. 固定磨套；6. 固定磨；
7. 冷却水套；8. 限位螺钉；9. 调节轮；10. 盖板；11. 冷却水接口；
12. 连接螺钉；13. 料斗；14. 循环管；15. 调节手柄；16. 出料管。

图 6-8　立式胶体磨

四、高剪切乳化均质机

高剪切乳化均质机指线速度达到 30～40m/s 的剪切式均质机。高剪切乳化均质机的均质乳化方式以剪切作用为特征，同时伴随着强大的空穴作用。高剪切乳化均质机因其

高剪切乳化均质机

独特的剪切分散机理和低成本、超细化、高质量、高效率等优点，在众多工业领域中得到普遍应用。

高剪切乳化均质机主要工作部件为一级或多级相互啮合的定转子，每级定转子又有数层齿圈。

工作时，转子带有叶片高速旋转产生强大的离心力场，在转子中心形成很强的负压区，料液（液-液或液-固相混合物）从定转子中心被吸入。在离心力的作用下，物料由中心向四周扩散，在向四周扩散过程中，物料首先受到叶片的搅拌，并在叶片端面与定子齿圈内侧窄小间隙内受到剪切，然后进入内圈转齿与定齿的窄小间隙内，在机械力和流体力学效应的作用下，产生很大的剪切、摩擦、撞击及物料间的相互碰撞和摩擦作用而使分散相颗粒或液滴破碎。随着转齿的线速度由内圈向外圈逐渐增高，粉碎环境不断改善，物料在向外圈运动过程中受到越来越强烈的剪切、摩擦、冲击和碰撞等作用而被粉碎得越来越细，从而达到均质乳化目的。

同时，在转子中心负压区，当压力低于液体的饱和蒸气压（或空气分离压）时，产生大量气泡，气泡随液体流向定转子齿圈中被剪碎或随压力升高而溃灭。溃灭瞬间，在气泡的中心形成一股微射流，射流速度可达 100m/s，甚至 300m/s，产生的脉冲压力接近 200MPa，强大的压力波可使颗粒被粉碎或分散。

常见的高剪切乳化均质机根据操作方式分为 2 种形式：一种是将均质乳化机构作为搅拌器安装于搅拌罐中的间歇式高剪切均质机；另一种是将均质乳化机构作为输送泵安装在管线上的连续式高剪切均质机。

（一）间歇式高剪切均质机

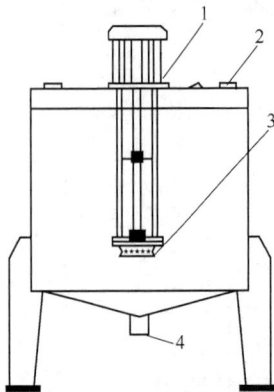

间歇式高剪切均质机主要由搅拌罐和搅拌器两部分组成，如图 6-9 所示。搅拌器由紧密配合的转子和定子组成，转子上有多把刀片，进行高速旋转，最高转速可达每分钟几千转甚至上万转，定子则固定不动，在它周围开有很多孔，当转子高速旋转时，即从转子下方的容器底部大量吸进物料，并使物料加速向刀片的边缘运动，迫使它穿过定子开口喷射出去，返回到罐内混合物中，排出的物料碰到容器壁转向，再次循环到转子区域，这样不断循环往复。

间歇式高剪切均质机将转子和定子高精密配合起来，当出料口物料被高速脉冲喷射出定子开口时，在转子和定子的缝隙中产生高达 1/5000s 的剪切速率，因而每分钟对物料产生上万次的机械和水力的剪切，撕裂物料，并对物料中的固体颗粒进行粉碎，使得要混合和乳化的物料很快处于均质化，工作效率极高。不同形状的定子头具有不同的乳化效果，间歇式高剪切均质机配备了不同型号的定子头，以满足不同工艺的需要。根据不同的物料要求及工艺的需要，选择使用不同类型的定子头或在高速转轴上安装一个或多个螺旋桨，以使均质、搅拌、混合乳化能达到理想的效果。

1. 电动机；2. 投料口；3. 剪切头；4. 出料口。

图 6-9　间歇式高剪切均质机

定子头的类型有圆孔定子头、长孔定子头、网孔定子头3种。圆孔定子头适于一般的混合或大颗粒的粉碎,在这种定子头上的圆形开孔提供了所有定子中最好的循环,适用于处理较高黏度的物料。长孔定子头适于中等固体颗粒的迅速粉碎及中等黏度液体的混合,长孔为表面剪切提供了最大面积和良好的循环。网孔定子头适于低黏度液体的混合,其剪切速率最大,最适宜于乳液的制备及小颗粒在液体中的粉碎、溶解过程。均质效果好,适应颗粒直径范围大,乳液稳定性好。循环桨叶可用于增加循环及涡流,帮助漂浮粒子进入液体充分混合。

(二)连续式高剪切均质机

连续高剪切均质机与间歇式高剪切均质机的工作原理基本相同,在高速旋转中产生强大的剪切力从而使物料达到混合、分散、乳化、均质搅拌的目的。

图6-10所示是一种管线式连续高剪切均质机,定子3紧固在电动机的壳体上,转子8利用螺母和键12紧固在轴套的左端,轴套的右端利用键2和螺钉4紧固在电动机的转轴上,定子的外面利用螺栓连接外套,带有进口的端盖连接在外套的左端,在定子与转子的壁上有通孔,物料经进口进入转子的内腔后经通孔至位于定子与外套间的外腔内,再经安装在外套上的出口排出。转子与定子间有很小的间隙,转子转动时,液体物料经过该间隙由内腔进入外腔的过程中被剪切而达到均质。

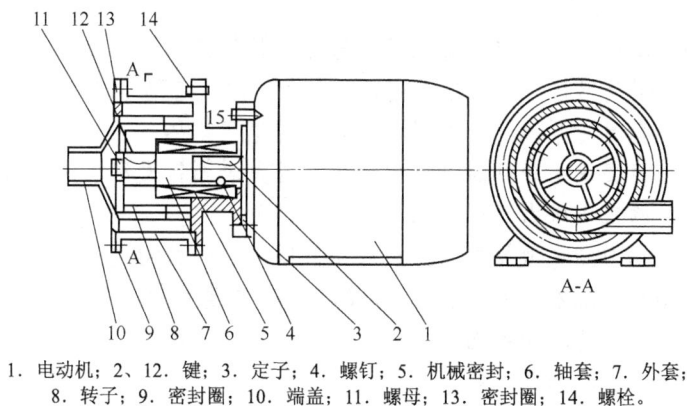

1. 电动机;2、12. 键;3. 定子;4. 螺钉;5. 机械密封;6. 轴套;7. 外套;
8. 转子;9. 密封圈;10. 端盖;11. 螺母;13. 密封圈;14. 螺栓。

图6-10　管线式连续高剪切均质机

管线式连续高剪切均质机按照内部结构的不同,可分为单级、单级多层、两级、三级乳化均质机,单级乳化均质机工作腔内只有一对转定子,二级乳化均质机工作腔内有两对转定子,三级乳化均质机工作腔内有三对转定子。转定子按层数又可分为二层、四层、六层。

管线式连续高剪切均质机具有良好的输送功能,可实现连续化生产,并能达到自动化控制,具有处理量大、快速、高效、节能、无死角等特点,物料可100%被剪切,使用简单方便。

实践操作

高压均质机的操作

【实践目的】

能够熟练使用高压均质机。

【原料与设备】

（1）原料：新鲜牛奶。

（2）设备：高压均质机。

【操作步骤】

1. 开机前的准备

（1）检查润滑油的油位和油质，油位应在油眼线以上，油质不能出现乳白色（正常新设备使用 750h 后换油，然后每年换油 1 次）。

（2）检查各部件连接是否紧密。

（3）检查冷却管是否畅通。

（4）检查电动机转向（电动机接线点或电气设备维修后）。

（5）放松高低压手轮 1～2 圈。

2. 开机、运行、停机

（1）开启冷却水阀门，喷口水量以积水量低于骨架密封圈为准。

（2）开启进料阀及出料，按下启动按钮，在无压力状态下运转 3min，让设备各部件都进入润滑状态，同时使泵体充分进料以将泵体内空气排尽。

（3）加压：先将高压手轮顺时针方向旋转至压力表指针微动，然后按先低压后高压的顺序调整至所需的工作压力（根据工艺要求自定）。

（4）关机：开机逆向先放松高压，后放松低压，然后将清洗液或水通入泵体，在无压力状态下运转 10min 左右，达到泵内清洗的目的。注意手轮反转不宜太多，一圈为宜，否则会损坏手轮内顶杆的轴密封圈。

（5）按下停止按钮，切断电源。

思考题

（1）均质的原理是什么？

（2）简述胶体磨与高压均质机的结构及特点。

（3）高压均质机的使用与维护要点是什么？

第七章　蒸发与结晶设备

在生物工业中，蒸发操作常用于将溶液浓缩至一定的浓度，以使其他生产工序更为经济合理，如将稀酶液浓缩到一定浓度再进行沉淀处理或喷雾干燥；或将稀溶液浓缩到规定浓度以符合工艺要求，如将麦汁浓缩到规定浓度再进行发酵；或将溶液浓缩到一定浓度以便进行结晶操作。结晶操作是获得纯净固体物质的重要方法之一，如谷氨酸钠、柠檬酸、葡萄糖、核苷酸、蔗糖等都是用结晶的方法提纯精制的。

蒸发与结晶的区别在于，蒸发是将部分溶剂从溶液中排出，使溶液浓度增加，溶液中的溶质没有发生的相变，结晶过程则是通过将过饱和溶液冷却、蒸发，或投入晶种使溶质结晶析出。结晶过程的操作与控制比蒸发过程要复杂得多。

一、蒸 发 设 备

蒸发是除去料液中部分水分的单元操作。在鲜乳、果蔬原汁、植物提取液（如咖啡、茶）、生物处理（酶解、发酵）分离液中均含有大量的水分，为便于运输、贮存、后续加工及方便使用等，往往需要进行蒸发。

根据蒸发原理的不同，蒸发设备分为三大类：蒸发浓缩设备、冷冻蒸发设备和膜分离蒸发设备。冷冻蒸发虽然有利于热敏性和挥发性成分的保留而有很大的吸引力，但其蒸发倍数有限、过程会引起浓缩物的损失，而且过程设备复杂，因此至今应用不普遍。膜分离浓缩本质上是膜分离操作，但膜分离浓缩同样存在着浓缩倍数有限的问题，往往需要与真空蒸发结合才能达到符合成品工艺要求的浓度。目前，蒸发浓缩在食品工业中应用最为广泛，本章主要介绍蒸发浓缩设备。

（一）概述

蒸发是根据溶液中溶质与溶剂挥发性的差异，将溶液加热至沸腾状态、使其中部分溶剂发生汽化并被排除，使溶液中溶质浓度得以提高的单元操作。由于固体溶质不挥发，所以，蒸发是不挥发性溶质与挥发性溶剂的分离过程，在生物工程中广泛应用。

1. 蒸发的目的

（1）制备浓溶液。通过浓缩溶液，除去物料中多余水分，直接作为产品或半成品，以减少包装、贮藏及运输的费用。例如电解法制烧碱（NaOH 溶液），浓度只有 10%。如需要 42% 的浓碱液，则需要将稀碱液加热至沸腾，汽化除去溶剂水。在果汁生产中，利用蒸发操作将果汁加热，可使部分水分汽化除去，以得到浓缩果汁产品。

（2）制备结晶产品。将蒸发与结晶两个过程联合操作，利用蒸发将溶液增浓至饱和状态，随后加以冷却，使固体结晶分离，即得到固体产品，如食盐精制、蔗糖生产等。

（3）溶剂纯化。利用溶液中溶质与溶剂挥发性的不同，将挥发性溶剂汽化冷凝，使之与不挥发性的杂质分离，可制取纯溶剂，如海水淡化、注射用水制备。

蒸发操作由加热和分离两部分组成。要使蒸发操作顺利进行，需同时满足两个条件：①源源不断的热能供应；②及时排除二次蒸汽。

2. 蒸发的类型

1）按工作压强分类

按工作压强的不同，蒸发可分为常压蒸发、真空蒸发和加压蒸发。

（1）常压蒸发。在蒸发器的加热室中，溶液一侧工作压强为大气压或略高于大气压，系统中的不凝气体依靠本身压力排出。

（2）真空蒸发（减压蒸发）。溶液一侧工作压强低于大气压，需要依靠真空泵抽出不凝性气体，并维持系统的真空度。真空蒸发的目的是降低溶液沸点和有效节约热源。

与常压蒸发相比，真空蒸发具有以下优点：溶液沸点降低，在相同热源温度下，可增大蒸发器传热温差，减小换热面积；溶液沸点低，可利用低压蒸汽或废热蒸汽作为热源，有利于降低生产成本；蒸发温度低，对浓缩热敏性物料有利；与常压蒸发相比，用相同的加热蒸汽所需传热面积小；蒸发操作温度低，系统热损失小。

其缺点是：溶液沸点降低会使黏度增大，导致沸腾时传热系数降低；系统采用真空装置，设备费用和操作费用增大。

（3）加压蒸发：某些蒸发过程需要与前、后生产过程的系统压强相匹配，宜采用加压蒸发。

2）按蒸发器的效数分类

按蒸发器的效数的不同，蒸发可分为单效蒸发和多效蒸发。

（1）单效蒸发。二次蒸汽不再被利用，冷凝后直接排放，称为单效蒸发。

（2）多效蒸发。充分利用二次蒸汽，是蒸发操作中节能的主要途径，如将二次蒸汽引至另一蒸发器作为加热蒸汽，称为多效蒸发。

3）按操作连续化程度分类

按操作连续化程度的不同，蒸发可分为间歇蒸发和连续蒸发。

（1）间歇蒸发。分一次进料、一次出料和连续进料、一次出料两种方式。在整个操作过程中，蒸发器内的溶液浓度和沸点均随时间变化，传热的温度差、传热系数等各参数均随时间而变，达到一定溶液浓度后将完成溶液的排出。它是非稳态操作过程，适用于小规模、多品种场合。

（2）连续蒸发。连续进料、完成溶液的连续排出。通常，大规模生产都采用连续蒸发。

3. 蒸发的流程

根据二次蒸汽被利用次数的不同，蒸发流程可分为单效蒸发流程和多效蒸发流程。

1）单效蒸发流程

图 7-1 为单效蒸发流程。在单效蒸发流程中，只有一个蒸发器。蒸发器由加热室和分离室组成，下部是加热室，上部为分离室。加热室是由蛇管、列管或夹套构成的换热器，有足够的加热面使溶液受热。分离室，又称为蒸发室，顶部设气液分离的除沫装置，是溶液与蒸汽分离场所。加热室内，通入加热蒸汽作热源，释放热量，促使溶液升温沸

腾。汽化的溶剂在分离室中与溶液主体分离，以蒸汽形式进入冷凝器。冷凝液由底部排出，不凝气体从顶部排出。蒸发器中浓缩液由蒸发器底部排出。冷凝或排空后的蒸汽不再被用作加热介质。在食品、发酵及制药工业中，被浓缩的物料大多具有热敏性，常采用真空蒸发。

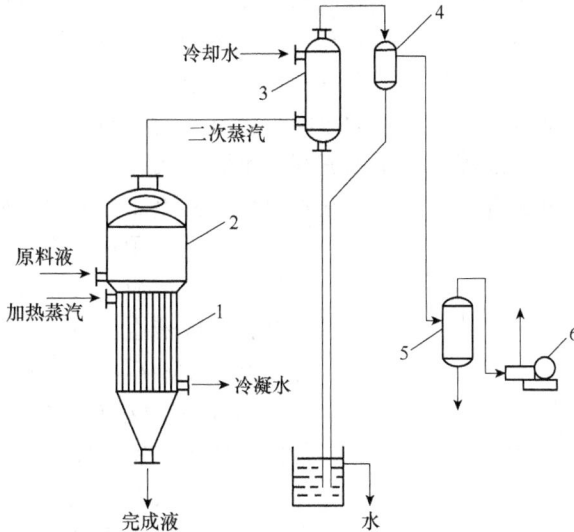

1. 加热室；2. 分离室；3. 混合冷凝器；4. 气液分离器；5. 缓冲罐；6. 真空泵。

图 7-1　单效蒸发流程

蒸发操作常用热源是饱和水蒸气，也有烟道气或电加热。被蒸发除去的多是水溶液，故蒸发时产生的蒸汽是水蒸气。为了区别，将作为热源的水蒸气，称为加热蒸汽（如来自锅炉，又称为生蒸汽）；蒸发产生的蒸汽，称为二次蒸汽。

二次蒸汽需要不断移出分离室，否则蒸汽与沸腾溶液趋于平衡，蒸发过程无法进行。可将二次蒸汽直接冷凝，不再利用其冷凝热，这样的操作，称为单效蒸发。将二次蒸汽作为加热热源引入下一个蒸发器中，以利用其冷凝热，这种蒸发操作，称为多效蒸发。

蒸发装备包括蒸发器和冷凝器（如用真空蒸发，冷凝器后接真空泵）。蒸发器实质上是个换热器，由加热室和分离室两部分组成。下部为加热室，相当于列管式换热器，应保证足够传热面积和较高传热系数。加热室使用的加热介质是水蒸气，通过换热，使壁另一侧料液升温、沸腾、蒸发。上部为分离室，沸腾的气液两相在蒸发室中分离，因此分离室也称为蒸发室，有足够分离空间和横截面积。在分离室顶部设有除沫装置，除去二次蒸汽中夹带的液滴。二次蒸汽进入混合冷凝器 3 用冷却水冷凝，混合冷凝水由冷凝器下部经水封管排出，二次蒸汽中的不凝性气体经气液分离器 4 和缓冲罐 5 由真空泵 6 抽出。不凝性气体来自系统中原存的空气、料液中溶解的空气及系统减压操作时从周围环境中漏入的空气。浓缩后的完成液由蒸发器底部排出。

2）多效蒸发

把若干个蒸发器串联起来，将前一蒸发器产生的二次蒸汽引入后一蒸发器的加热室作为热源。二次蒸汽的压力和温度虽比生蒸汽的压力和温度低，但可用作后一蒸发器的加热介质。后一蒸发器的加热室就相当于前一蒸发器的冷凝器。利用生蒸汽作为加热介质的蒸发器，称为第一效；利用第一效产生的二次蒸汽作加热介质的蒸发器，称为第二效；利用第二效产生的二次蒸汽作加热介质的蒸发器，称为第三效；以此类推。

各效操作压力是自动分配的。为获得必要的传热温差，多效蒸发流程最后一效和真空装置相连。各效压力和沸点是逐效降低的。在第一效通入加热蒸汽就可使各效都能进行蒸发，从而节省大量蒸汽。尽管多效蒸发具有热能利用的经济性，但在相同生产能力下，串联若干单效设备，大大增加了设备的投资费用。

根据加热蒸汽流动方向与料液流动方向组合方式的不同，多效蒸发操作流程又可分为顺流、逆流、平流及二次蒸汽再压缩流程等不同形式。

（1）顺流加料蒸发流程。顺流加料蒸发也称为并流加料蒸发，流程如图 7-2 所示。

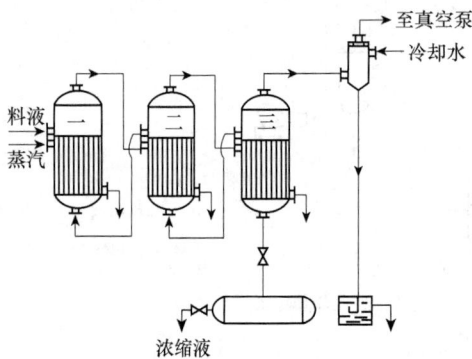

图 7-2　顺流加料蒸发流程

这是工业上常用加料方法。原料液和蒸汽都加入第一效，溶液依次流过第一效、第二效和第三效，完成液由第三效排出。加热蒸汽在第一效加热室中冷凝后，经冷凝水排除器排出；由第一效溶液中蒸发出的二次蒸汽进入第二效加热室顺流加料蒸发流程供加热用；第二效二次蒸汽进入第三效加热室；第三效二次蒸汽送入冷器中被冷凝后排出。

顺流加料蒸发流程的优点：各效压力依次降低，料液可借压强差自动流向后一效，不需用泵输送。各效料液沸点依次降低，前效料液进入后效时常处于过热态，将发生自蒸发而产生更多二次蒸汽。

缺点：随着料液逐效增浓，温度逐效降低，料液黏度逐效提高，传热系数逐效减小。顺流加料蒸发流程不适宜用于处理黏度随浓度增加而迅速增高的料液。

（2）逆流加料蒸发流程。逆流加料蒸发流程如图 7-3 所示。料液从末效加入，沿着三→二→一方向用泵依次送入前一效，最后从第一效排出浓缩液。蒸汽流动方向由一→二→三，料液流动方向与蒸汽流动方向相反。

逆流加料蒸发流程的优点：最浓料液在最高温度下蒸发，各效料液黏度相差不致太大，传热系数不致太小，有利整个系统生产能力提高；采用逆流加料，末效蒸发量比并流加料时少，减少了冷凝器负荷。

缺点：效与效间须用泵输送料液，增加能耗，装置变复杂。除末效外，各效进料温度都比相应的沸点低，不会发生自蒸发现象，需加

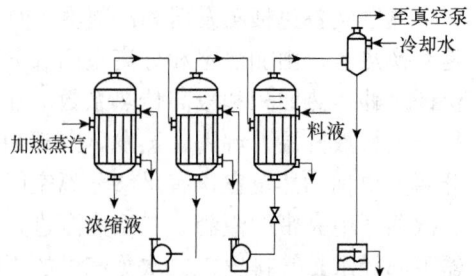

图 7-3　逆流加料蒸发流程

热量大。若原料液温度较高，在末效由自蒸发产生的二次蒸汽不加利用，热量消耗比并流加料多。

（3）平流加料蒸发流程。平流加料蒸发流程如图 7-4 所示。每效都可加入原料液，每效都可排出浓缩液。蒸汽流向仍由第一效至末效。流程适用于在蒸发过程中伴有晶体

析出的场合，如某些盐溶液的浓缩，因含晶体溶液不便于效间输送，宜采用平流加料法。

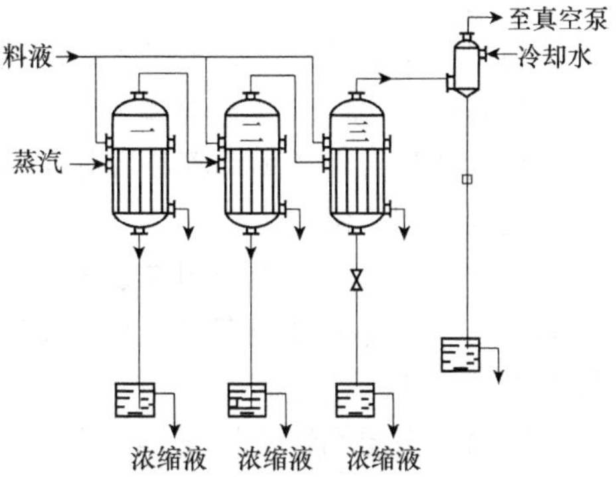

（4）二次蒸汽再压缩蒸发流程。二次蒸汽再压缩蒸发流程，是利用压缩机将蒸发器中二次蒸汽加以压缩，提高压力，使饱和温度升高到溶液沸点以上，然后送入蒸发器加热室作为加热蒸汽。二次蒸汽压缩机称为热泵，这种方法称为热泵蒸发。采用热泵蒸发，有时只需在蒸发器启动阶段供应加热蒸汽。一旦操作进入稳定阶段，不再需要加热蒸汽，仅需提供使二次蒸汽升压所需的能量。热泵压缩二次蒸汽能

图7-4　平流加料蒸发流程

力有限，对二次蒸汽所需压缩比不大的情况，这种方法节能效果很好。

热泵有机械式和蒸汽喷射式。机械式热泵消耗电能将低压蒸汽压缩为较高压力蒸汽；蒸汽喷射式热泵利用高压蒸汽压缩低压蒸汽，得到压力较高的混合蒸汽。

热泵蒸发可单独使用，也可与多效蒸发同时使用，进一步提高节能效果。图 7-5 为 APV 公司带热泵的七效降膜蒸发系统流程图。系统从料液中蒸发 1kg 水仅耗蒸汽 0.09kg，节能效果非常显著。

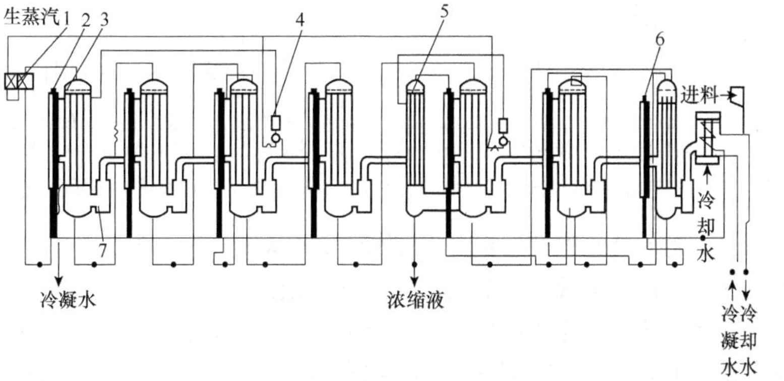

1. 巴氏消毒器；2. 换热器；3. 蒸发器；4. 二次蒸汽压缩机；5. 浓度调节蒸发器；6. 预热器；7. 气液分离器。

图7-5　七效降膜蒸发系统流程图

多效蒸发的目的是为了节省加热蒸汽消耗量。理论上，增加效数可节省加热蒸汽消耗量，但随着效数增加，加热蒸汽节省量越来越小，设备费用明显增加，热量损失增加，不利于提高效益。食品、制药生产中，常采用三、四效蒸发器，以提高经济效益。

（二）典型蒸发设备

1. 常压蒸发设备

常压蒸发设备是普通蒸发浓缩生产的常用设备，它在常压状态下对物料进行蒸发浓缩操作。常压蒸发设备因工艺用途的不同，结构有很大差异，但总的来说结构简单，技术要求较低。夹层锅和啤酒厂的麦汁煮沸锅是典型的常压蒸发设备。

1）夹层锅

夹层锅又名蒸汽锅、蒸煮锅、夹层蒸汽缸等。通常由锅体和支脚组成，锅体通常为半球形结构，由内外球形锅体组成双层结构形式，中间夹层通入蒸汽加热。夹层锅按其深度分为浅型、半深型和深型；按加热方式分为电加热式和蒸汽加热式夹层锅；按操作分为固定式和可倾式。

固定式夹层锅结构如图 7-6 所示，其锅体为一个半球形与圆柱形壳体焊接而成的夹层容器，夹层外分别设有进汽管、不凝性气排放管和冷凝水排放管接口。在锅底正中位置开有一个排料接管。

可倾式夹层锅结构如图 7-7 所示，其主要由锅体、倾覆装置及机架构成。锅体形与固定式的相似。全部锅体用轴颈伸接于支架两边的轴承上，其中轴颈为空心结构，一端作为蒸汽进管，另一端作为不凝气排出管。倾覆装置为手轮及解轮杆机构，摇动手轮可使锅体倾倒，用于卸料。需注意的是，可倾式夹层锅底一般不设排料口，因为锅体本身可倾，设排料口反而增加清洗的负担。

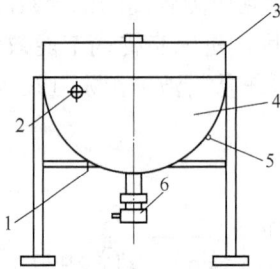

1. 冷凝水出口；2. 不凝气出口；3. 锅盖；
4. 锅体；5. 蒸汽出口；6. 排料阀。

图 7-6　固定式夹层锅结构

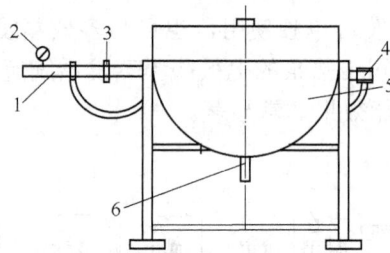

1. 进汽管；2. 压力表；3. 倾覆装置；
4. 不凝气出口；5. 锅体；6. 冷凝水出口。

图 7-7　可倾式夹层锅结构

不论是固定式还是可倾式夹层锅，当锅体容积较大（大于 500L）或用于黏稠物料时，宜配置搅拌装置，搅拌桨可视应用需要而选取锚式或桨式。

夹层锅的优点：结构和操作简单，适用于多品种处理，安全方便，夹层锅内层锅体（内锅）采用耐酸耐热的奥氏体不锈钢制造，配有压力表和安全阀，外形美观、安装容易、操作方便、安全可靠等。

缺点：生产能力有限，操作劳动强度较大。另外，夹层锅操作区常会出现大量水汽。因此，需要注意应有排气通风措施。

适用范围：适合于糖果、糕点、调味品配制，溶糖化糖及一些肉类、卤味制品熬煮等操作。

2）麦汁煮沸锅

啤酒厂的麦汁煮沸锅是典型的常压蒸发设备。它的主要作用是将经糊化、糖化、过滤后得到的清麦汁煮沸，浓缩到所要求的发酵糖度。因麦汁总体的蒸发量较小，而卫生标准要求较高，设备要便于清洗。图 7-8 所示为麦汁煮沸锅，整体结构呈球形，采用铜或不锈钢薄板材料制造，有足够的刚度和强度，同时便于清洗。加热夹套结构布置在锅的底部，对于小型煮沸锅一般采用外凸锅底，如图 7-8（a）所示；而对于大型煮沸锅，为增大加热面积，促进料液对流及循环，提高传热系数，改善受力状态，提高锅体的刚

度，采用内凸锅底，如图 7-8（b）所示。内凸底锅
分为内外两个加热区，内加热区的锅底结构强度高，
可采用较高压力的蒸汽，加热温度高。为便于排净，
避免冷凝水的积存，降低传热系数，冷凝水的排出管
设里在锅底最低处。不凝气体的排出管设置在夹套的
最高处，以便于排除干净。因圆底成型加工较为困难，
通常采用平底结构，通过加强筋板等结构，保证锅底
的刚度和强度。

对于大型麦汁煮沸锅，还可设置内置的中心加热
器，可根据液面高度，通过自动控制分步调节供入加
热蒸汽的温度。在加热过程中，麦汁可产生强烈的自
然循环，传热系数较高，同时因加热速度快，麦汁温
度上升急剧，其成分可充分分解和凝固，有助于提高
啤酒的质量，但结垢后较难清洗。

搅拌器采用的是径向直叶片，其形状与锅底形状

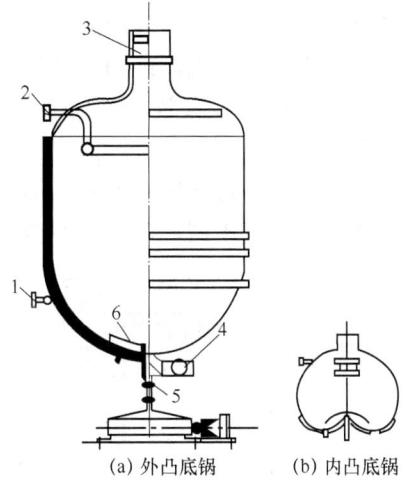

(a) 外凸底锅　　(b) 内凸底锅

1. 蒸汽入口；2. 冷凝水排出口；3. 排汽管；
4. 浓缩液排出口；5. 填料轴封；6. 搅拌器。

图 7-8　麦汁煮沸锅

一致，用来使物料受热均匀，在沸腾之前加速料液的对流，从而提高传热系数，同时避
免固体成分沉淀在锅底的加热表面造成过热或形成结垢。

排汽管设置于锅的上方中央，用于排除二次蒸汽，二次蒸汽在排汽管上形成的冷凝
水经集液槽及排出管排至锅外，以免造成麦汁的污染，为避免外部空气进入锅内，排管
内设置有可调风门，管口处设有风帽。还设有人孔、照明和清洗水管等装置，以便操作
和观察。

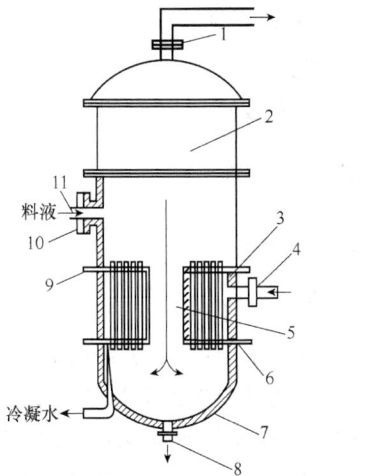

1. 二次蒸汽出口；2. 蒸发室；3. 加热室；
4. 加热蒸汽进口；5. 中央循环管；6. 沸腾加热管；
7. 锅底；8. 浓缩液出口；9. 冷凝水出口；
10. 不凝气出口；11. 料液进口。

图 7-9　标准式蒸发器

2. 真空蒸发设备

根据蒸发时的料液的流动形式，真空蒸发
设备有非膜式和薄膜式 2 种形式。

1）非膜式真空蒸发设备

非膜式真空蒸发设备蒸发时料液在蒸发器
内聚集在一起，通过自然或强制对流完成均匀
加热和蒸汽逸出。

因加热蒸发时的液层较厚，非膜式蒸发器
的普遍特点是传热系数小，料液受热蒸发速度
慢，加热时间长。常见非膜式蒸发器有标准式、
盘管式、夹套式和外加热式等。

（1）标准式蒸发器。标准式蒸发器又称为
中央循环管式浓缩器，如图 7-9 所示。其下部为
加热室，上部为分离室，加热室内装有加热管
束和中央循环管，中央循环管的截面积较大，

一般为加热管束（升液管）总面积的 40%以上。

中央循环管与加热管一般采用胀管法或焊接法固定在上下管板上，从而构成一组竖

式加热管束，料液在管内流动，而加热蒸汽在管束之间流动，为了提高传热效果，在管间可增设若干挡板，或抽去几排加热管，形成蒸汽通道，有利于加热蒸汽均匀分布，从而提高传热及冷凝效果。加热体外侧有不凝结气体排出管、加热蒸汽管、冷凝水排出管等。

　　工作时料液在管内流动，加热蒸汽在管束之间流动，由于中央循环管与加热管中的料液受热程度不同，产生密度差，使液料经加热管而沸腾上升，然后在分离室内进行气液分离。二次蒸汽由顶部排出。料液经中央循环管下降，再进入加热管束，形成自然循环，将水分蒸发，浓缩后的制品由底部卸出。

　　这种蒸发器的优点：结构简单，操作方便，锅内液面容易控制；管束较短，料液受热时间较短，传热系数较大，适于轻度结垢料液。

　　缺点：因料液为自然循环，料液流速低且不稳，受热不均。

　　适用：目前这类蒸发器应用于国内制糖厂。

　　（2）盘管式蒸发器。盘管式蒸发器结构如图 7-10 所示。它主要由盘管式加热器、蒸发室、泡沫捕集器、进料阀、出料阀及各种控制仪表所组成。锅体为立式圆筒密闭结构，上部空间为蒸发室，下部空间为加热室。泡沫捕集器为离心式，安装于浓缩器的上部外侧。泡沫捕集器中心立管与真空系统连接。

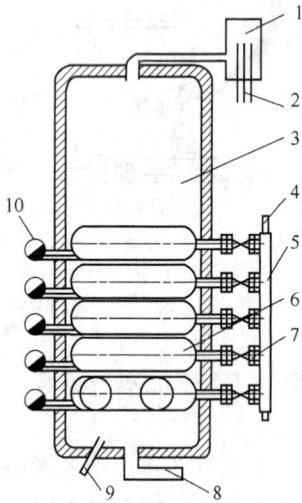

1. 泡沫捕集器；2. 二次蒸汽出口；3. 气液分离室；
4. 蒸汽总管；5. 加热蒸汽包；6. 盘管；7. 分汽阀；
8. 浓缩液出口；9. 取样口；10. 疏水器。

图 7-10　盘管式蒸发器结构图

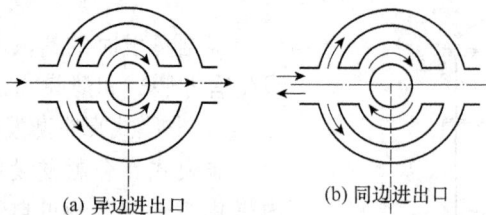

(a) 异边进出口　　　　(b) 同边进出口

图 7-11　盘管的进出口布置

　　盘管式蒸发器设有 3～5 组加热盘管，分层排列，每盘 1～3 圈，各组盘管分别装有可单独操作的加热蒸汽进口及冷凝水出口，进出口布置有两种，如图 7-11 所示。工作时，料液沿锅体切线方向通过进料管进入锅内。外层盘管间料液受热后体积膨胀而上浮，盘管中部的料液，因受热相对较少，密度大，自然下降回流。从而形成了料液沿外层盘管间上升，又沿盘管中心下降回流的自然循环。蒸发产生的二次蒸汽从浓缩器上部中央排出，二次蒸汽中夹带的料液雾滴在捕集器的作用下被分离下降流回锅中。当浓缩锅内的物料浓度经检测达到要求时，即可停止加热，打开锅底出料阀出料。

　　操作过程中，不得往露出液面的盘管内通蒸汽，只有盘管被料液淹没后才能通蒸汽。由于盘管结构尺寸较大，加热蒸汽压力不宜过高，一般为 0.7～1.0MPa。

盘管式蒸发器的优点：结构简单，制造方便，操作稳定，易于控制；盘管为扁圆形截面，料液流动阻力小，通道大，适于黏度较高的料液；由于加热管较短，管壁温度均匀，冷凝水能及时排除，传热面利用率较高；便于根据料液的液面高度独立控制各层盘管内加热蒸汽通断及其压力，以满足生产或操作的需要。

缺点：热面积小，料液对流循环差，易结垢；料液受热时间长，在一定程度上对产品质量有影响。

（3）夹套式真空浓缩锅。夹套式真空浓缩锅如图 7-12 所示，又称为搅拌式真空浓缩锅，属于间歇式中小型食品浓缩设备。其主要由圆筒形夹套壳体、犁刀式搅拌器、气液分离器等组成。被浓缩的料液投入锅内，通过供入夹套内的蒸汽进行加热，在搅拌器的强制性翻动下，料液形成对流而受到较为均匀的加热，并释放出二次蒸汽。二次蒸汽从上部被抽出。

操作开始时，先通入加热蒸汽赶出锅内空气，然后开动抽真空系统，造成锅内真空，当锅内吸入的稀料液达到容量要求后，即开启蒸汽阀门和搅拌器。经取样检验，达到所需浓度时，解除真空即可出料。

这种蒸发器的加热面积小，料液温度不均衡，加热时间长，料液通道宽，通过强制搅拌加强了加热器表面料液的流动，减少了加热死角，适宜于果酱、炼乳等高黏度料液的浓缩。

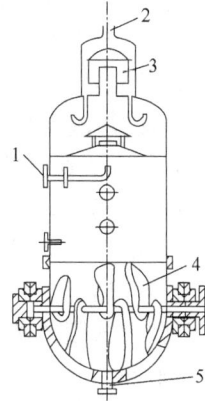

1. 料液入口；2. 二次蒸汽出口；
3. 泡沫捕集器；4. 搅拌器；
5. 浓缩液出口。

图 7-12　夹套式真空浓缩锅

（4）外加热式蒸发器。外加热式蒸发器的特征是加热室和分离室分开。根据物料在加热室与分离室间循环的方式，可分为强制循环式和自然循环式 2 种。

强制循环式蒸发器如图 7-13（a）所示，主要由列管式加热器、分离室和料液循环泵组成。料液经循环泵，进入加热器的列管内，被管间的蒸汽加热，然后在分离室内进行气液分离，二次蒸汽自室顶排出，被浓缩的溶液由室底部再进入循环泵进口，使溶液继续强制循环蒸发。当溶液达到要求浓度后，由分离室卸出。

自然循环蒸发器如图 7-13（b）所示，除无循环泵以外，基本构成与强制循环式相同。但加热室只能垂直安装。

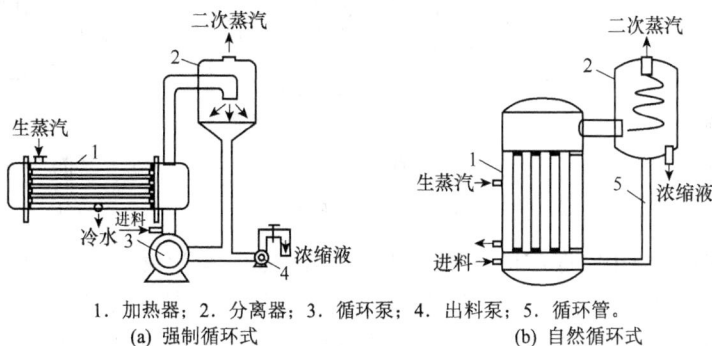

1. 加热器；2. 分离器；3. 循环泵；4. 出料泵；5. 循环管。

(a) 强制循环式　　　　　　(b) 自然循环式

图 7-13　外加热式蒸发器

　　两种外加热式蒸发器均可以连续方式操作，也可以间歇方式操作。连续操作时，最初的一段时间为非稳定期，这时不出料，当循环内料液浓度达到预定浓度时，通过离心泵抽吸出料。

　　外加热式蒸发器的优点：加热室与分离室分开后，可调节两者之间的距离和循环速度，使料液在加热室中不沸腾，而恰在高出加热管顶端处沸腾，加热管不易被析出的晶体堵塞；分离室独立分开后，形式上可以做成离心分离式，从而有利于改善雾沫分离条件；此外，还可以由几个加热室合用一个分离室，提高了操作的灵活性，自然循环更大；这种蒸发器的检修、清洗也较方便。

　　缺点：溶液反复循环，在设备中平均停留时间较长，对热敏性料液不利。

　　2）薄膜式真空蒸发设备

　　薄膜式真空蒸发设备作业时，料液沿加热表面被分散成液膜的形式流动，传热系数大，一般单程即可完成规定的蒸发作业，因而在蒸发器内的停留时间较短，约几秒至几十秒，适合果汁及乳制品生产。良好的成膜质量是膜式蒸发器作业质量的必要条件，不同形式膜式蒸发器的成膜方法不同，因而适用于不同特性的料液，要求的操作条件也不同。

　　常见的薄膜式真空蒸发设备有长管式、板式、刮板式、离心式薄膜蒸发器等。长管式蒸发器采用列管进行加热蒸发，因所使用加热管的管长与管径之比较大而得名。

　　（1）长管式蒸发器。长管式蒸发器按液膜的运动方向又可分为升膜式、降膜式和升降膜式蒸发器。

　　① 升膜式蒸发器。升膜式蒸发器如图 7-14（a）所示，由垂直加热管束、分离室、泡沫捕集器等组成。加热管的管径一般为 30～50mm，管长 6～8m，管长与管径的比值为 100～150。

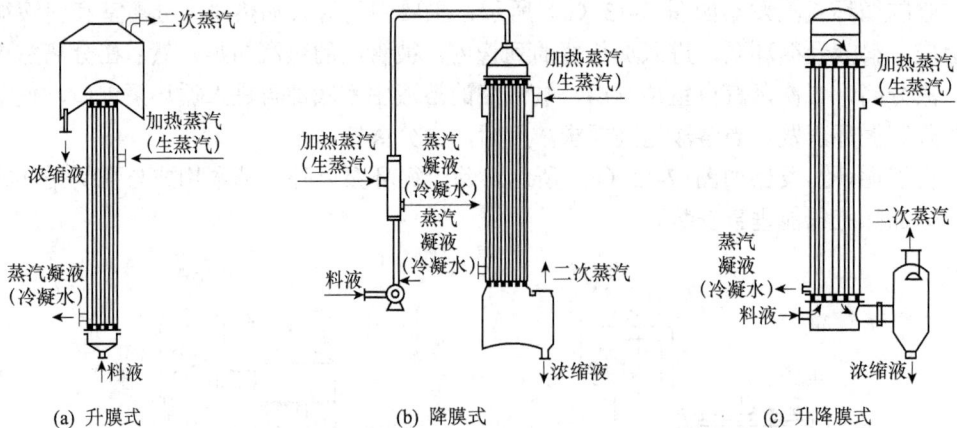

(a) 升膜式　　　　　　(b) 降膜式　　　　　　(c) 升降膜式

图 7-14　长管式蒸发器

　　工作时料液自加热室底部进入加热管内。加热蒸汽在管束间流过，料液在加热管中部开始沸腾并迅速汽化。在加热管上部产生的二次蒸汽快速上升，流速可达 100～160m/s。料液被二次蒸汽带动，沿管内壁成膜状上升并不断被加热蒸发；然后二次蒸汽与料液进入分离室；由于离心力的作用使气液分离，二次蒸汽排出；浓缩液沿循环管下降，回到加热器底部，与新进入的料液混合后，一并进入加热管内，再度受热蒸发。如此往复循环，经一段时间后，一部分已达要求的浓缩液，由出料泵抽出，另一部分未达要求的浓缩液，再继续循环蒸发。还有非循环型，即经一次浓缩后，达到成品浓度而排出。

进料量、温度和黏度影响成膜质量，其控制对于升膜式蒸发器的作业质量有重要影响。进液量过多，则下部积液过多，会以液柱形式上升而不能形成液膜，甚至出现跑料，使传热系数大大降低。进液过少，易在管束上部发生管壁结焦现象。一般经过一次浓缩的蒸发水量，不能大于进料量的 80%，在正常工作时，液面应控制在加热管高度的 1/5～1/4。进料温度将同样会造成管内液面的变化，与沸腾温度相比，进料温度过低时，料液将呈液流上升；而过高时，形成的液膜不均，甚至出现焦管、干壁现象。料液最好预热到接近沸点状态进入加热器，这样增加液膜在管内的比例，从而提高传热系数。

优点：占地面积小，传热效率较高，料液受热时间短，在加热管内停留 10～20s。适于浓缩热敏、易起泡和黏度低的料液。

缺点：一次浓缩比不大，操作时进料要很好控制，进料过多不易成膜，过少则易断膜干壁，影响产品质量。

② 降膜式蒸发器。降膜式蒸发器如图 7-14（b）所示，由加热器体、分布器、分离室和泡沫捕食器等部分组成，其中分离室设于加热器体的下方。料液经预热后，由加热管束顶部，通过分布器，在重力作用下，沿加热管内壁成膜状下降，蒸汽从管外通过，间接对料液加热，所产生的气液混合物进入分离室进行分离，二次蒸汽由顶部排出，浓缩液从底部卸出。该蒸发器为连续作业，料液通过加热管后，即达浓缩要求，故加热管要有足够的长度。分配器使料液均布于各加热管，其作用对传热效果的影响较大，使用降膜蒸发器时，料液需要定流量，若流量小则料液呈线状下流，不但使传热系数降低，而且使结垢增加。

降膜式蒸发器的特点如下：由于利用液膜的重力作用降膜，故能蒸发黏度较大的料液；因受热时间短，适于热敏性强的料液。料液在加热管内的沸点均匀，且无静层效应，故有效温差较大，传热效果好，与盘管式蒸发器相比可节约加热蒸汽 60%。由于加热管较长，料液沸腾时所生成的泡沫易在管壁上受热破裂，因此适于蒸发易生泡沫的物料，以及浓度较大、不易结晶、结垢的料液，清洗方便。

③ 升降膜式蒸发器。升膜式与降膜式蒸发器各有优缺点，升降膜式蒸发器则是前两者优缺点的互补。升降膜式蒸发器是在加热器内安装两组加热管，一组做升膜式，另一组做降膜式，如图 7-14（c）所示。料液先进入升膜加热管，沸腾蒸发后，汽液混合物上升至顶部，然后转入另一半加热管，再进行降膜蒸发。浓缩液从下部进入气液分离器，分离后，二次蒸汽从分离器上部排入冷凝器，浓缩液从下部排出。

（2）板式蒸发器。板式蒸发器是由板式加热器与蒸发分离器组合而成（图 7-15）。加热器的加热片用不锈钢板冲压而成，板厚 1～1.5mm，片与片相叠，由两端压板及上下拉杆压紧，片的四周用橡胶垫圈包围，以保持密封，同时使片与片之间形成蒸汽与料液的流动通道。一般由四片传热片组成一组。

料液由泵强制通入加热器体，由片 1 与片 2 之间上升（升膜部分），然后从片 3 与片 4 之间下降（降膜部分）。加热蒸汽则通入片 2、3 和片 4 之间，通过片壁对料液加热，然后冷凝而排除。料液，蒸发产生的二次蒸汽及浓缩液，一起入底部通道，引入蒸发分离器进行分离。

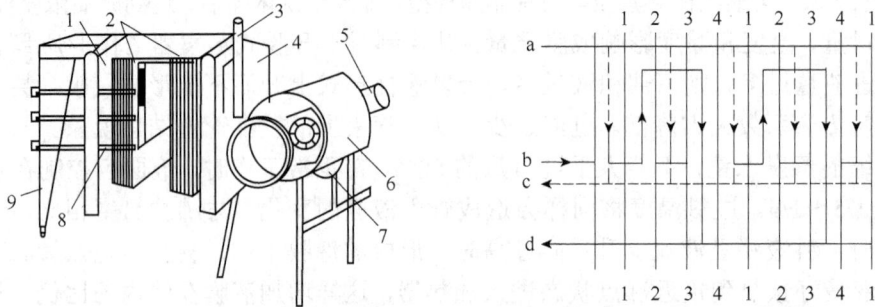

1. 随动板；2. 传热板；3. 蒸汽进口集气管；4. 端面板；5. 二次蒸汽出口；6. 分离器；
7. 浓缩液汇集槽及出口；8. 紧固螺丝；9. 后端支架。
a. 蒸汽；b. 进料；c. 冷凝水；d. 二次蒸汽与浓缩液引向分离器。

图 7-15　板式蒸发器

优点：体积小，料液在器内停留时间短（仅数秒），传热系数高，易清洗，加热面积可随意调整。

缺点：密封垫片易老化而泄漏，使用压力有限等。

适用：牛奶、果汁等热敏性料液的浓缩。

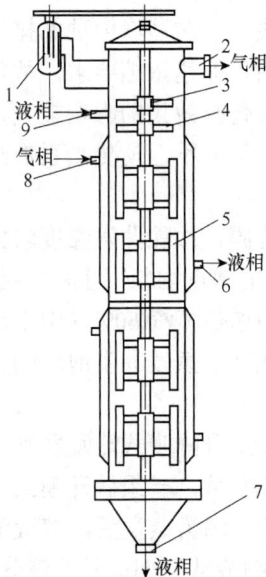

1. 电动机；2. 二次蒸汽出口；3. 除沫盘；
4. 分配盘；5. 刮板；6. 冷凝水排出口；
7. 浓缩液出口；8. 加热蒸汽进口；9. 进料口。

图 7-16　刮板式蒸发器

（3）刮板式蒸发器。刮板式蒸发器也称刮板式薄膜蒸发器，是利用外加动力的膜式蒸发器。这种热交换器靠近传热面处有刮板连续不断地刮扫运动，使料液成薄膜状流动。它主要由内面磨光夹套换热圆筒、刮板转子、密封机构和驱动装置等组成，如图 7-16 所示。

分离室与加热器制成一体，在加热室与分离室的分界面处设浓缩料液引出口，二次蒸汽则自分离室引出。分离室也可与加热室分开。浓缩液与二次蒸汽一起流入分离室，在此浓缩液从底部流出，而二次蒸汽则从左上侧引出。根据刮板加热器轴线的取向，这种加热器有立式和卧式两种类型，但以立式为多。

优点：处理黏度高达 $50\sim100\text{Pa}\cdot\text{s}$ 的黏性料液时仍能保持较高的传热速度。

缺点：结构复杂、动力消耗较大、加热面积小、制造要求高、清洗困难，其总传热系数随料液黏度增大而减低。

适用：刮板式蒸发器在浓缩过程中的液膜很薄，而且在副板作用下不断强制成膜和更新，故总传热系数较高，适合于高黏度、易结晶、易结垢的高浓度料液的浓缩，如果酱、蜂蜜或含有悬浮颗粒的料液的浓缩。除单独使用外，还可与其他蒸发器配合使用。

（4）离心式蒸发器。离心式蒸发器的结构如图 7-17 所示。它很相似于碟式离心机，但这里的碟片是中空夹层的，若干个空心锥形碟片组装在转鼓内，转鼓底与空心主轴相连。锥形碟片的小端封闭，大端则与一环箍相连。环箍上钻有若干个径向和轴向的小孔，径向孔通向片的中空夹层，轴向孔在若干个碟片组装后，由于上下对准而形成一个由底到顶的轴向孔道，沿环箍的周围分布许多箍条。同时，在上下两个相邻的碟片的环箍间，又构成一个端面为"["形的环形沟槽，该环形沟槽与轴向孔道连通。这样，使装配体形成碟片内、外两个空间，碟片内空间通入热蒸汽，碟片外空间通入被处理料液。碟片的下侧壁即传热工作壁，上侧壁只相当于容器的壳壁。

工作时，加热蒸汽由空心主轴引入转鼓

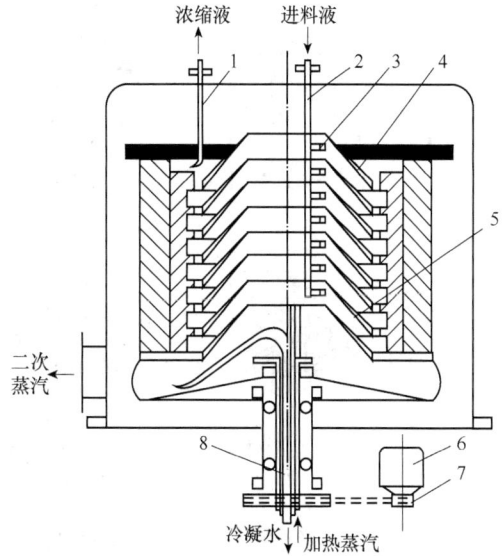

1. 吸料管；2. 分配管；3. 喷嘴；4. 锥形碟片；5. 间隔板；6. 电动机；7. 皮带；8. 空心转轴。

图 7-17　离心式蒸发器结构图

内壁的蒸汽空间，再经径向孔进入碟片夹层空间，蒸汽冷凝将热量通过转壁传给料液，冷凝液受离心力作用被甩至片的上侧壁，沿壁面向下外方向流动，亦经径向孔流回转鼓内壁的蒸汽空间，并沿壁下流至室底的环形槽集中，经排出管排出。料液由加料管引入，经分配支管喷注，落于碟片内下侧，受离心力作用，沿壁面向外流，在流动过程中受热蒸发。二次蒸汽由转鼓中部上升，经外壳由真空泵抽至冷凝器中冷凝。浓缩液沿碟片底面流至"["形环槽集中，经环箍的轴向孔上行，最后经排出管排出。

离心式蒸发器是集薄膜浓缩和离心分离两个过程于一体的设备。物料在热传面上因离心力作用形成极薄的流动液膜（约 0.1mm 厚）加热而蒸发，一旦冷凝就被离心力甩出，即处于滴状冷凝状态，因此，总加热系数很高；料液在器内滞留时间很短（约 1s），大大减少了加热时对热敏性物质的破坏；由于离心力的作用还可以抑制料液的发泡，适合于对发泡性强的料液浓缩；此外还具有气液分离效果好、残留液量小、清洗杀菌方便等优点。离心式蒸发器在食品工业中主要应用于鲜果汁、咖啡、蛋白、酵母等料液的浓缩，缺点是造价高。

3）蒸发装置的附属设备

蒸发装置的附属设备主要包括除沫器、冷凝器、蒸汽喷射器及真空泵等。

（1）除沫器。蒸发器分离室中，二次蒸汽与液体分离后，还会夹带一定量液沫。为进一步防止有用产品损失，防止冷凝液被污染或堵塞管道，需用除沫器将液滴除去。

除沫器形式很多，可直接设置在蒸发器顶部，如图 7-18（a）～（e）所示；也可成置在蒸发器之外，如图 7-18（f）～（h）所示。它们大都是使夹带液沫的二次蒸汽的速度和方向多次发生改变，并利用液滴较大的惯性力及液体对固体表面的润湿力使之黏附于固体表面并与蒸汽分开的。

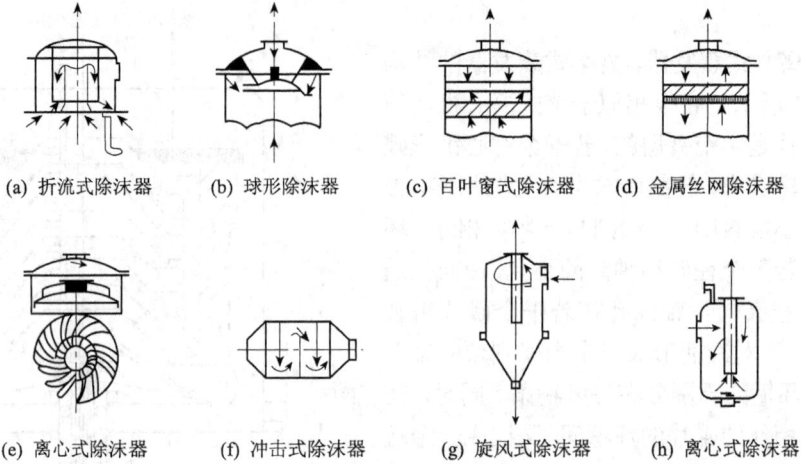

(a) 折流式除沫器　　(b) 球形除沫器　　(c) 百叶窗式除沫器　　(d) 金属丝网除沫器

(e) 离心式除沫器　　(f) 冲击式除沫器　　(g) 旋风式除沫器　　(h) 离心式除沫器

图 7-18　除沫器的主要形式

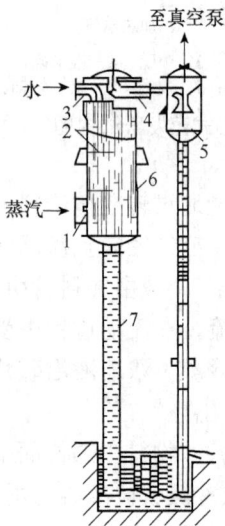

1. 蒸汽进口；2. 淋水板；
3. 进水口；4. 不凝性气体管；
5. 分离器；6. 外壳；7. 气压管。

图 7-19　直接接触式冷凝器

（2）冷凝器。冷凝器的作用是使二次蒸汽冷凝。冷凝液需回收时，可采用间壁式冷凝器。

当二次蒸汽为水蒸气并不再利用时，一般采用混合式（直接接触式）冷凝器，这样节省投资、简化操作。图 7-19 为直接接触式冷凝器，器内装有若干块钻有小孔的淋水板，冷却水自上而下沿淋水板淋洒，与上升的二次蒸汽逆流接触，水蒸气被冷凝后与冷却水一起由下部流出，不凝气体从顶部排出。蒸发过程在减压下进行时，不凝气体需用真空装置（水环式真空泵或往复式真空泵）抽出，冷凝液和冷却水混合物依靠自己的位头沿气压管（也称大气腿）排出。气压管底部是个水封装置，气压管需有足够高度保证冷凝器中水能依靠高位自动流出，避免外界空气进入。

根据料液性质的不同，蒸发设备的类型选择也就不同。例如，对热敏性料液，要求较低的蒸发温度，并尽量缩短溶液在蒸发器内的停留时间，以选择薄膜式蒸发器为宜。对处理量不大的高黏度、有晶体析出或易结垢的溶液，可选择刮板式蒸发器。选型时，如几种形式的蒸发器均能适应溶液性质和蒸发要求，应进一步做经济比较来确定更适宜的形式。

（3）蒸汽喷射器。蒸汽喷射器与水力喷射器相似，但采用高压蒸汽作为动力源，又称为蒸汽喷射泵，在真空蒸发器中用来对二次蒸汽进行压缩，使之升压升温，作为加热蒸汽使用，以节约生蒸汽消耗量，同时完成抽真空作业。其结构如图 7-20 所示，生蒸汽由蒸汽室 1 进入，经喷嘴 2 以很高的速度喷入吸入室 6，吸入室内压力降低，低压的二次蒸汽被吸入吸入室，与生蒸汽在混合室 3 混合后，通过混合室末端的喉管 4 后压力进一步上升，最后经扩散室 5 排出。这种喷射泵抽气量大，真空度高，结构简单，运行与维修简便，可用于压缩蒸汽，但对于生蒸汽的供应质量要求较高。

（4）真空泵。常用的真空获得设备有往复式真空泵、水环式真空泵及前述的蒸汽喷射器、水力喷射器等。如图 7-21 所示，水环式真空泵（简称水环泵）由泵壳等组成工作室，并配有叶轮、进排气管和转轴等部件，转轴及叶轮与泵壳内圆偏心布置，叶轮外圆与机壳内圆内切。泵启动前，工作室内充入一半水，当电动机驱动叶轮旋转时，由于离心力的作用，水被甩到工作室壁，形成一个与机壳内圆同心的旋转水环，水环上部内表面与叶轮的叶片根圆相切，下部内表面深入叶片外圆以内。在叶轮旋转的前半周中，水环内表面逐渐远离叶片根圆，与各叶片之间形成的空隙逐渐扩大，气体经进气管被吸入工作室；而在后半周中，水环的内表面逐渐接近叶片根圆，所形成的空隙逐渐缩小，所吸入的气体在各叶片间被压缩后由排气管排出。叶轮每转一周，各叶片间的容积改变一次，从而不断地吸入和排出气体，使与进气管一测连接的工作容器内达到一定真空度。

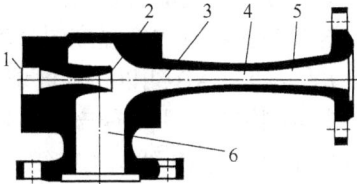

1. 蒸汽室；2. 喷嘴；3. 混合室；
4. 喉管；5. 扩散室；6. 吸入室。

图 7-20　蒸汽喷射器结构图

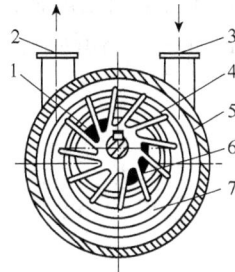

1. 吸气口；2. 进气管；3. 排气管；4. 叶轮；
5. 泵体；6. 吸气孔；7. 水环。

图 7-21　水环式真空泵

这种泵结构简单，易于制造，操作可靠，转速较高，与电动机直连，内部不需润滑，使排出气体免受污染，排气量较均匀，工作平稳可靠。但水的冲击使叶轮与轮壳磨损较快，需经常更换零件，机械效率放低，同时极限真空度较低，适用于抽真空系统。

二、结 晶 设 备

结晶是指溶质自动从过饱和溶液中析出形成新相的过程。这一过程不仅包括溶质分子凝聚成固体，还包括这些分子有规律地排列在一定晶格中，这种有规律地排列与表面分子化学键变化有关，因此结晶过程又是一个表面化学反应过程。

结晶设备

通常只有同类分子或离子才能排列成晶体，所以结晶过程有很好的选择性，通过结晶，溶液中的大部分杂质会留在母液中，再通过过滤、洗涤等就可得到纯度较高的晶体。许多抗生素、氨基酸、维生素等就是利用多次结晶的方法制取高纯度产品的。

用于进行结晶操作的设备叫作结晶设备（又称结晶器）。

（一）概述

1. 结晶原理

固体有结晶和无定形两种状态，两者的区别在于构成单位（原子、离子或分子）的

排列方式不同，前者有规则，后者无规则。在条件变化缓慢时，溶质分子具有足够的时间进行排列，有利于结晶形成；相反，当条件变化剧烈、强迫快速析出时，溶质分子来不及排列就析出，结果形成无定形沉淀。

溶液的结晶过程一般分为三个阶段：即过饱和溶液的形成、晶核的形成和晶体的成长阶段。因此，为了进行结晶，必须先使溶液达到过饱和后，过量的溶质才会以固体的形态晶体出来。因为固体溶质从溶液中析出，需要一个推动力，这个推动力是一种浓度差，也就是溶液的过饱和度。晶体的产生最初是形成极细小的晶核，然后这些晶核再成长为一定大小形状的晶体。当溶液浓度恰好等于溶质的溶解度时，称为饱和溶液。此时，溶质的溶解度与结晶速度相等，尚不能使晶体析出。当浓度超过饱和浓度达到一定的过饱和程度时，才可能析出晶体。

如图 7-22 所示，溶解度与温度的关系可以用它和曲线 AB 来表示，开始有晶核形成的过饱和浓度与温度的关系用过饱和曲线 CD 来表示。这两条曲线将浓度温度图分为 3 个区域。

（1）稳定区（AB 线以下的区域）：在此区中溶液尚未达到饱和，不可能产生晶核。

（2）介稳区（AB 线与 CD 线之间的区域）：在该区不会自发产生晶核，但如果向溶液中加入晶体，能诱导结晶产生，晶体也能生长，这种加入的晶体称为晶种。

（3）不稳定区（CD 线以上的区域）：在此区域中，溶液能自发地产生晶核和进行结晶。此外，大量的研究工作证实，一个特定物系只有一条确定的溶解度曲线，但超溶解度曲线的位置受到很多因素的影响，如有无搅拌、搅拌强度的大小、有无晶种、晶种大小与多少、冷却速度快慢等，因此，超溶解度曲线应是一簇曲线，为表示这一特点，CD 线用虚线。图中 E 代表一个欲结晶物系，分别使用冷却法、蒸发法和绝热蒸发法进行结晶，所经途径应为 EFH、EF'G'和 EF"G"。

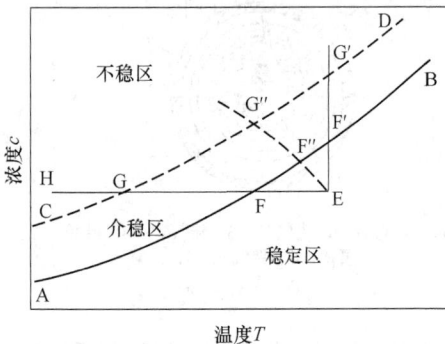

图 7-22　超溶解曲线及介稳区

工业结晶过程要避免自发成核，才能保证得到平均粒度大的结晶产品，只有尽量控制在介稳区内结晶才能达到这个目的。所以，只有按工业结晶条件测出的超溶解度曲线和介稳区才更有实用价值。

2. 起晶方法

（1）自然起晶法：将溶液用蒸发浓缩的方法排除大量溶剂，使溶液浓度进入过饱和不稳定区，溶液即自然起晶，大量生成晶体。随着晶体的生长，溶液浓度迅速下降，降到介稳定区的下部不再产生晶核，这时晶体只在已有晶面上长大。这种方法已较少采用。

（2）刺激起晶法：将溶液用蒸发浓缩的方法排除部分溶剂，使溶液浓度进入过饱和介稳定区，然后将溶液放出，使溶液突然冷却，进入不稳定区，此时溶液受到突然改变温度的刺激，自行结晶生成晶核。晶核达到一定数量时，即改变条件，回升温度，进入介稳定区，停止晶核产生，然后慢慢冷却，同时搅拌，使结晶器内溶液浓度均匀，并维持一定的过饱和浓度进行育晶，使晶体长大。

（3）晶种起晶法：将溶液浓缩到介稳定区的过饱和浓度后，加入一定大小和数量的晶种，同时搅动溶液使粒子均匀悬浮于溶液中，溶液中饱和溶质慢慢扩散到晶种周围，在晶种的各晶面排列，使晶体长大。晶种应经过筛选，大小均匀，以长出大小一致的晶体。工业结晶过程大都采用晶种起晶法。

（4）等电起晶法：对于不是采用蒸发浓缩来改变溶液浓度，而是采用其他化学方法来改变溶液浓度的，其结晶情况和起晶方法基本上一样。例如，谷氨酸溶液的等电点法，是利用谷氨酸在水溶液中呈两性，溶液的 pH 到某值时，谷氨酸两性电荷相等，它在水中的溶解度最小（称为等电点），加酸调整溶液的 pH 来降低谷氨酸的溶解度，使之进入过饱和浓度区而将谷氨酸结晶析出。

3. 结晶设备的分类

1）按溶液浓度改变方法分类

按溶液浓度改变方法结晶设备可分为浓缩结晶设备、冷却结晶设备和等电点结晶设备。

（1）浓缩结晶设备。浓缩结晶设备采用蒸发溶剂，使浓缩溶液进入过饱和区起晶（自然起晶或晶种起晶），并不断蒸发，以维持溶液在一定的过饱和度进行育晶。

（2）冷却结晶设备。冷却结晶设备采用降温使溶液进入过饱和区结晶（自然起晶或晶种起晶），并不断降温，以维持溶液一定过饱和浓度育晶，常用于温度对溶解度影响较大的物质结晶。结晶前需先将溶液升温浓缩。

（3）等电点结晶设备。等电点结晶设备形式与冷却结晶设备相似，区别在于等电点结晶时溶液较稀薄；要使晶种悬浮，搅拌要求比较激烈；同时，应选用耐腐蚀材料，以防加酸调整 pH 时对设备的腐蚀作用；传热面多采用冷却排管。

2）按结晶过程运转情况分类

按结晶过程运转情况结晶设备可分为间歇式结晶设备和连续结晶设备两种。间歇式结晶设备简单，结晶质量较好，结晶收得率高，操作控制较方便，但设备利用率较低，操作劳动强度较大。连续结晶设备较复杂，结晶粒子较细小，操作控制较困难，消耗动力较多，若采用自动控制，会得到广泛推广。

4. 结晶设备的设计要求

设计结晶设备时，应考虑溶液性质、黏度、杂质的影响、结晶温度、结晶体的大小、结晶体的形状及结晶长大速度特性等条件，以保证结晶良好，结晶速度快。

（1）通常结晶设备应有搅拌装置，使结晶颗粒保持悬浮于溶液中，并同溶液有一个相对运动，以减小晶体外部境界膜厚度，提高溶质质点的扩散速度，加速晶体长大。

（2）搅拌器转速要选择得当：速度太快，会因刺激过剧烈自然起晶，可能使已长大的晶体破碎，功率消耗增大；速度太慢，晶核会沉积。搅拌器速度应视溶液性质和晶体大小而定。例如，味精结晶时，可采用 6～15r/min；柠檬酸结晶时，可采用 8～10r/min；粉状味精结晶时，可采用 20～27r/min；等电点结晶时，可采用 28～36r/min。

（3）搅拌器的形式应根据溶液流动的需要和功率消耗情况选择。煮晶锅多采用锚式搅拌，配合溶液在沸腾时的自然循环，可使晶体悬浮。立式结晶箱多采用框式搅拌器。卧式结晶箱多采用螺旋式搅拌器。

（4）晶体颗粒较小，容易沉积时，为防止堵塞，排料阀采用流线型直通式，以加大出口，减少阻力。

（5）必要时安装保温夹层，防止突然冷却而结块。

（6）为防止搅拌轴断裂，应安装保险装置，如保险连轴销等。如若遇结块堵塞，阻力增大时，保险销即折断，可防止断轴、烧坏电动机或减速装置等严重事故的发生。

（7）排气装置、管道等应适当加大或严格保温，以防结晶堵塞。

（二）典型的结晶设备

1. 浓缩结晶设备

1）Krystal-Oslo 结晶器

Krystal-Oslo 结晶器由结晶器主体、蒸发室和外部加热器构成。如图 7-23 所示是一种常用的 Krystal-Oslo 型常压蒸发结晶器。溶液经外部循环加热后送入蒸发室蒸发浓缩，达到过饱和状态，通过中心导管下降到结晶生长槽中，大颗粒结晶发生沉降，从底部排出产品晶浆，因此，Krystal-Oslo 结晶器具有结晶分级能力。将蒸发室与真空泵相连，可进行真空绝热蒸发。与常压蒸发结晶器相比，真空蒸发结晶设备不设加热设备，进料为预热的溶液，蒸发室中发生绝热蒸发，因此，在蒸发浓缩的同时，溶液温度下降，操作效率更高。

2）DTB 结晶器

DTB 结晶器如图 7-24 所示为 DTB（draft tube & baffled crystallizer）结晶器的结构图。

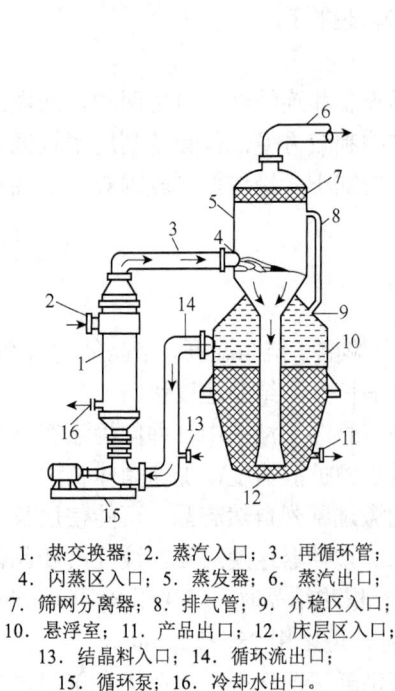

1. 热交换器；2. 蒸汽入口；3. 再循环管；
4. 闪蒸区入口；5. 蒸发器；6. 蒸汽出口；
7. 筛网分离器；8. 排气管；9. 介稳区入口；
10. 悬浮室；11. 产品出口；12. 床层区入口；
13. 结晶料入口；14. 循环管；
15. 循环泵；16. 冷却水出口。

图 7-23 Krystal-Oslo 型常压蒸发结晶器

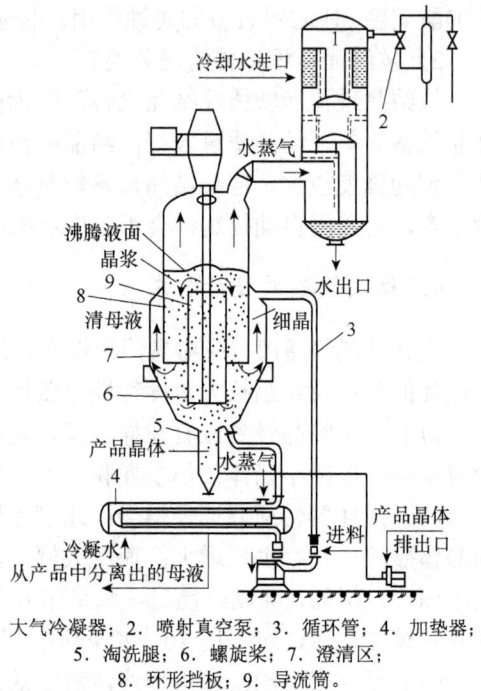

1. 大气冷凝器；2. 喷射真空泵；3. 循环管；4. 加垫器；
5. 淘洗腿；6. 螺旋桨；7. 澄清区；
8. 环形挡板；9. 导流筒。

图 7-24 DTB 结晶器结构图

它的中部有一导流筒，在四周有一圆筒形挡板，在导流筒内接近下端处有螺旋桨（也可以看作内循环轴流泵），以较低的转速旋转。悬浮液在螺旋桨的推动下，在筒内上升至液体表面，然后转向下方，沿导流筒与挡板之间的环行通道流至器底，重又被吸入导流筒的下端，反复循环，使料液充分混合。圆筒形挡板将结晶器分割为晶体生长区和澄清区。挡板与器壁间的环隙为澄清区，该区不受搅拌的影响，使晶体得以从母液中沉降分离，只有过量的微晶随母液在澄清区的顶部排出器外，从而实现对微晶量的控制。结晶器的上部为气液分离空间，用以防止雾沫夹带。热的浓物料加至导流筒的下方，晶浆由结晶器的底部排出。为了使所产生的晶体具有更均匀的粒度分布，即具有更小的变异系数，这种形式的结晶器有时还在下部设置淘洗腿。

DTB 结晶器由于设置了导流筒，形成了循环通道，因此只需要很低的压力差［约$(9.81×10^2)$～$(1.96×10^3)$Pa］就能推动内循环过程，保持各截面上物料具有较高的流速，晶浆密度可达 30%～40%（质量分数）。对于真空冷却法和蒸发结晶法，沸腾液体的表面层是产生过饱和趋势最强烈的区域，在此区域中存在着进入不稳定区而大量产生晶核的危险。导流筒则把大量高浓度的晶浆直接送到溶液上层，使表层中随时存在着大量的晶体，从而有效地消耗不断产生的过饱和度，使之只能处在较低的水平，避免了在此区域中因过饱和度过高而产生大量的晶核，同时也大大降低了沸腾液面处的内壁面上结挂晶疤的速度。

3）DP 结晶器

DP 结晶器即双螺旋桨（double-propeller）结晶器，如图 7-25 所示。

DP 结晶器是对 DTB 结晶器的改良，内设两个同轴螺旋桨。其中之一与 DTB 型一样，设在导流筒内，驱动流体向上流动，而另一个螺旋桨比前者大 1 倍，设在导流筒与钟罩形挡板之间，驱动液体向下流动。由于是双螺旋桨驱动流体内循环，所以在低转速下即可获得较好的搅拌循环效果，功耗较 DTB 结晶器低，有利于降低结晶的机械破碎。但 DP 结晶器的缺点是大螺旋桨要求动平衡性能好、精度高，制造复杂。

4）真空结晶锅

对于结晶速度比较快，容易自然起晶，且要求晶体较大的产品，多采用真空结晶锅（图 7-26）进行煮晶，如谷氨酸钠结晶就采用这种设备。

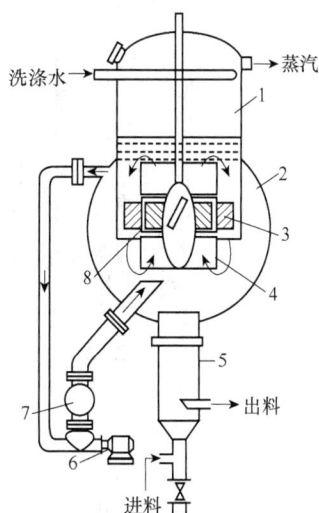

1. 气液分离室；2. 澄清区；3. 外桨叶；
4. 导流筒；5. 淘洗段；6. 循环泵；
7. 细晶溶解器；8. 内桨叶。

图 7-25　DP 结晶器

真空结晶锅的结构比较简单，是一个带搅拌的夹套加热真空蒸发罐，由加热蒸发室、加热夹套、气液分离器、搅拌器等组成。凡与产品接触的部分均采用不锈钢制成，以保证产品质量。

加热蒸发室为一圆筒壳体，下部焊上加热夹套，夹套高度通过计算蒸发所需的传热面积而定，夹套宽度 30～60mm，夹套上装有蒸汽进口管，安装于夹套的中上部，使蒸汽分布均匀，进口要加装挡板，防止直冲而损坏内锅，夹套上还装有压力表、不凝性气体排放阀和冷凝水排除阀，冷凝水排除阀安装在夹套的最低位置，以防止冷凝水的积聚，降低传热系数。

结晶器上部顶盖多采用锥形，上接气液分离器，以分离二次蒸汽所夹带的雾沫，一般采用锥形除泡帽与惯性分离器结合使用。分离出的液体由小管回流入锅内，二次蒸汽在升气管中的流速为 8~15m/s。搅拌装置的形式很多，多采用锚式搅拌器。一般与锅底的间距为 2~5cm，转速通常是 6~15r/min。

　　5）连续真空结晶器

连续真空结晶器如图 7-27 所示，热料液自进料口连续加入，晶浆（晶体与母液悬混物）用泵连续排出。结晶器底部管路上的循环泵使溶液做强制循环流动，促进溶液均匀混合，以维持有利的结晶条件。溶剂蒸汽由结晶器顶部溢出，至高位混合冷凝器中冷凝。双级蒸汽喷射泵的作用是使冷凝器和结晶器整个系统成真空，不断抽出不凝性气体。真空结晶器内的操作温度很低，产生的溶剂蒸汽不能在冷凝器中被水冷凝，用蒸汽喷射泵喷射加压，将溶剂蒸汽在冷凝前压缩，以提高冷凝温度。

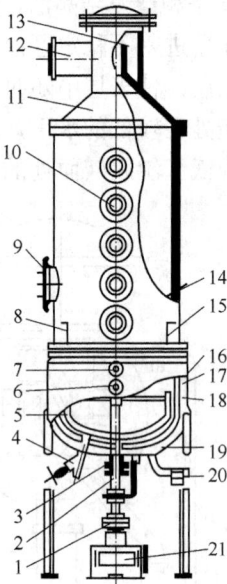

1. 联轴器；2. 搅拌轴；3. 轴封填料箱；
4. 直通式排料阀；5. 锚式搅拌器；6. 蒸汽进口管；
7. 压力表孔；8. 晶种吸入管；9. 人孔；10. 视镜；
11. 清洗孔；12. 二次蒸汽排出管；13. 气-液分离器；
14. 温度计插管；15. 进料吸料管；
16. 不凝性气体排出口；17. 夹套；18. 保温层；
19. 冷凝水出口；20. 疏水阀；21. 减速器。

图 7-26　真空结晶锅

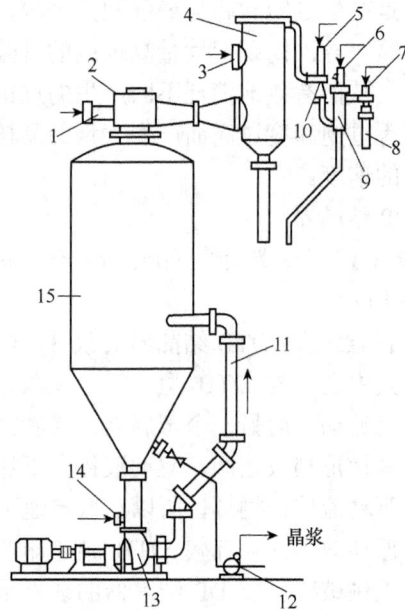

1. 蒸汽入口；2. 结晶器顶；3. 冷却水入口；
4. 混合冷凝器；5. 蒸汽入口；6. 冷却水入口；
7. 蒸汽入口；8. 喷射泵；9. 冷凝器；10. 喷射泵；
11. 循环管；12. 排料泵；13. 循环泵；
14. 料液入口；15. 结晶器。

图 7-27　连续真空结晶器

连续真空结晶器的优点：结构简单；无运动部件；处理腐蚀性溶液时，器内可加衬里或用耐腐蚀材料制造；溶液是绝热蒸发而冷却，不需要传热面。因此，操作时不会出现晶体结垢现象，操作易于控制和调节，生产能力大。

2. 冷却结晶设备

冷却结晶设备较简单，对于产量较小、结晶周期较短的，多采用立式结晶设备；对于产量较大、周期较长的，多采用卧式结晶设备。设备有冷却装置，如冷却排管或冷却夹套，以及促使晶核悬浮和溶液浓度一致，使结晶均匀的搅拌装置。

1）立式结晶设备

图 7-28 为立体搅拌结晶设备的外形与结构，常用于产量较小的柠檬酸结晶。冷却装置为冷却盘管，盘管中通入冷却水或冷冻盐水。浓缩后 55℃ 的柠檬酸净制液相对密度为 1.34～1.38，浓度接近 81%（质量分数），从上部进料口 7 流入结晶箱，同时启动两组框式搅拌器 2 搅拌，使溶液冷却均匀。

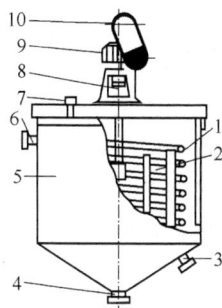

1. 冷却盘管；2. 搅拌器；3. 冷却水进口；
4. 放料口；5. 罐体；6. 冷却水出口；
7. 进料口；8. 搅拌轴；9. 变速器；10. 电动机。

图 7-28 立式结晶设备的外形与结构

初期可采用快速冷却，1～2h 内降至 40℃，然后以 2～3℃/h 速度降温。起晶后，再次减慢速度，直至冷却到 20℃。结晶时间为 96h。得到的柠檬酸结晶颗粒比较粗大均匀。结晶成熟后，晶体连同母液一起从设备的锥底放料口 4 放出。

2）卧式结晶设备

卧式结晶设备有两种，半圆底的卧式长槽型，多用于谷氨酸钠结晶；敞开的卧放圆筒长槽型，用于葡萄糖结晶。卧式搅拌结晶设备外形结构如图 7-29 所示，半圆底卧式长槽槽身高度的 3/4 处外装夹套 5，通水冷却。槽内装螺旋带形搅拌桨叶二组，桨叶宽度 40mm，螺距 0.6m，桨叶与槽底距离 3～5mm，一组桨叶 7 为左旋向，一组桨叶 6 为右旋向。搅拌时可使两边物料都产生向中心移动的运动分速度，或向两边移动的运动分速度。搅拌器由电动机通过蜗杆涡轮减速后带动，搅拌转速很慢，为 15r/min。槽身两端端板装有搅拌轴轴承，并装有填料密封装置，以防止溶液渗漏。

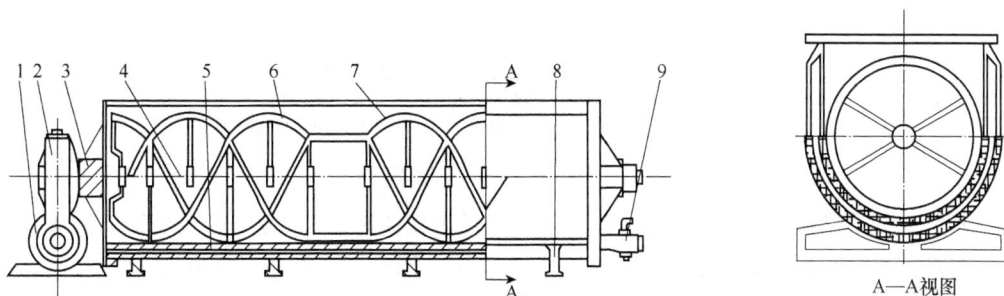

A—A视图

1. 电动机；2. 涡轮减速箱；3. 轴封；4. 轴；5. 夹套；6. 右旋搅拌桨叶；7. 左旋搅拌桨叶；8. 支脚；9. 排料阀。

图 7-29 卧式搅拌结晶设备外形结构

由于味精、葡萄糖要求卫生条件较高，凡与物料接触部分均采用紫铜或不锈钢制成。强度要求较高的搅拌轴和搅拌桨叶，采用不锈钢，以保证产品质量。

卧式结晶设备的特点是，体积大，晶体悬浮搅拌消耗动力较小，对结晶速度较快的物料可串联操作，进行连续结晶或育晶。

对味精结晶，从真空结晶锅中放入卧式结晶设备内的物料本身就是含有晶体的过饱和溶液，在卧式结晶设备内随着温度的不断降低，晶体慢慢长大，此过程称为育晶。卧式结晶设备也称为育晶槽、助晶槽。

3. 等电点结晶设备

等电点结晶罐（图 7-30）与通常的立式结晶设备原理和形态都相似，只不过等电点结晶设备做得比较大。等电点结晶罐通常做成立式大罐，以径高比为 1～1.2 为宜，有些设计径高比增大到 1.5～1.8。罐底有锥形的，也有平底的。锥底罐多用于连续离心分离提取谷氨酸。在用人工挖取谷氨酸的情况下，大多数等电点结晶罐做成平底。

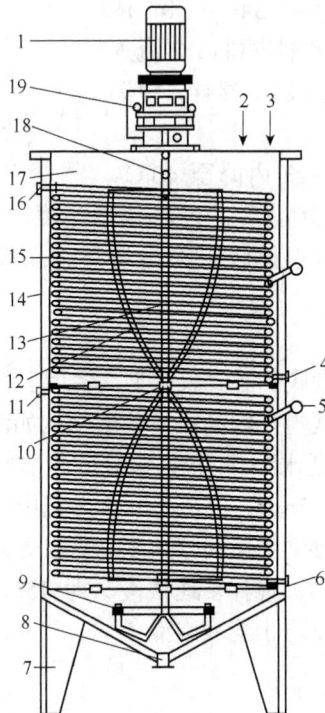

1. 电动机；2. 进料口；3. 加酸口；4、6. 冷却液出口；5. 温度计管；7. 支座；8. 放料口；9. 下搅拌器；10. 中间轴承；11、16. 冷却液进口；12. 上搅拌器；13. 空心搅拌轴；14. 保温层；15. 冷却蛇管；17. 罐体；18. 联轴器；19. 变速器。

图 7-30 等电点结晶罐

搅拌装置通常采用桨式搅拌器。搅拌桨的直径为罐径的 1/3～1/2，桨叶带有一定的倾角，以使溶液产生一个垂直方向运动的分力。一般安装二挡搅拌，搅拌桨倾角为 10°～20°，倾斜方向在罐底一挡以促使液流上升为宜，且下挡不宜离底太高，防止晶种下沉影响结晶。

由于要求降温速度很慢，故冷却装置的传热面积不能很大，采用蛇管固定在罐内周边冷却即能满足需要。通常采用冷冻盐水降温，也有采用氨直接蒸发降温。

实践操作

味精的结晶实验

【实践目的】

掌握味精结晶的基本操作要领。

【原料与设备】

（1）原料：谷氨酸钠溶液。

（2）设备：真空结晶锅。

【操作步骤】

1. 抽料

检查水阀、真空阀等正常后，打开真空阀（真空度≥0.04MPa），抽入原液。当液位达到加热器上方后，开启搅拌阀、汽阀，关真空阀，升温化掉锅内残存的味精和白块。

2. 接种

当升温完毕后，开汽蒸底料同时流加料，液位保持在第一视镜处，蒸发1h后，打开真空阀（真空度≥0.06MPa），接入少量晶种，观察锅内晶种是否溶化，不溶化时关闭汽阀开始接种，温度控制在62～78℃。接完晶种后看锅内情况，如果出现浑浊要稍微升温溶化部分伪晶，升温完毕待温度稳定时再略补少量水，稳定升温后的浓度，再进料，此时锅内料多晶种少，所以进料不能太快，控制在4～9t/h。蒸发速度大于长晶速度时，锅内浓度开始增大，锅内出现新的晶核时要停料整晶。

3. 整晶

锅内出现伪晶时，关闭真空阀升温。加入50～60℃蒸馏水进行整晶，锅内温度控制在70～85℃。整晶时先关真空阀（真空度≥0.06MPa），再关小蒸汽阀，加入蒸馏水，直到伪晶基本溶化。

4. 蒸发

整晶2～3次把锅内压干压清（抽水量要比第一次抽水要少），抽完水先开真空阀，待真空度≥0.065MPa，开大蒸汽阀，进料蒸发。进料速度保持在8～10t/h（或根据锅内情况而定），进料速度与锅内蒸发速度对应，保持进料速度、蒸发速度、长晶速度协调一致。

5. 烤锅

晶体达到要求时，开始停料烤锅。当锅内出现伪晶时，抽水溶化（具体方法同整晶），在保证锅内干清的前提下缓慢进料；第三个视镜满时开始停料烤锅，使锅内的余料进一步长到晶体长，当锅内烤干后抽水量要大，直到抽清为止。

6. 放锅

先检查助晶槽阀是否关紧，再开启助晶槽搅拌，准备放锅。放锅时依次关闭真空阀、汽阀，打开排空阀，真空度≤0.06MPa时，开启放料阀进行放料。

思考题

（1）简述蒸发的原理。

（2）蒸发设备的流程有哪些？

（3）主要蒸发设备有哪些？它们基本的结构特点是什么？

（4）结晶设备有哪些？它们基本的结构特点是什么？

第八章 蒸馏设备

蒸馏是一种常见的液-液、固-液之间的单元分离操作，属于一类物理分离方法。生物工业中，采用蒸馏方法提取或提纯的产品很多，如乙醇、白酒、甘油、丙酮、丁醇。在某些萃取过程中，溶剂回收也通过蒸馏实现。本章以乙醇蒸馏为例，介绍蒸馏的基本原理、蒸馏塔的结构、特点及有关附属设备。

一、概　述

（一）蒸馏的分类

按方法蒸馏可分为简单蒸馏、闪蒸、精馏、特殊蒸馏。较易分离的或对分离要求不高的物质，可采用简单蒸馏或闪蒸；较难分离的物质可采用精馏；很难分离的或用普通精馏不能分离的物质可采用特殊精馏。

按操作压力蒸馏可分为常压蒸馏、加压蒸馏、减压蒸馏。

按操作方式蒸馏可分为分批蒸馏、连续蒸馏。

按进料中组分的数目蒸馏可分为双组分蒸馏、多组分蒸馏、复杂系蒸馏。

按蒸馏塔的数目蒸馏可分为单塔蒸馏、双塔蒸馏、三塔蒸馏、多塔蒸馏。

（二）蒸馏的原理

1. 乙醇-水混合物的气液相平衡

在一定温度下，乙醇和水组成的混合物各有其饱和蒸气压。由于两者共存，互相影响，使得两者蒸气压都比纯组分有所降低，液面上方的蒸气总压等于乙醇和水两者蒸气压之和。

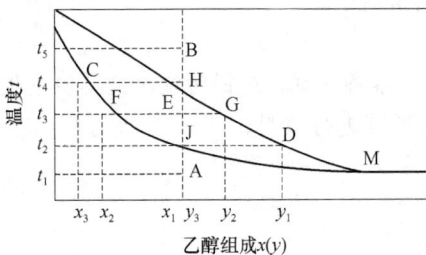

图 8-1　乙醇-水的 t-x 图

乙醇-水在 98kPa 下的 t-x 图，如图 8-1 所示。上面曲线表示乙醇和水混合物在沸点下产生的蒸气的平衡组成，下面曲线表示乙醇和水混合物在沸点下液体的平衡组成。

混合物在沸点时汽化产生的蒸气中，易挥发组分乙醇的含量比原液中高。如将乙醇含量 x_1、温度 t_1 的原混合液（A 点）在 98kPa 下加热，温度达到 t_2（J 点）时，开始形成蒸气。蒸气组成为 y_1（D 点），$y_1 > x_1$。继续加热至 t_3（E 点），混合液中乙醇浓度变为 x_2（F 点），与此液相组成相平衡的蒸气组成为 y_2（G 点）$y_2 > x_1$。继续加热至 t_4 时，蒸气中乙醇含量为 y_3（H 点），与开始时混合液组成 x_1 相同，液相中乙醇组成为 x_3（C 点）。加热温度超过 t_4 时，蒸气为过热蒸气，组成不变，仍为 y_3。若在加热温度未达到 t_4 之前就停止，称为部分汽化过程。若加热温度达到或超过 t_4，为全部汽化过程。只有用部分汽化方法才能从混合液中分离出易挥发组分乙醇。

用冷凝方法从混合蒸气组分为 y_3、温度为 t_5 的 B 点出发冷却到温度 t_4（H 点），开始形成液相，液相组分为 x_3（C 点）。继冷却至 t_2（E 点），冷凝液中乙醇组分为 x_2（F 点），所余蒸气组分变为 y_2（G 点），$x_2 < y_3$，而 $y_2 > y_3$。到达温度 t_2（J 点）时，冷凝液中乙醇组分为 x_1，与开始时蒸气组成 y_3 相同。继续冷却到温度 t_2 以下，为过冷液体，组分不变。温度尚未达到 t_2 以前的冷却，称为部分冷凝；达到或低于温度 t_2 的冷却，称为全冷凝。只有用部分冷凝方法，才能从混合气中分离出难挥发组分。

将乙醇-水溶液进行一次部分汽化的过程，或将混合蒸气进行一次部分冷凝的过程，只起到部分分离作用。要使混合物中组分得到完全分离，需进行多次部分汽化和多次部分冷凝过程。为减少能量消耗，部分汽化产生的温度较高的蒸气与相应的部分冷凝时产生的温度较低的液体直接混合，进行换热，利用高温蒸汽热量加热低温液体并使其部分汽化，蒸气自身被部分冷凝，即部分汽化和部分冷凝同时进行。

2. 乙醇精馏的基本原理

精馏就是多次且同时运用部分汽化与部分冷凝，使混合液得到分离的过程。图8-2为精馏的基本操作示意图。1、2、3、4分别装有不同浓度 x_1、x_2、x_3、x_4 的乙醇，$x_4 > x_3 > x_2 > x_1$，各釜中沸腾温度依次递减，底釜用间接蒸气加热，发生的乙醇蒸气组成为与釜中液相组成 x_1 相平衡的 y_1，$y_1 > x_1$。将釜 1 发生的蒸气引入釜 2 作为热源，蒸气部

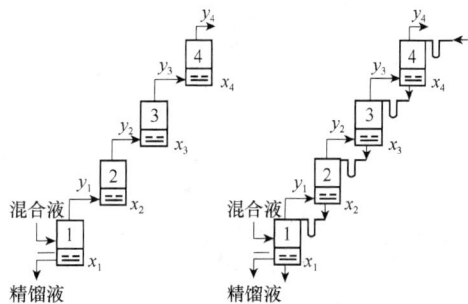

图 8-2 精馏的基本操作示意图

分冷凝时释放的潜热使釜 2 中液体部分汽化，汽化的乙醇蒸气组成为 y_2，$y_2 > y_1$。各釜同时进行，结果是顶釜汽化的蒸气的乙醇浓度高，底釜残留的液体的乙醇浓度低。

由于各釜中蒸气中的乙醇浓度大于釜中液相浓度，经过一段时间蒸馏，各釜中液相乙醇组分越来越少，导致蒸气中乙醇组分相应降低。则顶釜的蒸气浓度也越来越低，操作不稳定。所以，应将顶釜蒸气冷凝液回流一部分至顶釜，并逐釜下流。同时，应在底釜中不断添加原混合液，使各釜中气液两相组成保持不变，操作稳定持久。顶釜中蒸气中乙醇组成就稳定，即乙醇-水溶液获得分离，达到精馏的目的。

将顶釜乙醇蒸气在冷凝器冷凝后所得的部分冷凝液回流至顶釜的操作，称为回流。回流入顶釜的部分冷凝液，称为回流液。回流液的引入，是维持精馏操作连续稳定的必要条件。

（三）乙醇蒸馏流程

乙醇蒸馏包括两个过程：一是将乙醇和所有易挥发性物质从发酵醪液中分离出来，称为粗馏；二是进一步提高乙醇浓度，除去粗馏产品中杂质，称为精馏。乙醇蒸馏操作中，将两个过程组合成一套蒸馏系统。该系统中，粗馏塔馏出的粗乙醇（气相或液相）作为

乙醇蒸馏操作的中间产物，被送入精馏塔进一步提纯得到成品乙醇和杂醇油等副产物。

乙醇蒸馏的流程由产品质量的要求与发酵成熟醪的组成确定，常见的流程有单塔式、两塔式、三塔式和多塔式。单塔流程不能分离很多杂质，成品质量较差，在乙醇工业中已被淘汰。医药乙醇的生产中大多采用双塔流程，双塔式乙醇连续蒸馏流程具有两个塔：粗馏塔和精馏塔。生产纯度较高的精馏乙醇时采用三塔流程，而当生产对质量有特殊要求的产品时，则需采用 3 个以上的多塔流程。

乙醇的蒸馏分为间歇蒸馏和连续蒸馏。目前国内外都已采用连续式蒸馏。

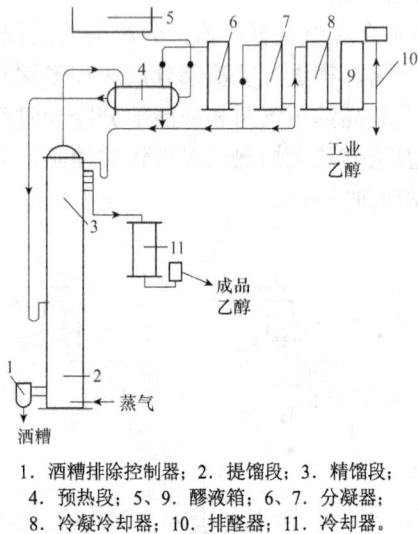

1. 酒糟排除控制器；2. 提馏段；3. 精馏段；
4. 预热段；5、9. 醪液箱；6、7. 分凝器；
8. 冷凝冷却段；10. 排醛器；11. 冷却器。

图 8-3　单塔式乙醇连续蒸馏流程

1. 单塔式乙醇连续蒸馏流程

单塔式乙醇连续蒸馏流程只有一个蒸馏塔。该塔分上下两段：下段为提馏段，主要是把醪液中的绝大部分乙醇蒸馏出来，保证酒糟中残留的乙醇极少；上段为精馏段，主要是把乙醇蒸馏提浓到成品要求的浓度。单塔式乙醇连续蒸馏流程如图 8-3 所示。

成熟醪经塔顶上升的乙醇蒸气在预热器内预热后，由塔中部提馏段上部进塔。进料层产生的乙醇蒸气通过精馏段逐层蒸馏提浓，由塔顶上升到预热器，冷凝成为液体回流入塔内，未冷凝的气体通过分凝器再部分冷凝后回流入塔内，尚未冷凝的气体则经冷凝冷却器冷却至一定温度，作为工业乙醇排出。不冷凝的气体即初级杂质从排醛器排出。从塔顶以下 3~4 层塔板上引出乙醇液体，通过冷却器冷却，即为成品乙醇。由于单塔式分离杂质能力低，成品质量达不到医药乙醇标准，加之经济性能差等不足，这种流程在乙醇工业中基本已被淘汰。

2. 双塔式乙醇连续蒸馏流程

双塔式乙醇连续蒸馏流程采用两个塔，即粗馏塔和精馏塔，如图 8-4 所示。粗馏塔的作用是把乙醇从成熟发酵醪中分离出来成为稀乙醇，稀乙醇进入精馏塔精制为成品乙醇。经预热后的成熟醪从粗馏塔顶层进入塔内蒸馏，从粗馏塔顶出来的稀乙醇蒸气可直接进入精馏塔下半部，称为气相过塔。粗馏塔顶的稀乙醇蒸气也可先进入冷凝器冷凝为液体后再流入精馏塔，称为液相过塔。气相过塔热效应高，节约加热蒸气消耗量。液相过塔因乙醇蒸气经冷凝器冷凝时可排除部分挥发性杂质，对保证成品乙醇质量起着一定作用。

进入精馏塔的稀乙醇在塔内逐层浓缩，可达到成品

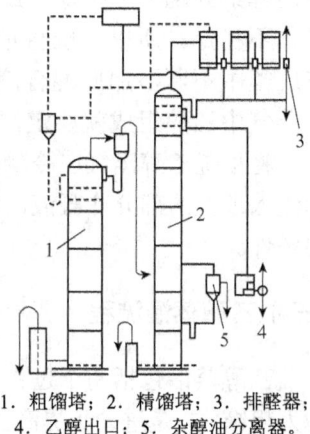

1. 粗馏塔；2. 精馏塔；3. 排醛器；
4. 乙醇出口；5. 杂醇油分离器。

图 8-4　双塔式乙醇连续蒸馏流程

乙醇的质量标准。主要措施：在塔顶最后冷凝器提取适量醛酒，在塔顶上3～4层塔板液相提取成品乙醇，在精馏塔中部抽提杂醇油。

提油方式有两种：一种是液相提油，即在进料层以上2～4层塔板上抽出液体乙醇（含杂醇油较集中），经冷却，加水乳化，杂醇油浮于水面，分油后再精制。另一种是气相提油，从杂醇油比较集中的进料层以下2～5层塔板上抽出乙醇蒸气，冷凝后加水乳化、分油精制。

3. 三塔式乙醇连续蒸馏流程

三塔式乙醇连续蒸馏流程采用三个塔，是在双塔式粗馏塔和精馏塔间安装一个排醛塔，如图8-5所示。排醛塔用于排除部分杂质。粗馏塔顶产生的稀乙醇蒸气从排醛塔中部进塔，逐层上升。排醛塔顶上升的乙醇蒸气经冷凝器冷凝后，绝大部分乙醇冷凝液回流入塔内，少量乙醇蒸气和杂质冷凝后作为工业乙醇（醛酒）取出，未冷凝气体从排醛塔排出。排醛塔顶回流的乙醇在下流过程中，乙醇浓度变稀，成为稀乙醇，汇集于塔底后流入精馏塔中部。因为稀乙醇中初级杂质挥发度高，从排醛塔底流到精馏塔的稀乙醇中含初级杂质较少，再经精馏塔精馏提浓并抽提杂醇油和排除杂质，成品乙醇质量较高。

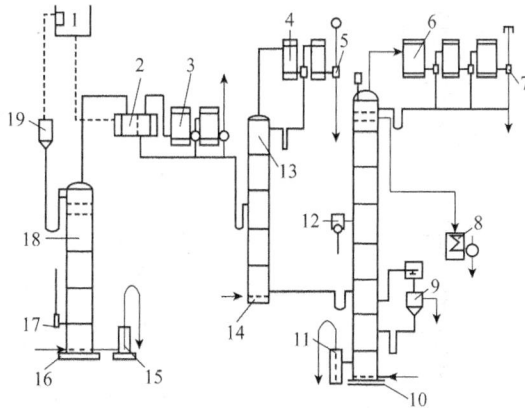

1. 醪液箱；2. 醪液预热器；3、4、6. 冷凝器；5、7. 排醛器；8. 成品冷却器；9. 杂醇油冷却分离器；10、14、16. 加热蒸汽；11、15. 废液排出器；12. 醛酒冷却器；13. 排醛塔；17. 水柱压力计；18. 醪塔；19. 分离器。

图8-5 三塔式乙醇连续蒸馏流程

4. 多塔式乙醇连续蒸馏流程

多塔式乙醇连续蒸馏流程采用三个以上的蒸馏塔，是在三塔式基础上根据产品质量特殊要求增设专用塔。例如为加强抽提杂醇油，在精馏塔后增设杂醇油塔，或为进一步排除挥发性杂质，在精馏塔后增设后馏塔。

二、粗 馏 塔

乙醇连续精馏流程中，蒸馏塔选用是否适当，直接影响乙醇的产量和质量。粗馏塔处理的对象是成熟的发酵醪，其中含有许多固形物，且黏性大，易起泡，腐蚀性强。因此，粗馏塔板应满足以下设计要求：处理能力大；塔板效率高；塔板压力降低；操作弹性大；结构简单，制造成本低；能满足工艺特定要求，如不易堵塞，耐腐蚀。

（一）粗馏塔的类型及结构

粗馏塔类型主要有泡罩塔、S形板塔、浮阀波纹筛板塔、斜孔塔。

1. 泡罩塔

泡罩塔（泡盖塔）是较成熟的蒸馏设备。塔操作较稳定，负荷有较大波动时也能稳定操作。塔板适宜处理易起泡的液体，对设计准确性无过高要求。尽管泡罩塔板结构较复杂，塔板效率偏低，压力降大，但由于在各种条件下都能稳定操作，所以国内不少酒厂的粗馏塔仍采用泡罩塔。

泡罩塔的塔体结构：乙醇蒸馏所采用的泡罩塔由塔体、塔板、升气管等组成，如图8-6所示。塔体由数个塔节通过法兰连接而成。在一个塔节中，装3～4块塔板。

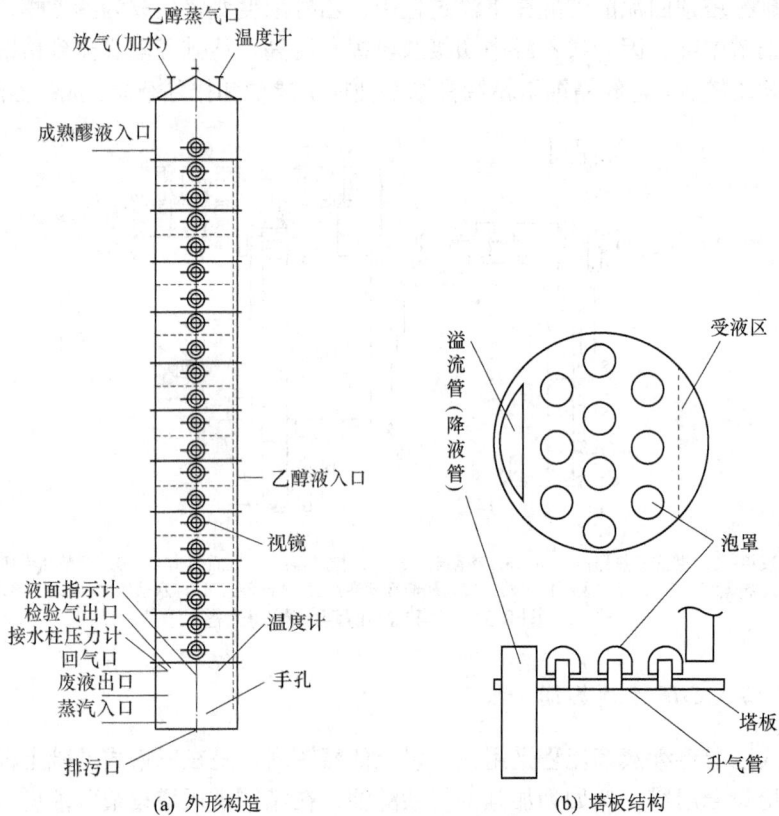

图8-6　泡罩塔的结构

塔板的结构：泡罩塔的塔板由隔板和组装其上的泡罩构成。泡罩的结构有多种类型，常见有圆形、长条形和六角形。泡罩的结构和气体流动如图8-7所示。

条形泡罩采用并列方式排列。条形泡罩与圆形泡罩相比，优点：制造简单，便于安装维护与检修，可保证液流均匀，塔板效率较高；缺点：单位塔面积上鼓泡周边比圆形泡罩小。条形泡罩用于塔径在1m以上的蒸馏塔中较合适。

每块塔板上装几个到几十个泡罩，泡罩塔板以三角形排列。塔板优点：气液接触较好，鼓泡周边长，传质效果好，结构紧密，可减小塔板间距；缺点：结构较复杂，易造成堵塞，清洗困难。适用于处理含杂质和悬浮物较少的物料。

塔板上装升气管和溢流堰（或溢流管），升气管顶部装泡罩，泡罩用螺帽固定在升气管上，升气管安装在塔板上。泡罩塔中，上升气体经升气管，在泡罩塔齿缝作用下，分散于液体中。气流分散越好，传质效率较高。溢流堰的作用是维持塔板上液面高度。

2. S形板塔

S形板塔由数个S形泡罩塔板互相搭接而成，如图8-8所示。塔板结构属于单流向式，即塔板上的气体流动方向与液体流动方向一致，目的是减小液面落差，使气体分布均匀，减小塔板阻力。塔板开孔面积比圆形泡罩塔板大，因此，空塔速度大，比泡罩塔的生产能力高20%。

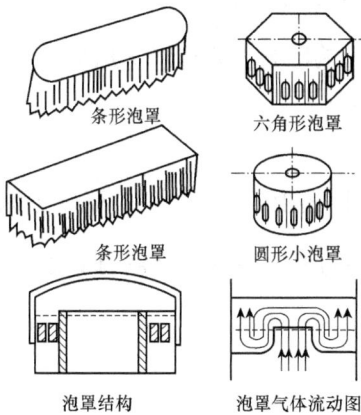

图 8-7 泡罩的结构和气体流动

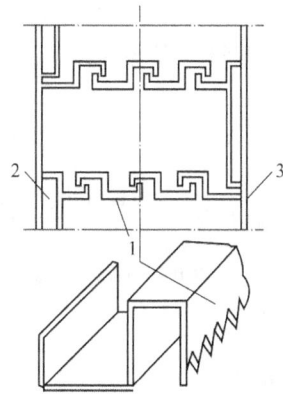

1. S形塔板；2. 溢流管；3. 壳体。

图 8-8 S形塔板的结构

S形板塔的优点：塔板结构简单，制造方便，自身有加强板面刚性的优点，不需另设支撑梁与支架；可用很薄钢板制成，节约材料，也减轻重量。

缺点：板压力降大，生产能力受到一定限制；生产负荷太小时，固体杂质容易沉积，停机时需用蒸气清洗、排除沉积在塔板上的固相杂质。

3. 浮阀波纹筛板塔

浮阀波纹筛板塔是采用新型穿流式塔板的塔，其塔板结构如图8-9所示，在普通波纹筛板基础上，在波峰处增加一定数量与波峰同弧形的条状片，波峰可供蒸气通过，波谷可供液体分布下流。条状浮阀可随气液负荷变化而调整蒸气的流量。

塔的特点：塔板不设溢流管，上下相邻两层板安装方位90°交错，液体分布均匀，整个板面无死角；板效率高；生产能力大；具有自洁作用，不易堵塞；操作稳定。

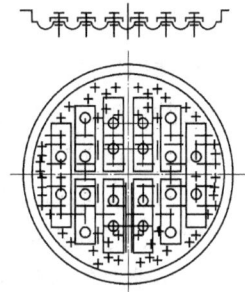

图 8-9 浮阀波纹筛板塔的结构

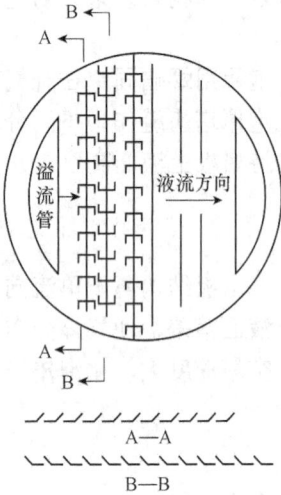

图 8-10　斜孔塔塔板的结构

4. 斜孔塔

斜孔塔塔板的结构如图 8-10 所示。塔板上有一排排整齐的斜孔，每排孔口朝一个方向，相邻两排孔口方向相反，故相邻两排孔口气体反向喷出，可减少甚至消除液体不断加速的现象，避免因气流对冲造成往上直冲的现象。塔板上液层均匀，气流接触良好，雾沫夹带少，允许气体负荷高。由于采用较高气流速度，板上液层湍流程度加大，喷射状又增加了气液两相的传质效果。

斜孔塔板的特点：塔板效率较高；生产能力大；若发酵醪中无纤维状及大颗粒杂质，塔板自洁作用较好，不易堵塞。

（二）粗馏塔蒸馏能力的影响因素

粗馏塔蒸馏能力的影响因素主要有以下几个方面。

1. 塔板层数

$$实际塔板层数 = \frac{理论塔板层数}{塔板效率}$$。塔板种类不同，塔板效率也不同。乙醇蒸馏操作中，粗馏塔采用泡罩塔板，塔板效率 50%。乙醇粗馏塔的理论塔板数为 8~10 块，实际塔板数为 20~25 块。

2. 塔板间距

塔板间距是指相邻两块塔板之间的距离。塔板间距随空塔蒸气流速、料液起泡性及塔板类型不同而变化。空塔流速越大，或成熟醪起泡性越强，板间距应越大，防止雾沫夹带。根据经验，泡罩粗馏塔的板间距为 0.4m 左右。

3. 塔径

塔径是决定醪液处理量的主要因素。蒸气速度一定时，塔径越大，产量越大。

三、精　馏　塔

乙醇精馏塔的作用是把来自粗馏塔的稀乙醇（气体或液体）提高到产品要求的浓度，分离杂质，使产品质量达到要求标准。乙醇精馏塔由两段组成，上段为精馏段，下段为提馏段，以稀乙醇进料口位置为界，如图 8-11 所示。我国乙醇行业乙醇精馏塔多采用泡罩塔、浮阀塔、斜孔塔、筛板塔、导向筛板塔等。

精馏塔

乙醇精馏塔的设计应满足七个基本要求：塔板效率高，生产能力大，压力降小，操作范围广，结构简单，操作方便，加工容易。

（一）浮阀塔

浮阀塔的结构如图 8-12 所示。它由塔壳和若干塔板所组成，塔板由浮阀塔板、溢流装置和其他构件所组成。每块浮阀塔板上安装一定数目的浮阀片。

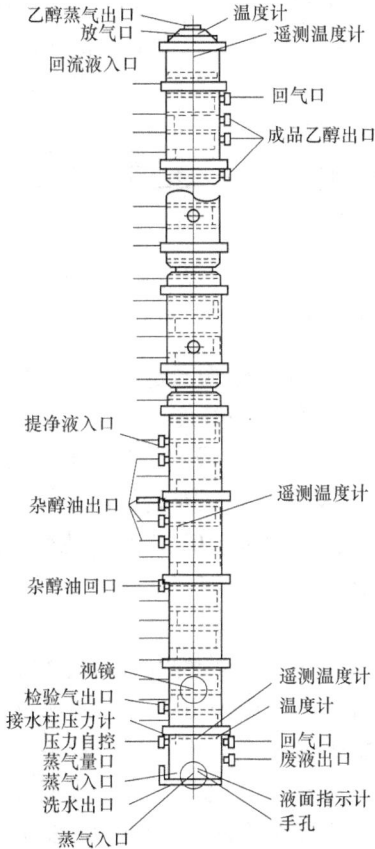

图 8-11　乙醇精馏塔的结构

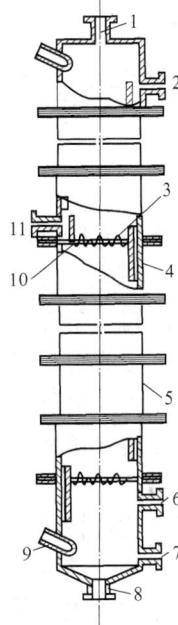

图 8-12　浮阀塔的结构

1. 冷凝气管口；2. 回流管口；3. 浮阀；4. 溢流管；
5. 塔壳；6. 蒸气管口；7. 虹吸管口；8. 排液管口；
9. 测温管；10. 塔板；11. 加料管口。

浮阀塔兼有泡罩塔和筛板塔的优点，又克服了它们的缺点。蒸馏时，塔内上升蒸气克服板上浮阀的质量，从阀孔的边缘水平喷入塔板上的液体层，改善了鼓泡的状态，增加了气液接触的时间，即使采用较大的蒸气速度，也不会发生雾沫夹带，所以分离效率高，操作弹性大，负荷上下限比值可达 9。它比填料塔生产能力大，并克服了泡罩塔和筛板塔易被脏黏物料堵塞的缺点，所以，它是一种综合性能良好的板式塔。

1. 浮阀塔的结构

浮阀塔的塔板效率比泡罩塔高，结构简单，使用效果较好。浮阀塔由浮阀、塔板、溢流管和溢流堰组成。

1）浮阀

浮阀的结构类型有条状和盘状，盘状应用较广。盘式浮阀塔板在蒸馏塔板上开有许多升气孔，每个孔上方装有可浮动的盘式阀片，在浮阀上装有 3 条支腿控制浮动范围。

浮阀形式较多，主要有 V 形、十字架形、A 形等，如图 8-13 所示。最常用的是 V 形浮阀。

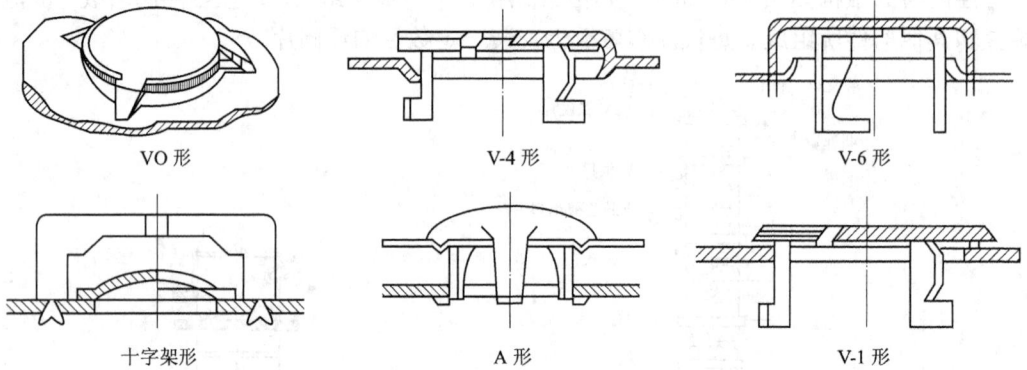

　　　VO 形　　　　　　　　　V-4 形　　　　　　　　　V-6 形

　　十字架形　　　　　　　　　A 形　　　　　　　　　V-1 形

图 8-13　浮阀的几种形式

A 形盘式浮阀是整块式冲压而成的，冲出 3 个支腿作为固定位置和导向作用，阀片边缘冲压出 3 个凸部，以保证阀片下落时与塔板保持最小开度。

V 形盘式浮阀是在 A 形盘式浮阀基础上改进和发展而成的，性能比 A 形好，结构简单，造价也低，它的阀片和支腿是一个整体，用支腿来保证浮阀的位置并进行导向。

十字架形浮阀结构简单，易于加工，钢材利用率提高 30%，且性能好，操作稳定。它是利用十字支架嵌在塔板上来固定浮阀位置和进行导向的。

2）溢流装置

溢流装置结构如图 8-14 所示。溢流装置的作用是引导液体从上层塔板流到下层塔板，保持塔板上有一定深度液体层。溢流装置有圆形降液管、弓形降液管两种形式。液体负荷小、塔径小时，采用圆形降液管。由于溢流截面小，溢流效果易受泡沫等因素影响，多数工厂采用弓形降液管。其浸润周边长，降液能力大，气液分离效果好，不易发生淹塔现象。设计时，溢流管截面积占塔板面积的 8%～9%；溢流堰长度不小于塔径的 60%；塔板上液层深度维持在 8～10mm。溢流装置高度不宜过高，否则增加塔板上液层阻力。塔板取较高气速时，降液管截面积要相应增大，否则，会出现不平衡现象。

2. 浮阀塔的工作原理

浮阀的阀孔直径比阀体直径稍大，故阀体能在阀孔内上下移动。没有乙醇蒸气上升时，阀体落在塔板上，开度很小。如 V-1 形最小开度为 2.5mm（图 8-15）。上升乙醇蒸气穿过阀孔时，阀体被顶起，气流沿水平方向喷出，使气液两相充分接触。浮阀在较低气速下，塔板上出现鼓泡层和清液层，此时塔板泄漏及鼓泡同时发生。随着气速增加，清液区域相应缩小。达到临界速度时，塔板全部处于鼓泡状态，如图 8-16 所示。如再提高气速，塔板压力降将随气速增加而增加。因此浮阀塔正常操作气速应在临界速度以下。

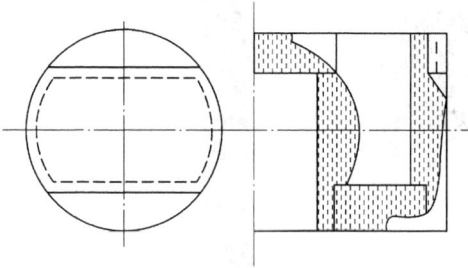

图 8-14　溢流装置结构

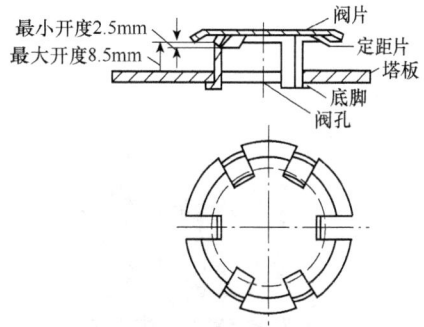

图 8-15　V-1 形浮阀形式

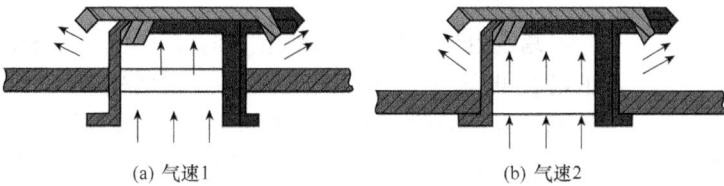

(a) 气速1　　　　　(b) 气速2

图 8-16　浮阀塔的工作原理

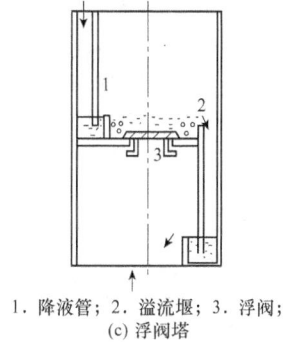

1. 降液管；2. 溢流堰；3. 浮阀；
(c) 浮阀塔

3. 浮阀塔特点

浮阀塔的优点：操作弹性较大，浮阀能上下自由浮动，自动调节气体流通的面积，因此，操作范围广，弹性负荷（最大负荷与最小负荷比值）为 8～9；处理能力大，浮阀塔板的气液接触面积较泡罩塔大，而且相应雾沫夹带量小，故其处理能力比泡罩塔大20%～30%；塔径小，塔板效率高，气体在塔板上水平喷出，雾沫夹带量小，而且通过阀片边缘时气体流速最大，使气体高度分散，气泡小，因此，气液接触面积大，气体在液层中流经的路程较长，强化了传热过程。所以，浮阀塔的塔板效率比泡罩塔高10%～20%，结构简单，压力降小，浮阀质量较轻，液面梯度比泡罩塔小，蒸汽分配均匀，压力降较小，气液接触良好，液面落差很小，故稳定性高，分离杂质的效果较好。

浮阀塔的缺点：气液沿阀孔周边喷出，阀间气流对冲，使局部气流加速而引起液沫夹带；缝很小时，不仅部分阀不能启动，而且阀孔有漏液现象，会影响塔板效率和生产能力；直径较大的塔设备中，液面落差加大后，液体入口堰处由于液层加厚而阀片不再开启或开启很小，以致有漏液现象，影响板面的利用率；由于浮阀容易卡住或受到磨损而脱落，故必须采用不锈钢阀及塔板，设备费用高。

（二）筛板塔

筛板塔是结构最简单的精馏塔，主要由塔盘、气体出口、回流液入口、降液管、料液入口、气体入口、釜液出口和裙座等组成，如图 8-17 所示。

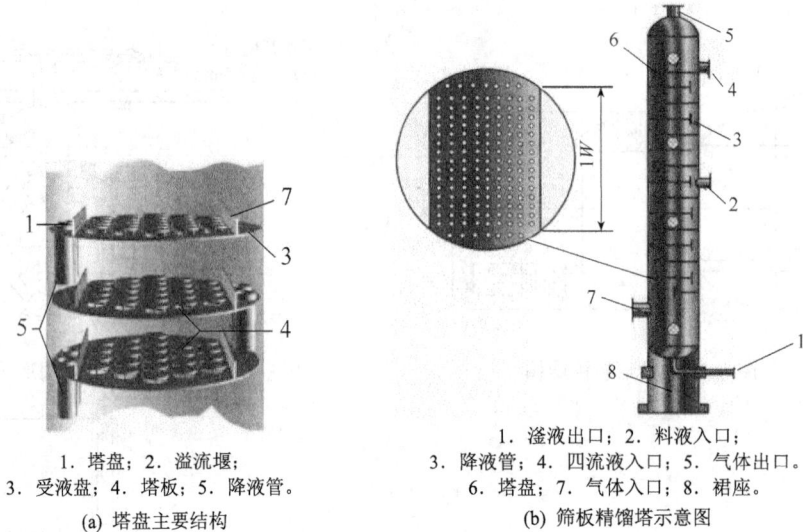

1. 塔盘；2. 溢流堰；
3. 受液盘；4. 塔板；5. 降液管。

(a) 塔盘主要结构

1. 溢液出口；2. 料液入口；
3. 降液管；4. 四流液入口；5. 气体出口。
6. 塔盘；7. 气体入口；8. 裙座。

(b) 筛板精馏塔示意图

图 8-17　筛板精馏塔结构图

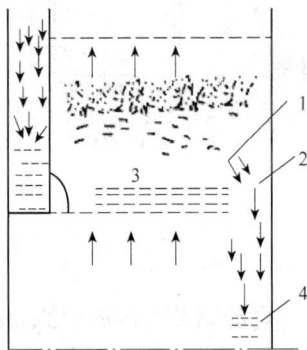

1. 溢流；2. 降液管；3. 泡沫层；4. 清液层。

图 8-18　筛板塔工作示意图

塔板由开有大量均匀小孔（筛孔，孔径 2～6mm）的塔板和溢流管组成。操作时，从下层塔板上升的气流通过筛孔分散成细小流束，与板上液体相接触，并进行传热与传质。筛板塔正常操作的必要条件是，通过筛孔的蒸汽速度和压强须足以克服筛板上液层和压强，保证液体不从筛孔流下而从溢流管流下，如图 8-18 所示，否则，会导致塔板效率下降。

筛孔孔径过大，则气速低，漏液多；气速高，液层会出现晃动、翻腾、激烈的上抛现象。所以筛孔塔板漏液与否，取决于气流通过筛孔的速度。理论上，不论孔径大小、只要选取合适的气速，都能避免漏液。孔径越大，漏液及雾沫夹带越多，所以，大孔筛板的操作范围较窄。空塔流速在 0.8m/s 以上，孔速在 13m/s 左右。

开孔率的影响远较孔径影响大，对孔径为 10mm 的筛板，开孔率越大，气液接触状况越差，漏液量大，塔板效率越低，故开孔率以 5%～6%为宜。对小孔径（26mm）筛板，开孔率不宜超过 10%。

筛板塔的优点：结构简单，易加工；造价低，为泡罩塔的 40%；处理能力大，是相同塔径的泡罩塔的 1.1～1.2 倍；塔板效率高，比泡罩塔高 15%～20%；液面落差小，塔板压力降小。

筛板塔的缺点：操作弹性小；筛孔易堵塞；塔板安装要求高，塔板安装要求非常水平，否则气液接触不均；操作压力不易控制；开、停机操作难度大，特别是停机时，层板上的液体会全部从筛孔下流。

（三）导向筛板塔

在生产实践基础上，对普通筛板塔的设计进行两点改进，研制出导向筛板塔。

导向筛板外形与结构如图 8-19 所示。首先，在液体进口区，将塔板向上凸起，成为鼓泡促进器；其次，在直径较小的塔板上增加百叶窗式导向孔，在直径较大塔板上采用变向导向孔。

改进后的导向筛板具有以下优点：增加有效鼓泡面积；减小液面落差；有利于气体均匀分布；消除塔板边缘区的液体滞留，改进塔板上液体的流动状态。因此，导向筛板可用于精馏塔或排醛塔。

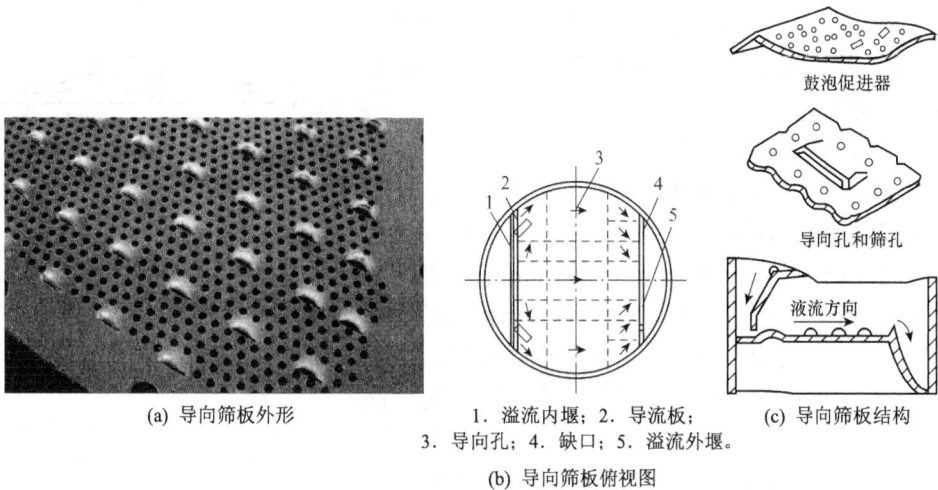

(a) 导向筛板外形

1. 溢流内堰；2. 导流板；
3. 导向孔；4. 缺口；5. 溢流外堰。

(b) 导向筛板俯视图

鼓泡促进器

导向孔和筛孔

液流方向

(c) 导向筛板结构

图 8-19　导向筛板外形与结构

（四）蒸馏附属设备

1. 塔支座

塔支座承受全塔重量，采用混凝土或钢架基座。

2. 换热器

换热器是乙醇蒸馏主要的附属设备，包括成熟醪预热器、乙醇蒸气分凝器和成品预热器。

在预热器中，利用精馏塔排出的乙醇蒸气冷凝时放出的热量将成熟发酵醪加热到 $60\sim70℃$，可节约大量蒸汽和冷却用水。设计预热器时需注意成熟醪腐蚀性强，黏度高，含渣多等问题。

经预热器尚未冷凝的乙醇蒸气进入分凝器，冷凝成液体后回流入塔，分凝器一般为 $2\sim3$ 个。分凝器仍未冷凝的少量乙醇进入冷凝器，冷却后成为工业乙醇。由塔板上提取的成品乙醇经冷却器冷却至室温入库。分凝器和冷却器都是用冷水进行换热。分凝器采用立式列管式换热器，冷却器采用立式列管式换热器或蛇管式换热器。

3. 视镜、手孔、温度及压力调控装置

在每层塔壁上开有手孔和视镜，便于清洗塔板和观察塔内液体沸腾的情况。手孔直径为 $120\sim200mm$。直径较大的塔，在塔底附近塔壁上开设人孔，人孔直径为 $0.45\sim0.5m$，以便检修。

为及时准确掌握塔内操作情况，在塔顶、中、底部均安装温度计插座或温度调节控制装置，塔底装玻管液位计和水柱压力计。

4. 酒糟、废液排出装置

蒸馏塔的塔釜内要保持一定的液位和压力。因此，对粗馏塔内的酒糟和精馏塔内的废液排出要加以控制。乙醇、废液排出装置，有浮鼓式排糟控制器、U形管废液排出控制器等。

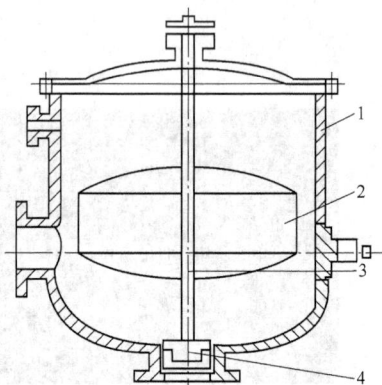

1）浮鼓式排糟控制器

图 8-20 为浮鼓式排糟控制器，由罐体、浮鼓、轴杆及阀门等组成。控制器侧面上端有一接管与塔底气相空间连通，借以平衡压力；侧面下端有一接管与塔底液相空间相通，因而塔底酒糟不断流入控制器内。控制器内有浮鼓，浮鼓与器底锥形阀相连。若酒糟从塔底流入控制器内，浮鼓浮起，启开锥形阀，酒糟即可排出。随着酒糟排出，控制器内液面下降，浮鼓便随之下沉，锥形阀又逐渐关闭。总之，浮鼓随液位高低而升降，自动调节阀门排糟。

1. 罐体；2. 浮鼓；3. 轴杆；4. 阀门。
图 8-20　浮鼓式排糟控制器

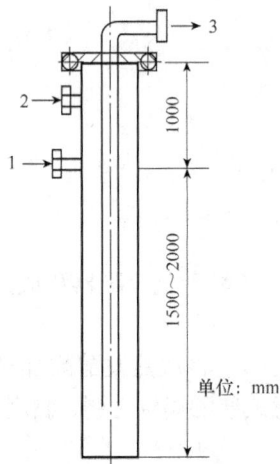

1、3. 废液；2. 通塔底蒸气。
图 8-21　U形管废液排出控制器

2）U形管废液排出控制器

U形管废液排出控制器是自动控制废液排出的简易装置，如图 8-21 所示，利用液柱平衡压力造成液封，借塔釜内的压力将酒糟废液排出。U形管或套管的长度根据塔底压力而定。水封高度应等于或稍小于塔底压力相当的水柱高度，为 1.5～3m。安装时，U形管可朝下，也可朝上，视塔釜地势而定。

5. 杂醇油分离器

乙醇精馏过程中，提取杂醇油是为提高成品乙醇的质量，同时获得副产品杂醇油。杂醇油分离器的主体为带锥底的圆筒。圆筒上端为玻璃筒，用以观察液面，圆筒顶装有检验器，并罩以玻璃罩，如图 8-22 所示。从精馏塔塔板上引出的杂醇油、乙醇蒸气或液体，分别经冷凝或冷却后进入检验器，检验后与冷水混合乳化，沿圆筒中心套管的内管上升，溢流到套外管，下流到圆筒底部，经静置，油水分层，杂醇油浮于液面，定时将杂醇油从排出管分出。洗水从虹吸管自动排出，回入醪池，或加热进入精馏塔提馏段。

6. 碳酸气分离器

醪液中含有溶解的 CO_2，对精馏操作有以下影响：醪液在塔的层板上沸腾时，CO_2

被分离出来，增大塔中上升的蒸气量；恶化分凝器的传热状况；容易引起蒸气带液。所以醪液预热后、进塔前应先经碳酸气分离器，把CO_2和泡沫分离。

常用的碳酸气分离器为旋风分离器，如图8-23所示。醪液以切线方向从分离器中部进入，经分离碳酸气后醪液从底排出，然后进入醪塔，分离出的碳酸气因含少量乙醇，从分离器顶部排出后进入乙醇捕集器。

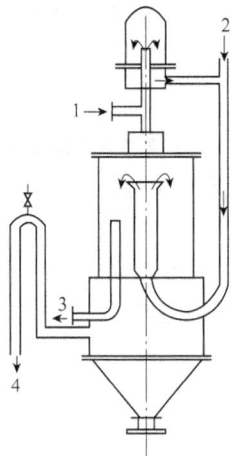

1. 杂醇油乙醇；2. 水；
3. 杂醇油；4. 稀乙醇（回流入塔）。

图8-22　杂醇油分离器

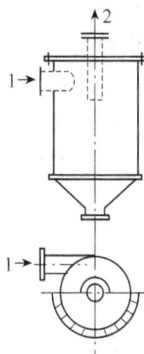

1. 醪液；2. CO_2。

图8-23　旋风分离器

随着科学技术发展，蒸馏塔内温度、压力、流量等测量与控制已采用自动调节和计算机控制。

实践操作

白酒蒸馏实验

【实践目的】

熟练掌握蒸馏的操作要领和使用方法。

【原料与设备】

（1）原料：糯米、酒曲、酵母、食用乙醇、食品添加剂。

（2）设备：蒸煮器、发酵缸、多功能蒸馏器、过滤器、糖度计。设备结构如图8-24所示。

【操作步骤】

1. 加料

拧开煮提罐盖10上各活动卡子，脚踏上升脚踏板47，使煮提罐盖10上升适当高度（20～30mm），然后将罐盖推转到适当位置；将酒醪置入煮提罐8内，密闭锅盖拧紧卡子。

2. 加沸石

为防止液体暴沸，加入7～10粒沸石。如果加热中断，再加热时，须重新加入沸石。

3. 开冷凝水

软管连通进上水管 22，打开一级冷凝器输水阀 27，关闭二级冷凝出水阀 30，让冷却水不断从盘管冷却器 54 经过二级冷凝器 25，由一级冷凝进水管 29 排出。

4. 加热

在加热前，应检查仪器装配是否正确，原料液、沸石是否加好，冷凝水是否通入，一切无误后方可加热。缓缓开启进蒸气阀 5 进行加热，同时拧开一点煮提罐底部的废气阀 2（此阀不再关闭），即可进行常压蒸馏。

5. 收集馏出液

当放料阀 35 开始有乙醇滴出时，控制蒸馏速度以每秒 1～2 滴为宜，用容器接收放料阀的乙醇，每 5min（或 10min）换一个容器，收集馏出液，收集 3～5 组馏出液，分别测定馏出液的乙醇度，同时记录对应的沸点温度范围。

在蒸馏过程中必须遵守掐头去尾、缓火蒸馏、分段提取的原则。截取酒头量一般在 0.5～1kg，流酒温度夏季小于 45℃、冬季小于 35℃。当酒度降至 45% 以下时，开始收酒尾，再入下甑复蒸。

6. 停止蒸馏

先停止加热，后关闭冷却水。

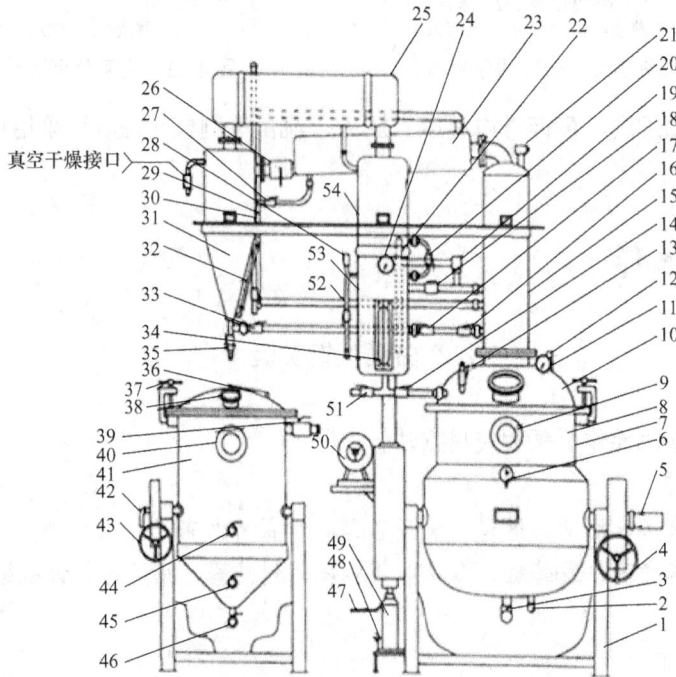

1. 固定架；2. 废气阀；3. 放料阀；4. 翻转手轮；5. 进蒸气阀；6. 点接点压力表；7. 安全阀；8. 煮提罐；9. 视孔镜；10. 煮提罐盖；11. 温度计；12. 温度探头；13. 气液阀；14. 回流阀；15. 热回流阀；16. 除沫器；17. 集液阀；18. 除沫阀；19. 电磁阀；20. 隔离阀；21. 电磁阀；22. 上水管；23. 一级冷凝器；24. 真空表；25. 二级冷凝器；26. 隔离阀；27. 一级冷凝输水阀；28. 尾气放空阀；29. 一级冷凝出水管；30. 二级冷凝出水阀；31. 气液分离器；32. 分离器液位计；33. 回流阀；34. 视镜孔；35. 放料阀；36. 进、出管口；37. 卡子；38. 视镜孔；39. 布液环进液阀；40. 视镜孔；41. 罐体；42. 蒸气进口；43. 翻转手轮；44. 沉淀放液阀；45. 沉淀放料阀；46. 排料阀；47. 上升踏脚板；48. 脚踏锁板；49. 千斤顶；50. 真空泵；51. 放液阀；52. 真空抽气阀；53. 集液罐；54. 盘管冷却器。

图 8-24 设备结构示意图

思考题

（1）简述蒸馏操作的基本原理。

（2）简述乙醇粗馏塔和精馏塔的作用。

（3）简述乙醇粗馏塔和精馏塔的种类及特点。

（4）简述乙醇蒸馏附属设备及作用。

第九章　过滤与膜分离设备

生产过程中，并不是把所有的原料均加工成终产品，而必须去掉不适合加工的部分，或对物料进行浓缩精炼等。从原料到成品的整个加工过程，涉及各种分离操作，包括分级分选、过滤、离心分离、萃取、膜分离等。本章主要介绍过滤与膜分离设备。

一、过　滤　设　备

过滤是利用多孔介质将悬乳液中的固体颗粒截留而使液体自由通过的分离操作，是分离悬浮液最普遍和最有效的操作方式之一。借助过滤操作可获得清净的液体或固相产品，与重力沉降分离相比，过滤操作可使悬浮液的分离更迅速、更彻底。但过滤只适用于悬浮液，而不适用于乳浊液的分离。

在过滤的操作过程中，一般将被过滤处理的悬浮液称为滤浆，滤浆中被截留下来的固体微粒成为滤渣，而集聚在过滤介质上的滤渣层称为滤饼，透过滤饼和过滤介质的液体称为滤液。过滤过程图 9-1 所示。

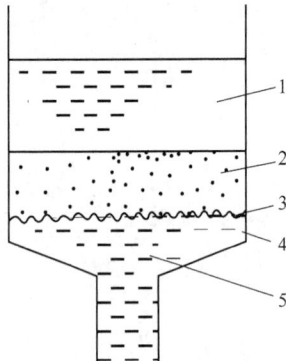

1. 滤浆；2. 滤饼；3. 滤布；4. 支承物；5. 滤液。

图 9-1　过滤操作示意图

（一）过滤的机理

按固体颗粒被截留的情况，过滤操作分为两大类，即滤饼过滤和深层过滤。

1. 滤饼过滤

悬浮液中所含固体颗粒较大，含量较高，过滤过程中，固体颗粒沉降于过滤介质的表面可形成滤饼。颗粒直径小于过滤介质孔径时，开始会有少量颗粒穿过过滤介质使滤液浑浊，但进入过滤介质孔道的颗粒会迅速搭架在孔道中，形成架桥现象，使小于介质孔道直径的颗粒也能被拦截。随着固体颗粒逐渐堆积，过滤介质上形成滤饼，滤饼过滤如图 9-2 所示。此后，滤饼也起过滤介质作用。滤饼过滤适用于处理固体含量较高的悬浮液。

滤饼可分为不可压缩滤饼和可压缩滤饼两种。不可压缩滤饼由不变形的滤渣所组成，如淀粉、砂糖、硅藻土等，其流动阻力不受滤饼两侧压力差的影响，也不受固体颗粒沉积速度的影响。可压缩滤饼则随压力差和沉积速度的增大，滤饼的结构趋于紧密，阻力也增大，如酱油、干酪、豆浆等滤渣。

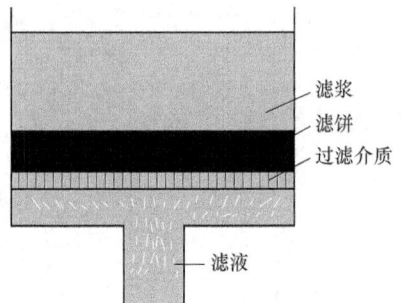

滤浆
滤饼
过滤介质

滤液

图 9-2　滤饼过滤

2. 深层过滤

深层过滤是固体颗粒并不形成滤饼，而是沉积于较厚的粒状过滤介质床层内部的过滤操作。若悬浮液中固体颗粒很小，且含量较低，可用较厚颗粒床层作为过滤介质过滤。由于悬浮液中颗粒尺寸比过滤介质孔道直径小，颗粒随流体进入长而弯曲的孔道时，靠静电及分子间作用力吸附在孔道壁上，过滤介质床层上无滤饼形成，这种过滤称为深层过滤，如图 9-3 所示。深层过滤，适用于生产能力大而悬浮液中颗粒小、含量甚微的场合。

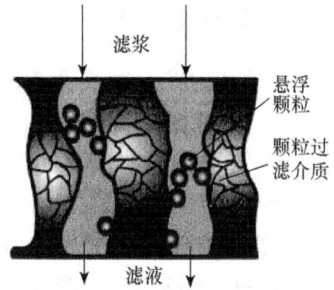

图 9-3 深层过滤

（二）过滤的操作程序

完整的过滤操作一般有以下 4 个工序阶段：过滤阶段、洗涤阶段、干燥阶段、卸料阶段。

1. 过滤阶段：悬浮液在推动力作用下，克服过滤介质的阻力进行固液分离，固体颗粒被截留，逐渐形成滤饼，且不断增厚，因此过滤阻力也随之不断增加，致使过滤速度逐渐降低。当过滤速度降低到一定程度后，必须转入下道工序。

2. 洗涤阶段：停止过滤后，滤饼的毛细孔中包含有许多滤液，必须用清水或其他液体洗涤，以得到纯净的固体颗粒产品或得到尽量多的滤液。

3. 干燥阶段：用压缩空气排挤或真空抽吸，把滤饼毛细管中存留的洗涤液排走，得到含水量较低的滤饼。

4. 卸料阶段：把滤饼从过滤介质上卸下，并将过滤介质洗涤，以备重新进行过滤。

实现过滤过程四个操作工序的方式可以是间歇的，也可以是连续的。其中过滤阶段和卸料阶段是所有过滤操作必有的阶段，而洗涤阶段和干燥阶段是否进行要视具体应用而定。

（三）过滤介质

过滤介质是促使滤饼形成并且是滤饼的支承物。常用的过滤介质主要有：粒状介质，此类介质由各种固体颗粒（如细砂、焦炭、石砾、石棉、硅藻土）或非编织纤维等堆积而成，多用于深床过滤；织物介质（织状介质、滤布）主要是由棉、毛、丝、麻等天然纤维及合成纤维制成的织物，以及由玻璃丝、金属丝等织成的网或布，该类介质可截留颗粒的最小直径为 5~65μm；多孔性固体介质，这类介质是具有很多微细孔道的固体材料，如多孔陶瓷、多孔塑料及多孔金属制成的管或板，能截留 1~3mm 的微细颗粒。

为防止胶状微粒对滤孔的堵塞，有时用助滤剂（如硅藻土、活性炭等）涂布于滤布上，或按一定比例均匀混合于悬浮液之中，一起进入过滤机过滤，形成透性好、压缩性较低的滤饼，使滤液能顺畅流通。

对过滤介质的基本要求是：具有多孔性结构，使滤液容易通过，其孔道的大小应能使悬浮粒子得以截留；化学稳定性高，如耐热性和耐蚀性强等；足够的机械强度和适当的表面特性；无毒，且不易滋生微生物，易于清洗消毒。

（四）过滤设备分类

按过滤推动力过滤设备可分为重力过滤机、加压过滤机、真空过滤机和离心过滤机。

按过滤介质的性质过滤设备可分为粒状介质过滤机、滤布介质过滤机、多孔陶瓷介质过滤机和半透膜介质过滤机等。

按操作方法过滤设备可分为间歇式过滤机和连续式过滤机等。

间歇式过滤机的过滤、洗涤、干燥、卸料四个操作工序在不同时间内，在过滤机同一部分上依次进行。它的结构简单，但生产能力较低，劳动强度较大。间歇式过滤机有重力过滤器、板框压滤机、厢式压滤机、叶滤机等。

连续式过滤机的四个操作工序在同一时间内，在过滤机的不同部位上进行。它的生产能力较高，劳动强度较小，但结构复杂。连续过滤机多采用真空操作，常见的有轻简式真空过滤机、圆盘式真空式过滤机等。圆盘真空过滤机实际上是真空过滤机与压滤机的结合，实现了连续操作，由于驱动力的成倍增加，使过滤效果比真空过滤得以改善，滤饼含水量显著降低，生产效率成倍提高。但是这种过滤设备结构复杂，投资较大。

二、典型的过滤设备

（一）加压过滤机

加压过滤机是在过滤介质或滤饼的一侧施加高于大气压的压力，在另一侧则是常压或略高于常压，由两侧压力差作为过滤推动力而进行过滤的装置。柱塞泵、隔膜泵、螺杆泵、离心泵、压缩气体及来自压力反应器的物料本身都可提供加压的压力。加压过滤机的操作压力一般不低于 0.3MPa，常用的为 0.3～0.5MPa，最高的可达 3.5MPa。

加压过滤机的优点：由于较高的过滤压力，过滤速度较大；结构紧，造价较低；操作性能可靠，适用范围广。加压过滤机的缺点：间歇操作方式，有些形式加压过滤机的劳动强度较大。

常用加压过滤机多为间歇操作，包括板框式压滤机和叶滤机等。

1. 板框式压滤机

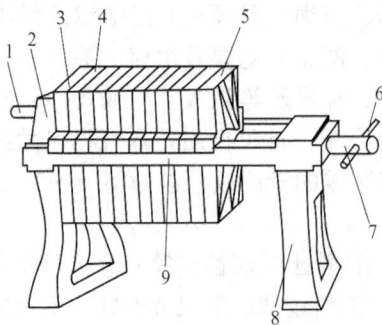

1. 悬浮液入口；2. 左支座；3. 滤板；
4. 滤框；5. 活动端板；6. 手柄；
7. 压紧螺杆；8. 右支座；9. 板框导轨。

图 9-4　板框式压滤机的结构

板框式压滤机的结构如图 9-4 所示，它由机架与板框组成。机架由固定端板、螺旋（或液压）压紧装置及一对平行的导轨组成。在压紧装置的前方有一安放在导轨上可前后移动的活动端板。在固定端板与活动端板之间是相互交替排列、垂直搁置在导轨上的滤板和滤框。滤板和滤框的数目视过滤机的生产能力及滤浆性质而定，一般为 10～60 个。组装时，将滤框和滤板用滤布隔开，交替排列，借助手动、电动或油压机构将其压紧。

滤板和滤框的结构如图 9-5 所示，一般为正方形，角上开有孔，压滤机组装后即形成供滤液、洗涤水或滤浆流动的通道。滤浆从框角上的小孔进入框内空间，滤液穿过滤布，进入板上，滤饼则留在框内。板上有沟槽，滤液沿沟槽流到左下角，从供滤液排出的小孔中排出，排出口处装有旋塞，可现场观察滤液流出情况。如果某板上滤布破裂，则该处排出的滤液必然浑浊。

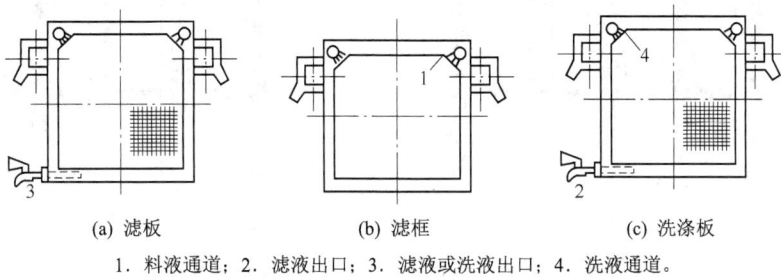

(a) 滤板　　　　　　　　(b) 滤框　　　　　　　(c) 洗涤板

1. 料液通道；2. 滤液出口；3. 滤液或洗液出口；4. 洗涤通道。

图 9-5　滤板和滤框结构示意图

滤板、滤框可沿着导轨移动、开合。当压紧装置的压杆顶着活动端板向前移动时，就将滤板、滤框夹紧在活动端板与固定端板之间形成过滤空间。当压紧装置的压杆拉着活动端板向后移动时就松开滤板、滤框，从而可对滤板、滤框、滤布逐一进行卸渣、清洗。

压滤机的进料有底部进料和顶部进料两种方式。底部进料能够快速排除滤室中的空气，对于一般的固体颗粒能形成厚度均匀的滤饼。顶部进料，可得到最多的滤液和含水量最少的滤饼，适用于含有大量固体颗粒、有堵塞底部进料口趋势的物料。大型的压滤机则采用底部和顶部同时进料的方式。

压滤机的滤液排出有暗流和明流两种方式。暗流方式是当压滤机锁紧后，由滤板、滤框上的排液孔道形成贯通压滤机整个工作长度的滤液密封通道，滤液经滤板上的排液口流向滤液通道，再从固定端板的排液管道流向滤液贮罐。暗流方式用于滤液是易挥发的或要求清洁卫生避免染菌的物料的过滤。明流方式是通过每块滤板的排液口各自直接流到压滤机下部的散口集液槽中（图 9-6）。明流方式可以观察到每块滤板流出的滤液是否澄清；若滤布破损，滤液浑浊，可关闭此滤板的排液阀，而整个过滤过程仍可继续进行。

板框压滤机的操作可分为过滤和洗涤两个流程。明流式板框压滤机的过滤流程如图 9-6（a）所示。滤浆由滤框上方通孔进入滤框空间，固体颗粒被滤布截留，在框内形成滤饼，滤液则穿过滤饼和滤布而流向两侧的滤板，然后沿滤板的沟槽向下流动，经滤板下方的通孔排出。

滤框内充满滤饼时，应停止过滤，进行洗涤。压滤机的滤饼洗涤方式可分为简单方式及穿透方式两种。简单方式的洗涤水走向与原液进料到排液的方向相同，洗涤效果较差。穿透方式的洗涤水每间隔一个滤板通入，从滤框内的滤饼一侧全面穿过至另一侧后，在另一个滤板流出，洗涤效果较好，但滤板、滤框需按顺序配置，不可错位。明流式压滤机的洗涤流程如图 9-6（b）所示。洗涤液由洗涤滤板上方进入，穿过两层滤布和整个滤饼层，从相间的滤板下方流出。洗涤液的透过速度只有过滤终了时过滤速度的 1/4。

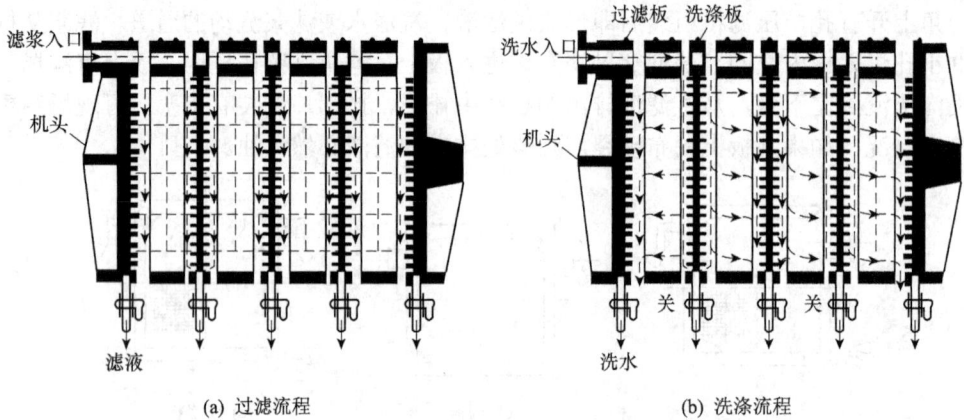

(a) 过滤流程　　　　　　　　　　(b) 洗涤流程

图 9-6　明流式板框压滤机的过滤和洗涤流程

压滤机的板框尺寸为（1000mm×1000mm）～（1550mm×1800mm），滤框的厚度为 302m，操作压力在 0.1～1MPa，通常采用 0.7MPa。

板框压滤机的过滤速度和滤饼的含水量，由物料的性质、滤框的有效厚度和操作压力所决定，必须对具体的物料进行实验而获得可靠的设计选型数据。

该机的特点是：过滤面积大、占地小、构造简单、制造方便、过滤推动力大、对物料适应性好，但装拆劳动强度大、间歇操作、滤布消耗量大。

2. 叶滤机

叶滤机是一种间歇加压过滤设备，主要由耐压的密闭圆筒形罐体及安装在罐体内的多片滤叶组成。滤叶由金属筛网框架或带沟槽的滤板组成，在框架或板上覆盖滤布。滤叶的形状有矩形、圆形等，分固定式和转动式。

叶滤机有许多形式。罐体可以有立式和卧式，滤叶在罐内的安装也可有水平和竖直两种取向。垂直滤叶两面均能形成滤饼，而水平滤叶只能在上表面形成滤饼。在同样条件下，水平滤叶的过滤面积为垂直滤叶的 1/2，但水平滤叶形成的滤饼不易脱落，操作性能比垂直滤叶好。因此，人们通常用滤叶的安置形式来对叶滤机进行分类。图 9-7 和图 9-8 所示分别为垂直滤叶型叶滤机和水平滤叶型叶滤机。

过滤时，将滤叶置于密闭槽中，滤浆处于滤叶外围，借滤叶外部的加压或内部的真空进行过滤，滤液在垂直滤叶型叶滤机内汇集后排出，固体粒子则积于滤布上成为滤饼，厚度通常为 5～35mm。滤饼可利用振动、转动及喷射压力水清除，也可打开罐体，抽出滤叶组件，进行人工清除。

洗涤时，以洗液代替滤浆，洗液的路径与滤液相同，经过的面积也相等。如果洗液黏度与滤液黏度大致相等，压差也不变，则洗涤速度与过滤终了速度相等。此为叶滤机的特点之一。

叶滤机的优点是：灵活性大，使用经济，单位体积生产能力较大，而且单位体积具有很大的过滤面积，有利于取得滤液，洗涤速度较一般压滤机快，而且洗涤效果较好。

（a）外形图　　（b）滤叶剖面图

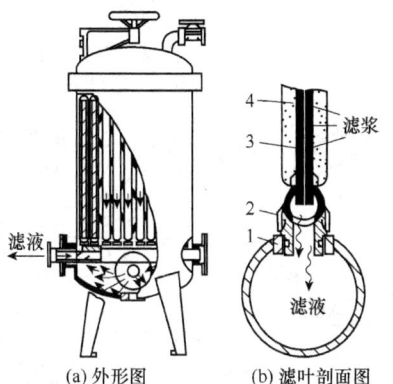

1. 橡胶圈；2. 拨出装置；3. 滤布；4. 滤饼。

图9-7　垂直滤叶型叶滤机

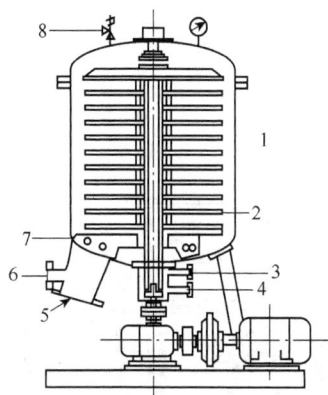

1. 滤叶；2. 回收滤液用滤叶；3. 回收残液出口；
4. 滤液出口；5. 排渣口；6. 原液入口；
7. 除渣刮板；8. 安全阀。

图9-8　水平滤叶型叶滤机

叶滤机的缺点是：构造复杂，成本高，滤饼不如压滤机干燥，会造成滤饼不均匀的现象，使用的压差通常不超过400kPa。

适用范围：适用于滤周期长、滤浆特性恒定的过滤操作。在食品工业中，压叶滤机大多作为硅藻土预涂层过滤机使用。

（二）真空过滤机

真空过滤机是过滤介质的上游为常压，下游为真空，由上下游两侧的压力差形成过滤推动力而进行固液分离的设备。真空过滤机常用的真空度为0.05～0.08MPa，但也有超过0.09MPa的。真空过滤机可有间歇式和连续式两种形式。间歇式过滤机和连续式真空过滤机各有特点，但是连续式真空过滤机的应用更广泛。常见的连续式真空过滤机有转筒式和圆盘式等。

真空过滤机的优点：劳动强度小；能直接观察到过滤情况，以及时发现问题，便于检查；维修费用较低；连续式真空过滤机的工作效率高。

真空过滤机的缺点：不能过滤低沸点滤液的物料，不能过滤会形成可压缩性滤饼的难过滤物料，真空系统需经常维护。连续式真空过滤机在过滤过程中若进料料浆中的固体颗粒浓度和颗粒粒度分布变动大，则过滤的效果差。

1. 转筒式真空过滤机

转筒式真空过滤机如图9-9所示。它的主体为可转动的水平圆筒（截面如图9-10所示，称为转鼓，其直径为0.3～4.5m，长3～6m）。圆筒外表面由多孔板或特殊的排水构件组成，上面覆滤布。圆筒内部被分隔成若干个扇形格室，每个格室有吸管与空心轴内的孔道相通，空心轴内的孔道则沿轴向通往位于轴端并随轴旋转的转动盘上。转动盘与固定盘紧密配合，构成一个特殊的旋转，称为分配头，如图9-11所示。分配头的固定盘上分成若干个弧形空隙，分别与减压管、洗液贮槽及压缩空气管路相通。

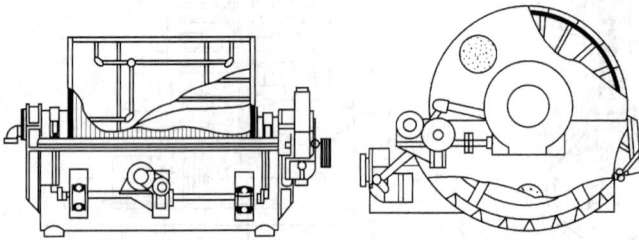

图 9-9 转筒式真空过滤机

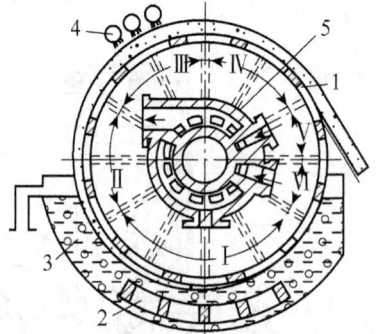

1. 转鼓；2. 搅拌器；
3. 滤浆槽；4. 喷头；5. 分配头。

图 9-10 转筒式真空过滤机的操作
原理图

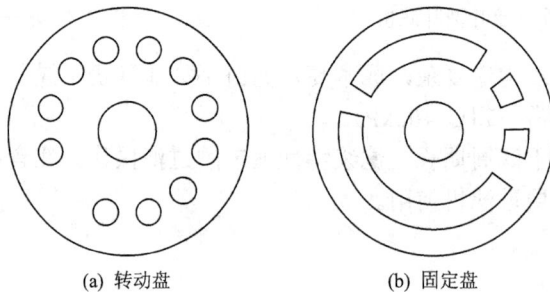

(a) 转动盘   (b) 固定盘

图 9-11 转筒式真空过滤机的分配头

当转鼓工作时，借助分配头的作用，整个转鼓表面可分为 Ⅰ～Ⅵ 6 个区（图 9-10），分别为过滤区、第一脱水区、洗涤区、第二脱水区、卸料区和滤布再生区。六个工作区中，Ⅰ 和 Ⅳ 为真空状态，Ⅴ 和 Ⅵ 为加压状态，如此便可控制过滤洗涤等操作循序进行。

转筒式真空过滤机的优点：可连续生产，机械化程度较高；可以根据料液性质、工艺要求，采用不同材料制造成各种类型，以满足不同的过滤要求；可通过调节转鼓转速来控制滤饼厚度和洗涤效果；滤布损耗要比其他类型过滤机为小。

转筒真空过滤机的缺点：过滤推动力小，它仅利用真空作为推动力。由于管路阻力损失，最大不超过 80kPa，一般为 26.7～66.7kPa，因此，不易抽干，滤饼的最终含水量一般在 20%以上；设备加工制造复杂，主设备及辅助真空设备投资昂贵，消耗于抽真空的电能高，同时过滤面积越大制造越加困难。目前国内生产的最大过滤面积约为 50m^2，一般为 5～40m^2。

适用范围：对于悬浮液中颗粒粒度中等、黏度不太大的物料。

2. 圆盘式真空过滤机

图 9-12 所示为圆盘式真空过滤机简图。它是由一组安装在水平转轴上并随轴旋转的转盘所构成。圆盘式真空过滤机及其转盘的结构和

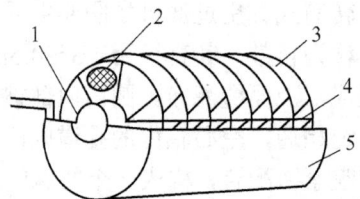

1. 分配头；2. 金属丝网；3. 转盘；4. 刮刀；5. 料槽。

图 9-12 圆盘式真空过滤机

操作原理与转筒真空过滤机相类似。盘的每个扇形格各有其出口管道通向中心轴,当若干个盘联结在一起时,一个转盘的扇形格的出口与其他同相位角转盘相应的出口形成连续通道,这些连续通道也与轴端旋转阀(分配头)相连。每一转盘即相当于一个转鼓,操作循环也受旋转阀的控制。每一转盘各有其滤饼卸料装置,但卸料较为困难。

圆盘式真空过滤机优点:具有非常大的过滤面积,可达 85m²,其单位过滤面积占地少、滤布更换方便、消耗少、能耗也较低。

圆盘式真空过滤机缺点:滤饼的洗涤不良,洗涤水与悬浮液易在滤槽中相混。

三、膜分离设备

(一)概述

膜分离是以半透膜为分离介质的分离单元操作,其分离的推动力是膜两侧的压力差或电位差。膜分离通常在常温下进行,因此特别适用于热敏性物料的分离。膜分离的对象可以是液体,也可以是气体。食品工业中应用较多的是液体物料的分离。

膜可以有条件选择性地让某些溶质组分通过,使溶液中不同溶质组分得到分离。根据膜分离方法可分为渗透、反渗透、超滤、透析、电渗析、微孔过滤、液膜技术、气体渗透和渗透蒸发等,如表 9-1 所示。其中较常见的有超滤法、反渗透法、电渗析法和微孔过滤。

表 9-1 膜分离主要方法

膜分离方法	推动力	分离相态	透过物
渗透	浓度差	液-液	溶剂
反渗透	压力差	液-液	溶剂
超滤	压力差	液-液	溶剂
透析	浓度差	液-液	溶质
电渗析	电场	液-液	溶质/离子
微孔过滤	压力差	液-液	溶剂
液膜技术	浓度差/化学反应	液-液	溶质/离子
气体渗透	压力差	气-气	气体分子
渗透蒸发	浓度差	液-气	液体组分

根据分离驱动力,膜分离操作可以分为压力驱动式和电位驱动式(即电渗析)。虽然两者同属膜分离,但分离原理上有本质的区别。因此,膜分离设备通常也分成压力式膜分离设备和电渗析膜分离设备两大类。

(二)压力式膜分离设备

1. 基本概念

1)膜分离原理

压力式膜分离基本原理如图 9-13 所示,这是一类特殊形式筛分式分离操作,其分离介质是各

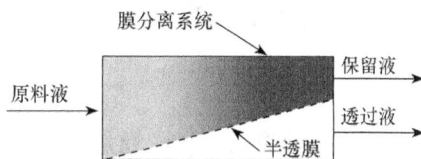

图 9-13 压力式膜分离基本原理

种半透性膜。膜分离操作与一般分离操作不同，一般不希望在半透膜上形成滤饼，而希望利用膜的截留作用，在压力作用下将原料液分为透过液和保留液（也称为浓缩液）两部分。对于不能透过膜的保留溶质（分子）来说，它在保留液中浓度较原料液得到了提高，也即得到了浓缩；而对于透过液来说，膜分离使透过液脱除了被膜截留的物质。

保留液与透过液间存在的溶液渗透压差是膜分离操作的主要阻力之一。所谓溶液渗透压，简单地说，是指溶液中溶质微粒对水的吸引力。通常溶液渗透压与溶液的摩尔浓度成正比。也就是说，相同质量浓度下，溶质的分子量越小，其渗透压越大。为了将原料液中的溶质（不能通过膜的大分子或粒子）与透过液分开，需要在半透膜保留液一侧加压，克服保留溶质渗透压对透过液的吸引力，使其透过分离膜。保留液的溶质越小，需要施加的压力越大。

2）膜的类型

压力式膜分离所用的半透性膜按所用的材料可分为有机膜和无机膜两类。有机膜的材料非常广泛，典型的有纤维素衍生物类、聚醚砜类、聚酰胺类、聚酰亚胺类等。这类材料制成的膜，目前约占膜市场的 85%。有机膜具有单位膜面积制造成本低廉、膜组件装填密度大等优势，缺点是不耐热，机械强度低，并易受某些溶液条件（如 pH）的影响，另外，也易受微生物污染的影响。膜分离用的无机膜多为陶瓷膜，陶瓷膜具有耐高温、耐化学腐蚀、机械强度高、抗微生物能力强、渗透量大、恢复性能好、孔径分布窄和使用寿命长等优点，但陶瓷膜的造价较高、脆性大，部分过程装置运行能耗相对较高。

无论是有机膜还是无机膜，均具有多孔性结构。通常将压力式膜分离所用的膜，根据膜孔的大小，依次分为微滤膜（MF）、超滤膜（UF）、纳滤膜（NF）和反渗透膜（RO）4 种类型。这 4 种类型的膜对于各种物质的保留和透过能力如图 9-14 所示。实际应用可按待分离液体中溶质的分子或粒度大小及应用目的加以选择。例如，可用微滤膜去除溶液中的微生物，可用反渗透膜脱除水中的无机盐，可用超滤膜结合纳滤膜分离得到小分子有机物组分（如低聚糖），可用超滤膜对蛋白质进行浓缩等。

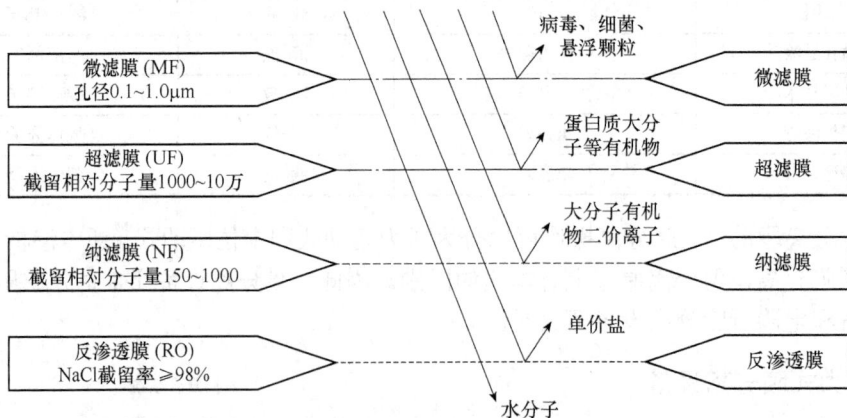

图 9-14　压力式膜分离的 4 种类型

3）膜分离的透过液通量

膜分离操作的一个关键指标是透过液通量，它指的是单位时间透过单位膜面积的透过液量。从实用角度来说，在保证实现正常分离要求前提下，透过液通量越大越好。透过液通量不是膜材料固有特性，它与多种因素有关，其中影响最大的因素有操作压力、操作时间、操作方式等。一般来说，透过液通量与操作压力呈正相关性，即压力越大，透过液通量也越大。正常情形下，各种膜分离操作的透过液通量均会随操作时间延长而下降，主要原因有膜孔为溶质堵塞和浓度极化影响等。因此，各种膜分离操作，经过一段时间操作之后，通常需要进行清洗，以恢复正常的透过液通量和分离效率。

4）浓差极化

浓差极化是指分离过程中，料液中的溶液在压力驱动下透过膜，溶质（离子或不同分子量的溶质）被截留，在膜与主体溶液界面或临近膜界面区域浓度越来越高；在浓度梯度下，溶质又会由膜面向主体溶液扩散，形成边界层，使流体阻力与局部渗透压增加，从而导致透过液通量下降。浓差极化在膜分离过程中是不可避免的，但可设法加以缓和。错流操作方式是缓和膜分离过程浓差极化的有效手段。

5）死端过滤和错流过滤

压力式膜分离有两种操作方式，即死端过滤和错流过滤。死端过滤也称为全量过滤［图 9-15（a）］。这种过滤方式犹如普通过滤，保留液相对于膜表面水平方向是静止的，溶剂和小于膜孔的溶质在压力驱动下透过膜，大于膜孔的颗粒被截留住，并积聚于靠近膜面区，随着透过液和过滤时间的增加，膜面上堆积的颗粒也在增加，过滤阻力增大，透过液通量下降。因此，死端过滤只能小规模间歇生产，适用于原料液中截留物浓度较低（<0.1%）的场合。

错流过滤是指原料液在泵的推动下平行流过膜表面，部分可透过物（溶剂和可透性溶质）透过滤膜成为透过液，其余随保留液一起离开膜分离单元［图 9-15（b）］。错流过滤时料液在膜表面的切向流动，对膜表面有一定的冲刷作用，因而减轻了杂质在膜表面的积累，防止透过液流道被堵死，使污染层保持在较薄的水平。错流过滤适用于原料流中保留物浓度超过 0.5% 的场合。食品行业的压力式膜分离多采用错流过滤操作方式。

2. 膜组件

膜组件是膜分离设备的关键部件。根据膜分离原理，为了克服浓差极化及提高膜分离操作效率，所有工业化膜分离设备通常采用错流方式进行分离操作。采用错流操作的膜组件均有 3 个液流接口，即原料液入口、保留液（浓缩液）出口和透过液出口。组装系统时，将这些膜组件的液流接口与系统的相应管路接通。一个膜组件可单独与系统流程其他部件配合成完整的膜分离设备。膜分离设备的生产能力与膜的面积成正比，为了满足生产能力，往往将若干相同膜组件以并联或串联形式组合成膜分离装置。

常用膜组件形式有平板式、管式、毛细管式、中空纤维式和螺旋卷式等。膜组件的形式决定了压力式膜分离装置的运行、清洗和维护等方面的性能。

1）平板式膜组件

平板式膜组件也称板框式膜组件，是一种原理上类似于板框式压滤机或叶滤机形式的膜组件。平板式膜组件由膜和起隔离、支承及导液作用的间隔器（如多孔材料）交替叠装而成一定构形。由于存在压力差，进料液流经由两膜之间形成的流路时，小分子透过两边的膜，进入膜外侧的透过液流路。由膜与间隔器材料构成的单元模块可重复叠在一起，装在由紧固件夹紧、带进出口液流接管的容器或机架上构成可独立操作的膜组件。

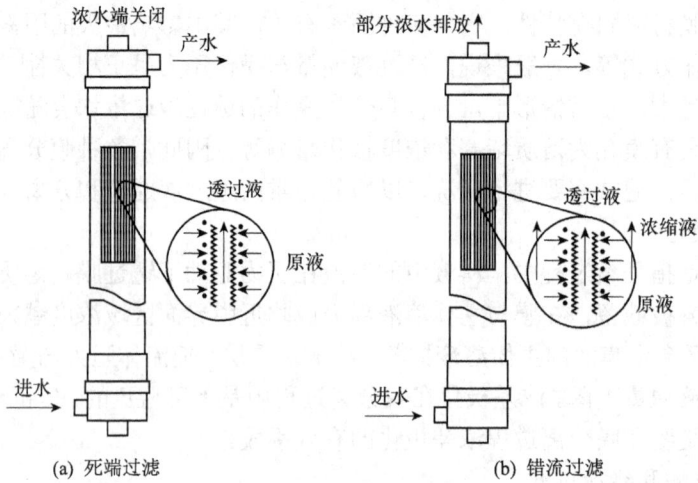

(a) 死端过滤　　　　　　　　(b) 错流过滤

图 9-15　死端过滤和错流过滤

　　平板式的特点是制造、组装简单，膜的更换、清洗、维护容易，在同一设备中可按要求改变膜面积。当处理量大时，可以增加膜的层数，因原液流道截面积较大，原液虽含一些杂质，也不易堵塞流道，压力损失较小，原液流速可达 1~5m/s，适应性较强，预处理要求较低。图 9-16 为 DDS 公司的平板式膜组件结构。

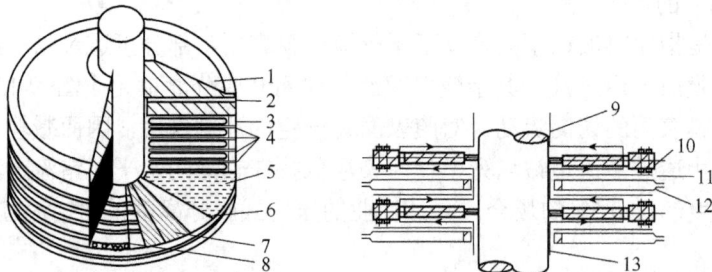

1. 盖板；2、13. 料液；3、8、10. 隔板；4. 滤过液；5、11. 膜；
6. 滤纸；7. 膜支承板；9. 浓缩液；12. 膜支承板＋滤过液出口。

图 9-16　DDS 公司的平板式膜组件结构

　　2）管式膜组件

　　常用的管式膜组件是由管状膜和支撑体构成。膜牢固地黏附在支撑管的内壁或外壁，管的直径为 12~14mm。它由多段过滤管组成。外管为多孔金属管或玻璃纤维增强塑料管，中间为多层合成纤维布过滤层，内层为管状超滤或反渗透膜。原液在压力作用下在管内流动，产品液由管内透过管膜向外迁移。管式膜组件结构如图 9-17 所示。

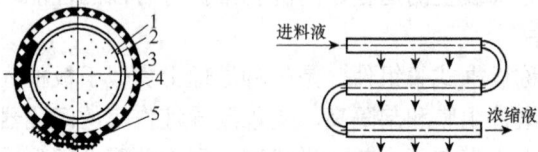

1. 原料液；2. 膜管；3. 多层合成纤维布；4. 多孔管；5. 透过液。

(a) 剖面结构　　　　　　　　(b) 组合设备

图 9-17　管式膜组件结构

　　管式膜组件的特点是管子较粗，可调的流速范围大，所以浓差极化较易控制；因进料液的流道较大，所以不易堵塞，可处理含悬浮固体、较高黏度的物料，且压强损失小；易安装、易清洗（膜面的清洗可用化学方法，也可用机械法清洗如用泡沫海绵球之类的器具）、易拆换；但单位体积所容纳的膜面积较小。

　　3）毛细管式膜组件

　　毛细管式膜组件由许多直径为0.5～1.5mm的毛细管组成，其结构如图9-18所示。进料液从每根毛细管的中心通过，透过液从毛细管壁渗出。毛细管由纺丝法制得，无支撑部件。

　　毛细管式膜组件的纤维平行排列，两端均与一块端板黏合。与管式膜组件相比，毛细管式膜组件拥有高填

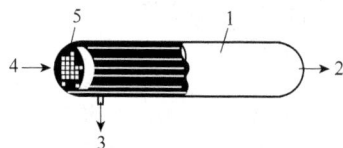

1. 外壳；2. 浓缩液；3. 过滤液
4. 料液；5. 毛细管。

图9-18　毛细管式膜组件结构

充密度，但由于多数情况下是层流，物质交换性能较差。这种组件由于长度与内径的比值很大，故局部溶剂及溶质的流动速度差别也很大。

　　4）中空纤维式膜组件

　　中空纤维膜组件一般由环氧树脂固定的中空纤维束、O形圈及耐压壳体等构成，组件外形类似于管式膜组件，结构如图9-19所示。这种膜组件分内压式和外压式两种，内压式的高压侧在中空纤维管内，进

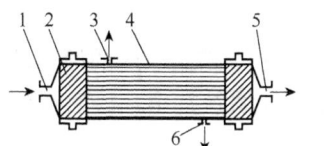

1. 浆料进口；2. 固定端；3、6. 滤液出口；
4. 中空纤维；5. 浓缩液出口。

图9-19　中空纤维式膜组件结构

料液从一固定端面进入，截留液（浓缩液）从另一端流出；透过液从中空纤维侧面流出；外压式的高压侧位于中空纤维管外，进料液从膜组件壳侧面的一端进入，截留液从另一端侧管流出；透过液则从膜组件的固定端流出。

　　这种膜组件的特点是：中空纤维膜耐压，不易损坏，但一旦损坏便无法修复；因纤维膜无须支承材料，所以单位体积具有极高的膜面积；由于纤维的长径比极大，所以流动阻力极大，透过膜的压强损失也大；膜面污垢的去除较困难，且只能采用化学清洗，因此对进料液的预处理要求严格。中空纤维膜组件多用于反渗透操作。

　　5）螺旋卷式膜组件

　　螺旋卷式组件所用膜为平面膜，粘成密封的长袋形，隔网装在膜袋外，膜袋口与中心集水管密封。膜袋数目称为叶数，叶数越多，密封的要求越高。隔网为丙烯格网，厚度在0.7～1.1mm，其作用为提供原液流动通道，促进料液形成湍流，工作原理如图9-20所示。膜的支撑材料用聚丙烯酸类树脂或三聚氰胺树脂，其作用是使纤维不外露，衬料定形，方便刮膜，减少淡水流动时的阻力。支撑材料应具有化学稳定性及耐压等特性，厚度一般为0.3mm。最后将组件装入圆筒形的耐压容器中。将多个卷式组件装于一个壳体内，然后将中心管相互连通，

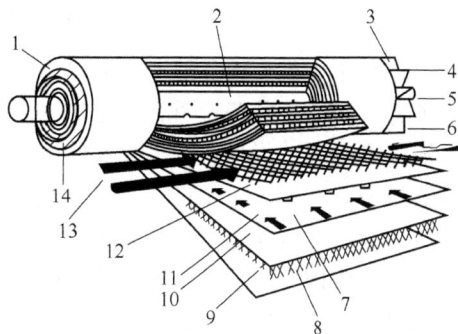

1、14. 进料；2. 透过液收集孔；3. 防套筒伸缩装置；
4、6. 浓缩液；5. 透过液出口；7. 透过液流动；
8. 外套；9. 料液流道隔离件；10、12. 膜；
11. 透过液收集材料；13. 料液穿过流道隔离件流动。

图9-20　螺旋卷式膜组件工作原理

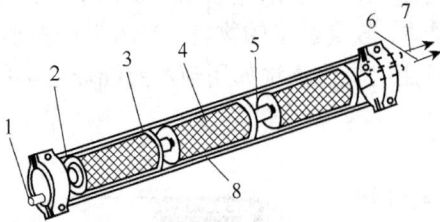

1. 料液；2. 端盖；3. 密封；4. 卷式膜组件；
5. 联结器；6. 透过液；7. 浓缩液；8. 耐压容器。

图 9-21　螺旋卷式膜组件结构

便组成螺旋卷式反渗透器，结构如图 9-21 所示。用于反渗透时，由于压力高，压力损失的影响较小，可多装组件。用于超滤时，连接的组件一般不超过三个。

螺旋卷式膜组件的优点是：单位体积膜面积大，结构紧凑，但膜面流速一般为 0.1m/s 左右，浓差极化不易控制；另外，由于流道狭，易堵塞，不易清洗。因此，对原料液的预过滤处理也十分重要。

3. 膜分离流程

膜分离操作流程可以分为间歇式和连续式 2 类。

1）间歇式流程

典型间歇式膜分离流程如图 9-22 所示。这种流程中，一定量初始浓度的原料液，经膜分离系统得到的浓缩液不断回流到进料液，透过液则不断从系统排出，最后得到的是浓缩到一定程度的浓缩液。

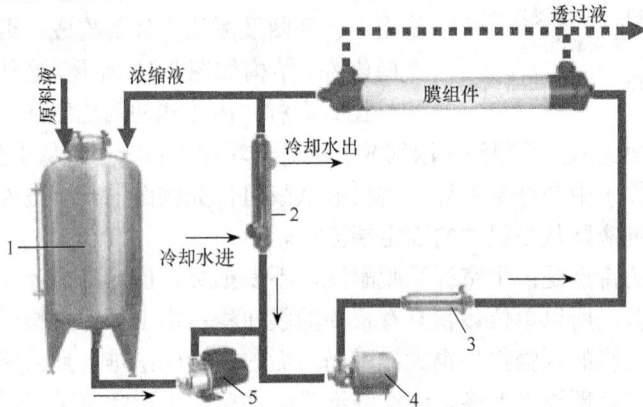

1. 产品罐；2. 冷却器；3. 过滤器；4. 循环泵；5. 增压泵。

图 9-22　典型间歇式膜分离流程

流程中由循环泵和膜组件构成的循环圈，是为了使保留液在经过膜面时有足够的切向流速。保留液从膜组件出来后，分为两股流，一股循环回到循环泵，另一股作为出料回流到产品罐。增压泵起两重作用，一是为循环提供进料，二是为循环圈提供膜分离所需的压力。

流程中的过滤器对膜组件起保护作用，防止原料液中（膜表面结垢脱落）的硬粒对膜表面造成破坏。值得一提的是，对于反渗透或纳滤操作，过滤器往往装在增加泵之前，所需过滤压力再用另一台泵提供。

循环中的冷却器用于对循环引起的升温料液进行降温，以确保循环料液温度在所用膜材料允许的温度范围之内。间歇式流程适用于实验和小规模生产。

2）连续式流程

典型连续式膜分离流程如图 9-23 所示。其中，RO 和 NF 模式、UF 模式所代表的膜组件的材料为有机膜；MF 模式所代表的膜组件材料为陶瓷膜。反渗透和纳滤所用的膜孔径小，因此需要的膜分离压力较高，如图 9-23（a）所示流程中的增压泵，为一台多级离心泵，具体可根据反渗透或纳滤所需的压力选用。此外，此流程中的过滤器应设在循环圈之外。

图 9-23（b）所示的超滤（UF）连续膜分离流程，与图 9-22 所示的流程基本类似，只是出料不再回到产品罐。超滤所用的膜分离压力较低，所以增压泵用了一台多级卫生泵。

图 9-23（c）所示的微滤（MF）连续膜分离流程中的两台膜组件串联，并且保留液侧和透过液侧均有一个循环圈，这可使整个膜组件液流循环方向的膜两侧压差保持相等，从而可以使膜分离通量优化。由于陶瓷膜耐热，材料强度也较有机膜的大，因此，流程不再需要设过滤器和冷却器。此外，此流程的增压泵只是一台单级离心泵。

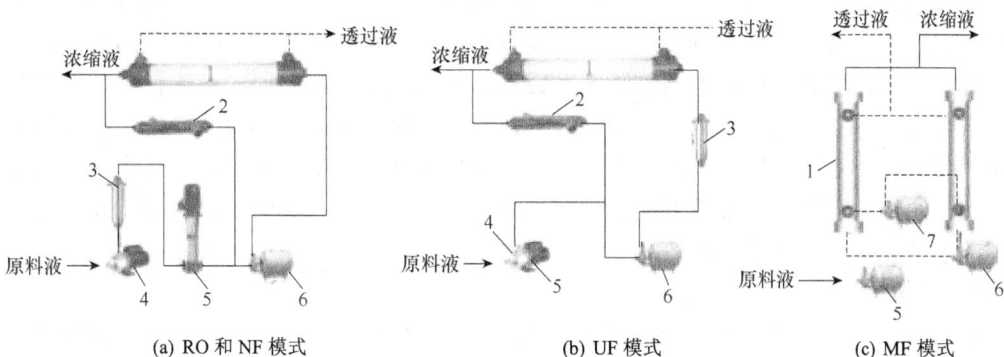

(a) RO 和 NF 模式　　　　　　(b) UF 模式　　　　　　(c) MF 模式

1. 膜组件；2. 冷却器；3. 过滤器；4. 过滤器增压泵；5. 膜循环圈增压泵；6. 保留液循环泵；7. 透过液循环泵。

图 9-23　典型连续式膜分离流程

4. 膜分离设备系统配置

为了使膜分离过程正常进行，实际生产的膜分离装置系统除了上述流程图中所示的关键部件以外，还须有其他辅助装置配合，主要包括：膜清洗辅助装置、计量仪表、切换阀门及控制系统等。一般膜分离供应商根据客户提出的要求，会设计并提供相应的膜分离装置，其中，提供的膜组件整体集成在机架上，并配上相应辅助器件布置成模块化机组。这种机组与外界相应的（用于贮存原料液、产品、清洗液等）罐器相连即可。当然，这种集成模块不是膜分离供应商的定型标配产品，而是要根据客户工艺条件设计组合而成的。因此，以下从使用者角度，讨论膜分离系统配置时的一些需要注意的环节。

1）膜组件

工艺研究时，在实验室进行膜分离试验，能取得的实用信息通常只是合适的分离膜材料和膜的孔径大小。订购膜分离设备前，用户应考虑制备适量的待处理液，用膜分离设备供应商的试验装置进行试验，以确定合适的膜组件形式，并根据试验结果（例如透过液的膜通量），确定所需的膜面积（膜组件单元数量）。

2）泵

膜分离设备厂商标准配置的泵，可能并非完全符合食品卫生要求。例如，有些多级离心泵，虽然材料也是不锈钢的，但不一定是卫生型泵，不方便拆洗。此时，可以考虑采用多台（压头较低的）多级卫生离心泵串联，以替代一台（压头较高的）多级离心泵。另外，也要考虑料液黏度变化对泵的影响。进料泵和循环泵通常均用卫生离心泵，有些料液黏度较高，并且对剪切较敏感，则可考虑采用正位移泵。例如，酸化乳超滤时可用正位移泵作进料泵和循环泵。

3）罐器配置

无论是采用间歇还是连续方式，通常要与适当的罐器配合，才能正常运行。通常涉及的罐器包括原料液缓冲罐、浓缩液缓冲罐和透过液缓冲罐，以及膜分离装置的清洗液贮存罐等。

膜分离流程往往包括不同膜孔类型（包括 RO、NF、UF 和 MF）的分离操作，有时相同类型膜分离还会包括不同分子量组分的分离要求，如可能会有不同截留分子量的超滤膜出现在同一系统中。这种多类型、多规格的膜分离系统的罐器，往往采用前后段兼容的方式配置。例如，微滤的透过液缓冲罐可作为后续超滤段的原料液罐使用，而超滤段的浓缩液缓冲罐，又可作为后续纳滤段的原料液的缓冲罐用。如此，既可省罐器的数量，又简化了系统操作控制的环节。但这种前后段兼用罐器的配置，需要用统一的系统控制。通常每套膜分离装置要配独立的清洗液罐，即清洗液罐的数量与整个膜分离流程中的膜分离集成模块数量相等。

4）冷却器

如前所述，压力式膜分离采用的错流过滤方式，即装置运行时始终有一定量料液在循环，这种料液的循环，会引起料温升高。因此，必须在循环圈中配置适当的冷却器。冷却器实际上是一种热交换器，所用的冷却介质，可以是外部提供的冷却水，也可考虑部分或全部采用系统内的较低温度的料液，从而实现能耗利用的优化。

（三）电渗析膜分离设备

电渗析是借助于电场和离子交换膜对含电解质成分的溶液进行分离的操作。电渗析技术最早在 20 世纪 50 年代用于苦咸水淡化，60 年代应用于浓缩海水制盐，70 年代以来，电渗析技术已发展成为大规模的化工单元操作。它广泛应用于苦咸水脱盐，在某些地区已成为饮用水的主要生产方法。随着性能更为优良的新型离子交换膜的出现，电渗析在食品、医药和化工领域都有广阔的应用前景。

1. 电渗析原理

通常所称的电渗析是指使用具有选择透过性能的离子交换膜，在直流电场作用下，溶液中的离子有选择地透过离子交换膜所进行的定向迁移过程，基本原理如图 9-24 所示。离子交换膜是由高分子物质构成的薄膜，可以理解为薄膜状的离子交换树脂。离子交换膜按解离离子的电荷性质，可分成阳离子交换膜（简称"阳膜"）和阴离子交换膜（简称"阴

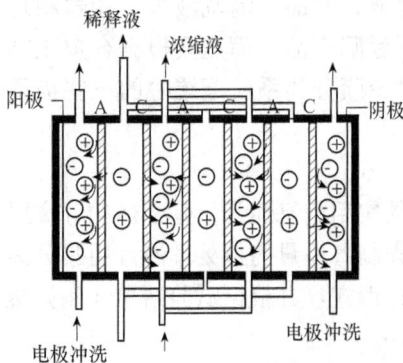

A. 阴离子交换膜；C. 阳离子交换膜。

图 9-24 电渗析基本原理图

膜"）两种。在电解质溶液中，阳膜允许阳离子透过而排斥阻挡阴离子，阴膜允许阴离子透过而排斥阻挡阳离子，这就是离子交换膜的选择透过性。

在电渗析操作单元中，在阳电极和阴电极之间，阳膜和阴膜交替排列，在相邻的阳膜和阴膜之间形成隔室。通直流电之后，水溶液中离子定向迁移。溶液中阴离子可以在小隔室穿过阴膜，向阴极移动；阳离子穿过阳膜，向阳极移动。这样，在相邻的两个隔室里分别进行浓缩和稀释，分别冲洗电极就可避免产生气体。如果膜是致密的，电中性物质仍然留在原来小隔室的溶液里。

2. 电渗析器的结构

电渗析器设备由电渗析器本体及辅助设备 2 部分组成。电渗析器本体有板框式和螺旋卷式 2 种。图 9-25 为板框型电渗析器的结构，它主要由离子交换膜、隔板、电极和夹紧装置等组成，整体结构与板式热交换器相类似，主要是使一列阳、阴离子交换膜固定于电极之间，保证被处理的液流能绝对隔开。电渗析器两端为端框，每框固定有电极和用以引入或排出浓液、淡液、电极冲洗液的孔道。一般端框较厚、较紧固，便于加压夹紧。电极内表面呈凹陷状，当与交换膜贴紧时即形成电极冲洗室。隔板的边缘有垫片，当交换膜与隔板夹紧时即形成溶液隔室。通常将隔板、交换膜、垫片及端框上的孔对准装配后即形成不同溶液的供料孔道，每一隔板设有溶液沟道用以连接供液孔道与液室。

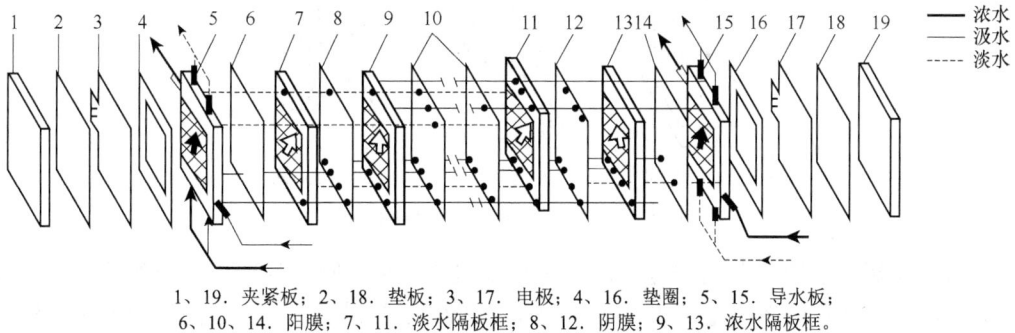

1、19. 夹紧板；2、18. 垫板；3、17. 电极；4、16. 垫圈；5、15. 导水板；
6、10、14. 阳膜；7、11. 淡水隔板框；8、12. 阴膜；9、13. 浓水隔板框。

图 9-25　板框型电渗析器的结构

1）离子交换膜

作为电渗析器的心脏部件，离子交换膜是一种由具有离子交换性能的高分子材料制成的薄膜。它对阳、阴离子具有选择透过性。按其选择透过性可分为阳离子交换膜、阴离子交换膜和特殊离子交换膜 3 大类。阳离子交换膜含有酸性活性基团，可解离出阳离子，使膜呈负电性，选择性透过阳离子；阴离子交换膜含有碱性活性基团，可解离出阴离子，使膜呈正电性，选择性透过阴离子。

离子交换膜使用前需经充分浸泡后剪裁并打孔。电渗析停止运行时，必须充满溶液以防离子交换膜变质变形。

2）隔板

隔板为电渗析器的支撑骨架与水流通道形成的构件，是不可缺少的组成部分。隔板材料应具有化学稳定性，价格便宜，目前一般采用硬聚氯乙烯或聚丙烯塑料板；水在隔中间流槽内流动时要能形成良好的湍流，即有较大的雷诺数，以提高电渗析效率。隔板设计应有利于提高与溶液直接接触的膜面积，以增加每板单位时间的处理量。隔板的排列总块数根据设计液量决定，设计液量越大，排列总块数就越多。因两极间的电压降与隔板总数成正比，所以在输出电压一定的情况下，排列的隔板总数不能无限地增多。隔板内流槽的流程总长度对电渗析的产品质量影响极大，一般来说，流程长度越长，产品质量就越好。

隔板按水流形式可分回流式隔板与直流式隔板两种（图9-26）。前者又称长流程隔板，液体流速大、湍流程度好、脱盐效率高，但流体阻力大。后者又称短流程隔板，特点是液体流速较小，阻力也小。

根据隔板在膜堆中的使用部位，可分为浓室隔板与淡室隔板。它们的结构相似，但进出水孔位置不同（图9-27）。这样可保证浓水室只与浓水管相通，淡水室只与淡水管相通，并控制浓淡水流的流向。根据需要，两室水流方向可采用并流、逆流或错流等形式。

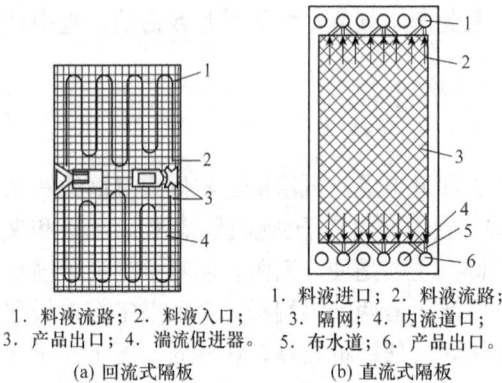

1. 料液流路；2. 料液入口；
3. 产品出口；4. 湍流促进器。
(a) 回流式隔板

1. 料液进口；2. 料液流路；
3. 隔网；4. 内流道口；
5. 布水道；6. 产品出口。
(b) 直流式隔板

图9-26 回流式隔板与直流式隔板

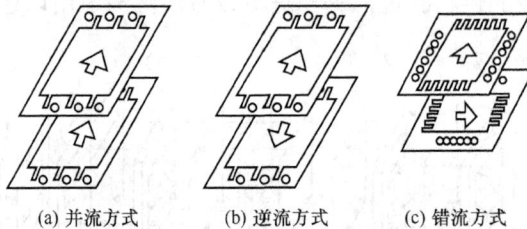

(a) 并流方式　　　(b) 逆流方式　　　(c) 错流方式

图9-27 液体孔道位置及流动方向

当浓淡两室水流方向为并流时，膜两侧压强较平衡，膜不易变形。但随着脱盐过程的进行，浓淡两室的浓度差增大，这对防止浓差极化不利。当水流方向为逆流时，膜两侧压力不平衡，易产生膜变形，不利于水流的均匀分布。但从防止浓差扩散的角度分析，对脱盐有利。错流在避免浓、淡水内部渗漏方面较前并流、送流有利。

3）电极

电极是电渗析器的重要组成部分，其质量好坏直接影响到电渗析的效果。电极材料的选用原则是：导电性能好，机械强度高，不易破裂，对所处理的溶液具有化学稳定性，特别要防止电极反应产物对电极的腐蚀。

目前常用的电极材料有：①经石蜡浸渍或在糠醛树脂中浸泡过的石墨、铅和铅银合金，可作阴极或阳极。②不锈钢，只能用作阴极。③钛、钒、铂、氯化银等。

电极极框的作用是使极水单独成为一个系统，不断将极室内生成的电极反应产物与沉淀物冲出。对极框的要求是水流畅通，支撑性好。

4）夹紧装置

夹紧装置由型钢、铁夹板、螺杆和螺母等组成，整个电渗析器组装后要求密封不漏水。

辅助设备：有直流电源、水泵、流量计、压力表、电流表、电压表、电导仪、pH计及其他分析仪器等。

3. 电渗析的应用

电析渗两极间离子交换膜按照一定顺利重复安排，可以实现各种处理效果。以下分别介绍脱盐、果汁脱酸和调整产品无机盐组成的电渗析应用。

1）脱盐

利用电渗析对原料进行脱盐处理的流程如图 9-28 所示。图中从左到右由膜与电极（板）共相隔成 7 个通道（室），依次为阳极室、由三对阴阳离子交换膜构成的 3 个脱盐室和 2 个浓液室，最右一个是阴极室。整个系统有三股循环进出液流：原料-产品液、承接产品盐分的浓液和极室液。图 9-28 所示各室料液在自下而上流动过程中，其中的电解质在直流电场作用下，发生向左和或向右的迁移，从而使各室液流的电解质含量发生变化。

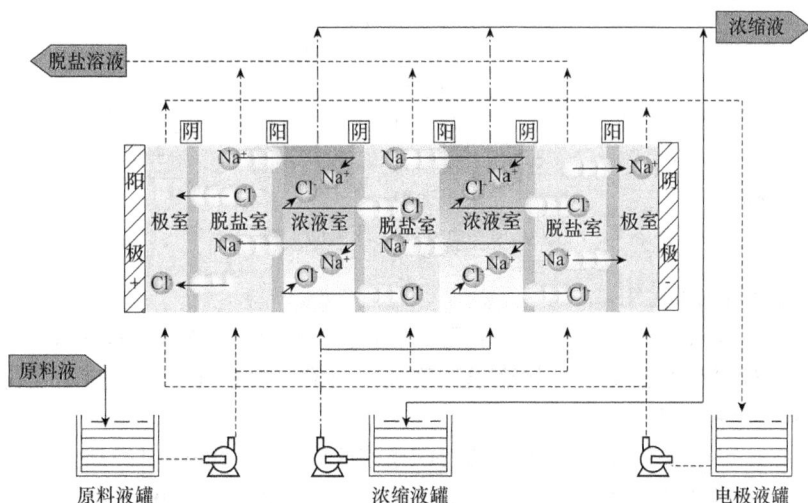

图 9-28 电渗析脱盐流程

实际上，图 9-28 中的氯离子和钠离子可以代表产品所含的阴和阳两类离子。这种电渗析脱盐流程在食品工业中的典型应用，除咸水脱盐以外，还可用于其他产品的脱盐处理，如糖液、蛋白水解液和乳清脱盐等。值得一提的是，这种系统由于最早用于脱除水中的盐分，习惯上，将原料液、浓液和电极液分别称为原水、浓水和极水。

2）果汁脱酸

传统上，对某些（多因采摘时间先后造成的）柑橘果汁中过量柠檬酸进行调整有两种做法：一是将高酸度和低酸度果汁进行掺和；二是对高酸度果汁加碱中和。但前者会因高、低酸度原料比例和产量不稳定，以及贮藏困难而受到一定程度制约，后者会因柠檬酸盐的存在而影响产品口味。

电渗析法提供了一种使果汁降低柠檬酸、提高其甜酸比的适当方法。其原理如图 9-29 所示。电极间全部采用阴离子膜。每一单元由三张阴离子膜构成左侧的中和室和右侧的产品室。由于全为阴离子交换膜，因此，所有阳离子均不能左右迁移，而阴离子则可朝正极迁移。因此，该系统的总效果是，柠檬酸根离子从果汁进入氢氧化钾溶液、氢氧根离子进入果汁，而阳离子彼此间无传递作用。其净效果是果汁中的多余的柠檬酸被水所置换。

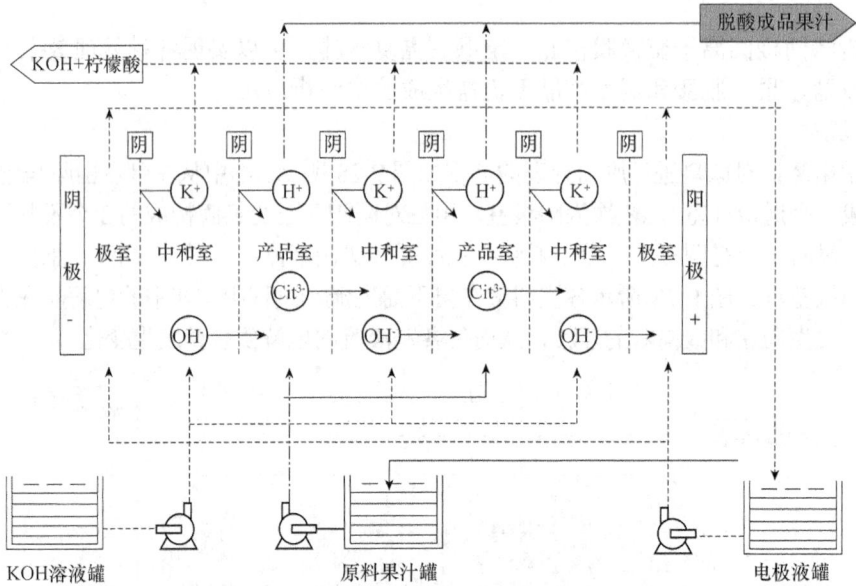

图 9-29　电渗析果汁脱酸原理

3）调整产品无机盐组成

一些食品原料液（如牛奶）本身含有多种无机盐离子（如钾、钠、钙、镁等）。出于配方要求，有时要对所含的无机盐离子比例进行调整。为达到上述目的，可利用图 9-30 所示的电渗析系统实现。

该系统所含的循环单元包括 3 个单室：由两张阳膜夹成的原料产品室（以 P 表示）、由一阳一阴膜夹成的补充液室（以 M 表示）和由一阴一阳膜夹成的废液室（以 W 表示）。操作时，原料产品室中的阳离子（如 Na^+、K^+、Ca^{2+}、Mg^{2+} 和 H^+ 等）均可穿过左侧阳离子交换膜进入废液室 W（最左侧为极室），但在此受 W 室左侧的阴离子交换膜阻碍而被留在废液中。同时，补充液室 M 中的阳离子，可按不同需求有计划地穿过左侧的阳离子交换膜，以补充 P 室内所迁移出的阳离子，使得产品中总电解质浓度不变。补充液室中的阴离子（如 Cl 或其他酸根离子）会在电场作用下，穿过右侧的阴离子交换膜进入废液室，并同样受右侧的阳离子交换阻碍而也留在废液中。进入废液室的阴阳离子均因无法再朝电场方向迁移而随循环的废液排出室外。

要对产品中阳离子进行有意义的调整，除以上电渗析离子交换膜及循环液种类安排特点以外，还需要掌握产品所含阳离子的种类，以及它们的迁移率。一般，各离子的迁移量与其在溶液中的浓度成正比。相同浓度下，各离子的迁移率是不同的。例如，牛奶含有钾、钠、钙和镁，其固有迁移率之比为 1.5∶1.0∶0.50∶0.50。为了调整牛奶中的电解质比例，且又保持其电解质总量不变，补充液必须含有上述阳离子成分。但它们在补充液中的比例则可根据需求而进行调整。例如，如补充液只含钾钠离子，则净效果使牛奶脱钙镁；如补充液只含钙离子，则可使牛奶加钙脱镁；还可制成净脱镁、脱钠和脱钾的牛奶。这种任意置换阳离子组成的电渗技术有时也称为电置换法。

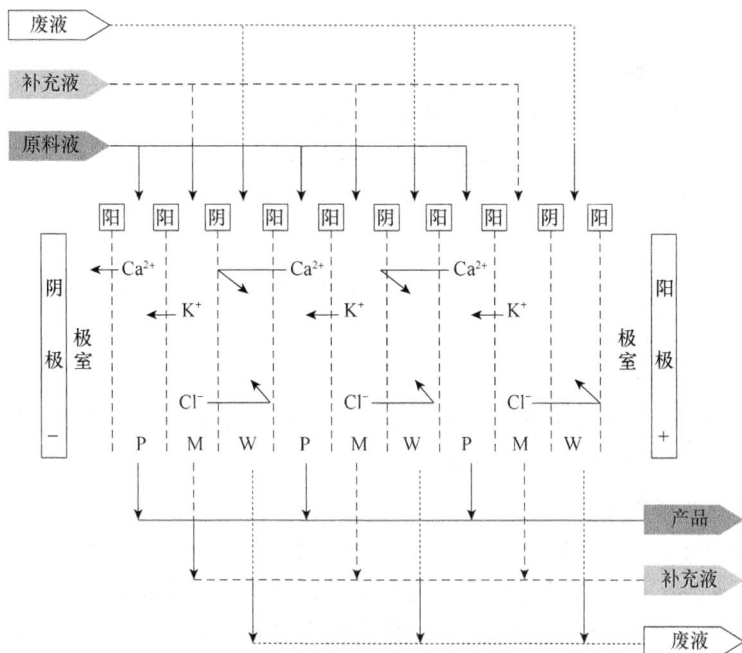

P. 原料产品室；M. 补充液室；W. 废液室。

图 9-30　电渗析调整无机盐原理

实践操作

板框式压滤机的操作

【实践目的】

（1）熟悉板框式压滤机的基本结构和过滤原理。

（2）能够进行板框式压滤机的操作。

【原料与设备】

（1）原料：啤酒发酵液、硅藻土。

（2）设备：板框式压滤机。

【操作步骤】

1. 板框式压滤机组装

（1）先将止推板、尾架、拉杆等部件组装成为一体，调至水平，并安装好各支座。

（2）分别安装液压装置及夹紧板，接通各液压油路，并使液压装置处于松开状态。

（3）安装前后端板及所有滤板、滤框，并装好各密封圈、垫。

（4）安装纸板，先将纸板用清水浸湿，然后按纸板的折痕折叠，正面（较光滑面）朝里，最后从止推板端依次装挂在滤板上，并以压紧力压紧滤板。

（5）将添加装置安装于靠近过滤系统进出口处的地面上，并接通所有管道。

2．运行

（1）运行前的准备工作

① 过滤前先检查过滤系统及各管道是否完好。

② 滤板、滤框排列次序和纸板的挂法是否正确。

③ 起动过滤机输液泵，打开进出水阀，输入冷清水，清洗过滤机，然后输入 85～90℃热水，杀菌 20～30min。

④ 杀菌后输入冷清水，将热水顶出至过滤机冷却为止，同时将过滤机上部四个视镜上的排气阀打开，排尽空气。

（2）预涂

该硅藻土板框压滤机可分两次预涂，第一次预涂用粗土，水土比为 8∶1（物料不同参数也不一样），用量在 0.5～0.65kg/m²。

具体方法与步骤如下：

① 第一次预涂：根据过滤面积，计算出硅藻土（粗）用量，按水土比例向搅拌筒加入足够的预涂用水，然后起动搅拌器加入硅藻土，待混合液搅拌均匀后，起动输液泵，打开进出口阀和大循环，5～10min，保持机内压力稳定在 0.2MPa 左右，压差 0.05MPa，使硅藻土在机内基本形成预涂层（从视镜中可判别），接着转换大、小循环阀，小开、大关，同步进行，开始小循环（机内循环）。

② 第二次预涂：利用以上小循环时间，向搅拌筒内加入足够的细土，进行搅拌，等混合液搅拌均匀后，又开始转换大、小循环阀，大开、小关，即转向大循环，5～10min以后，再转为小循环（方法同上），至视镜全部出现清液，预涂即为结束，可转入过滤，过滤前可借用二次小循环时间，做好硅藻土添加的配比工作（按实际情况配制），一般硅藻土的粗细比为 1∶1，水土比为 10∶1，以便待用。

（3）过滤

同步打开进酒阀和排水阀，关闭小循环阀，开始过滤，并不断从滤机出口的取样阀处抽样检验，直至抽样合格（浊度值 0.4～0.6EBC），便立即打开酒阀，关闭排水阀，转为正常过滤。

（4）硅藻土添加

随着过滤一开始，就马上起动计量泵，并根据实际流量，调整好添加量，一般为 1～1.2kg/t 啤酒（其他液体添加量稍有不同）。

3．停机

当滤机达到规定的工作压力时，即应停机。停机前，先停止加土，再关闭进液阀，开启进水阀，向机内输入清水，以便将酒顶出。当水达到滤机出口视镜时（可通过取样检验），便随即打开排水阀，关闭清洗阀，最后全部停机。

4．清洗

打开滤机所有排水阀，放掉余液，松开滤板，用清水冲洗滤框及纸板上的硅藻土，如配用搅龙则将清洗下的残渣用搅龙输送到指定的地方。再压紧滤板，向机内逆向输满清水，边输边放一段时间（10～15min），接着逆向输入 50～55℃温水 15～20min，再输入 85~90℃热水进行循环杀菌约 30min，最后用冷清水将热水顶出，直至全部冷却，关闭所有阀门。与此同时，并做好搅拌筒及工作场地的清洗工作，完整地结束全部滤酒过程。

思考题

（1）简述过滤的原理及工序。

（2）简述主要过滤设备的结构、功能及特点。

（3）简述膜分离设备的结构及特点。

（4）膜分离的方法有哪些？

第十章 干燥设备

干燥在食品工业中有着很重要的地位。干燥可以起到减小食品体积和重量,从而降低贮运成本、提高食品保藏稳定性,以及改善和提高食品风味和食用方便性等作用。由于原料种类和各种干制成品要求方面存在的差异,食品干燥设备种类繁多。

一、概　　述

1. 干燥的定义

凡是使物料(溶液、悬浮液及浆液)所含水分由物料向气相转移,从而变物料为固体制品的操作,统称干燥。根据这一定义,干燥的含义显然与过滤、压榨及浓缩均有区别。

2. 干燥的过程

干燥是借助水分蒸发或升华排除物料中水分的一种操作过程。当物料受热干燥时,相继发生以下两个过程:热量从周围环境传递到物料表面使其表面水分蒸发,称为表面汽化;同时物料内部水分传递到物料表面,称为内部扩散。物料干燥时水分先通过内部扩散到达物料表面,然后通过表面汽化被周围环境带走,从而除去物料中部分水分。干燥过程中,水分的内部扩放和表面汽化是同时进行的,在不同阶段,其速度不同,而整个干燥过程是由两个过程中较慢的一个阶段控制的。

3. 干燥方法

按热量传递的方式,干燥方法分为传导干燥、对流干燥、辐射干燥、介电干燥和冷冻干燥。

(1)传导干燥:热能以热传导方式通过金属壁面传给固体湿物料,热效率较高,达70%～80%,有利于节能。

(2)对流干燥:利用热空气、烟道气等作为干燥介质,将热量以对流传热方式传递给固体湿物料,并将汽化水分带走的干燥方法,热效率为30%～70%。

(3)辐射干燥:热能以电磁波形式由辐射器发射,湿物料吸收后转化为热能,使物料中水分汽化。干燥效率高,生产强度大,产品均匀洁净,干燥时间短。特别适合于以表面蒸发为主的膜状物质,热效率约为30%。

(4)介电干燥:湿物料置于高频交变电磁场中,湿物料中水分子频繁变换极性取向产生热量。接近300MHz的,称为高频加热;300～3000Hz的,称为微波加热。介电干燥加热时间短,属内部加热,加热均匀性较好。热效率在50%以上。

(5)冷冻干燥:将湿物料或溶液在低温下冷结为固态,水分被冻结成冰,然后在高真空下供给热量,冷冻干燥是将水分直接由固态升华为气态的脱水干燥过程。

上述干燥方法中，后三种干燥形式用得较少，称为特殊干燥形式。

按操作压力干燥方法可分为常压干燥和减压干燥。减压干燥适合处理热敏性、易氧化或要求产品含水量很低的物料。

按照操作方式干燥方法可分连续式干燥和间歇式干燥。

4. 干燥的特点

（1）多数生物产品对热的稳定性较差，如蛋白酶在 45～50℃就开始失活。因此生物产品干燥一般在较低温度下进行，如冷冻干燥，减压干燥。

（2）生物产品的干燥时间不能太长，否则容易变质失活。因此，很多生物产品使用气流和喷雾干燥等方式进行。

（3）生物产品要求十分纯净，尤其是生物制药产品，要求不能混入任何异物。因此，生物产品干燥很多在密封环境中进行。很多生物产品在无菌室内干燥，与产品接触的干燥介质，如热空气，要严格过滤。

（4）很多生物产品在干燥时容易结团，干燥时需要采取措施，如常翻动。

（5）生物产品很多较贵重，需要尽量减少干燥过程中物料损失。

总之，生物产品的干燥具有特殊性，应根据实际物料的性质、产品要求、生产规模大小及是否经济合理等方面综合考虑，选择最佳的干燥工艺和设备。

二、对流型干燥设备

（一）隧道式干燥机

隧道式干燥机也叫洞道式干燥机。这种干燥机有一段长度为 20～40m 的洞道，如图 10-1 所示。湿物料在料盘中散布成均匀料层。料盘堆放在小车上，料盘与料盘之间留有间隙供热风通过。隧道式干燥机的进料和卸料为半连续式，即当一车湿料从洞道的一端进入时，从另一端同时卸出另一车干料。洞道中的轨道通常带有 1/200 的斜度，可以由人工或绞车等机械装置来操纵小车的移动。洞道的门只有在进、卸料时才开启，其余时间都是密闭的。空气由风机推动流经预热器，然后依次在各小车的料盘之间掠过，同时伴随轻微的穿流现象。空气的流速为 2.5～6.0m/s，不小于 1.0m/s。隧道式干燥机在食品工业上多用于大批量果蔬产品，如蘑菇、葱头、叶菜等的干燥。

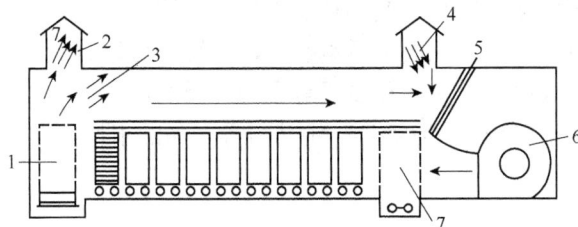

1. 湿料车侧向入口；2. 废气排口；3. 循环气流风门；4. 新鲜空气入口；
5. 空气加热器；6. 风机；7. 干料车侧向出口。

图 10-1　隧道式干燥机

隧道式干燥机通常按热风沿纵向的流动方式分为并流、逆流和混流三种。混流综合了并流、逆流的优点，在整个干燥周期的不同阶段可以更灵活地控制干燥条件。通常将隧道分成两段，第一段为并流，干燥速度大，对应于物料的第一干燥阶段；第二阶段为逆流，可满足物料的最终干燥要求，对应于物料的第二干燥阶段。因为第二阶段的干燥时间较长，一般隧道的第二段也比第一段长。热风除了沿纵向流动外，也有横向水平流过物料表面的，图 10-2 所示即为横流隧道式干燥机的示意图。干燥机的每一段由活动隔板分隔，在料车进出时，隔板打开，而在干燥时则将隧道切断成为纵向通路，靠换向装置构成总体上曲折的气流通道。加热器设在马蹄形的换向处，可以独立控制该段气流的温度。

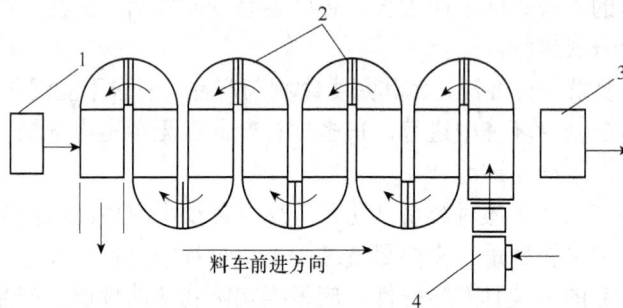

1. 湿料车； 2. 换向装置； 3. 干料车； 4. 风机。

图 10-2　横流隧道式干燥机

这种干燥机的优点：具有非常灵活的控制条件，可使食品处于几乎所要求的温度-湿度-速度条件的气流之下，因此特别适用于实验工作；料车每前进一步，气液的方向就转换一次，制品的含水量更均匀。

这种干燥机的缺点：结构复杂，密封要求高，需要特殊的装置；压力损失大，能量消耗多。

（二）带式干燥机

带式干燥机是一种将物料置于输送网带上，在随带运动通过隧道过程中与热风接触而干燥的设备。带式干燥机由干燥室、输送带、风机、加热器、提升机和卸料机等组成。沿输送带方向，可分成若干相对独立的单元段，每个单元段包括循环风机、加热装置、单独或公用的新鲜空气抽入系统和尾气排出系统。每段内干燥介质的温度、相对湿度和循环量等操作参数可以独立控制，使物料的干燥过程达到最优化。

输送带为不锈钢丝网或多孔板不锈钢链带，其转速可调。

带式干燥机可分成单层、多层和多段等不同的类型。

带式干燥机适用于谷物、脱水蔬菜、中药材等产品的干燥，适用的物料形状有片状、条状、颗粒、棒状、滤饼类等。

1. 单层带式干燥机

单层带式干燥机可以分为单段式和多段式。

如图 10-3 所示为一种单层单段式网带式干燥机结构。全机分成两个干燥区和一个冷却区。每个干燥区段由空气加热器、循环风机、热风分布器及隔离板等组成加热风循环。第一干燥区的空气自下而上经加热器穿过物料层,第二干燥区的空气自上而下经加热器穿过物料层。最后一个是冷却区,没有空气加热器。

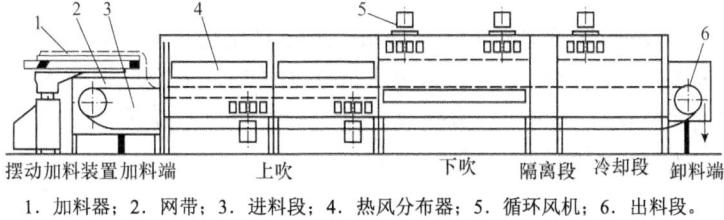

1. 加料器;2. 网带;3. 进料段;4. 热风分布器;5. 循环风机;6. 出料段。

图 10-3 单层单段式网带式干燥机结构图

物料在干燥器内均匀运动前移的网带上,气流经加热器加热,由循环风机进入热风分配器,成喷射状吹向网带上的物料,与物料接触,进行传热传质。大部分气体循环,一部分温度低,含水量较大的气体作为废气由排湿风机排出。

单层单段式网带式干燥机的优点是:网带透气性能好,热空气易与物料接触,停留时间可任意调节。物料无剧烈运动,不易破碎。每个单元可利用循环回路控制蒸发的强度。若采用红外加热,可一起干燥、杀菌,一机多用。

缺点:占地面积大,如果物料干燥的时间较长,则从设备的单位占地面积生产能力上看不很经济,另外设备的进出料口密封不严,易产生漏气现象。

为了克服单段带式干燥机受干燥时间等限制,可以将网带式干燥机设计成多段式。所谓多段式带式干燥机,即是用多条循环输送带串联组成物料输送系统的带式干燥机。多段带式干燥机也称复合型带式干燥机。

如图 10-4 所示为一种两段式带式干燥机。整个干燥机分成两个干燥区和一个吹风冷却区,第一干燥区又分成前、后两个温,物料经第一、二区干燥后,从第一输送带的末端自动落入第二个输送带的首端,其间物料受到拨料器的作用而翻动,然后通过冷却区,最后由终端卸出产品。

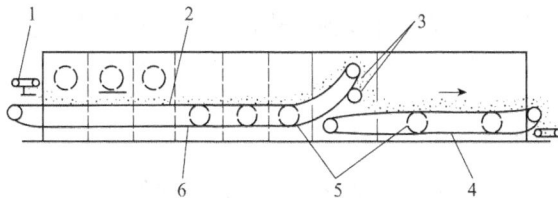

1. 布料器;2. 料床;3. 卸料辊和轧碎辊;4. 第二段环带;5. 风机;6. 第一段环带。

图 10-4 两段式带式干燥机结构图

该类干燥机的优点是:物料在带间转移时得以松动、翻转,物料的蒸发面积增大,改善了透气性和干燥均匀性;不同输送带的速度可独立控制,且多个干燥区的热风流量及温湿度均可单独控制,便于优化物料的干燥工艺。它的主要缺点也是占地面积较大。

2. 多层带式干燥机

多层带式干燥机的基本构成部件与单层式的类似。它的输送带为多层,上下相叠架设在上下相通的干燥室内。输送带层数可达15层，但以3～5层最为常用。层间有隔板控制干燥介质定向流动，使物料干燥均匀。各输送带的速度独立可调，一般最后一层或几层的速度较低而料层较厚，这样可使大部分干燥介质与不同干燥阶段的物料得到合理的接触分配，从而提高总的干燥速度。

如图10-5所示为一种三层网带式干燥机。工作时湿物料从进料口进至输送带上，随输送带运动至末端，通过翻板落至下一输送带移动送料，依次自上而下，最后由卸料口排出。外界空气经风机和加热器形成热风，通过分层进风柜调节风量送入干燥室，使物料干燥。排出的废气可对物料进行预热。

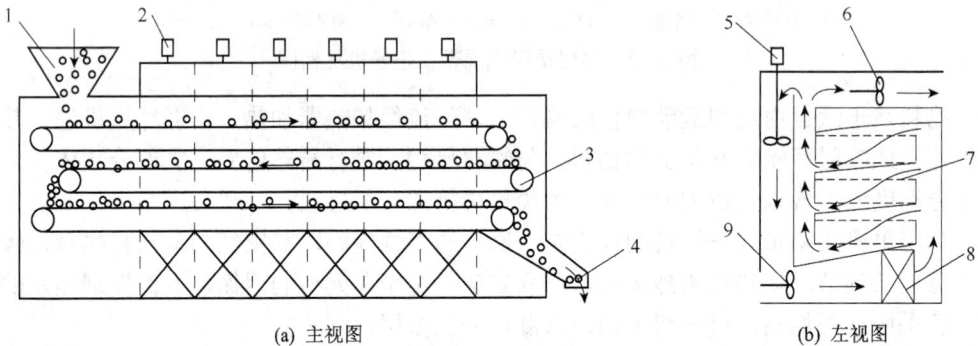

(a) 主视图　　　　　　　　　　　(b) 左视图

1. 进料口；2、5. 循环风机；3. 导向轮；4. 出料口；6. 排风机；7. 输送带；8. 加热器；9. 进风机。

图10-5　三层网带式干燥机结构图

多层带式干燥机结构简单，常用于干燥速度低、干燥时间长的场合，广泛用于谷物类的干燥，由于操作中多次翻料，因此不适于黏性物料及易碎物料的干燥。

（三）气流干燥机

气流干燥机是利用高速热气流，在输送湿粉粒状或块粒状物料的过程中，对其进行干燥。气流干燥机适用于在潮湿状态仍能在气体中自由流动的颗粒物料的干燥，如面粉、谷物、葡萄糖、食盐、味精、离子交换树脂、水杨酸、切成粒状或小块状的马铃薯、肉丁及各种粒状食品等。气流干燥机有多种形式，主要有直管式、多级式、套管式、旋风式、环管式等。

1. 直管式气流干燥机

直管式气流干燥机主要由空气过滤器、风机、预热器、加料器、干燥管、旋风分离器等组成，如图10-6所示。被干燥物料经预热器加热后送入干燥管的底部，然后被从加热器送来的热空气吹起，气体与固体物料在流动过程中因剧烈的相对运动而充分接触，进行传热和传质，以达到干燥的目的。干燥后的产品由干燥机顶部送出，废气由旋风分离器回收其中夹带的粉末后，经排风机排入大气。

直管式气流干燥机主要有以下优点。

（1）干燥强度大。由于物料在热风中呈悬浮状态，能最大限度地与热空气接触，且由于气速较高（20～40m/s），空气涡流的高速搅动，使气-固边界层的气膜不断受冲刷，减小了传热和传质的阻力，容积传热系数可达 200～700W/（$m^3 \cdot K$），这比转筒干燥机大 20～30 倍。

（2）干燥时间短。对于大多数的物料只需 0.5～2s，最长不超过 5s，因为是并流操作，所以特别适宜于热敏性物料的干燥。

（3）占地面积小。由于具有很大的容积传热系数，所以所需的干燥机体积可大为减小，即能实现小设备大生产的目标。

（4）热效率高。由于干燥机散热面积小，所以热损失小，最多不超过 5%，因而干燥非结合水时热效率可达 60%左右，干燥结合水时可达 20%左右。

（5）无专用的输送装置。活动部件少，结构简单，易建造，易维修，成本低。

（6）操作连续稳定。可以一次性完成干燥、粉碎、输送、包装等工序，整个过程可在密闭条件下进行，减少物料飞扬，防止杂质污染，既改善了产品质量又提高了回收率。

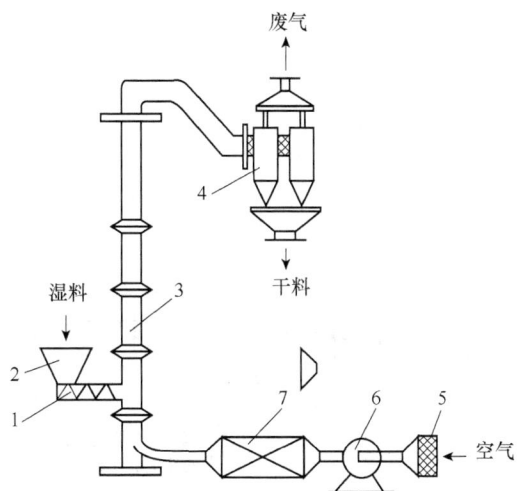

1. 螺旋加料器；2. 料斗；3. 干燥管；4. 旋风分离器；
5. 空气过滤器；6. 风机；7. 预热器。

图 10-6　直管式气流干燥机

（7）适用性广。可应用于各种粉状物料，粒径最大可达 100m，含水量可达 10%～40%。

直管式气流干燥机缺点：全部产品由气流带出，因而分离器的负荷大；气速较高，对物料颗粒有一定的磨损，所以不适用于对品形有一定要求的物料，也不适宜用于需要在临界含水量以下干燥的物料及对管壁黏附性强的物料；由于气速大，全系统阻力大，因而动力消耗大；干燥管较长，一般在 10m 以上。

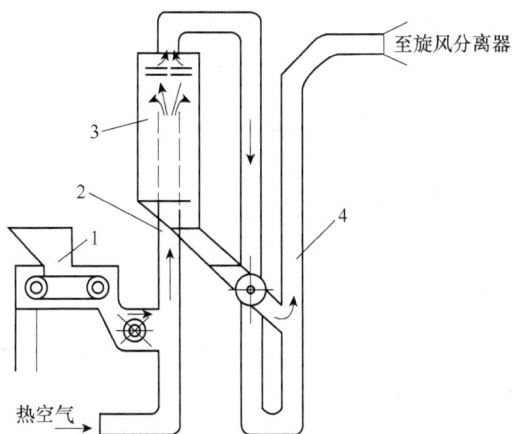

1. 加热器；2. 第一级干燥段；
3. 分离固体的扩展室；4. 第二级干燥段。

图 10-7　两级气流干燥机

2. 多级式气流干燥机

为了降低干燥管的高度，可以采用多级式气流干燥机，第一段的扩张部分可以起到对物料颗粒的分级作用。小颗粒物料随气流移动，大颗粒物料则由旁路通过星形加料器，再进入第二段，以免沉积在底部转弯处将管道堵塞。图 10-7 所示为两级气流干燥机。

3. 套管式气流干燥机

套管式气流干燥机的结构如图 10-8 所示。气流干燥管由内管和外管组的扩展室组成，物料和气流同时由内管的下部进入。颗粒在管内加速运动至终了时，由顶部导入内外管间的环隙内，以较小的速度下降并排出，这种形式可以节约热量。

含有小颗粒的气体方向

除尘后的净化空气

气体方向

1　2　　　　　3　　　4　5　　6　7　　　8　　　9

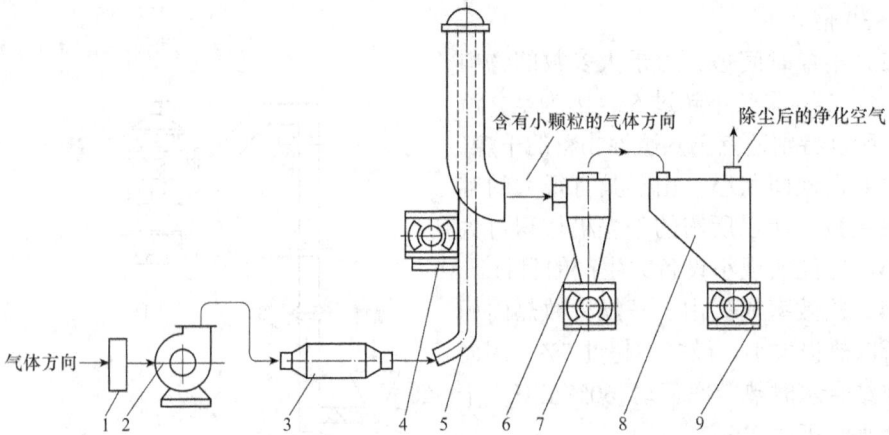

1. 空气过滤器；2. 鼓风机；3. 加热器；4. 加料器；5. 气流干燥管；
6. 旋风除尘器；7. 出料器；8. 袋式除尘器；9. 出料器。

图 10-8　套管式气流干燥机的结构图

4. 旋风式气流干燥机

旋风式气流干燥机的结构如图 10-9 所示。物料与热空气一起以切线方向进入干燥机内，在内管和外管间做螺旋运动。颗粒处于悬浮旋转运动的状态，产生的离心加速作用使物料在很短的时间（几秒）内达到干燥的目的。

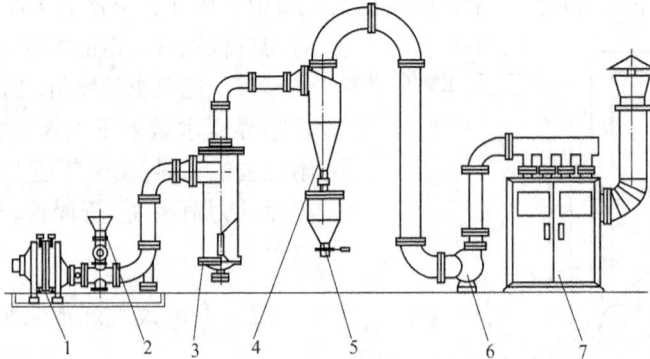

1　　　2　　3　　4　　　5　　　　6　　　　7

1. 空气预热器；2. 加料器；3. 旋风式干燥器；4. 旋风除尘器；5. 储料斗；6. 鼓风机；7. 袋式除尘器。

图 10-9　旋风式气流干燥机的结构图

旋风式气流干燥机的特点是，体积小，结构简单，适用于干燥那些允许磨损的热敏性物料；但不适用于干燥含水量高、黏性大、熔点低、易升华爆炸、易产生静电效应的物料。

5. 环管式气流干燥机

一般的气流干燥机存在着不宜处理结晶物料及停留时间短的缺点。近年来，根据气流干燥机内混相流动中的传热、传质机理，对设备进行了很多改进，出现了形状复杂的气流干燥机，如图 10-10 所示的环管式气流干燥机。此机将干燥管设计成环状，其主要目的是延长颗粒在干燥管内的停留时间。

（四）喷雾干燥设备

喷雾干燥就是将液态或浆状物料喷成雾状液滴，悬浮于热空气气流中进行脱水干燥的单元操作。

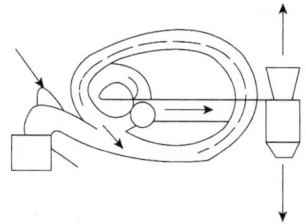

图 10-10 环管式气流干燥机

1. 喷雾干燥的原理和特点

喷雾干燥在机械作用下，料液通过雾化器而雾化成雾滴，其直径一般为 10～100μm，从而大大增加了表面积，一旦雾滴与热空气接触，在瞬间（0.01～0.04s）进行强烈的热交换和质交换，水分会迅速被蒸发并被空气带走，产品干燥后可形成微细粉末，再通过重力作用，粉末大部分沉降于设备底部被收集。热风与雾滴接触后温度显著降低，湿度增大，作为废气由排风机抽出，废气中夹带的少量微粒用回收装置回收，如图 10-11 所示。

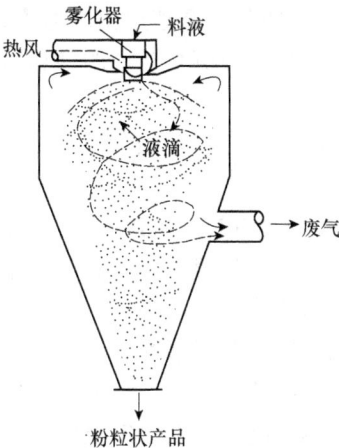

图 10-11 喷雾干燥原理示意图

喷雾干燥的特点：干燥速度快，物料雾化后，表面积增大至万倍以上，与热风充分接触后可瞬间（0.01～0.04）蒸发 95%～98% 的水分，完成整个干燥过程仅需 10～30s。产品质量好，由于干燥速度快，不容易发生蛋白质变性，维生素损失、氧化等，特别适用于易分解、变性的热敏性食品的加工。由于干燥过程是在热空气中完成的，产品基本上能保持与雾滴相似的空心颗粒或疏松团粒，具有良好的分散性、流动性和溶解性。工艺简单、控制方便，料液经喷雾干燥后，可直接获得粉末状或微细的颗粒状产品，省去了蒸发、结晶、分离及粉碎工艺过程，使工艺大为简化。通过改变原料的浓度、热风温度、喷雾条件等，可获得不同含水量和粒度的产品。易于操作，控制方便，由于喷雾干燥在全封闭的干燥塔进行，干燥室具有一定负压，因而既保证了卫生条件，又避免了粉尘飞扬。生产率高，便于实现机械化或自动化生产，操作方便，适于连续化大规模生产，且操作人员少，劳动强度低。

喷雾干燥的缺点：设备较复杂，占地面积大，投资较多；能耗大，热效率不高，动力消耗大。生产粒径小的产品时，废气中夹带 20% 左右的微粒，需选用高效率的分离装置，附属设备比较复杂，费用较高。干燥室内壁易于黏附产品微粒，腔体体积大，设备的清洗工作量大。

2. 喷雾设备的类型

1）按料液的雾化方法分类

喷雾干燥时，雾滴大小和均匀程度直接影响产品的质量和技术经济指标。雾滴表面积越大，则干燥速度越快，为了增大其表面积，必须将液状物料进行雾化（即微粒化）。雾滴的平均直径一般为 10～00μm，雾滴过大则达不到干燥要求，雾滴过小则可能干燥过度而变性，这是喷雾干燥的关键问题。使料液雾化的装置叫雾化器，是喷雾干燥的关键性部件。常见的雾化设备有以下 3 种类型。

（1）压力式雾化器。该设备是利用高压泵，使料液获得很高的压力（7~20MPa），从直径为 0.5~6mm 的喷嘴中喷出，由于压力大，喷嘴小，料液瞬时雾化成直径很微小的雾滴。料液的分散度取决于喷嘴的结构、料液的流出速度和压力、料液的物理性质（表面张力、黏度、密度等）。此法在乳品工业中应用最为广泛。

压力式雾化器俗称压力喷嘴，其结构形式较多，以漩涡式压力喷嘴和离心式压力喷嘴较为常用，其中离心式压力喷嘴目前在我国主要有 M 型和 S 型两种型号。它们结构上的共同特点是使料液做旋转运动，获得离心惯性力，然后从喷嘴高速喷出。

（2）离心式雾化器。该设备是借助高速转盘产生的离心力，将料液高速甩出成薄膜、细丝，并受到腔体空气的摩擦和撕裂作用而雾化，喷雾的均匀性随着圆盘转速的增加而提高。此法在乳品工业中应用也很广泛。

离心式雾化器的结构形式很多，常见的有光滑圆盘、多叶板圆盘、多喷管圆盘、尼罗式，另外还有喷枪型、圆帽型等。

（3）气流式雾化器。该设备是利用料液在喷嘴出口处与压力为 0.25~0.6MPa 的压缩空气高速运动（200~300m/s）的空气相遇，由于料液速度小，气流速度大，两者存在相当大的速度差，液膜被拉成丝状，然后分裂成细小雾滴。喷嘴孔径较大，为 1~4mm，故能够处理悬浮液和黏性较大的液体。雾滴大小取决于两相速度差和料液黏度，相对速度差越大，料液黏度越小，雾滴越细。料液分散度取决于气体的喷射速度、料液和气体的物理性质、雾化器几何尺寸及气料流量之比。气流式雾化器在制药工业中广泛使用，有的工厂用于核苷酸、农用细菌杀虫剂和蛋白酶的干燥。

气流式雾化器的结构有多种，常见有二流式、三流式、四流式和旋转式。

2）按雾滴与气体的运动方向分类

喷雾干燥室是喷雾干燥设备的主要部件，在干燥室中雾滴与气体的运动方向有并流型、逆流型和混合流型 3 种形式。

（1）并流型。并流型喷雾干燥是食品工业中常用的基本形式，如图 10-12 所示。并流型的特点：喷雾干燥室内料液雾滴与热风的运行路线一致，可以采用较高的进风温度来干燥而不影响产品的质量，使用压力或离心喷雾均可。

并流型使喷出的微细粒子与高温热气流同向运动，在干燥室进口处温度高，雾化物料的含水量也高；到出口处，大量水分已蒸发而温度下降，不会使干燥物料受热过度而造成焦粉等问题，所以适用于热敏性物料的干燥，如牛奶、果汁、鸡蛋液等。

（2）逆流型。逆流型喷雾干燥的特点：喷雾干燥室内雾滴与热风的运动方向相反，如图 10-13 所示。通常热风从干燥塔下部吹入，雾滴从干燥塔上面喷下，高温热风进入干燥室内首先与即将完成干燥的粒子接触，使内部含水量达到较低的程度，物料在干燥室内悬浮时间长，适宜于含水量高的物料干燥。逆流干燥的缺点是干燥后的成品在下落过程中，仍与高温热气流保持接触，因而易使产品过热而焦化，故不适合热敏性物料的干燥。

（3）混合流型。混合流型喷雾干燥的特点：雾滴与热风运动的方向呈不规则的状况，即两者方向不一致，也不相反，如图 10-14 所示，其干燥性能介于并流和逆流之间。液滴运动轨迹较大，气流与物料充分接触，脱水效率较高，耗热量较少，适用于不易干燥的物料。但产品有时与湿的热空气流接触，故干燥不均匀。如果设计不好，往往会引起气流分布不均匀，内部局部粘粉严重。

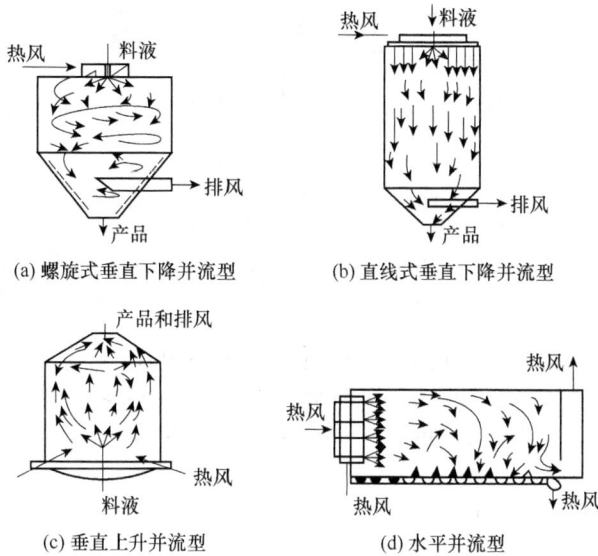

(a) 螺旋式垂直下降并流型　　　　　(b) 直线式垂直下降并流型

(c) 垂直上升并流型　　　　　(d) 水平并流型

图 10-12　并流型喷雾干燥机

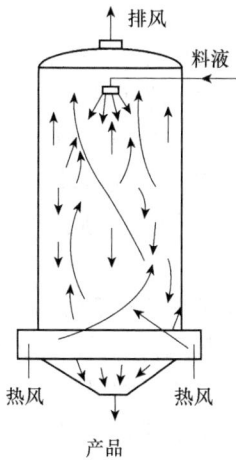

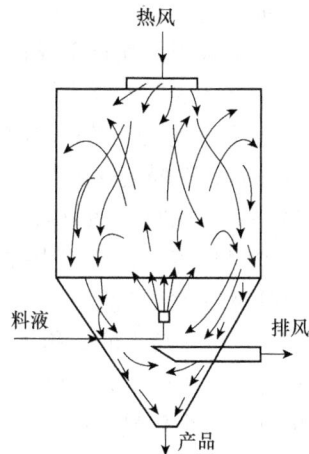

图 10-13　逆流型喷雾干燥机　　　　图 10-14　混合流型喷雾干燥机

3. 喷雾干燥设备的结构

喷雾干燥设备由雾化器、送风系统、干燥室、产品收集系统、废气排放及微粉回收系统、系统控制装置及废热回收装置组成，如图 10-15 所示。雾化器能将料液稳定地喷洒成细小且均匀的雾滴，并使其均匀地分布于干燥室的有效部分与热空气保持良好的接触。干燥室是热空气与被干燥的料液进行热和质交换的场所，要求具有足够的空间，确保空气及物料在干燥室内停留的时间能使制品的含水量达到生产工艺的要求，又不至于受热过度或产生粘壁等现象。

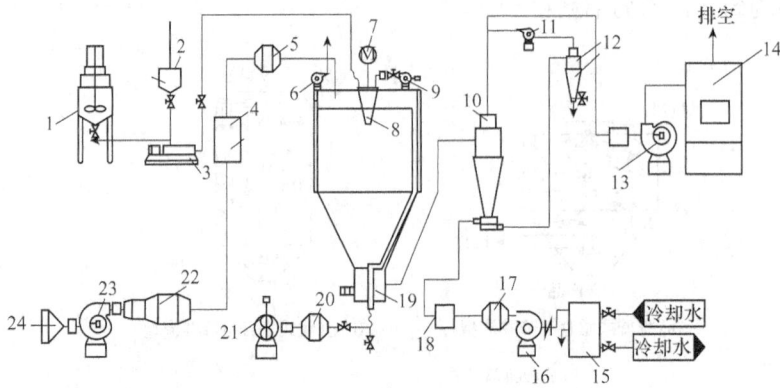

1. 料罐；2. 水罐；3. 螺杆泵；4、18. 加热器；5、17、20、22. 空气过滤器；6、9、11、13、16、21、23. 风机；7. 雾化器；8. 干燥室；10、12. 旋风分离器；14. 湿式除尘器；15. 冷冻除湿装置；19. 吹扫装置；24. 过滤器。

图 10-15　喷雾干燥设备的结构图

4. 典型的喷雾干燥设备

1）压力喷雾干燥设备

压力喷雾干燥设备主要有立式并流下降压力喷雾干燥设备、单喷头立式并流型压力喷雾干燥设备、单喷嘴二级喷雾干燥设备等。

（1）立式并流下降压力喷雾干燥设备结构如图 10-16 所示。空气进入空气过滤器 7 经进风机 8 抽入空气加热器 6 提高温度为 130~160℃，进入塔顶热空气分配室 4。物料由高压泵经高压管路 5 进入干燥室顶部喷头 3 处喷成雾状，与热空气相遇，以并流方向自上往下运行而干燥，干燥后落入塔底，经鼓形阀 9 连续出料。被气流带走的细微粉末，进入侧壁布袋过滤室 2 回收，回收后落下的粉末，再送回干燥室锥底部分和原来落下的粉粒混合由鼓形阀排出室外，废气由排风机 8 排入大气。

（2）MD 型单喷头立式并流型压力喷雾干燥设备结构如图 10-17 所示。它与热风做回转运动有所不同，是塔内喷雾液滴和热风做柱状流动。在热风分配器内压力损失小，同时用冷却空气向干燥塔内沿壁吹入，调整热风在塔内的流动，并得到整流。在热风出口处的焦粉和塔壁上的粘粉减少到最低程度，这是因为在同心圆上的风速一定，分布无紊乱状况之故。在干燥塔下部有粉末和废气分离器，在干燥塔内瞬时干燥的粉末，经圆锥形分离室，大部分粉粒因重力落入逆流式二段粉末冷却器 3。开始时为了使粉末冷却的热交换时间延长，一边回转一边用上升中冷却除湿后的空气使粉末冷却近室温，然后再用特殊流动床进行充分冷却至室温。这时，液状的脂肪也能固体化，乳糖也可在冷却段结晶。废气带走的细粉，由旋风分离器 10 回收，用气流输送到第一冷却段与主成品混合冷却，也可重回入塔内使细粉与喷雾液滴接触，增加粉的粒径，或将细粉回入原液进行重新喷雾干燥。

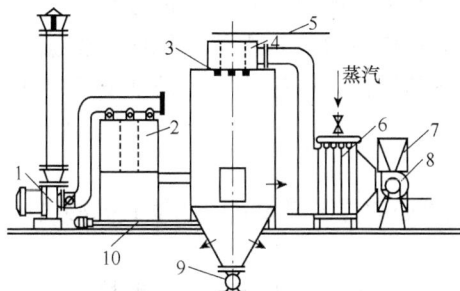

1. 螺旋输送器室；2. 布袋过滤室； 3. 喷头；
4. 热空气分配室；5. 高压管路；6. 空气加热器；
7. 空气过滤器；8. 进风机；9. 鼓形阀；10. 排风机。

图 10-16　立式并流下降压力喷雾干燥设备结构

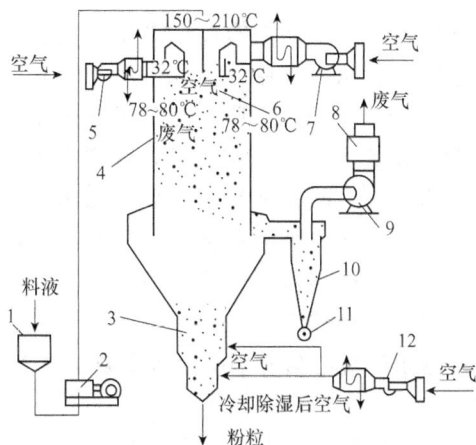

1. 贮料桶；2. 高压泵；3. 粉末冷却器；4. 干燥塔；
5. 冷风机；6. 喷嘴；7. 鼓风机；8. 消音器；
9. 排风机；10. 旋风分离器；11. 旋转网；12. 冷风机。

图 10-17　MD 型单喷头立式并流型压力喷雾
干燥设备结构

　　MD 型单喷头立式并流型压力喷雾干燥设备的特点：干燥塔体积小，节约建筑面积，减少热损失；防止热风回转并得到整流，使雾滴下降时受热均匀，提高了成品质量；因塔壁吹入冷风，减少了粘壁和焦粉；有二段冷却器，简化了冷却机构；正常生产时，操作和清洗全自动化。

　　（3）K-7 型单喷嘴二级喷雾干燥设备。这是我国设计用于奶粉生产、将喷雾干燥和沸腾干燥及冷却相结合的二级干燥法的设备，采用单喷头立式顺流压力喷雾塔，工艺流程如图 10-18 所示。

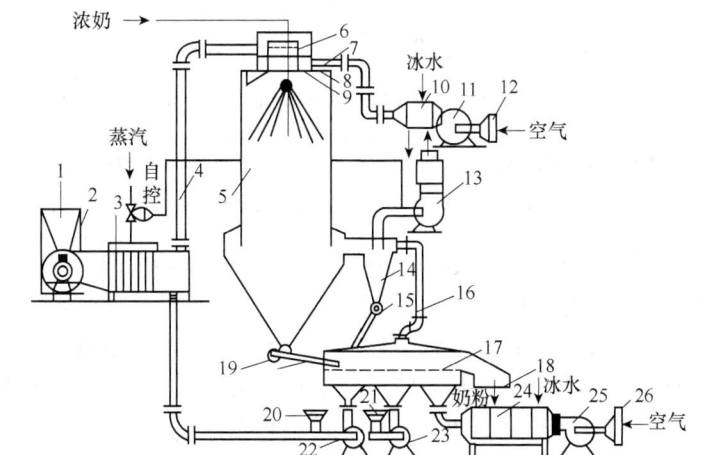

1、12、21、26. 空气过滤器；2、11. 鼓风机；3. 蒸汽加热器；4. 热风管；5. 干燥塔；6. 均风板；7. 喷嘴；
8. 冷风道；9. 冲洗水管；10、24. 空气冷却器；13. 排风机；14. 旋风分离器；15. 受粉器；16. 鼓形何；
17. 细粉管道；18. 流化速溶器；19. 振动第；20. 电磁振动喂料器；22. 附聚风机；
23. 二次干燥风机；25. 冷却回风机。

图 10-18　K-7 型单喷嘴二级喷雾干燥设备工艺流程图

设备特点：适当提高塔高度，延长了恒速干燥阶段的时间，有利于乳糖结晶，提高了产品质量。采用喷雾和沸腾干燥相结合的二级干燥方法，在进风温度不太高的情况下，降低了排风温度，提高了热效率，节约了能量。在沸腾干燥前端设有潮粉附聚团粒化装置，可使细粉造粒。在沸腾干燥后端设有冷却装置，这样产品颗粒增大，毛细作用均匀，具有速溶的特色。热风入口处用多孔均风板加以整流，以防止偏流、乱流引起的粉末飞扬粘壁现象，同时采用冷风幕冷却壁面，以减小产品的热变性，采用大直径旋风分离器，便于清理。

2）离心喷雾干燥设备

常用的离心喷雾干燥设备主要有安海德罗式离心喷雾干燥设备、尼罗式离心喷雾干燥设备等。

（1）安海德罗式离心喷雾干燥设备结构如图 10-19 所示，料液由浓奶贮槽 1 通过离心泵 2 和输料管 3 进入离心机料液分配槽 4，再由离心喷雾器喷成雾状，于干燥室经干燥后的微粒落入干燥室 7 的底部，经回转式刮板出粉器 8 将粉刮到输送管 9 内。

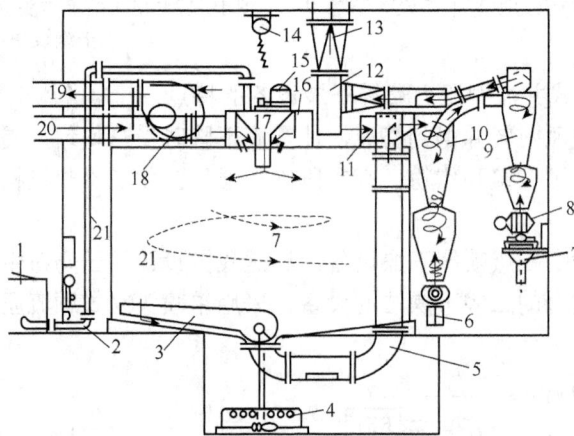

1. 浓奶贮槽；2. 离心泵；3. 回转式刮板出粉器；4. 刮粉器传动机构；5. 气流输送管；6. 冷空气进口；7. 振动筛；8. 出粉器；9、10. 旋风分离器；11. 冷风进口；12. 排风机；13. 排风管；14. 电动葫芦；15. 电动机；16. 热风分配室；17. 离心机料液分配槽；18. 进风机；19. 送风管；20. 热风管；21. 输料管；22. 干燥室。

图 10-19　安海德罗式离心喷雾干燥设备结构

室外冷空气通过空气过滤器由进风机送入空气加热器，再由热风管 20 送入热风分配室 16 与料液同一方向并流垂直下降至干燥室 22，废气和干粉一同由气流输送管 5 进入旋风分离器 10。与此同时，用过滤后的冷空气经冷风进口 11 从切线方向和废气及干粉混合后一同进入旋风分离器 10。因为从冷空气进口 16 处进入冷风，使部分沉降的颗粒通过中央管进入下一个旋风分离器 9。干粉通过出粉器 8 进入振动粉机。两个旋风分离器排出的废气一同由排风机 12 通过排风管 13 排入大气。

安海德罗式喷雾干燥设备的特点：干燥后粉与废气全部一次由气流输送至旋风分离器，因刮板式刮粉器每分钟回转一周，使粉在短时间脱离干燥室的高温。干粉与废气在旋风分离器内分离时，由于外界引入冷空气，使得在分离过程中成品得到冷却，但冷却效率不高。其他附属设备能集中于干燥室顶部或周围，占地面积较小，气流输送摩擦大。

（2）尼罗式离心喷雾干燥设备结构如图10-20所示。

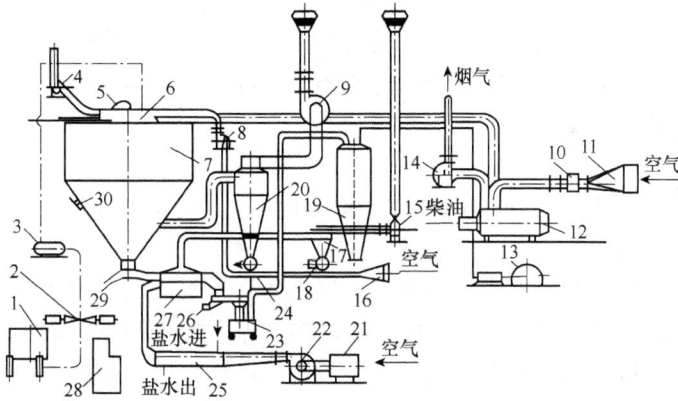

1. 物料贮槽；2. 五通阀双联过滤器；3. 螺杆泵；4. 冷却风圈排风机；5. 离心喷雾机；6. 蜗壳式热风盘；7. 干燥塔；8. 细粉回收通风机；9、15. 排风机；10. 燃油热风炉进风机；11、16、21. 空气过滤器；12. 燃油热风炉；13. 真空泵；14. 排烟风机；17. 细粉回收旋风分离器；18、24. 鼓形阀；19. 贮粉罐；20. 旋风分离器；22. 通风机；23. 集粉箱；25. 减湿冷却器；26. 振动筛；27. 沸腾冷却床；28. 仪表控制台；29. 振动器；30. 电磁荡器。

图10-20 尼罗式离心喷雾干燥设备结构

① 进料至出粉：将浓缩液先入物料贮槽1，经五通阀双联过滤器2滤去杂质后，由螺杆泵3泵至喷雾塔顶的离心喷雾机5，借离心机的高速旋转，将物料喷成雾状与送入的热风进行热交换，瞬时被干燥成粉粒落入干燥塔下部的锥体部分，在振动器29的振动下将干粉输送到沸腾冷却床27进一步干燥、冷却，同时破碎粉块，最后经振动筛26，将粉输送到集粉箱23后去包装。

② 进风至排风：新鲜的冷空气经空气过滤器11过滤后被燃油热风炉进风机10送入燃油热风炉12内进行加热，加热到220℃左右，经蜗壳式热风盘6螺旋式吹入干燥塔7内，与离心机喷出来的雾状物料进行热交换。蒸发出来的水蒸气，经热交换的热风和部分粉尘经排风管道进入旋风分离器20，粉尘被旋风分离器回收，废气由排风机9排出室外。

③ 冷却沸腾床的进风到排风：新鲜空气经空气过滤器21过滤后，由通风机22吹入空气减湿冷却器25内进行降温和除湿，再进入沸腾冷却床27冷却从喷雾塔输送来废气则由排风机15排出室外。

④ 细粉回收系统：经旋风分离器20、细粉回收旋风分离器17回收的细粉，分别在鼓形阀24、18的作用下，进入细粉回收管道，而新鲜空气通过空气过滤器16在细粉回收通风机8的作用下，带着细粉一起进入蜗壳式热风盘6内，吹入喷雾塔，与离心机喷出来的雾滴混合，重新干燥，对奶粉来说，可使奶粉颗粒增大，从而提高奶粉的速溶性和体积质量。

⑤ 控制系统：该流程许多设备是通过电器开关来控制和调节生产过程的，都集中在仪表控制台28上，便于操作。

5. 喷雾干燥的附属设备

1）空气过滤器

空气过滤器的作用是将空气中存在的尘埃、烟灰、飞虫等杂质在空气进入加热器前将其滤去，将细菌等微生物在加热器中杀灭。空气过滤器是用 1～2mm 厚的钢板制成 500mm×500mm 的框架，过滤层装于其中，过滤层厚约 100mm，滤层材料可用不锈钢丝绒或尼龙丝绒，喷以无味、无毒、挥发性低、化学稳定性高的轻质油。也可采用 PVA 海绵（聚乙烯醇海绵）等。当空气通过过滤器时，其杂质被油膜吸附于滤层中或挡在滤层外。滤层应定期拆下清洗。

2）空气加热器

空气经过滤后，需加热到 140～180℃进入干燥室。空气加热的方法有直接加热法和间接加热法两种。直接加热法是用丙烷、丁烷等气体或轻油的燃烧气体与吸收空气混合而产生高温空气，加热空气温度可由改变燃烧气体和空气的混合比例获得。直接加热法的优点是热效率高，约接近 100%。但直接加热法涉及加热炉需用特殊的材料制造，限制了它的使用。间接加热法是用水蒸气加热或通过燃烧将热传于加热炉内对空气进行加热。我国的喷雾干燥设备多数使用间接加热法加热空气，如蒸汽加热器、燃油间接加热的热风炉等。

3）风机

雾干燥系统所用的进风机和排风机均为离心式通风机，选择风机时，风量要根据计算值，再加上一定量。例如，进风机增加 10%～20%，排风机增加 15%～30%。一般情况下，排风机的风量比进风机要大 20%～40%，以使干燥塔内保持微负压，避免粉尘吹入车间。例如，在奶粉喷雾干燥中，一般进风机的风压为 120～160mm H_2O（1mm H_2O＝9.8Pa），排风机的风压为 180～240mm H_2O。

根据经验，进风管风速为 6～10m/s，排风管风速为 5～8m/s 为宜，故其管路直径可用流量公式计算。

4）粉尘分离装置

从干燥室排出的气流中会夹带一定量的产品微粒，为了减少损失，保护环境、要对其进行回收。回收的方法分干法和湿法两种。

干法回收的微粒可作为产品亦可再进行附聚颗粒处理，目前广泛使用旋风分离器和袋滤器回收。旋风分离器具有结构简单、造价低、维护方便等优点，其应用广泛，但分离效率稍低，一般只有 92%～98%。袋滤器具有分离效率高的优点，但随着捕集率的提高，易产生堵塞，因而要求过滤面积大，需要配置击袋机构，设备较为复杂，同时，残留在滤袋中的粉尘，不能混入产品中。

（五）流化床干燥器

流化床干燥器又称沸腾床干燥器，是 20 世纪 60 年代发展起来的一种新型干燥设备。所谓流化床，是指在一个设备中，将颗粒物料堆放在分布板上，当气流由设备的下部通向床层，随着气流速度加大到某种程度，固体颗粒在床内就会产生沸腾状态。

流化床干燥在食品生产中主要应用于干燥碎麦芽、汤料粉、大麦、果汁颗粒、砂糖、干酪素、葡萄糖、人造肉等。

1. 流化床干燥的特点

流化床干燥具有以下特点。

（1）物料与热风的接触面积大，体积传热系数较高，一般在 8.36～25.08MJ/ $(m^2 \cdot h \cdot ℃)$。

（2）干燥速度大，物料在设备内停留时间短，适宜于热敏性物料的干燥。

（3）物料受热时间的调节范围大，可使产品的终水分达较低程度。

（4）所用设备结构简单，造价低廉，运转稳定，操作维修方便。

（5）密封性好，机械运转部分不与物料直接接触，对卫生指标要求高的食品干燥十分有利。

（6）对被干燥物料的颗粒有一定的限制。

（7）对易结块物料因容易产生与设备壁间黏结而不适用。

（8）单层流化床难以保证物料干燥均匀。

2. 流化原理

流化又称流态化，物料颗粒在具有多孔的分布板的支承下，气体自下而上通过床层时，随流速的逐渐增加，将出现下列的 3 种情况。

（1）固定床。当流体（热空气）速度较低时，在床层中固体颗粒虽与流体相接触，但固体颗粒的相对位置不发生变化，这时固体颗粒的状态称为固定床。

（2）流化床。当固定床阶段的流体速度逐渐增加，固体颗粒就会产生相互间的位置移动，若再增加流体速度，而床层的压力损失保持不变，固体颗粒在床层中就会产生不规则的运动，这时床层状态就处于流态化，即为流化床。

（3）气流输送。随着流体速度的增加，固体颗粒运动则更为剧烈，当流体流速超出固体颗粒的沉降速度时，固体颗粒就不能继续停留在容器内，而被气流带出容器，床层内的固体颗粒密度降低，因此这时也称为稀相流化床。

3. 流化床干燥机的类型

按结构形式流化床干燥机分为单层型、多层型、多室型及立式和卧式。按附加装置流化床干燥机分有带振动器和带间接加热器的。按操作方式流化床干燥机分为连续式和间歇式。以下介绍几种常用的流化床干燥机。

1）卧式多室型流化床干燥机

卧式多室型流化床干燥机由多孔板、排风机、空气预热器、隔板、旋风分离器等组成，如图 10-21 所示。在多孔板上按一定间距设置隔板，构成多个干燥室，隔板间距可以调节。物料从加料口先进入最前一室，借助于多孔板的位差，依次由隔板与多孔板间隙中顺序移动，最后从末室的出料口卸出。

空气加热后，统一或通过支管分别进入各干燥室，与物料接触进行干燥。夹带粉末的废气经

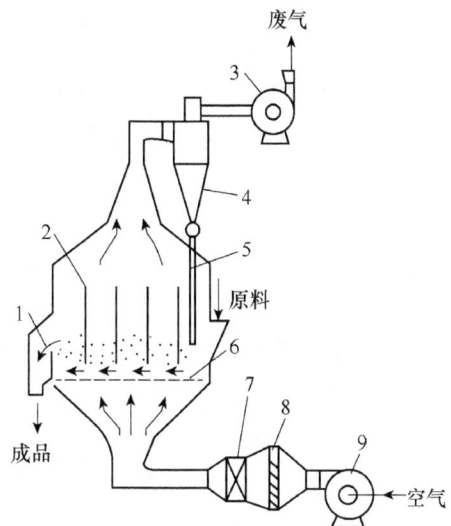

1. 出口料；2. 隔板；3. 排风机；4. 旋风分离器；
5. 循环下料管；6. 多孔板；7. 空气预热器；
8. 空气过滤器；9. 鼓风机。

图 10-21 卧式多室型流化床干燥机结构

旋风分离器，分离出的物料重回入干燥室，净化废气由顶部排出。

这种干燥机对物料的适应性较大。连续作用，生产能力大。因设有隔板，使物料均匀干燥；亦可对不同干燥室，通入不同风量和风温，最后一室的物料还可用冷风进行冷却；但热效率比多层流化床干燥机低，另外物料过湿易在前一、二干燥室产生结块，需注意清除。

2）振动流化床干燥机

振动流化床干燥机由振动给料器、振动流化床、风机、空气加热器、空气过滤器和集尘器等组成，如图 10-22 所示。流化床的机壳安装在弹簧上，可以通过电动机使其振动。流化床的前半段为干燥段，空气用蒸汽加热后，从床底部进入床内，后半段为冷却段，空气经过滤器、用风机送入床内。工作时，物料从给料器进入流化床前端，通过振动和床下气流的作用，使物料以均匀的速度滑床面向前移动，同时进行干燥，而后冷却，最后卸出产品。带粉尘的气体经集尘器回收物料并排出废气。根据需要整个床内可变成全送热风或全送冷风，以达到物料干燥或冷却的目的。

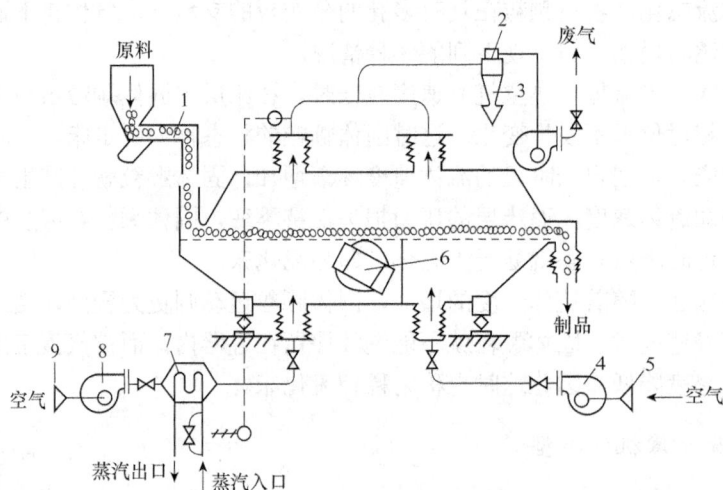

1. 振动给料器；2. 集尘器；3. 引风机；4、8. 送风机；5、9. 空气过滤器；6. 电动机；7. 加热器。

图 10-22 振动流化床干燥机结构

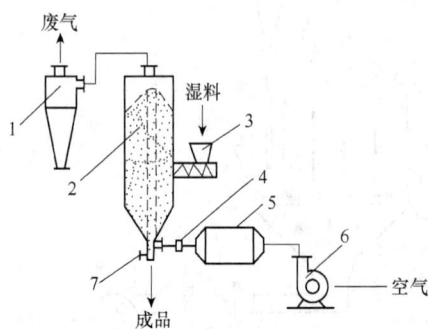

1. 旋风分离器；2. 喷动床；3. 加料器；
4. 磁阀；5. 空气加热器；6. 鼓风机；7. 放料阀。

图 10-23 喷动床干燥机结构

3）喷动床干燥机

喷动床干燥机由喷动床、鼓风机、空气加热器、旋风分离器等组成，如图 10-23 所示。喷动床下部为圆锥形，上部为圆筒形。工作时，湿物料由螺旋输料器进入喷动床内。空气经加热后，以高速从锥底进入，冲开物料并夹带一部分物料向上运动，形成一个中央通道，物料的密度随运动的高度而增加，至床顶部似喷泉一样，从中心喷出，向四周散落，然后因重力向下移动，到锥底后又被上升气流喷射上去，如此循环喷动，达干燥要求后，由底部放料阀卸出产品。

喷动床干燥机适宜干燥谷物、玉米胚芽等物料。

三、传导型干燥设备

（一）滚筒干燥机

滚筒干燥机的主体是称为滚筒的中空金属圆筒。滚筒干燥机有着不同的分类方式，按滚筒的数量分为单滚筒、双滚筒、多滚筒；按操作压力分为常压式和真空式；按滚筒的布膜方式分为浸液式、喷践式、铺辊式、顶槽式和喷雾式等。本书主要介绍常压滚筒干燥机和真空滚筒干燥机。

传导型干燥设备

1. 常压滚筒干燥机

常压滚筒干燥机如图 10-24 所示。圆筒随水平轴转动，其内部可由蒸汽、热水或其他载热体加热，圆筒壁即为传热面。物料的加入方式有浸没式和喷洒式。

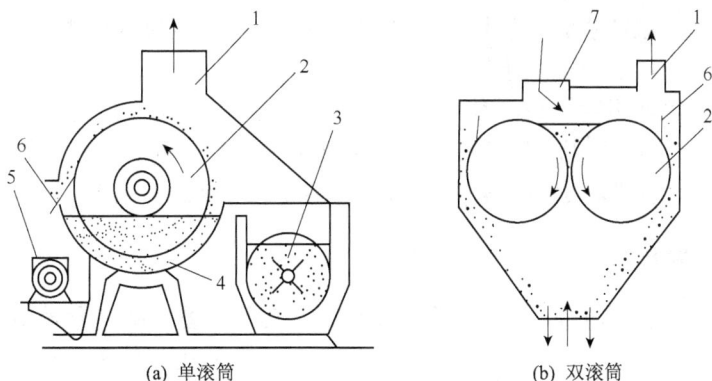

(a) 单滚筒　　　　　　　　　　　(b) 双滚筒

1. 空气出口；2. 滚筒；3. 贮料槽；4. 料槽；5. 螺旋输送器；6. 刮刀；7. 加料口。

图 10-24　常压滚筒干燥机的结构图

图 10-24（a）所示的单滚筒干燥机采用浸没式加料方式，滚筒部分浸没在稠厚的悬浮液物料中，因滚筒的缓慢转动使物料成薄膜状附着于滚筒的外表面而进行干燥。当滚筒回转 3/4～7/8 转时，物料已干燥到预期的程度，即被刮刀刮下，由螺旋输送器送走。

滚筒的转速因物料性质及转筒的大小而异，一般为 2～8r/min。滚筒上的薄膜厚度为 0.1～1.0mm。干燥产生的水汽被壳内流过滚筒面的空气带走，流动方向与滚筒的旋转方向相反。

浸没式加料时，料液可能会因热滚筒长时间浸没面过热，为避免这一缺点，可采用洒溅式。

图 10-24（b）所示为双滚筒干燥机，采用的是由上面加入湿物料的方法，干物料层的厚度可用调节两滚筒间隙的方法来控制。

2. 真空滚筒干燥机

将滚筒密闭在真空室内，便可成为如图 10-25 所示的真空滚筒干燥机。由于干燥过程在真空下进行，真空滚筒干燥机的进料、卸料刮刀等的调节必须在真空干燥室外部来操纵，所以这类干燥机通常成本较高，一般只用来干燥极为热敏的物料。

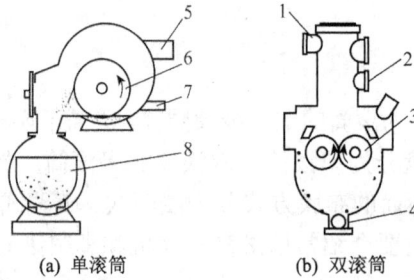

(a) 单滚筒　　　　　(b) 双滚筒

1、5. 通冷凝真空系统；2、7. 加料口；3、6. 滚筒；4. 卸料阀；8. 贮料槽。

图 10-25　真空滚筒干燥机的结构图

真空滚筒干燥机的优点：热效率高，因主要传热方式为热传导，传热方向在整个传热周期中保持一致，所以滚筒内大部分热量用于物料的汽化，热效率为 80%～90%。干燥速度大，筒壁上湿料膜的传热和传质过程，方向一致，温度梯度大，使料液表面保持较高的蒸发速度。产品的干燥质量稳定。

缺点：滚筒表面湿度较高，对一些物料会因过热有损风味或呈现不正常的颜色。

适用范围：仅限于液状、胶状或膏糊状的物料的干燥，而不适用于含水量低的物料。常用于各种汤粉、淀粉、酵母、婴儿食品、速溶麦片等食品的生产。

（二）真空干燥设备

常压下的各种加热干燥方法，因物料受热，其色、香、味和营养成分均受到一定损失。若在低压条件下，对物料加热进行干燥，能减少品质的损失。这种方法称为真空干燥。

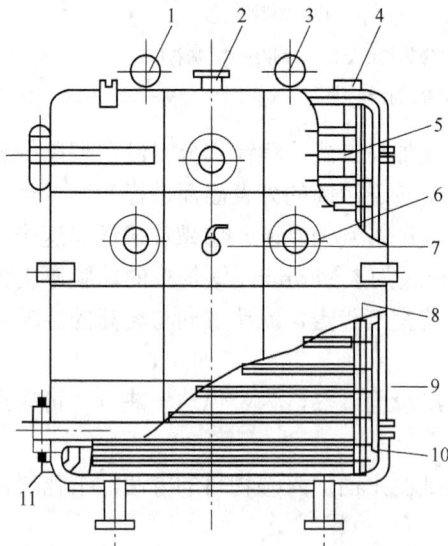

真空干燥的特点：物料在干燥过程中的温度低，避免物料过热，水分容易蒸发，干燥时间短，同时可使物料形成多孔状组织，产品的溶解性、复水性、色泽和口感较好；能将物料干燥到很低的含水量；可用较少的热能，得到较高的干燥速度，热量利用经济；适应性强，对不同性质、不同状态的物料，均能适应；与热风干燥相比，设备投资和动力消耗较大，产量较低。

真空干燥设备的形式有箱型、转筒型、带式连续型、喷雾薄膜型等。

1. 温度表；2. 真空管接口；3. 真空表；4. 蒸汽进口；
5. 加热板；6. 视孔；7. 放汽阀门；8. 门；
9. 箱体；10. 门填料；11. 冷凝水出口。

图 10-26　箱式真空干燥机的结构图

1. 箱式真空干燥机

箱式真空干燥机（图 10-26）的主要工

作部分由箱体、加热板、门、管道接口和仪表等组成。箱体上端装有真空管接口与真空装置相通；并设有压力表、温度表和各种阀门，以控制操作条件。工作时，先将预处理过的物料置于烘盘内，再将烘盘放入箱内加热板上，打开抽气阀，使真空度达到1.3～5.3kPa，然后打开蒸汽阀使箱内达到一定温度，再逐步降温。达干燥要求后，关闭蒸汽阀、抽气阀，开启充气阀，打开箱门，卸出产品。

2. 带式连续真空干燥机

带式连续真空干燥机（图 10-27）由干燥室、加热与冷却系统、原料供给、输送和抽气系统等部分组成。工作过程是液状或浆状的原料先行预热，经供料泵均匀地置于干燥室内的输送带上，带下有加热和冷却装置，分为蒸汽加热、热水加热和冷却三个区域，加热区域又分为四段或五段。第一、二段用蒸汽加热为恒速干燥段，第三、四段为减速干燥，第五段为制品均质段，都用热水加热。按原料性质和干燥工艺要求，各段的加热温度可以调节。原料在带上边移动边蒸发水分，干燥后可形成泡沫片状物品，然后通过冷却区，再进入粉碎机粉碎成颗粒状制品，由排出装置卸出。干燥室内的二次蒸汽用冷凝器凝缩成水排出。

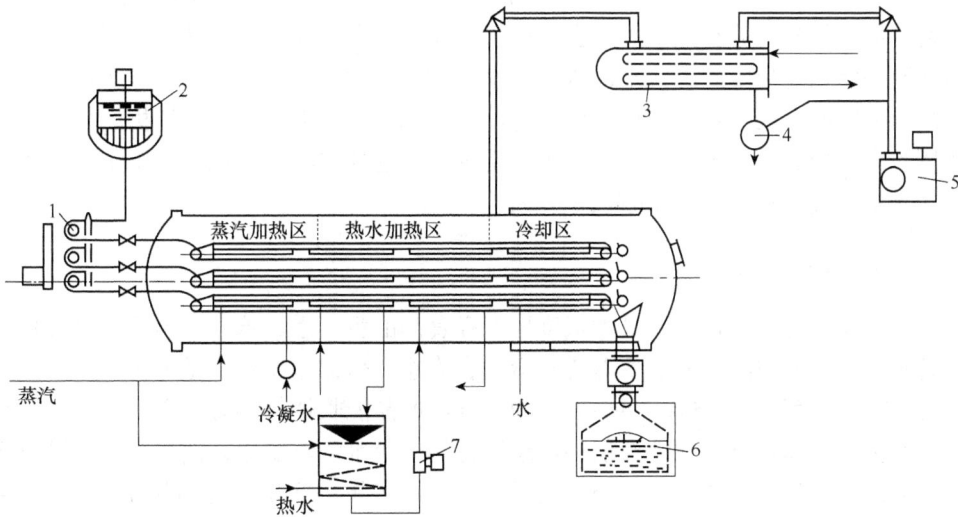

1. 溶液供给泵；2. 溶液容器；3. 冷凝器；4. 溶剂回收装置；5. 真空泵；6. 制品容器；7. 泵。

图 10-27　带式连续真空干燥机

带式连续真空干燥设备的特点：干燥时间短，为 5～25min，能形成多孔状制品，物料在干燥过程中能避免混入异物，防止污染，可以直接干燥高浓度、高黏度的物料，简化工序，节约热耗。

应用范围：真空干燥技术应用于结构、质地、外观、风味和营养成分在高温条件下容易发生变化或分解的食品，干燥后产品的速溶性和品质较好，如各种脱水蔬菜（如胡萝卜、葱）的汤料、速溶汤混合物、果汁型固体饮料、麦乳晶、速溶麦片、各种干酵母和酶、天然维生素混合物等。

四、冷冻干燥设备

冷冻干燥，也叫升华干燥，是指待干燥的湿物料在较低温度下冻结成固态后，在高真空度的环境下，将已冻结了的物料中的水分不经过冰的融化而直接从固态升华为气态，从而达到干燥的目的。

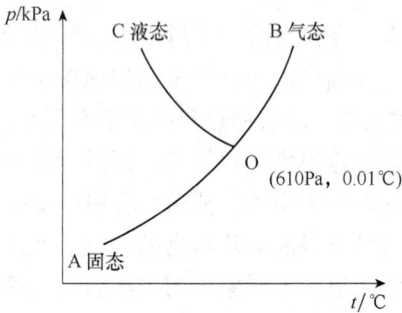

（一）冷冻干燥的基本原理

由水的三相图（图 10-28）可以看出，O 点为三相平衡点，当压力降到三相点以下加热食品物料时，其中的水分由冰直接升华为水蒸气，再将水蒸气去除，可实现物料的干燥。冷冻干燥分为三个阶段：预冻阶段、升华干燥阶段和解析干燥阶段。

预冻阶段主要是使物料中的水分冻结，防止在抽真空时出现气泡、收缩等现象。升华干燥阶段主要是在真空环境下对物料进行加热，冰升华为水蒸气，物料中大部分水分在此阶段除去。解析干燥阶段是指在升华干燥阶段后，在毛细管壁和极性基团上还吸附了一些水，这部分水是被冻结的，当它们达到一定含量时，这些水分给微生物的生长和繁殖提供条件，为此必须把这些水解析出来，解析的方法是被干燥物料的内外形成大的蒸气压差，即可使用更高真空的方法加以推动。该阶段完成后，产品含水率一般在 0.5%～4% 之间。

图 10-28 水的三相图

（二）冷冻干燥的特点

冷冻干燥具有以下特点：最大限度地保存食品的色、香、味；对热敏性物质特别适合，能保存食品中的维生素 C 等营养成分；在真空和低温下操作，微生物的生长和酶的作用受到抑制；可除去 95%～99% 以上的水分，产品能长期保存而不变质；脱水彻底，干制品重量轻，体积小，占地面积小，运输方便；复水快，食用方便；在真空操作下，氧气极少，一些易氧化的食品成分得到保护；干燥产品一旦暴露空气中易吸湿、氧化，要采用一定保护作用的包装材料和包装形式；投资费用和操作费用大，产品成本高。

（三）冷冻干燥系统的结构

冷冻干燥系统主要由冷冻干燥室、冷凝器、制冷系统、真空系统、加热系统、干燥系统和控制系统等组成。图 10-29 所示为箱式冷冻干燥设备结构。

1. 冷冻干燥室

干燥室有圆形、箱形等。干燥室要求能制冷到 $-40℃$ 或更低温度，又能加热到 $+50℃$ 左右，也能被抽成真空。一般干燥室有数层隔板，并通有一个装有真空阀门的管道与冷凝器相连，排出的水汽由该管通往冷凝器。其上开有几个观察孔，还装有测量真空和冷冻干燥结束时温度和隔板温度、产品温度等电线引入接头等。

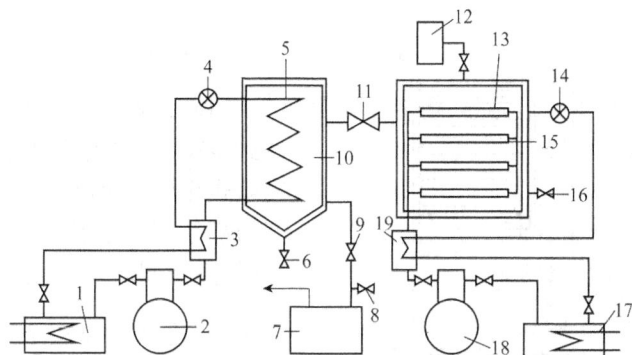

1、17、19. 水冷却器；2、18. 制冷压缩机； 3. 热交换器；4、14. 膨胀阀 5. 冷凝温度指示；6. 冷凝器放气出口；
7. 真空泵；8. 真空泵放气阀；9. 冷凝器真空泵阀；10. 冷凝器；11. 冷冻干燥箱冷凝器阀；12. 真空计；
13. 板温指示；15. 冷冻干燥箱；16. 冷冻干燥箱放气阀。

图 10-29　箱式冷冻干燥设备结构

2. 冷凝器

冷凝器是一个真空密封的容器，内有表面积很大的金属管路连通冷冻机，可将温度降为 $-80 \sim -40℃$。冷凝从室内排出的大量蒸汽，降低了室内蒸汽压力。除霜装置和排出阀、热空气吹入装置等用来排出内部冰霜水分并吹干内部。

3. 真空系统

真空系统由冷冻干燥室、冷凝器、真空阀门和管道、真空设备、真空仪表等组成。冷冻干燥时室内压力应为冻结物料和蒸汽压的 $1/4 \sim 1/2$，一般情况下干燥箱中的绝对压力为 $1.33 \sim 13.3Pa$。在实际操作中为了提高真空泵的性能，可在高真空泵排出口再串联一个粗真空泵，也可以串联多级蒸汽喷射泵以获得较高的真空度。

4. 制冷系统与加热系统

制冷系统由冷冻机组与冷冻干燥箱、冷凝器内部的管道等组成。冷冻机可以是相互独立的两套，即一套冷冻干燥室，一套冷凝器，也可以合用一套冷冻机。制冷方式有直接法、间接法、多孔板状冻结法、挤压膨化冻结法等。冷冻机可根据所需要的不同低温，采用单级压缩、双极压缩或复叠式制冷机。制冷压缩机可采用氨或氟利昂制冷剂。加热系统的作用是加热冷冻干燥箱内的隔板，促使产品升华，可分为直接和间接加热法。直接法用电直接在箱内加热；间接法利用电或其他热源加热传热介质，再将其通入隔板。

5. 控制系统

控制系统由各种开关、安全装置及一些自动监控元件和仪表等组成自动化程度较高的控制系统，以有效地控制操作和保证产品质量。

（四）冷冻干燥设备的分类

冷冻干燥设备主要分为间歇式和连续式两种。

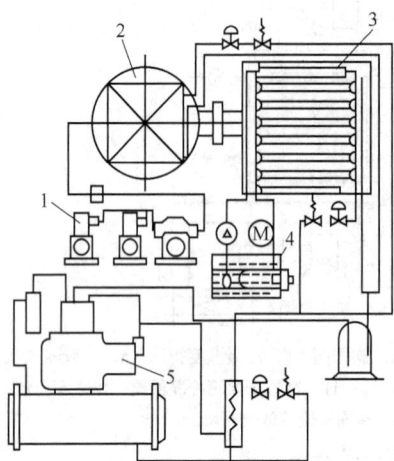

1. 真空系统；2. 冷凝器；3. 干燥箱；
4. 加热系统；5. 制冷系统。

图 10-30　接触导热式间歇式冷冻干燥设备的结构图

1. 间歇式冷冻干燥设备

间歇式冷冻干燥设备有接触导热式（图 10-30）和辐射传热式（图 10-31）两种。间歇式冷冻干燥设备具有许多适合食品生产的特点，绝大多数的食品冷冻干燥设备均采用这种形式，其优点在于适应品种多。

2. 连续式冷冻干燥设备

用于食品干燥的连续式冷冻干燥设备典型的形式有隧道式冷冻干燥机（图 10-32）和垂直螺旋式冷冻干燥机（图 10-33）。连续式冷冻干燥设备进料到出料连续进行操作。其优点为：处理能力大，适合于单品种生产；设备利用率高，便于实现生产的自

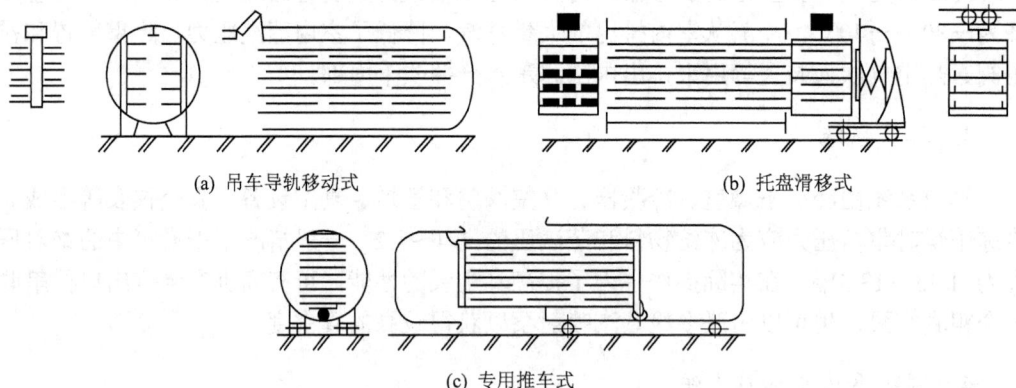

(a) 吊车导轨移动式　　　　　　　　　(b) 托盘滑移式

(c) 专用推车式

图 10-31　辐射传热式间歇式冷冻干燥设备的结构图

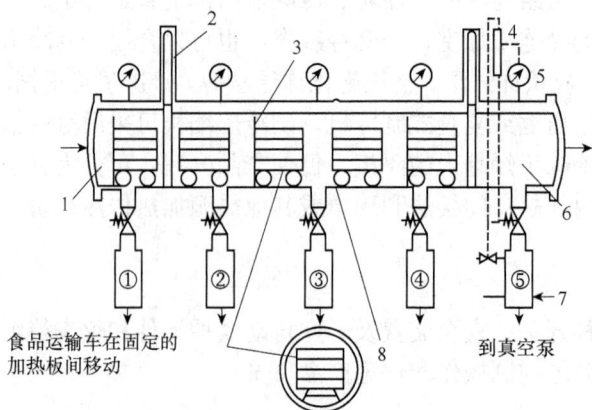

食品运输车在固定的　　　　　　　　　到真空泵
加热板间移动

1. 前级真空锁气室；2. 闸阀；3. 蒸汽压缩板；4. 电子控制室；
5. 真空表；6. 后级真空锁气室；7. 冷凝室；8. 真空连接（管道部分）。

图 10-32　隧道式连续式冷冻干燥机的结构图

动化；缺点为：虽可控制在不同的阶段进行干燥，但不能控制在不同真空度下进行；设备庞大复杂；制造精密度要求高，且投资费用大。

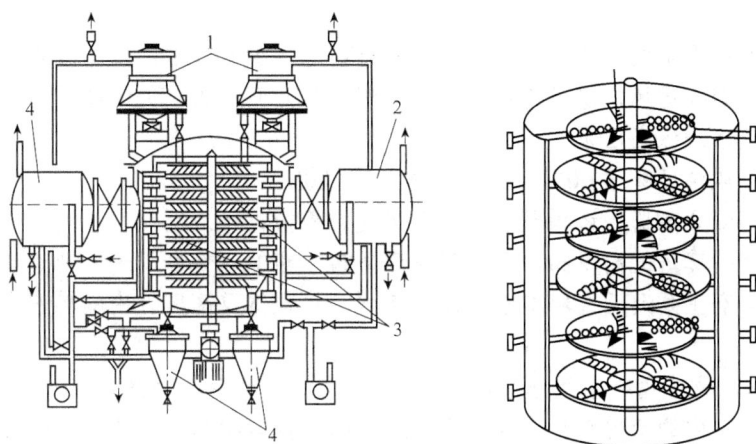

1. 入口密封门；2、4. 低温冷凝器；3. 干燥室；4. 卸料

(a) 结构简图　　　　　　　　　(b) 原理图

图 10-33　垂直螺旋式连续式冷冻干燥机结构图

实践操作

喷雾干燥法制备奶粉

【实践目的】

（1）了解喷雾干燥设备主要组成部分的构造。

（2）掌握喷雾干燥设备的操作和维护方法。

【原料与设备】

（1）原料：牛奶。

（2）设备：喷雾干燥设备。

【操作步骤】

1. 起动准备

（1）接通电源。

（2）开启高压泵，运行约 10min，用沸水冲洗高压泵和高压管内部进行消毒，检查高压泵运转是否正常。

（3）用蒸汽对物料管内隙进行消毒，检查喷头孔径，将喷头置于沸水内浸泡 2min 进行消毒，然后擦干。

2. 操作程序

（1）打开进风阀，进风温度在 180℃，使干燥塔内在 80℃下消毒，然后开启高压泵和阀门，使高压泵的压力达到 13～18MPa，干燥塔内负压保持在 50～200Pa，压力达到规定值后进行喷雾，并通过干燥塔的视镜观察喷雾是否正常。

（2）喷雾后排风温度迅速下降，此时应调节热风温度和高压泵压力，控制排风温度为 80℃。

（3）经常检查粉袋积粉和出粉的情况。

3. 停机

（1）进料保温缸内料液临近喷完时，向缸内充入少量沸水，以排除管内料液，同时关闭蒸汽阀，继续通风，以降低塔内温度，然后打开回流阀，关闭高压阀，拆卸高压管及喷头，用热水洗涤高压泵。

（2）当进风温度降至 60℃时，关闭进、排风机。

（3）对离心分离器、塔内壁及排风弯管处的积粉进行清理。

（4）关闭喷雾器的高压阀，开启高压旁通阀，卸下各喷雾器进行彻底清洗。

（5）开启高压泵及活塞冷却水，泵入清水，将泵体及高压管内的料液排清，由旁通管路回收。

（6）高压泵须先用碱水浸泡清洗，再用清水清洗，然后关闭高压泵进行必要的拆洗。

（7）将设备内的余粉清扫干净，将热风口的少量焦粉刷净，关闭自动出料装置集粉装置及冷却装置等。

4. 维护保养

（1）干燥室、旋风分离器需定期用温水刷洗，干燥室可由人工用喷枪进行冲洗或用安装在干燥室顶部的喷嘴清洗。

（2）经常检查喷雾塔门及各连接处的密封性。

（3）经常检查仪表的灵敏度。

（4）及时更换密封圈、喷嘴等。

思考题

（1）物料干燥的原理的是什么？

（2）简述隧道式干燥设备的类型、结构及特点。

（3）简述带式干燥机的类型、结构及特点。

（4）简述气流干燥机的类型结构及特点。

（5）简述喷雾干燥机的流程及特点。

第十一章　吸附与萃取设备

一、吸 附 设 备

（一）概述

吸附是利用适当的吸附剂，在一定的操作条件下，使有用目标产物或有害成分被吸附剂吸附，富集在吸附剂表面，然后再以适当的洗脱剂将吸附的物质从吸附剂上解吸下来，从而达到浓缩和提纯的目的，这样的操作称为吸附。在表面上能发生吸附作用的固体微粒称为吸附剂，而被吸附的物质称为吸附质。

在吸附中，如果吸附剂与溶质间发生化学反应，该过程称为化学吸附。如果吸附剂与溶质间不发生化学反应，该过程分为物理吸附和活性吸附。物理吸附是吸附剂与溶质间分子吸引力引起的吸附过程。活性吸附，是吸附剂与溶质间相互作用生成表面结合物的吸附过程。在液体吸附中，如果带电荷的吸附剂吸附带异性电荷的离子，称为极性吸附。在极性吸附过程中，若吸附剂与溶液间发生离子交换，称为交换吸附。

在酶、蛋白质、核苷酸、抗生素、氨基酸等产物的分离、精制中，在空气净化和除菌过程中，在脱色、去热原、去组胺等去杂质过程中都离不开吸附。

1. 吸附原理

吸附剂的固体分子之所以能够吸附流体分子，是由于在相界面上物质分子的特殊状态造成的。吸附剂内部分子所受的力是平衡的，但是固体表面分子的力场却是不平衡的（图 11-1），即存在表面力，它能从外界吸附分子、原子或离子，并在吸附剂表面形成多分子层或者单分子层。

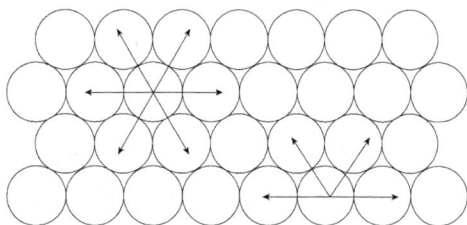

图 11-1　界面上分子和内部分子所受的力

2. 吸附剂的种类

常用的吸附剂有活性炭、硅胶、活性氧化铝、分子筛等。

1）活性炭

活性炭是炭质经专门处理以增加吸附表面，并除去孔隙中树胶物质而成。制活性炭原料有木材、锯屑、泥煤、核桃壳等植物性原料和骨骼等动物性原料。活性炭的命名与原料有关，如木炭、骨炭。将含碳物质经干馏可得到粗炭。粗炭没有活性，要经过活化后才能变成活性炭。活化过程是排除孔隙内和表面上的干馏产物，扩大原有空隙，增加新空隙的过程。活化方法有两种：一种是将木炭于 900℃下用水蒸气或空气进行活化，这种活性炭可用于气体净化或气体中溶剂蒸气回收；另一种是将含碳原料浸于氯化锌等溶剂中后再炭化，这种活性炭可用于溶液脱色和精制。

2）硅胶

硅胶是一种坚硬无定形链状和网状结构的硅酸聚合粒，为一种亲水性极性吸附剂。因其是多孔结构，比表面积可达 $350m^2/g$。工业上用的硅胶有球形、无定型、加工成型及粉末状 4 种，主要用于气体的干燥脱水，催化剂载体及烃类分离等过程。

3）活性氧化铝

活性氧化铝为无定形的多孔结构物质，一般由氧化铝的水合物（以三水合物为主）加热、脱水和活化制得。其活化温度随氧化铝水合物种类不同而不同，一般为 $250\sim500℃$，孔径约为 $2\sim5nm$，典型的比表面积为 $200\sim500m^2/g$。活性氧化铝具有良好的机械强度，可在移动床中使用。对水具有很强的吸附能力，故主要用于液体和气体的干燥。

4）分子筛

分子筛是多孔固体，是将合成泡沸石经煅烧除去结晶水后所得的产物。吸附时，进入细孔内的分子被吸附，带有分子筛作用。分子筛是新型、具有高度选择性的吸附剂，与其他吸附剂相比优点是：能根据分子大小和构型进行选择性吸附，能限制比孔穴大的分子进入，起筛选分子的选择性吸附作用；对不饱和分子、极性分子和易极化分子具有较强吸附作用。溶液中小于分子筛孔径的分子，虽能进入小孔内，由于分子极性、不饱和度与空间结构不同，出现吸附强弱和扩散速度的差异。分子筛优先吸附的是不饱和分子、极性分子和易极化分子。在吸附质浓度很低或较高温度情况下，分子筛仍有很大的吸附能力。由于分子筛突出的吸附性能，在吸附分离操作上得到广泛的应用，显示出比蒸馏、吸收等分离操作更明显的优越性。

3. 吸附剂的性能要求

吸附剂是吸附分离过程得以实现的基础。许多固体都具有吸附能力，在实际工业应用中吸附剂应具备以下性质。

（1）高度的选择性。吸附剂对不同的吸附质具有选择性吸附，选择性越好，吸附分离效果越好。

（2）巨大的吸附面积和很高的吸附活性。吸附在固体表面进行，表面积越大，吸附能力越强。吸附表面积，包括固体外表面积与固体微孔中的内表面积，主要是内表面积。吸附活性即吸附容量，以单位体积（或质量）吸附剂能吸附的物质量来衡量，吸附剂须具有很高吸附活性。

（3）吸附剂颗粒应具有一定的机械强度。由于吸附剂有自重，在充填和再生过程中有冲击，若机械强度和耐磨性差则易破碎，使流体通道被阻塞或流体受污染，严重时会影响操作的顺利进行。因此，要求吸附剂颗粒具有一定的机械强度。

（4）良好的物理性质及稳定性。吸附剂颗粒应大小均一，吸附剂要有良好的化学及热稳定性，制备简单、生产成本低、价格便宜、原料充足。

4. 影响吸附操作的因素

（1）被吸附物质的浓度。浓度越大，吸附量越大。

（2）吸附剂的性质。吸附剂粒子越小，每单位质量所具有的表面积越大，吸附能力越强。吸附剂对被吸附物质有选择性，即同一吸附剂对不同被吸附物质，吸附能力不同。

（3）被吸附物质的性质。极性吸附剂易于吸附极性溶质，非极性吸附剂易于吸附非极性溶质。性质相似的离子或原子团，摩尔质量大的较易被吸附。在溶剂中具有较小溶解度的物质，较易从该溶液中被吸附出来。

（4）温度的影响。物理吸附一般是吸附量随温度升高而减小。升高温度加强了分子运动，增加了解吸的趋势，但因伴随有化学变化的吸附，关系较为复杂，因而与其他因素也有一定关联。

（5）溶液 pH 值的影响。在极性吸附和交换吸附过程中，具有离解基的带电的大分子表面活性物质被吸附时，吸附量随 pH 值的变化而变化。分子间相同电荷增大时，分子间排斥力加大，分子解吸有增强的趋势。如果吸附剂不带电，被吸附的量就越小。

5. 吸附的方法

吸附过程通常包括 4 个过程：分离料液与吸附剂混合，吸附质被吸附到吸附剂表面，料液流出，吸附质解吸回收。因此，在吸附操作流程中，除吸附器外，还应有解吸和再生设备。

液体吸附的方法有两种，区别在于液体与固体的接触方式。一种称为接触过滤法。该法的吸附操作在搅拌容器中进行。通过搅拌装置使固、液均匀混合，促使吸附过程进行。吸附操作后，通过过滤设备除去溶液中吸附剂及吸附的杂质和色素。另一种称为渗滤法。此法吸附剂在容器中形成床层，溶液在加压或重力作用下流过床层时部分溶质被吸附。吸附床层是固定床或移动床。固定床属半连续操作，移动床属连续化操作。

吸附操作选用接触过滤法还是渗滤法，取决于温度、固液比及操作情况。吸附操作多采用间数式，也有采用多级接触式。多级接触式中，一定量的吸附剂用于特定溶液后，对另外浓度更高的溶液仍具有吸附作用，可按一定顺序或连续式进行接触操作。

（二）典型的吸附设备

1. 接触过滤吸附设备

图 11-2 所示为一次接触过滤吸附设备结构。设备包括混合桶、料泵、压滤机和贮桶。

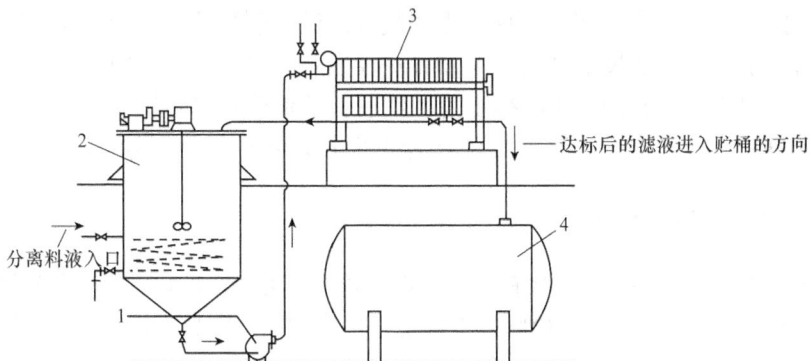

1. 料泵；2. 混合桶；3. 压滤机；4. 贮桶。

图 11-2　一次接触过滤吸附设备结构图

其吸附剂和液体加入混合桶内，在搅拌装置的带动下充分接触和均匀混合，使吸附剂逐渐将液体中溶质吸附在表面上，形成以吸附剂为核心的粗大结实的固体颗粒。在一定温度下，当吸附剂和溶液在混合桶中进行一定时间混合吸附后，用料泵将其送入压滤机中。

在过滤设备中，泵入的悬浮液在压力差作用下进行固液分离，即从悬浮液中分离出固体吸附剂及其吸附的色素和杂质等。过滤后液体清澈透明，达到工艺指标的滤液直接排入贮桶，浑浊和未达工艺指标的滤液返回重新过滤。混合桶多为圆筒形的开口或密闭容器，带有加热夹套或蛇管，并有电动机及减速装置带动的搅拌器。

接触吸附过滤设备主要用于处理液体混合物，特别适合吸附质含量少且无须回收、吸附剂用量少的混合液，如食品工业中糖液等配料液的脱色、除臭处理。

接触过滤法的吸附设备多为间歇式操作，分一次接触吸附和多次接触吸附。多次接触过滤吸附，是将若干组（2~3组）吸附设备组合使用。让溶液依次与新鲜吸附剂多次接触，吸附剂则平行地只与溶液接触一次。

2. 固定填充床吸附设备

固定填充床吸附设备，是吸附剂颗粒均匀堆放在内部多孔支撑板上的柱式塔，床层高 0.5~10m，使用粒状吸附剂。对高床层固定床，为避免颗粒承受过大压力，需将颗粒分层放置，每层 1~2m。固定床吸附器，结构简单，操作方便，是吸附过滤分离中应用最广的一类吸附过滤装置。食品工业中，这类设备多用于液体去杂和脱色，如用漂白土进行植物油脱色，或用骨炭进行糖液去灰和脱色。这类设备的流程，多数为半连续式操作。图 11-3 为糖液

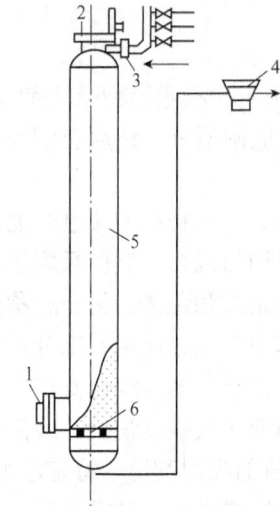

1. 吸附剂出口；2. 吸附剂加入口；3. 糖液入口；4. 过滤器；5. 吸附柱；6. 支承。

图 11-3　糖液脱色吸附柱

脱色吸附柱，其柱身为圆筒形，高 6~10m，直径为 0.6~1.2m。

吸附剂骨炭从上端带盖的吸附剂加入口 2 装入，堆放在上覆金属筛网或滤布的支承 6 上，从下部吸附剂出口 1 卸出。糖液由糖液入口进入吸附柱，总管上连接若干带阀门的支管，分别加入不同色度的糖液。随着骨炭表面被吸附的色素所饱和，逐次换以色度更高的糖液，可以充分利用骨炭吸附能力。经脱色的溶液沿料管进入过滤器 4，滤去其中所带骨炭细粒。吸附器生产能力为用 1t 骨炭每分钟可得 2~4L 溶液。

3. 扩张床吸附设备

扩张床吸附是 20 世纪 90 年代首先由英国剑桥大学 Chase HA 等在研究流化床吸附的基础上发展起来的，能在床层膨松状态下实现平推流的扩张床吸附技术。应用该技术可直接从细胞破碎液中提取出较纯的目标产物，固液分离和吸附同时进行，相当于将除细胞碎片和初步纯化合并于一个操作中，减少了操作步骤，缩短了操作时间，节约了生产成本。

扩张床是固定床和流化床优点的综合。固定床之所以有很高的理论塔板数，是因为

流体以平推流的形式流过床层，除分子扩散外基本不存在返混。流化床如要具有这一性质，介质颗粒必须在床层中实现稳定分级。分级是指介质颗粒按自身一定的物理性质相对稳定地处在床层中的一定层次而不混到其他层次，颗粒在床层中的运动受颗粒密度、密度分布、尺寸、尺寸分布、床层空隙率、流体物性等的影响。介质密度一定时，影响较大的是颗粒的尺寸分布、床层空隙率、流体的性质和流动状况。用床层中最大与最小介质颗粒直径比表征床层颗粒的尺寸分布，在液-固系统中，当大于一定值时，分级现象占主导地位。分级后，较大的颗粒处于床层下部，较小的颗粒处于床层上部。床层中颗粒的行为也随床层空隙率的变化而变化。分级机制重新占主导地位，但在接近床层底部的区域存在返混的现象。稳定分级后，流体基本上以平推流过床层，保证了床层分离的效果，同时颗粒间较大的空隙也使料液中的固体颗粒能顺利通过床层，这就是扩张床。

　　扩张床吸附与固定床吸附和流化床吸附的区别：常规的液相吸附柱主要采取固定床方式，即料液都从柱上部流经层析介质层，从柱下部流出，流体在介质层中基本上呈平推流，返混小，柱效高。无法处理含颗粒料液，因为这种方式介质间的空隙小，颗粒会滞留在介质间，易造成堵塞，床层的压降增大，最终会使吸附过程无法进行。所以采用这种层析方式前必须对原料液进行固液分离。流化床虽然可以直接吸附含颗粒的料液，但反混是个问题。在气-固流化床中，气体常以气泡的形式穿过床层，形成聚式流化床，气相和固相返混都很严重。作为一种分离纯化的工具，返混的存在使床层理论塔板数降低，导致分离效率下降，达不到需要的分离效果。

　　扩张床吸附程序通常包括 5 个基本步骤（图 11-4）。第一，采用颗粒自由液体使吸附剂的填充床转换成一个扩张床；第二，含有颗粒物质的样品进料（如菌液）通过柱子直到吸附剂被样品浸透；第三，自下向上流以去除床空隙中的微粒；第四，通过重力沉降使扩张床转换回到填充床，或逆流并从吸附剂上洗脱出样品；第五，净化吸附剂已完全除杂质，然后在处理下一批样品前再重新平衡。

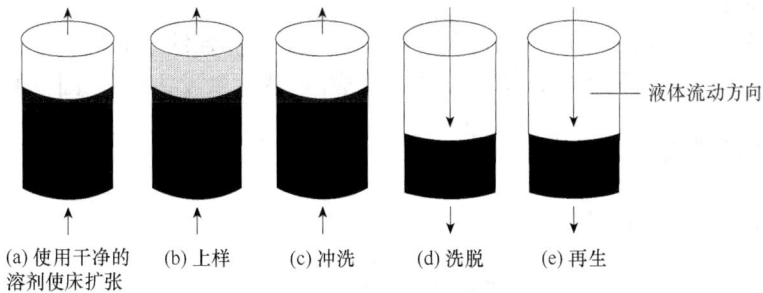

图 11-4　扩张床吸附程序

二、萃 取 设 备

（一）概述

　　根据不同物质在同一溶剂中溶解度的差别，使混合物中各组分得到部分或全部分离的分离过程，称为萃取。这种操作方法属于化学分离手段，萃取过程通常较为复杂。萃取过程可分为混合、萃取、分离、回收 4 个步骤。

在混合物中被萃取的物质称为溶质，其余部分则为萃余物，而加入的第三组分称为萃取剂。萃取过程中溶质从一相转移到另一相中去，所以萃取也是传质的过程。相间物质的传递是由扩散作用引起的，扩散的速度与温度、被萃取组分的理化性质及在两相中的溶解度差有关。一个完整的萃取操作过程如图 11-5 所示。原料液与萃取剂充分混合接触，使一相扩散于另一相中，以利于两相间传质；萃取相和萃余相进行澄清分离；从两相分别回收溶剂得到产品。回收的萃取剂可循环使用。

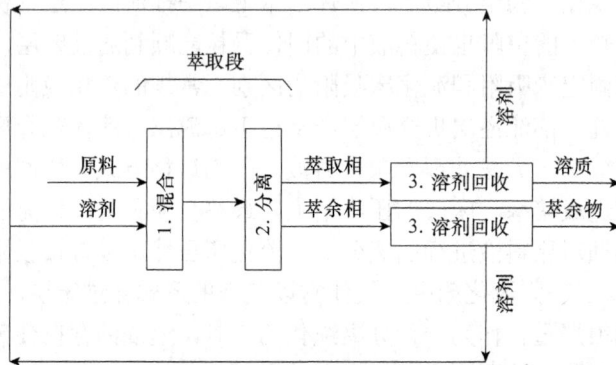

图 11-5　萃取过程

萃取设备有多种分类方式。根据料液和溶剂接触的次数及接触时的流动方向，萃取设备可以分成单级萃取设备和多级萃取设备，后者又可分为错流接触萃取设备和逆流接触萃取设备。多级逆流萃取过程具有分离效率高、产品回收率高、溶剂用量少等优点，是工业生产最常用的萃取流程。多级萃取设备也有多种类型，如混合沉降器、筛板萃取塔、填料萃取塔等。

根据操作方式不同，萃取设备可分成间歇萃取设备和连续萃取设备。

根据分离物系构成的不同，萃取设备可分成液-液萃取设备和液-固萃取设备。

（二）典型萃取设备

1. 液-液萃取设备

液-液萃取设备是一类分离均相液体混合物中某一种或几种组分的单元操作设备。常用的液-液萃取设备的结构如图 11-6 所示。根据接触的方式不同，可以分为逐级式和微分式两大类。

1）逐级接触式萃取设备

逐级接触式萃取设备是将萃取设备过程分为若干个区间，轻液和重液自两侧逆流混合，在每个区间内两相都将达到平衡状态，并且具有一定的沉降分离时间，且溶质浓度逐级递增或递减。其优点是各级混合液不易相混，溶剂用量小，传质效率高，为连续式萃取设备。

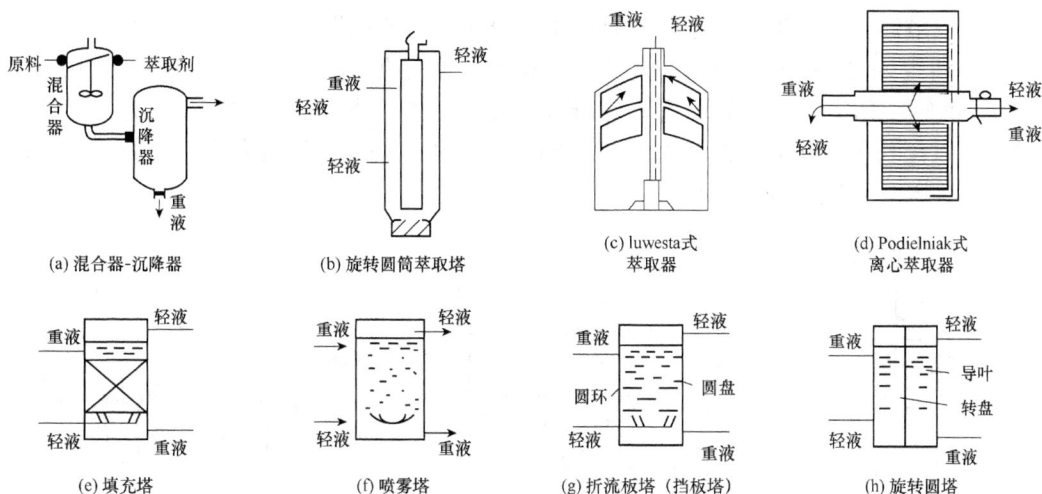

(a) 混合器-沉降器　(b) 旋转圆筒萃取塔　(c) luwesta式萃取器　(d) Podielniak式离心萃取器

(e) 填充塔　(f) 喷雾塔　(g) 折流板塔（挡板塔）　(h) 旋转圆塔

图 11-6　液-液萃取设备的结构图

　　混合-澄清萃取槽（图 11-7）是一类典型的逐级接触式萃取设备。根据萃取槽的个数，可分为单级混合-澄清萃取槽和多级混合-澄清萃取槽。单级混合-澄清萃取槽是结构最简单且应用广泛的连续式萃取设备，主要由混合槽和澄清槽两部分构成。轻液、重液在混合槽中搅拌器的作用下产生湍流，充分混合传质，混合液通过狭小缝隙进入澄清槽后逐渐停止湍流，通过液滴沉降及液滴聚集而分层，分别由轻液、重液通道流出。

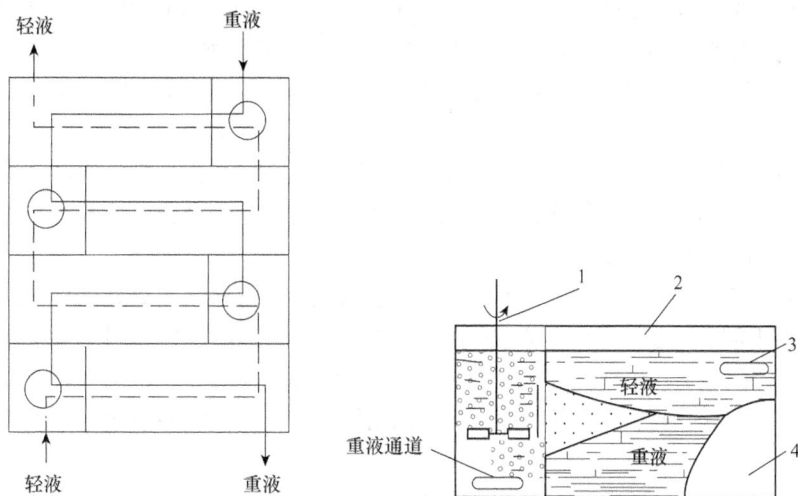

1. 搅拌器；2. 澄清槽；3. 轻液溢出口；4. 重液溢出口。

图 11-7　混合-澄清萃取槽的结构图

　　若干个单级设备各级之间水平方向串联就构成了多级混合-澄清萃取槽，轻液和重液分别从两段进入，在各级搅拌器和外加输送动力的推动下逆向流动。轻液和重液在每一级均可达到一个相对稳定的溶质浓度和混合均匀度，每一级的溶质浓度与相邻两级均不相同，逐级递增或递减。

筛板塔属于一种逐级接触式的塔式萃取设备,结构如图 11-8 所示。塔身垂直,内部装有间距为 150～600mm 的筛板,筛板上的筛孔直径一般为 3～9mm,开孔率为 20%～40%,筛板一角设置升(降)液管,且在各层的位置交错排列,垂直方向上并不对应,以延长分散相和连续相在筛板上的传质时间。塔式萃取设备在工作时,轻液均从塔底进入,重液则都由塔顶进入。

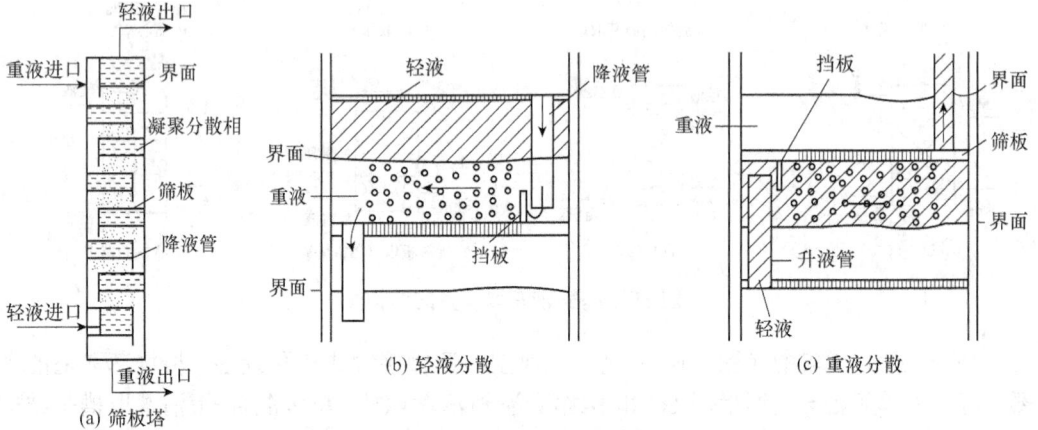

图 11-8　筛板塔的结构图

2) 微分接触式萃取设备

微分接触式萃取设备是指在一个柱式或塔式容器中,互相溶混的两液相分别从顶部和底部进入并相向流过,目的产物(溶质)则从一相传递到另一相,以实现产物分离的目的。其特点是两液相连续相向流过设备,没有沉降分离时间,因而传质未达平衡状态。

微分接触式萃取操作只适用于两液相有较大密度差的场合。微分接触式萃取设备主要是一个萃取塔,图 11-9 所示为常用的 3 种典型设备结构。此外,文丘里混合器、螺旋输送混合器也常用于萃取操作。

对于填料萃取塔,宜选用不易被分散相润湿的填料,以使分散相更好地分散成液滴,有利于和连续相接触传质。通常,陶瓷材料易被水溶液润湿,塑料填料易被大部分有机液体润湿,而金属材料无论对水或是对有机溶剂均能润湿。若以轻液为分散相由塔底进入,常用喷洒器使轻液分散。搅拌器的作用是使轻液、重液两相在每层丝网之间得到更好的均匀再分散。

转盘萃取塔的分离效率与转盘转速、直径及隔板的几何尺寸等结构参数有关。通常,塔径与转盘直径比值为 1.5～3,环形隔板间距为塔径的 1/8～1/2,隔板宽度为塔径的 1/10～1/5,而转盘转速为 80～150r/min。

液-液萃取属于分离均相液体混合物的一种单元操作,在食品工业上主要用于提取与大量其他物质混杂在一起的少量挥发性较小的物质。因液-液萃取可在低温下进行,故特别适用于热敏性物料的提取,如维生素、生物碱或色素的提取,油脂的精炼等。

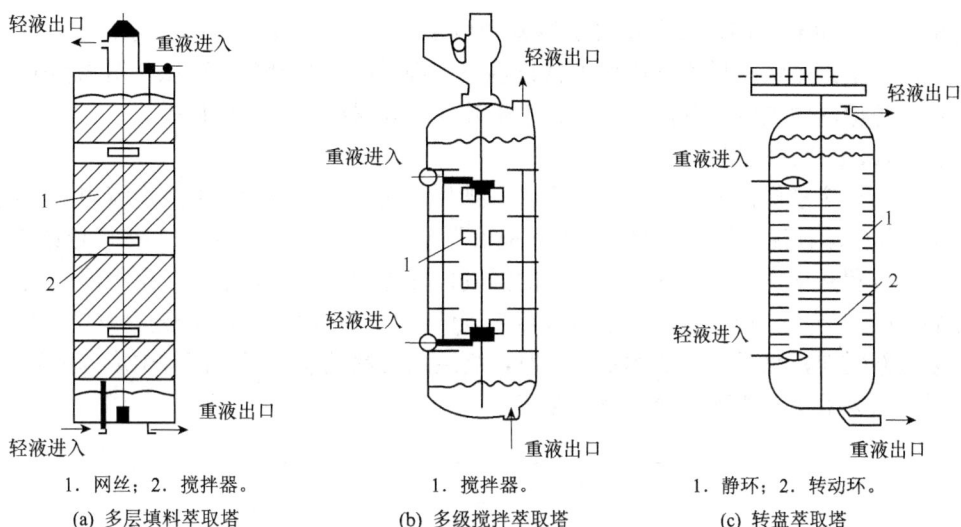

1．网丝；2．搅拌器。

(a) 多层填料萃取塔

1．搅拌器。

(b) 多级搅拌萃取塔

1．静环；2．转动环。

(c) 转盘萃取塔

图 11-9　3 种常用的微分萃取塔结构图

2. 固-液萃取设备

固-液萃取操作通常称为浸出或浸提。食品工业的原料多为动植物产品，固体物质是其主要组成部分，为了分离出其中的纯物质，或者除去其中不需要的物质，多采用浸提操作。

固体的浸提过程一般包括：溶剂浸润进入固体内，溶质溶解；溶解的溶质从固体的内部流体中扩散达到固体表面；溶质继续从固体表面通过液膜扩散而到达外部溶剂的主体中。

影响浸提速度的因素：可浸提物质的含量，物料中可浸提物的含量越高，浸提的推动力就大，因而浸提速度就越快。原料的形状和大小，物料形状和大小直接影响传质速度，其应在一定范围内，太大太小都不适宜。温度，在较高的温度下进行浸提操作，可以提高溶质的扩散速度，从而提高浸提的速度，但浸提温度的确定还要考虑物料的特性，避免因温度过高而导致浸提液的品质劣变。溶剂，溶剂的影响包括溶剂的溶解度、亲和力、黏度、分子大小等。

在食品工业中，固体浸提物料的粒径多大于 100 目，且高含纤维成分，常用的浸提装置为单级浸提罐、多级固定床浸提器和连续移动床浸提器等。

1）单级浸提罐

单级浸提罐为一开口容器，下部安装假底以支持固体物料，溶剂从上面均匀喷淋于物料上，通过床层渗滤而下，穿过假底从下部排出。物料由上方进入，残渣通过下排渣口排出，浸提液由泵排出。物料浸提有时需在高温下进行，溶剂多为挥

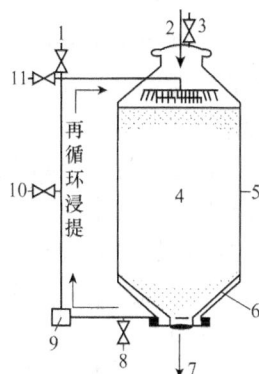

1．洗水入口；2．物料入口；
3．排气孔；4．固体物料槽；
5．罐体；6．假底；
7．残渣出口；8．洗水入口；
9．泵；10．浸提液入口；
11．新溶剂入口。

图 11-10　单级浸提罐结构

发性的，且卫生要求高，故单级浸提罐常做成密闭式的，如图 11-10 所示。

应用范围：单级浸提罐常用作中试设备或小规模的生产设备，可以从植物种子、大豆和花生等原料中提取油脂，从咖啡、干茶叶或中药材中提取浸出物等。

2）多级固定床浸提器

多级固定床浸提器为将数个浸提罐依序排列，图 11-11 所示为多级逆流固定床浸提器。新溶剂由罐顶注入进行浸提，所得浸提液再泵入次一级的浸提罐，并依序连续操作。罐与罐间设置热交换器，以确保浸提液的温度，提高浸提效率。这样，所得浸提液的浓度逐罐提高，当第一罐物料内的溶质残存浓度低于经济极限时，停止浸提操作。卸出残渣，装入新物料，然后并入流程中。此时，新装入物料的浸控罐在流程中成为最后一级浸提罐，原来的第二级现在成为第一级。

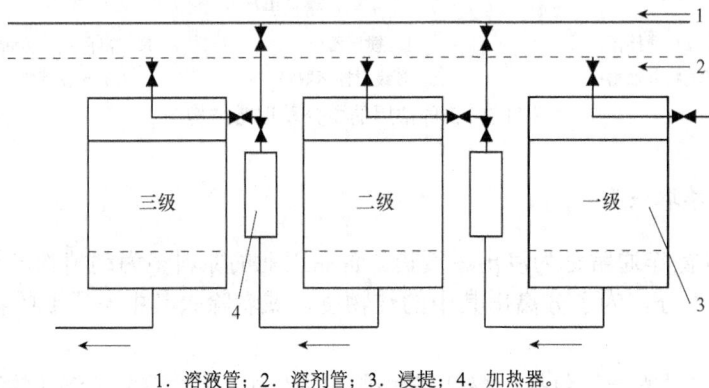

1. 溶液管；2. 溶剂管；3. 浸提；4. 加热器。

图 11-11　多级逆流固定床浸提器

应用范围：这种类型的浸提器可用于咖啡、茶精、油脂和甜菜汁生产。

3）连续移动床浸提器

工业上大多采用连续移动床浸提系统，物料置于一连续移动床上，随其移动，溶剂则逆向流动。目前，连续移动床浸提设备主要有浸泡式、渗滤式及浸泡和渗滤混合式三种形式。

浸泡式连续移动床浸提器是物料完全浸没于溶剂之中进行连续浸提。如图 11-12 所示，此浸提器由两个垂直圆形塔，下端用短的水平圆筒连接而成。每段圆筒内均安装有螺旋输送器，螺旋片上均开有滤孔。螺旋输送器将固体物料从低塔的顶部移向底部，再经短距离水平移动而到达高塔的底部，而后上升到达塔顶的卸料口。新鲜溶剂在较高的塔顶附近引入，入口位置低于固体的卸料口，以保证固体残渣有一段沥出溶剂的距离。溶剂依靠重力向下流动，与物料进行流向相反的逆流接触。随着流动，溶剂中溶质浓度逐渐增加。溶液出口位于原料入口下方，并低于溶剂入口位置，排出前经过一特殊的过滤器过滤。

应用范围：这种浸出器常用于大豆和甜菜的浸提。

渗滤式连续浸提器是溶剂喷淋于物料层之上，在通过物料层向下流动的同时进行浸提，物料不浸泡于溶剂中，渗滤式连续浸提器结构如图 11-13 所示。

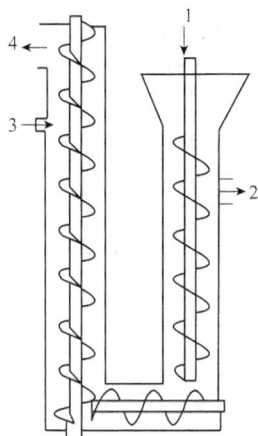

1. 物料；2. 浸提液；
3. 溶剂；4. 残渣。

图 11-12 浸泡式连续移动床浸提器的结构图

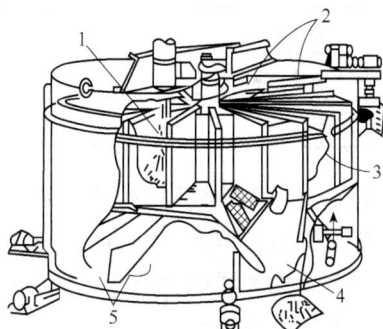

1. 装料；2. 喷淋溶剂；3. 残渣卸除；
4. 残渣出口；5. 浸提液出口。

图 11-13 渗滤式连续浸提器的结构图

浸出器的转动体被钢板间隔形成若干格子，称为浸出格。每个浸出格的下部均装有假底，假底的一侧通过铰链与隔板底侧连接，另一侧有两个滚轮支撑在底座上的内外轨道上。假底与料格吻合形成一个有底容器。假底由角钢、有孔筛板和丝网等构成，这样既能承托被浸物料，又能透过混合油。转动体外圈中间处装有齿条，通过链条和减速器传动，绕主轴做顺时针或逆时针方向转动。当假底合上时，浸出格开始装料，小滚轮就在圆形轨道上缓慢移动，并托住浸出格内的物料。物料经上部喷入的混合油浸泡提取，当其中的油脂被逐渐提取殆尽时，再被新鲜溶剂喷淋浸泡一次。随后即进入粕的最后滴干阶段。粕内低浓度的混合油自行滴干，落入浸出器下部的混合油收集格内。滴干结束后，浸出格即旋转到了出粕处。在出粕处，圆形轨道中断，假底失去依托。由于粕和假底的重量，使假底自动脱开，湿粕随之落入出粕斗中，经绞龙或刮板输送机送去蒸脱以回收湿粕中的溶剂。

在食品工业中，固-液萃取是比液-液萃取应用更为广泛的分离手段。可用于分离动植物产品固体部分中的纯物质，或者除去其中不需要的物质。以油脂工业油料种子中油的浸提最多，在速溶饮料、香料色素、鱼油、玉米淀粉、肉汁、植物蛋白等产品的制造过程中也有应用。

3. 超临界流体萃取设备

超临界流体萃取（SCFE）是一种新型的萃取分离技术，由于其具有低能耗、无污染、无残留和适宜处理热敏性物料等优势，广泛应用于化学工业、能源、食品和医药等工业。

1）超临界流体及其性质

超临界流体（SCF），是指处于临界温度（t_c）和临界压力（p_c）以上，其物理性质介于气体和液体之间的流体，见表 11-1。

表 11-1　超临界流体、气体、液体的性质比较

相	密度/（g/cm³）	扩散系数/（cm²/s）	黏度/（Pa·s）
气体（G）	$(0.6\sim2)\times10^{-3}$	$0.1\sim0.4$	$(1\sim3)\times10^{-4}$
超临界流体（SCF）	$0.2\sim0.9$	$(2\sim7)\times10^{-4}$	$(1\sim9)\times10^{-4}$
液体（L）	$0.6\sim1.6$	$(0.2\sim2)\times10^{-5}$	$(0.2\sim3)\times10^{-2}$

超临界流体的性质介于气液两相之间，主要表现如下。

（1）密度类似液体，溶剂化能力很强。

（2）压力和温度微小变化可导致密度显著变化。

（3）压力和温度变化可引起相变。

（4）黏度、扩散系数接近气体，具有很强传递性能和运动速度。

（5）介电常数、极化率和分子行为与气液两相均有着明显差别。

CO_2 是研究最广泛的流体之一。超临界 CO_2 萃取的优点：在接近室温（35～40℃）及 CO_2 气体笼罩下进行提取，可有效防止热敏性物质的氧化和逸散。因此，在萃取物中保持药用植物的全部成分，且能把高沸点、低挥发度、易热解的物质在其沸点温度以下萃取出来。全过程不使用有机溶剂，萃取物绝无残留溶媒，防止提取过程对人体的毒害和对环境的污染。萃取和分离合二为一，饱含溶解物的 CO_2-SCF 流经分离器时，由于压力下降使 CO_2 与萃取物迅速成为气液两相而立即分开，萃取效率高，能耗少。CO_2 是不活泼气体，萃取过程不发生化学反应，属于不燃性气体，无味、无臭、无毒，安全性好。CO_2 价格便宜，纯度高，容易取得，生产中循环使用，可降低成本。压力和温度都是调节萃取过程的重要参数。

2）超临界流体萃取设备组成

超临界流体萃取一般为系统操作，主要由五个基本部分组成：溶剂压缩机或高压泵的加压系统、萃取器或压力容器、温度-压力控制系统、分离器与吸附器及辅助设备等。

高压泵或溶剂压缩机的作用，是将萃取剂由常温常压状态转化为超临界流体。萃取釜为核心设备。辅助设备有辅助泵、阀门、背压调节器、流量计、热量回收器等。

3）超临界流体萃取机理

CO_2 的临界温度（t_c）和临界压力（p_c）为 31.05℃和 7.38MPa。处于临界点以上，CO_2 同时具有气体和液体双重特性，既近似于气体，黏度与气体相近；又近似于液体，密度与液体相近，但扩散系数却比液体大得多。超临界 CO_2 是优良溶剂，能通过分子间相互作用和扩散作用将许多物质溶解。在稍高于临界点区域内，压力稍有变化，即引起密度很大变化和溶解度较大变化。因此，超临界 CO_2 可从基体上将物质溶解出来，形成超临界 CO_2 负载相，然后降低载气压力或升高温度。超临界的溶解度降低，这些物质就沉淀出来与 CO_2 分离，达到提取分离目的。

4）超临界流体萃取过程

超临界流体萃取的流程往往根据萃取对象的不同而进行设计，最基本的流程如图 11-14 所示。下面是超临界 CO_2 萃取的具体萃取过程。

　　将萃取原料装入萃取釜中，采用 CO_2 为超临界溶剂。CO_2 气体经热交换器冷凝成液体，用加压泵把压力提升到工艺所需压力（高于 CO_2 临界压力），调节温度，使其成为超临界 CO_2 流体。CO_2 流体作为溶剂从萃取釜底部进入，与被萃取物料充分接触，选择性溶解出所需化学成分。含溶解萃取物的高压 CO_2 流体经节流阀降压到低于 CO_2 临界压力进入分离釜（解析釜），由于 CO_2 溶解度急剧下降而析出溶质，自动分离成溶质和 CO_2 气

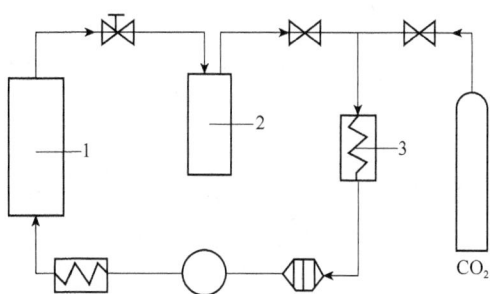

1. 萃取釜；2. 分离釜；3. 热交换器。

图 11-14　超临界 CO_2 萃取的基本流程

体两部分。前者为产品，定期从分离釜底部放出。后者为循环 CO_2 气体，经过热交换器冷凝成 CO_2 液体再循环使用。整个分离过程是利用 CO_2 流体在超临界状态下对有机物有特异增加的溶解度，而低于临界状态下对有机物基本不溶解的特性，将 CO_2 流体不断在萃取釜和分离釜间循环，可有效将需要分离提取的组分从原料中分离出来。

　　5）超临界流体萃取的应用

　　超临界流体萃取是一种在食品工业领域获得高品质产品的有效手段，如食品原料处理、有效成分提取、有害成分脱除等。目前应用较为成熟的领域主要有：茶叶、咖啡豆的脱咖啡因，啤酒花制造啤酒花浸膏，动植物油的萃取分离，香料成分的萃取与分离，动植物及鸡蛋、奶油中的脂肪酸、色素提取和去除胆固醇等。

实践操作

超临界 CO_2 萃取紫苏油的实验

【实践目的】

（1）了解超临界 CO_2 萃取紫苏油的基本原理。

（2）熟悉超临界 CO_2 萃取装置的操作步骤（图 11-15）。

【原料与设备】

（1）原料：紫苏籽、CO_2。

（2）设备：超临界 CO_2 萃取装置、粉碎机。

【操作步骤】

1. 准备工作

（1）将 800g 紫苏籽在 105℃下烘干 30min，将其粉碎，过 40 目筛。

（2）开机前，检查设备电路和管路接头以及各连接部位是否牢靠。

（3）CO_2（纯度≥99.9%）钢瓶压力保证在 5～6MPa。

（4）将各加热水箱的水位加至离水箱顶部 1.5～2cm 处，用手拨动水箱内的电动机桨叶，确保未卡住。

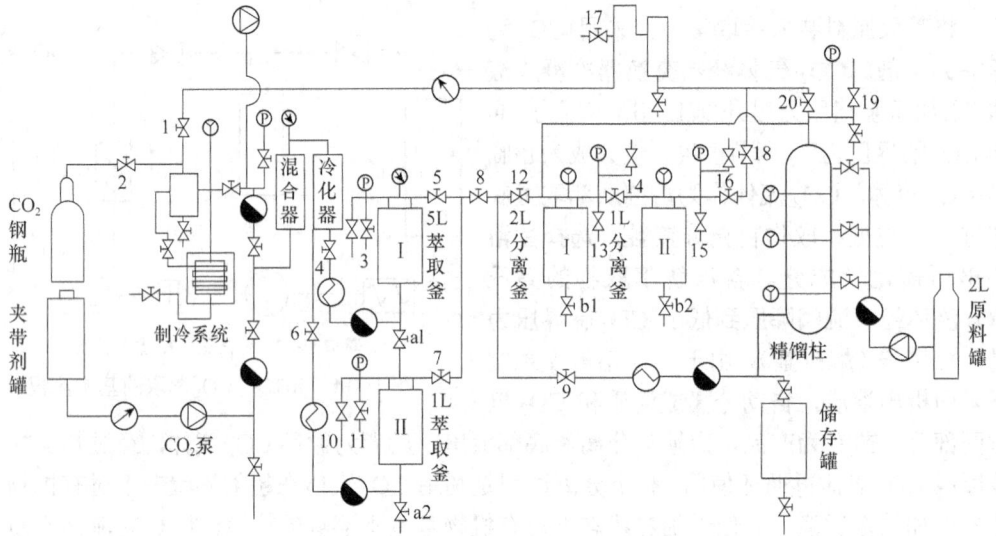

图 11-15 超临界 CO_2 萃取紫苏油流程图

2. 萃取紫苏油

（1）先打开设备总电源，在三相电源指示灯都亮的情况下，继续打开制冷及冷却泵开关。灯若不亮，立刻关闭总电源，进行检修。

（2）打开相应的萃取釜和分离釜I的加热开关，立即查看各水箱水位及电动机运转是否正常，在正常的情况下设定萃取釜及分离釜I的温度。

（3）待制冷温度达 2～6℃，相应的萃取、分离温度达设定温度后，关闭除 8 号阀门外的所有阀门。

（4）将过筛的紫苏籽粉装入 5L 的料筒中，按塑料垫片、金属网、筒盖的顺序安装好料筒。

（5）依次打开 CO_2 钢瓶阀门、高压泵进气阀和阀门 2。

① 当用萃取釜I时，慢开阀门 4（防止由于压力过大将物料吹入管路造成堵塞），待萃取釜压力等于贮罐压力后全开阀门 4，再慢开阀门 3，2～3s 排掉萃取釜内的空气后关闭，再打开阀门 5。

② 当用萃取釜II时，慢开阀门 6，待萃取釜压力等于贮罐压力后全开阀门 6，再慢开阀门 11，2～3s 排掉萃取釜内的空气后关闭，再打开阀门 7。

（6）依次打开阀门 12、阀门 14、阀门 16、阀门 18、阀门 1 以形成回路。

（7）按工艺要求设定好泵出口压力后，启动 CO_2 泵电源，调好 CO_2 泵频率后按下 "run" 键（泵的出口压力设定值高于工艺值 2～3MPa）。

（8）通过阀门 8 调节萃取釜压力至工艺值后，再通过阀门 14 调节分离釜I压力至工艺值。当两者的压力稳定在各自的工艺值后开始萃取计时，每隔 20～30min 收集一次萃取物，直至萃取过程结束。

（9）萃取结束后，关闭 CO_2 泵电源、CO_2 钢瓶阀、阀门 2、CO_2 泵进气阀、制冷及冷却泵电源和各相应的加热开关，再关闭设备总电源。

① 当所用萃取釜为I时，完全打开阀门 14、阀门 8，使分离釜II、分离釜I、萃取

釜 I 压力都和贮罐压力相等后，关闭阀门 4 和阀门 5，再慢开阀门 3 和阀门 a_1 使萃取釜 I，压力缓慢降至 0MPa 后，打开萃取釜盖，取出料筒。

②　当所用萃取釜为 II 时，完全打开阀门 14、阀门 8，使分离釜 II、分离釜 I、萃取釜 II 压力都和贮罐压力相等后，关闭阀门 6 和阀门 7，再慢开阀门 11 和阀门 a_2，使萃取 II 压力缓慢降至 0MPa 后打开萃取釜盖，取出料筒。

盖上釜盖，将取出的料筒清洗干净，并放回指定位置，实验结束。

思考题

（1）简述吸附的工作原理。

（2）简述主要吸附设备的种类、结构及特点。

（3）简述萃取的工作原理。

（4）简述主要萃取设备的种类、结构及特点。

第十二章 包装机械设备

包装是食品生产的重要环节。为了贮运、销售和消费，各种食品均需要得到适当形式的包装。

一、概　　述

包装的产生应从人类社会开始产品交换时算起，目前绝大部分商品的生产、运输、销售等一系列加工与流通过程都离不开包装。尤其是在现代社会经济条件下的食品工业，没有经过包装的食品是很难在市场上流通的。

食品包装在现代食品工业中已经不再只是一个附属部分，而是影响食品生产及其销售的一个重要的、不可忽视的因素，已成为食品生产的一个主要过程。

（一）包装的定义

《包装术语　第1部分：基础》（GB/T 4122.1—2016）中，包装的定义是：为在流通过程中保护产品、方便贮运、促进销售，按一定技术方法而采用的容器、材料及辅助物等的总体名称，也指为了达到上述目的而采用容器、材料和辅助物的过程中施加一定技术方法等的操作活动。

产品包装包括两个方面：一方面是指盛装产品的容器，通常称作包装物，如袋、箱、桶、筐、瓶等；另一方面是指包装产品的过程，如装箱、打包等。

因此，产品包装具有从属性和商品性两种特性，包装既是其内装物的附属品，附属于内装物的特殊产品，具有价值和使用价值；同时又是实现内装产品价值和使用价值的重要手段。

（二）包装的产生

一般认为，包装通常与产品联系在一起，是为实现产品价值和使用价值所采取的一种必不可少的手段。同时，包装的形成也是紧紧与产品流通的发展联系在一起的，其形成可区分为3个阶段。

1. 包装的初级阶段

在产品生产的发展初期，产品交换出现后，为了保证产品流通，首先需要的是产品运输和贮存，即产品要经受空间的转移和时间的推移的作用，因此需为产品提供保护，包装即而产生并发展起来。这一时期，包装通常是指初级包装，即完成部分运输包装的功能，如箱、桶、筐、篓等初级包装容器。由于没有小包装，产品在零售时需要分销。

2. 包装的发展阶段

此阶段，不仅有运输包装，而且出现了起传达美化作用的小包装。随着商品经济的发展，产品越来越多，不同企业生产不同质量和不同花色品种的产品。一开始生产者以产品特征来使消费者区分出各企业的产品，后来逐步以小包装来传达相关信息。该时期，运输包装仍主要起保护作用，而小包装则主要起区别产品、美化和宣传产品的作用。由于有了小包装，产品不必在零售时分销，但产品仍需售货员介绍和推销。

3. 销售包装成为产品的无声推销员阶段

超市销售方式的出现把包装推向更高的发展阶段。这一时期包装的特点是：小包装向销售包装方向过渡，销售包装已真正成为产品不可分割的一部分，成为谋取产品附加利润的重要手段，销售包装在生产销售和消费中所起的作用也越来越大。同时，运输包装也从单纯的保护朝如何提高运输装卸效率的方向发展。

包装发展到现阶段，通常称为现代包装。在现代化产品生产中，产品对包装的依附性越来越明显，在整个生产、流通、销售乃至消费领域中都需要一个附属品——包装，缺少它就难以形成社会生产的良性循环。所以，虽然现代包装的种类增多，功能增加，成本比重增加了，包装仍然是内装产品的附属品，而且包装发展会受到产品的制约，内装产品的特点及其变化是影响包装发展的根本因素。另外，在现代化的产品生产中包装本身的商品性也越来越明显，这说明包装发展至今，虽然产品对包装的依附性不断增加，但包装生产对产品生产的依附性却逐渐降低，而其相对独立性也在不断增加。

（三）包装的功能

包装的功能主要体现在以下几个方面。

1. 保护产品

保护产品是包装最重要的功能之一。产品在流通过程中，可能受到各种外界因素的影响，引起产品污染、破损、渗漏或变质，使产品降低或失去使用价值。科学合理的包装，能使产品抵抗各种外界因素的破坏，从而保护产品的性能，保证产品质量和数量的完好。

2. 便于产品流通

包装为产品流通提供了基本条件和便利。将产品按一定的规格、形状、数量、大小及不同的容器进行包装，而且在包装外面通常都印有各种标志，反映被包装物的规格品名、数量、颜色及整体包装的净重、毛重、体积、厂名、厂址及贮运中的注意事项等，这样既有利于产品的调配、清点计数，也有利于合理运用各种运输工具和存贮，从而提高了装卸、运输、堆码效率和贮运效果，加速了产品的流转，提高了产品流通的经济效益。

3. 促进和扩大产品销售

设计精美的产品包装，可起到宣传产品、美化产品和促进销售的作用。包装既能提高产品的市场竞争力，又能以其新颖独特的艺术魅力吸引顾客、指导消费，成为促进消费者购买的主导因素，是产品的无声推销员。优质包装在提高出口产品竞销力，扩大出口，促进对外贸易的发展等方面均具有重要的意义。

4. 方便消费者使用

随着产品的不同，销售包装的形式各种各样，大小适宜的包装，便于消费者使用、保存和携带产品。包装上的绘图、商标和文字说明等，既方便消费者辨认，又介绍了产品的性质、成分、用途、使用和保管方法，起着方便与指导消费的作用。

5. 节约费用

包装与产品生产成本密切相关。合理的包装可以使零散的产品以一定数量的形式集成一体，从而大大提高装载容量、方便装卸运输，并可以节省运输费、仓贮费等项费用支出。有的包装容器还可以多次回收利用，节约包装材料及包装容器的生产，有利于降低成本，提高经济效益。

（四）包装的要求

包装的要求主要体现在以下几个方面。

（1）符合产品卫生的要求，能有效防止外界对产品的再污染。

（2）食品包装从材料到包装技术等各个环节应能保持食品新鲜，不破坏食品的原有风味。

（3）食品包装应考虑在多种环境下，在食品标准规定的保质期限内，能保持食品在贮存、运输、销售等过程中，不因外界条件的影响而发生变质。

（4）食品包装所用的包装方式应在保证对食品进行可靠保护的前提下，使产品便于开启和食用，同时保证食用过程中的卫生。

（5）从经济性角度考虑，食品应能通过包装实现较大的价值增值，在为消费者带来优良、便利的食品的同时，使生产者和经营者获得丰厚的利润。

（6）所用的包装材料应便于回收和再利用，对不能再利用的包装材料应易于处理，并不使其污染环境。

（7）食品包装从包装材料、工艺方法、外观造型、商标设计等各方面都应考虑到流通领域的人文因素，要符合法律和不同地方的风俗习惯，不与食品流通区域的风俗禁忌相冲突。

（8）食品包装应便于产品的定位（即有明显标志造型、图案、文字等），表明该食品主要的服务对象，便于使用者识别适合各自需求的食品。

（五）包装材料和包装容器

1. 包装材料

常用包装材料主要有塑料、金属、玻璃、陶瓷、复合材料等。

1）塑料

塑料具有很好的透明度，能使被包装产品一目了然；有一定的强度，能妥善保护商品；有较好的防潮性能，防止食品受潮变质；有防止污染的能力，使被包装食品安全卫生；密封性能好，可以进行真空或充气包装，有利于食品的保鲜和防腐；印刷性能好，便于在包装上印制精美的图案，进行广告宣传。由于有以上的一些优点，在现代食品包装中，广泛采用塑料作为包装材料。但是必须注意的是，用作食品内包装材料的塑料，其本身必须是无毒的，在与食品长期接触的过程中也不会发生有害的变化。常用于食品包装的塑料有聚乙烯（PE）、聚乙烯醇（PVA）、聚丙烯（PP）等。

2）金属

金属作为食品包装材料，有良好的密封性、避光性和较好的力学性能。

常用于食品包装的金属材料主要有镀锡薄钢板（俗称马口铁板）和铝箔。镀锡薄钢板的表面镀有一层耐腐蚀的保护层，具有一定的强度，易加工成型，便于焊接，能在表面进行涂擦印花，外观明亮，所以在食品包装中广泛用作包装容器。铝箔重量轻，有利于降低运输费用；具有金属光泽，不易被腐蚀；遮光性能好，对光与热均有很强的阻挡能力；防潮，不透气，保护性能好；不易受细菌、霉菌和蛀虫的损害；无毒性；易于加工，易于着色。但铝箔本身强度低，不能单独用作包装材料，必须与其他材料复合使用。

3）玻璃

玻璃在食品包装中主要以瓶、罐等容器的形式出现，通常用于饮料、罐头等液体或含有液体的食品的包装。其优点是透明、卫生、易清洗、可重复利用。棕色、墨绿色等有色玻璃有一定的遮光作用。玻璃的主要缺点是沉重，易破碎。

4）陶瓷

陶瓷作为一种古老的食品包装材料，在酒类及传统的礼品包装方面有较多应用，但因其易破碎且不易输送等缺点，限制了它的应用，在现代包装中已经逐步被淘汰。

5）复合材料

复合材料是根据某种要求，将两种或两种以上的单体材料复合在一起，使复合材料达到一种特殊的包装性能。常用的复合材料主要有塑-塑复合、铝-塑复合、纸-塑复合、纸-铝复合等，复合层数自两层至数十层不等。

2. 包装容器

常用包装容器主要有木箱、纸容器、金属容器、塑料容器、玻璃容器和陶瓷容器等。

1）木箱

木箱是一种最古老、最常用的包装容器，广泛用于产品运输的外包装。

木箱包装有很多优点：具有较好的刚性，可有效地保护包装产品在流通过程中不易受机械损伤，具有较好的缓冲性能。用木材作为包装产品的卡板、垫木、支撑木等可对被包装产品进行保护。木材厚度可根据受力情况进行调整，以满足不同的强度要求。木箱易于加工，且能反复使用，其缺点是自身重量和体积大，所含水分易使包装产品生锈、变质、发霉，制作工艺机械化程度不高等。

常用的木箱有普通木箱、条板箱、有底垫盘的木箱、捆扎组合木箱、木桶和木匣。

2）纸容器

纸和纸板可以制成纸袋、纸盒、纸筒和纸箱等包装容器，可用来包装各种产品，它既可作为内包装，又可以作为外包装，因而在包装中应用比较广泛。

纸质包装具有以下优点：使用方便，清洁卫生，易取出包装物，便于回收处理，在表面能印刷各种商标或美化；重量较轻，空时易于折叠平放，包装后又便于堆存和运输，便于组装、捆扎和封固；易实现自动化大量生产，价格便宜；易和其他包装材料进行复合，提高防潮抗水能力。

纸质包装可分为软性包装（如各种纸袋）和刚性包装（如纸箱和箱筒）。常用的有普通纸盒、瓦楞纸箱、纸筒、纸罐、纸杯等。

纸容器是包装中应用最广泛的一种容器，它的应用范围不仅不会缩小，而且随着商品经济的不断发展，如瓦楞纸箱、纸盒、纸袋等。

3）塑料容器

塑料容器包装越来越广泛，越来越受消费者欢迎，且很有发展前途。常用的有塑料网兜、塑料薄膜袋、塑料软管（筒）、塑料盒、塑料瓶、塑料组合罐和专用塑料容器等。

4）金属容器

金属容器主要是用马口铁、铝箔（皮）、焊接剂、内层涂料和外层涂漆制成罐、管、筒等，具有良好的强度和抗冲击性能，因而不易破损。常用的金属容器有镀锡马口铁罐、铝箔软管和铝皮罐等。

5）玻璃容器

玻璃容器并非消费者欲购对象，但由于玻璃能够加工成各种形状，造价便宜，使用方便，且玻璃熔炼时可以加入极少量的着色剂，使其产生美丽多彩的颜色，既可使包装容器美观，又可以防止紫外线射入，因而除了作运输包装外，还可以作销售包装。

玻璃包装容器有圆形瓶、方形瓶、高瓶、矮瓶和曲线型瓶多种，也可以做成玻璃罐、玻璃缸等大型容器。它可以盛装片状、半固体状、黏性液态、液体流态、颗粒粉末状等产品。

6）陶瓷容器

陶瓷容器具有耐热性、耐酸性、耐碱性和耐磨性及良好的绝缘性，因而可以用它来包装酒类、食品和化工产品等。陶瓷容器用作包装的历史最为悠久。

（六）包装机械的分类

1. 按包装机械的自动化程度分类

（1）半自动包装机。半自动包装机是由人工供送包装材料和内装物，并能自动完成其他包装工序的机器。

（2）全自动包装机。全自动包装机是自动供送包装材料和内装物，并能自动完成其他包装工序的机器。

2. 按包装机械的功能分类

包装机械按功能不同可分为充填机械、灌装机械、裹包机械、封口机械、贴标机械、清洗机械、干燥机械、杀菌机械、捆扎机械、集装机械、多功能包装机械、包装材料制造机械、包装容器制造机械，以及完成其他包装做业的辅助包装机械。我国目前国家标准采用的就是这种分类方法。

3. 按包装产品的类型分类

（1）通用包装机。通用包装机是在指定适用于包装两种或两种以上不同类型产品的机器。

（2）专用包装机。专用包装机是指专门用于包装某一种产品的机器。

（3）多用包装机。多用包装机是指通过调整或更换有关工作部件，可以包装两种或两种以上产品的机器。

4. 按产品的本身形状和包装要求分类

按产品的本身形状和包装要求，包装机可以分别选择裹包、袋装、灌装、罐装、盒装、热成型等包装结构。

（1）裹包。裹包一般用于片状、块状、粒状等食品的包装。它采用柔性包装材料（如纸、塑料、复合材料等）将一件或数件集合的食品直接包封起来，必要时进行辅助的蜡封、胶封、烫封。

（2）袋装。袋装是采用柔性材料，经制袋、充填物料、封口等操作形成的，一般用于粉状、散粒体类食品的包装。有的袋装在袋口密封之前尚需进行排气、充气等步骤，以达到产品保质保鲜的效果。此外，软罐头（高压蒸煮袋）和液体食品的软包装也是未来袋包装技术的发展重点。

（3）灌装。灌装是指可用于流体、半流体类食品的包装。灌装的类型较多，常用的容器有玻璃瓶、塑料瓶、金属罐、纸-塑-铝复合罐等刚性或半刚性容器。

（4）罐装。罐装是指可用于罐藏食品的包装，常用的有两种：一种是采用马口铁罐，装入食品后，对罐身、罐盖进行二重卷边封口，实现密封保藏；另一种是采用玻璃罐，充填后对罐盖进行滚压封口。

（5）盒装。盒装是指通常用于饼干、糕点等点心类食品的包装。其包装形式是先采用塑料袋包装后，放入纸盒，外面再用塑料薄膜裹包密封。

（6）热成型。热成型是利用塑料薄膜的热变形特性完成的一种包装结构，常用的有热收缩、真空吸塑等形式。

5. 按照食品对包装的工艺要求分类

按照食品对包装的工艺要求，包装可以分别选择无菌包装、充气包装、真空包装、防潮包装、保鲜包装等包装方法。

（1）无菌包装是指在无菌的环境下，将事先进行杀菌的无菌食品充填到经过消毒的无菌包装容器之中（或用无菌包装材料进行包装），并进行密封的工艺方法。其具有可以常温保存和运输、节约能源、流通成本低、货架寿命长等优点。

（2）充气包装是在包装封口之前，用 CO_2、氮气等惰性气体置换包装袋或包装容器内原有的空气，以避免产品氧化变质，延长食品的贮存期。例如，对于新鲜水果的保藏，当气体中的 CO_2 浓度达到 7% 时，即使尚有 2% 的氧气存在，也能对水果霉变起到很好的防止作用；当 CO_2 浓度达到 10% 时，保鲜效果就更加显著了。

（3）真空包装是在负压条件下，排除了包装袋或容器内的空气，使之形成真空的工艺方法。真空包装由于减少了食品与氧气的接触，因而减少了氧化并抑制了霉菌等有害微生物的生长，便于一些易氧化变质食品的保藏。

（4）防潮包装是为了防止包装食品中水分的增加。

（5）保鲜包装是通过选择适当的包装材料来维持水果、蔬菜等新鲜食品生命所需的最低水分条件。

食品包装程序大致上分为两步，首先进行内包装，然后再进行外包装。内包装是指直接将食品装入包装容器并封口，或用包装材料将食品包裹起来的操作。外包装是在完成内包装后再进行的贴标、喷码、装箱、封箱、捆扎等操作。

本章主要介绍典型内包装机械设备中的灌装机与封口机，并对外包装机械设备中的贴标机进行简单的介绍。

二、灌 装 机

（一）灌装的方法

由于液料的物理、化学性质的差异，对灌装也就有不同的要求。液体物料由贮液装置（通常称为贮液箱）灌入包装容器，常采用如下几种方法。

1. 常压灌装法

常压灌装法是指在大气压力下直接依靠被灌液料的自重流入包装容器内的灌装方法。常压灌装法主要用于灌装低黏度、不含气的液料，如牛奶、白酒、酱油等。

2. 等压灌装法

等压灌装法是利用贮液箱上部气室的压缩空气给包装容器充气，使两者的压力接近相等，然后液料靠自重流入该容器内的灌装方法。等压灌装法适用于含气饮料，如啤酒、汽水等的灌装，可减少其中所含 CO_2 的损失。

3. 真空灌装法

真空灌装法是在低于大气压力的条件下进行灌装的方法。它有两种基本方式：一种是差压真空式，即让贮液箱内部处于常压状态，只对包装容器内部抽气，使其形成一定的真空度，液料依靠两容器内的压力差，流入包装容器并完成灌装；另一种是重力真空式，即让贮液箱和包装容器都处于接近相等的真空状态，液料靠自重流入该容器内。目前，国内常用差压真空式，其设备结构简单，工作可靠。

真空灌装法适用于灌装黏度低一些的液料（如油类、糖浆等）和含维生素的液料（如蔬菜汁、果汁等）。此法不但能提高灌装速度，而且能减少液料与容器内残存空气的接触和作用，故有利于延长某些产品的保存期。

4. 虹吸灌装法

虹吸灌装法主要应用虹吸原理使液料经虹吸管由贮液箱吸入容器中，直至两者液位相等为止。

此法适合灌装低黏度不含气的液料。其设备结构简单，但灌装速度较慢。

5. 压力灌装法

压力灌装法是借助机械或气液压等装置控制活塞往复运动，将黏度较高的液料从贮料缸吸入活塞缸内，然后再强制压入待灌容器中的。这种方法有时也用于汽水之类软饮料的灌装，由于其中不含胶体物质，形成泡沫易于消失，故可依靠物料本身所具有的气体压力直接灌入未经预先充气的瓶内，从而大大提高了灌装的速度。

（二）定量的方法

根据液体的性质、包装容器形状及灌装方法，常见定量方法有控制液位定量法、定量杯定量法、定量泵定量法三种，其他形式还有时控式、重量式和流量计式等。

1. 控制液位定量法

这种方法是通过灌装时控制被灌容器（如瓶子）内的液位来达到定量值的。习惯上称作"以瓶定量法"。

由连通器原理可知，当瓶内液位升至排气管口时，气体不再能排出，随着液料的继续灌入，瓶颈部分的残留气体被压缩，当其与管口内截面上的静压力达到平衡时，则瓶内液位保持不变，而液料却沿排气管一直升到与贮液箱的液位相等为止。可见，每次灌装液料的容积等于一定高度的瓶子内腔容积。要改变每次的灌装量，只需改变排气管口伸入瓶内的位置即可。这种方法，设备结构简单，应用最广。

2. 定量杯定量法

此法是将液料先注入定量杯中，然后再进行灌装的。若不考虑漏液等损失，则每次灌装的液料容积应与定量杯的相应容积相等。要改变每次的灌装量，只需改变调节管在定量杯中的高度或更换定量杯。

这种方法避免了被灌容器（如瓶子）本身的制造误差带来的影响，故定量精度较高。但对于含气饮料，因贮液箱内泡沫较多，不宜采用。

3. 定量泵定量法

这是采用机械压力灌装的一种定量方法。每次灌装物料的容积与活塞做往复运动的行程成正比，要改变每次的灌装量，只需设法调节活塞的行程。

（三）灌装机的结构及工作原理

灌装机的种类较多，下面以常用的旋转型灌装机（包装容器随灌装阀一起做等速回转运动，同时进行灌装。每台灌装机中装灌阀的数目称为灌装机的头数）为例。介绍灌装机的结构及工作原理。图 12-1 所示为旋转型灌装机结构，它由供料装置、灌装阀、托瓶转盘、供瓶装置四大部分组成。

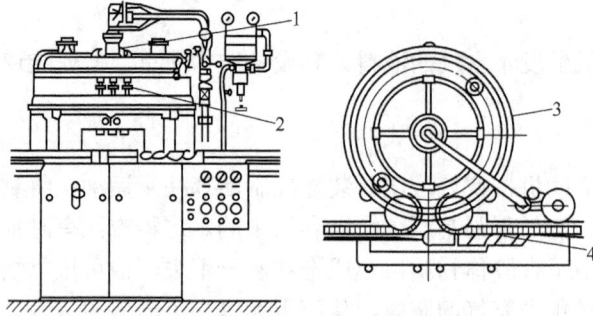

1. 供料装置；2. 灌装阀；3. 托瓶转盘；4. 供瓶装置。

图 12-1　旋转型灌装机的结构图

1. 供料装置

供料装置主要有等压法、真空法两种。

1）等压法供料装置

图 12-2 所示为大型含气液料等压灌装机结构。输液总管 2 与灌装机顶部的分配头 9 相连，分配头下端均布的六根输液支管 14 与环形贮液箱 12 相通。在未打开输液总阀前，通常先打开支管上的液压检查阀 1 以调整液料流速和判断其压力的高低。待压力调好以后，才打开总阀。无菌压缩空气管 4 分两路：一路为预充气管 7，它经分配头直接与环形贮液箱相连，可在开车前对贮液箱进行预充气，使之产生一定压力，以免液料刚灌入时因突然降压而冒泡，造成操作的混乱。当输液总阀 3 打开后，则应关闭截止阀 5。另一路为平衡气压管 8，它经分配头与高液面浮子 13 上的进气阀 11 相连，用来控制贮液箱的液面上限。若气量减少、气压偏低而使液面过高时，该浮子即打开进气阀，随之无菌压缩空气即补入贮液箱内，结果液位有所下降。反之，若进气量增多、气压偏高而使液面过低时，低液面浮子 16 即打开放气阀 18，使液位有所上升。这样，贮液箱内的气压趋于稳定，液面也能基本保持在视镜 17 中线的附近。在工作过程中，截止阀 6 始终处于被打开位置。

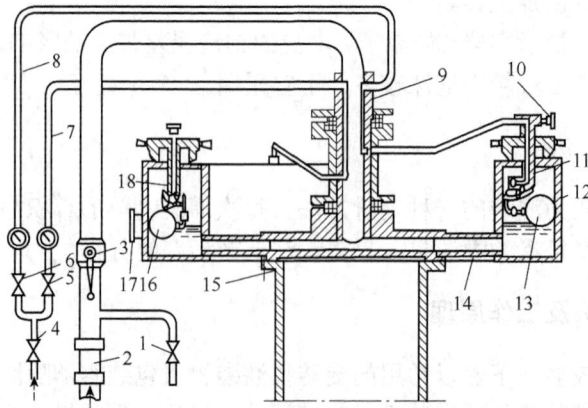

1. 液压检查阀；2. 输液总管（透明段）；3. 输液总阀；4. 无菌压缩气管（附单向阀）；5、6. 截止阀；
7. 预充气管；8. 平衡气压管；9. 分配头；10. 调节针阀；11. 进气阀；12. 环形贮液箱；
13. 高液面浮子；14. 输液支管；15. 主轴；16. 低液面浮子；17. 视镜；18. 放气阀。

图 12-2　大型含气液料等压灌装机的结构图

除此之外，在某些用泵输送液料的管路中，还配备有薄膜阀，以使液料与压缩空气大体上能维持均衡的压力比，从而保证灌装过程的正常进行。

2）真空法供料装置

真空法供料装置有单室式和双室式两种。前者需在待灌瓶和贮液箱中同时建立真空，其供料装置常将真空室与贮液箱合为一体；后者只需在待灌瓶中建立真空，其供料装置常将真空室与贮液箱分别设置。

（1）单室式。如图 12-3 所示为单室式真空法供料装置结构。输液总管 1 经进液孔 3 与圆柱形贮液箱 5 相通。箱内设有浮子 4，它随液位的波动而在限定上浮或下沉，从而封闭或开放进液孔，以保持适当的液面高度。贮液箱的上部空间借真空泵（或其他装置）的不断吸气而达到一定的真空度。当托瓶台 7 将瓶子托起时，先打开气阀 9 抽气，接着又打开液阀 8 灌液，而瓶内的气体不断被吸至贮液箱，然后经真空管 2 排出机外。

单室结构会增大贮液内液料的挥发面，不适合灌装芳香性液料。不过，其全机结构比较简单，也容易清洗贮液箱。

（2）双室式。如图 12-4 所示为双室式真空法供料装置结构。液料经输液管 1 流入贮液箱 8，箱中液位借浮子 7 加以控制。机外配有真空泵，可将真空室 2 中的气体（包括灌装阀 5 空位时从吸气管进入的大气）不断抽出，达到一定的真空度。每个灌装阀均设有一吸气管 3 和吸液管 6，分别通向真空室和贮液箱。当被托起的瓶子顶紧灌装阀端部的密封垫时，即将瓶内气体抽出。这样，贮液箱内液料在外界大气压力作用下遂流入瓶中。当液面升至吸气管下沿时，即开始沿气管上升，直至与回流管 4 的液柱等压为止。当瓶子下降，同灌装阀脱离接触后，吸气管 3 内的液料即被吸进真空室，再经回流管 4 回流到贮液箱内。所以，如果出现无瓶供给或者瓶子受压破损等情况，显然无法进行灌装，这为减少液料损失提供了可能。

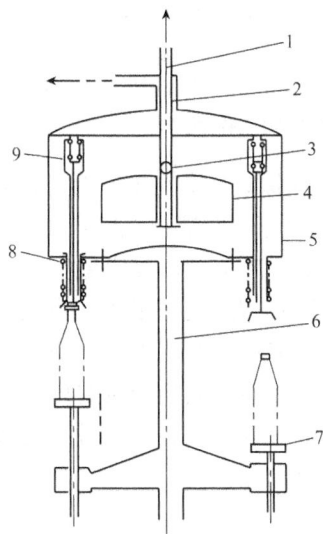

1. 输液管；2. 真空管；3. 进液孔；
4. 浮子；5. 贮液箱；6. 主轴；
7. 托瓶台；8. 液阀；9. 气阀。

图 12-3　单室式真空法供料装置的结构图

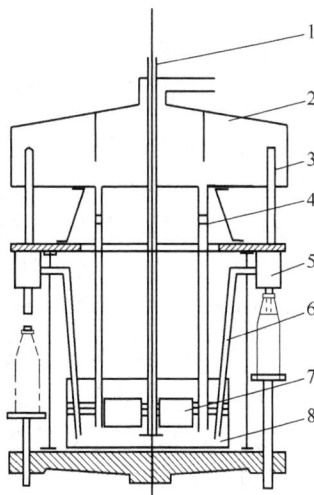

1. 输液管；2. 真空室；3. 吸气管；
4. 回流管；5. 灌装阀；6. 吸液管；
7. 浮子；8. 贮液箱。

图 12-4　双室式真空法供料装置的结构图

2. 灌装阀

灌装阀是贮液箱、气室（包括充气室、排气室、真空室等）和灌装容器这三者之间的流体通路开关，而且根据灌装工艺要求，能依次对有关通路进行切换。灌装阀是关系灌装机能否正常而又高效率工作的关键部件。下面主要介绍分别用于常压法、等压法和压力法的灌装阀。

1) 常压法灌装阀

常压法灌装阀主要有控制液位定量式常压法灌装阀和定量杯定量式常压法灌装阀两种。

如图 12-5 所示为控制液位定量式常压法灌装阀工作原理图。开始灌装时，瓶子上升，瓶口顶开嵌有橡皮垫 5 的滑套 6 后，灌装头 7 与滑套之间出现间隙，液料遂流入瓶内，并使瓶内空气经排气管 1 排至贮液箱 9〔图 12-5（b）〕。当液面达到管口（A—A 剖面）时，气体不再排出，直至压力平衡后灌液也随之停止〔图 12-5（c）〕。由于压缩弹簧 4 的作用使灌装头 7 与滑套 6 重新封闭。调节螺母 8 可改变每次的灌装量。这种阀常用于灌装牛奶、果汁等不含气液料。

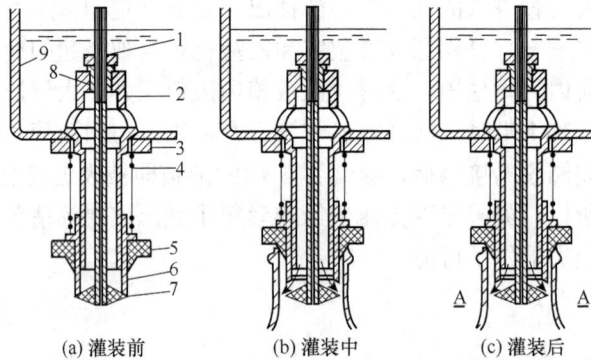

(a) 灌装前　　　　　(b) 灌装中　　　　　(c) 灌装后

1. 排气管；2. 支架；3. 紧固螺母；4. 压缩弹簧；5. 橡皮垫；6. 滑套；7. 灌装头；8. 调节螺母；9. 贮液箱。

图 12-5　控制液位定量式常压法灌装阀工作原理图

如图 12-6 所示为定量杯定量式常压法灌装阀工作原理图。在未升瓶时，定量杯 1 的上沿由于压缩弹簧 7 的作用而处于贮液箱 14 的液位之下，使液料充满定量杯。随后，瓶子上升将灌装头 8 和与其固连的进液管 6、定量杯 1 一起上抬，使定量杯的上沿超出液面。此时进液管内的隔板 11 及两边的上孔 12、下孔 10 恰好位于阀体 3 的中间槽 13 之间而相通〔图 12-6（b）〕。于是，杯中的液料从定量调节管 2 流下，再绕经上、下孔流入瓶中，瓶内的空气则由灌装头上的透气孔 9 逸出。当杯中液料降至定量调节管 2 的上沿面时，便完成一次定量灌装。欲调整灌装量，可定量调节管 2 的相对高度或者更换定量杯。这种阀常用于灌装糖浆、蜂蜜等不含气的液料。

2) 等压法灌装阀

等压法灌装阀有机械式（依靠机械的方法打开液门）和气动式（依靠瓶内充气反压自动打开液门）两种。

（1）机械式等压灌装阀如图 12-7 所示。因其采用阀盖 1 相对阀座 6 的转动来实现

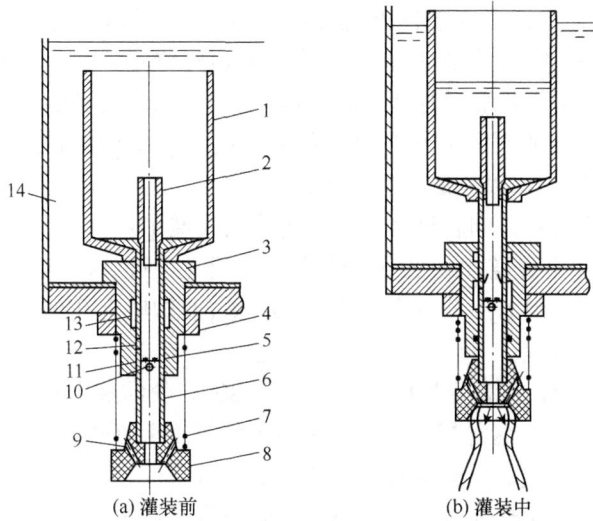

1. 定量杯；2. 定量调节管；3. 阀体；4. 紧固螺母；5. 密封圈；6. 进液管；7. 压缩弹簧；
8. 灌装头；9. 透气孔；10. 下孔；11. 隔板；12. 上孔；13. 中间槽；14. 贮液箱。

图 12-6　定量杯定量式常压法灌装阀工作原理图

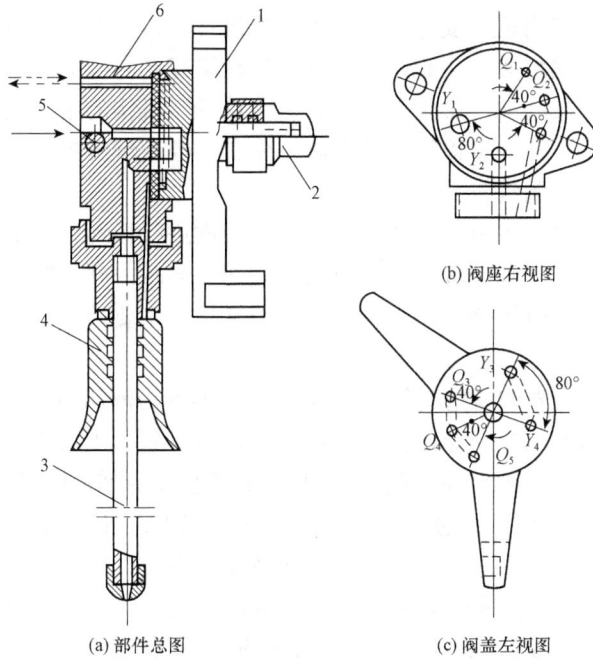

1. 阀盖；2. 螺母；3. 下液管；4. 对中罩；5. 钢球；6. 阀座。

图 12-7　机械式等压灌装阀的结构图

阀门的启闭，故又称为盘式旋转阀。阀座 6 用螺钉固定在贮液箱的支承转盘上。它开有两个气体孔道 Q_1、Q_2［图 12-7（b）］，分别与贮液箱气室和灌装瓶相通。还开有两个液体孔道 Y_1、Y_2，分别与贮液箱液室和灌装瓶相通。阀盖 1 活套在阀座的短轴上，其端部装有止推轴承和垫片等，用螺母 2 将其锁紧在阀座上。其上开有彼此相通的气体孔道 Q_3、Q_4、Q_5 和液体孔道 Y_3、Y_4。当灌装阀连同支承转盘一起回转时，阀盖 1 上的两只拨爪［图 12-7（c）］由装在外边支架上的若干个气缸或挡块进行控制和拨动，从而按照工艺要求使阀盖 1 与阀座 6 处在不同的相对位置，实现灌装全过程。

第一，阀盖由原始位置沿逆时针方向转过 40°，使阀盖上孔道 Q_3、Q_4 分别与阀座上孔道 Q_1、Q_2 相对合。此时贮液箱内气体由阀座上孔道 Q_1，经阀盖上孔道 Q_3、Q_4 及阀座上孔道 Q_2 流进待灌瓶中，以完成充气等压过程。

第二，阀盖沿逆时针方向转过 40°，使阀盖上孔道 Q_4、Q_5 分别与阀座上孔道 Q_1、Q_2 相对合，同时阀盖上孔道 Y_3、Y_4 分别与阀座上孔道 Y_1、Y_2 相对合。于是贮液箱中液料依液位差由阀座上孔道 Q_2，经阀盖上孔道 Q_5、Q_4 及阀座上孔道 Q_1 返回贮液箱的气室内，以完成进液回气过程。

第三，与上述相反，阀盖沿顺时针方向转过 80°，使阀盖上孔道 Q_3、Y_4 分别与阀座上孔道 Q_2、Y_1 相对合，在这种情况下，气液通道均被切断而停止进液。而且由于长拨爪恰好处于中垂位置，也为下一次反向拨动做好了准备。

第四，阀盖重新沿逆时针方向转过 40°，亦即恢复到第一工位，从而排除气道中残存的余液和泡沫，以免影响下一次工作循环的正常进行。

第五，阀盖再沿顺时针方向转过 40°，又恢复到第三工作位置。对开始下一次循环灌装工作来说，这也就是灌装的初始位置。

在阀座液道的入口附近，安置一可游动的钢球 5，其功用在于灌装时一旦发生瓶子破裂，液体流速便突然增大，借此可推动该球自动堵塞阀内部的液道，以免造成液料的大量损失。再有，如果某一托瓶台上没有瓶子，该托瓶机构的某些元件受内部弹性系统的作用就会升得高些，从而碰撞气动换向阀，使有关控制气缸的触头不再拨动相应的灌装阀，保证不漏液，不漏气。

由于这种阀是按确定工位配置的气缸或拨块依次进行拨动的，故难以自动协调各灌装工艺过程（主要是充气和灌液）实际所需的时间。同时，整个阀体开有较多的孔道，不但制造不便，而且有时还会给清洗带来一定的麻烦。主要用于灌装低黏度的含气液料（如汽水、啤酒等）。

（2）气动式等压法灌装阀结构如图 12-8 所示，因其贮液箱与气室是合为一体的，故又称为单室等压灌装阀。当空瓶由托瓶台顶起时，瓶口先插入对中罩 22 并与瓶口胶垫 21 接触，然后继续上升，直至瓶口胶垫 21 与阀底胶垫 18 接触并得以密封。同时对中罩顶面的凸台顶起下推杆 17，再通过跳珠 16 及上推杆 14 将气阀 12 打开，使贮液箱气室内的压缩气体经液阀 9 的中心孔及气管 1 进入待灌瓶内，以完成充气压过程。在这种情况下，由于解除了气阀 12 对气阀套 11（它同液阀连在一起）的向下压力，同时又增加了瓶内气压对液阀 9 下端向上的压力，以致液阀弹簧 10 能克服液阀的自重及其上部所受的液体压力，将液门自动打开。液料则经气管外部的环隙变道及分流圈 19 沿着瓶子内壁流下，保证流体流动稳定，从而减轻了起泡的现象。随着瓶内液料的逐渐上升，瓶内气体便被迫从气管的中心孔道及上端气门返回到贮液箱内，以完成进液回气过程。鉴于液阀 9 中部具有凸臂结构，对它在液阀套 8 里向上移动起着限位的作用，这样可避免液阀弹簧伸长过度而将气门堵塞造成回气困难。待瓶内液面超过气管管口一定高度后，便停止进液。接着，固定在贮液箱外围支架上的控制凸轮碰撞关阀按钮 5，使装在它尾端曲头上的跳珠 16 移动，以便解除对上推杆 14 的压力，及时关闭气门和液门。

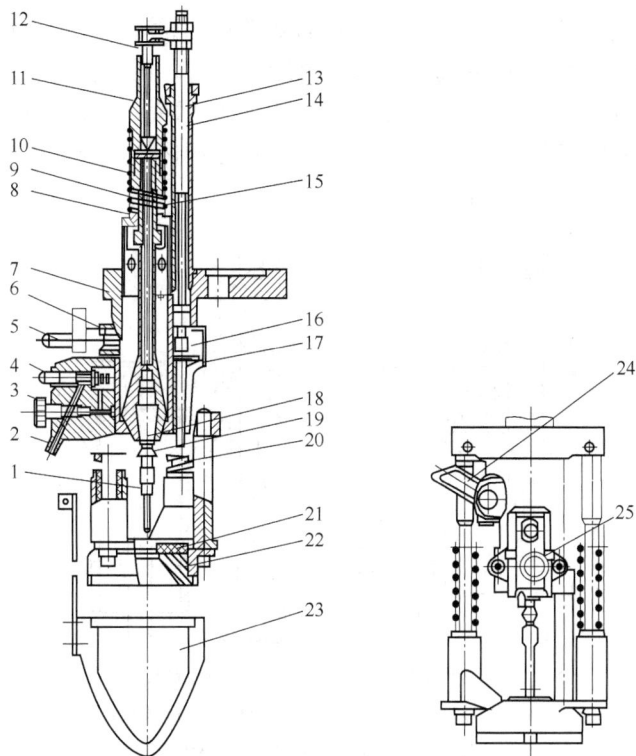

(a) 部件总图　　　　　　　　　(b) 局部视图

1. 气管；2. 排气嘴；3. 针阀；4. 排气阀；5. 关阀按钮；6. 弹簧；7. 阀座；8. 液阀套；9. 液阀；
10. 液阀弹簧；11. 气阀套；12. 气阀；13. 推杆套；14. 上推杆；15. 气阀弹簧；16. 跳珠；17. 下推杆；
18. 阀底胶垫；19. 分流圈；20. 升瓶导杆；21. 瓶口胶垫；22. 对中罩；23. 清洗护罩；24. 拨爪；25. 凸销。

图 12-8　气动式等压法灌装阀的结构图

　　灌液过程中，如果出现无瓶或爆瓶等意外情况，对中罩便会自动下降，上推杆 14 被气阀弹簧 15 压下，从而关闭气门和液门。如果瓶子并未被压碎，但已形成裂缝发生漏气，这时只要瓶内气压降低，不足以自动打开液门，那么，液料也不会外流。当灌液结束后，利用另一个固定控制凸轮打开排气阀 4 适当调节。最后托瓶台和瓶子一起下降，让气管中心孔道内残存的余液全部滴入瓶内。当下推杆降至下限位置时，由于固定控制凸轮解除了对关闭按钮 5 的压力，故跳珠在弹簧的作用下自动向左移位。至此，整个灌装阀重新恢复初始状态。

　　为了调整瓶内液料定量高度，应配备几种不同长度的气管，以便更换。灌装啤酒之类的液料时，每当停止生产之后，必须用冷水或温水将整个贮液箱和灌装阀冲洗干净，以免残存液料滋长细菌。在开车生产之前，还要用 110℃蒸汽消毒。另外，需将铸铝制清洗护罩 23 套在对中罩外边，并扣在凸销 25 上，用来代替瓶子顶起推杆。采取了这些措施就可以打开气门和液门。为使灌装阀的内部特别是气管的小孔道均能充分地进行蒸汽消毒，在靠近拨爪 24 运动路线的上方特安置一个固定的控制凸轮，以压迫拨爪，使曲头上的跳珠及上推杆均能抬得高一些，以利于孔道畅通，提高工作效率。

　　3）压力法灌装阀

　　图 12-9 为压力法灌装阀结构。活塞 2 借凸轮控制做往复运动。当活塞下移时，液料

在自重及两缸气压差的作用下,由贮料缸 10 的底部开孔经滑阀 6 的弧形槽 5 流入活塞缸体通路的同时, 滑阀的下料孔 4 即与活塞缸接通。此时, 由于活塞正在上移, 故能迫使液料从活塞缸压入待灌容器内, 而容器内的空气可经灌装头上孔隙排出。倘若没有容器供给, 则尽管活塞做往复运动, 但由于滑阀上的弧形槽保持原位, 以致液料仍被压回贮料缸, 而不影响下一次灌装的正常进行。

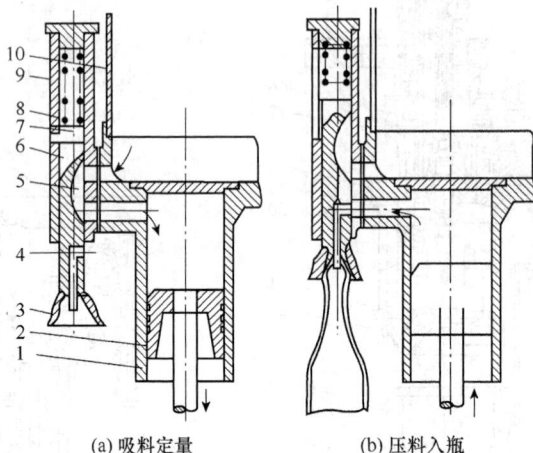

(a) 吸料定量　　　　　(b) 压料入瓶

1. 活塞缸体; 2. 活塞; 3. 灌装头; 4. 下料孔; 5. 弧形槽; 6. 滑阀; 7. 导向螺钉; 8. 弹簧; 9. 阀座; 10. 贮料缸。

图 12-9　压力法灌装阀结构图

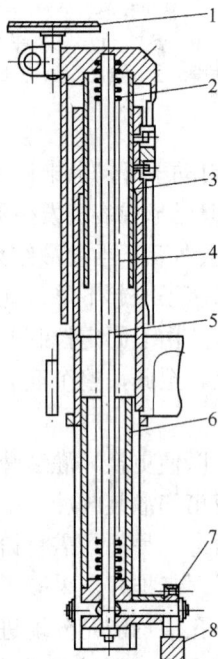

1. 托瓶台; 2. 压缩弹簧; 3. 上滑筒;
4. 滑套座; 5. 拉杆; 6. 下滑筒;
7. 滚动轴承; 8. 凸轮导轨。

图 12-10　机械式托瓶机结构图

3. 托瓶转盘

托瓶转盘上均布托瓶机构, 它与位于上面的灌装阀一一对应, 其功用在于将供送至托瓶台上的待灌瓶子升起使瓶口与灌装头紧密接触而进行灌装。待灌装过程完成后, 又下降复位。

托瓶机构的结构形式主要有机械式、气动式、机械与气动组合式等三种。

1) 机械式托瓶机

机械式托瓶机结构如图 12-10 所示。该托瓶机构的上滑筒 3 与下滑筒 6, 借拉杆 5 与压缩弹簧 2 组成为一个弹性套筒。在下滑筒的支承销轴上装有滚动轴承 7, 使托瓶台 1 连同上滑筒 3、下滑筒 6 一起沿着凸轮导轨 8 升降。由上下两滑筒等组成的弹性套筒不仅保证了灌装时瓶口的密封, 而且对瓶子的高度误差亦有较好的适应能力。滑套座 4 用大螺母紧固在托瓶转盘周连的圆孔中。实际上它相当于圆柱凸轮—直动从动杆机构, 只不过圆柱凸轮固定不动, 而直动从动杆可绕圆柱凸轮的中心轴线回转, 所以其相对运动关系不变。

凸轮导轨 8 安置在滚动轴承 7 的下方(也有安置在上

方的）。托瓶靠压缩弹簧力上升，因此在灌装区段就不再需要凸轮导轨，结构明显简化。但在降瓶及无瓶区段却有较大的弹簧力，这势必增加凸轮磨损，并容易弯断滚子销轴。

2）气动式托瓶机

气动式托瓶机结构如图 12-11 所示。托瓶台 6 的升降是由压缩空气作动力完成的。升瓶时，压缩空气由气管 7 进入气缸 5，推动活塞 4 连同托瓶台 6 一起上升。此时，排气阀 3 打开、进气阀 2 关闭，使活塞上部的存气经排气阀 3 排出。降瓶时，阀门在转盘旁的撞块控制下使排气阀 3 关闭、进气阀 2 打开，压缩空气改由气管 1 和气管 7 同时进入气缸。由于活塞上下的气压相等，故托瓶台和瓶子等在自重作用下下降。

3）机械与气动组合式托瓶机

机械与气动组合式托瓶机结构如图 12-12 所示。配有托瓶台 1 的套筒 2 可沿空心柱塞 5 滑动，方垫块 8 起导向作用，防止套筒升降时发生偏转。升瓶时，压缩空气由柱塞的下部经螺钉 3 上的中心孔道进入套筒内部，以推动托瓶台 1 向上，做升瓶运动。其上升速度通过凸轮导轨 6 和滚动轴承 7 加以控制，直至工作台转到降瓶区后，则完全依靠凸轮的强制作用将套筒同托瓶台 1 压下。此时，柱塞内部的压缩空气依然被排到与各托瓶缸气路相连的环管中，再由此进入别的正待上升的托瓶缸内。

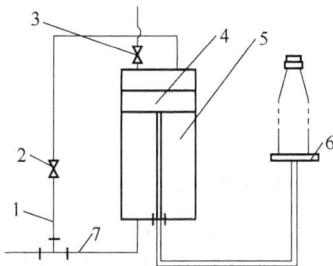

1、7. 气管；2. 进气阀；
3. 排气阀；4. 活塞；
5. 气缸；6. 托瓶台。

图 12-11　气动式托瓶机结构图

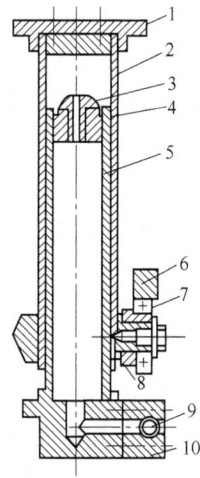

1. 托瓶台；2. 套筒；3. 螺钉；
4. 密封垫；5. 空心塞柱；6. 凸轮导轨；
7. 滚珠轴承；8. 方垫块；9. 环管；10. 卡块。

图 12-12　机械与气动组合式托瓶机结构图

上述 3 种类型的托瓶机构各有其优缺点。机械式托瓶机构依靠弹簧力使托瓶台升降，无须密封，但弹簧在连续工作中容易失效，压紧力也受到一定的限制，它主要用于不含气液料的灌装。气动式托瓶机构以压缩空气作动力源，有良好的缓冲吸振能力，出现故障时也不易轧坏瓶子，但活塞的运动速度受气压变化的影响。若压力下降较大，不但使瓶的上升速度减慢，而且难以保持瓶口与灌装头的紧密接触。若压力上升较大，则瓶的上升速度加快，以致不易与进液管对齐，并使瓶子受到较大的冲击力。机械与气动组合式托瓶机构，工作稳定可靠，压缩空气在环管中循环使用，只需补充漏气损量，应用广泛，但凸轮导轨也会增加额外的润滑、磨损和运转阻力。对于等压法灌装机，因已有空压系统，宜采用气动式或机械与气动组合式托瓶机构。

4. 供瓶装置

供瓶装置由输送板链、分件供送螺杆及星形拨轮等构件组成。工作时，用板链传送过来的瓶子经螺杆及拨轮逐个连续地供送到灌装机的托瓶转盘上。灌装完了的瓶子再借另一拨轮转移至同一板链，然后进行压盖封口。有关这部分内容请参阅相关书籍。

三、封　口　机

当包装容器盛装产品后，必须对容器进行封口，内包装工作才算完成。由于容器的材质、容器的结构及包装要求不同，容器需封口的形式也有多种，需分别使用合适的封口机来完成操作。常见的封口形式与包装容器有着密切的关系。按容器的刚度可分为刚性包装容器和柔性包装容器。下面主要介绍刚性包装容器的封口机械设备。

（一）封口机的封口形式

1. 卷边封口

将罐盖与罐身翻起的周边，通过互相卷曲钩合、滚压所形成的封口，称为卷边封口[图 12-13（a）]。在罐头和饮料包装中广泛应用的金属罐采用的就是这种封口形式。

2. 压盖封口

把王冠形圆盖压在瓶口所形成的封口，称为压盖封口[图 12-13（b）]。压盖封口密封可靠，易于启封，是盛装含碳酸气液体饮料（啤酒、汽水等）玻璃瓶包装时常见的封口形式。

3. 压塞封口

压入瓶口内的瓶塞，靠其自身的弹性变形构成瓶口严密封口的方法，称为压塞封口[图 12-13（c）]。其瓶塞常用软木橡胶和塑料等具有一定弹性的材料制成。瓶塞封口既可以做直接封口，也可与瓶盖一起做高档产品的组合封口，以提高产品的密封性，延长保存期。

4. 滚纹封口

将套在瓶口上的铝盖，用滚轮滚压出与瓶口螺纹形状完全相同的螺纹的密封方法，称为滚纹封口[图 12-13（d）]。由于启封时，铝盖将沿着裙部周边预成型的压痕断开，所以称这种封口的盖子为扭断盖；又由于这种封口便于识别启封与否，故又称为"防盗盖"或"显盗启盖"。滚纹封口不仅具有密封严密可靠、启封方便、包装外形美观等优点，而且由于能识别瓶内产品是否用过，所以应用十分广泛。

5. 滚边封口

将筒形金属盖的底边经变形后紧压在瓶颈凸缘的下端部所形成的封口，称为滚边封口［图 12-13（e）］。位于瓶颈凸缘与瓶盖间的环形弹性胶垫，可使封口得到可靠的密封。食品罐头用的大口玻璃瓶常采用这种封口形式。

6. 旋盖封口

瓶盖与容器以螺纹旋盖方式连接形成的封口称为旋盖封口［图 12-13（f）］。它依靠橡胶垫的弹性变形以保持密封性。

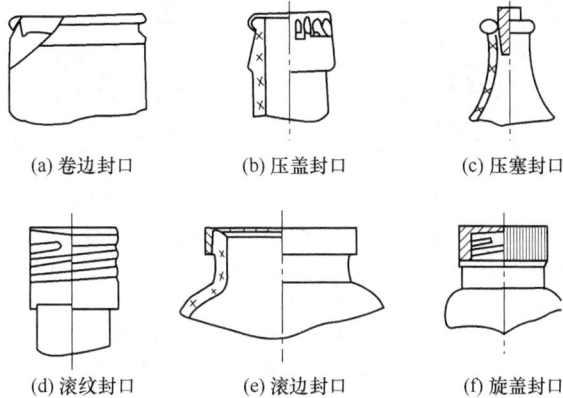

(a) 卷边封口　　(b) 压盖封口　　(c) 压塞封口

(d) 滚纹封口　　(e) 滚边封口　　(f) 旋盖封口

图 12-13　封口形式

（二）典型刚性容器封口机的结构

目前常用的刚性容器封口机有 GT4B6 型自动卷边封口机、BZYG-8 型王冠盖压力封口机、LNGF-5 型扭断盖滚压封口机及 BZXG-4 型塑料盖旋合封口机等四种。

1. GT4B6 型自动卷边封口机

GT4B6 型自动卷边封口机主要技术性能参数：生产能力 80 罐/min，适用的罐径为 $\Phi55.5\sim111$mm、罐高 $50\sim124$mm，主轴转速为 720r/min，每封一罐松头转 9 圈。该机有结构紧凑、运转平稳、操作方便、生产率高等优点；但也存在运转时噪声较大，无盖时电器自动控制电压高，机头升降麻烦等缺点。目前这种卷边封口机主要用于空罐车间封底盖。该机的结构如图 12-14 所示。

（1）送罐及配盖机构。送罐采用转盘式回转供送机构，可使罐体的行程缩短且使送罐平稳可靠。罐体通过送罐转盘 29，接着经过分罐转盘 30，便进入送罐进盖拨盘 6 的下部星形转盘的容罐空位中去进行定位配盖。

配盖通过在贮盖槽底部安装的一对分盖器 31 进行。当送罐进盖拨盘 6 的空位转到贮盖槽的底部时，底盖落在拨盘的空位上，被拨盘上的永久磁铁吸住并与罐体配合进入卷边机头，进行卷边做业。

（2）转位机构。转位机构采用蜗形凸轮-针轮机构。当转位凸轮 21 由水平传动轴 18 驱动时，针轮与其同轴相连的六槽送罐进盖拨盘做间歇转动，将配盖后的罐送至卷封工位。卷封结束后，再经拨盘转位将罐体送出。

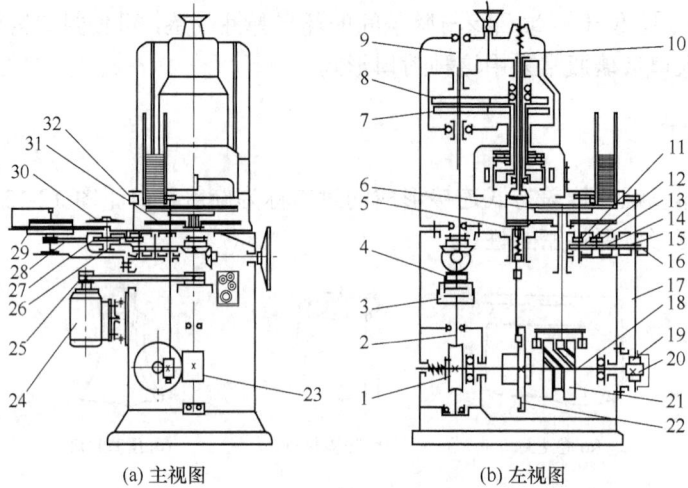

(a) 主视图　　　　　　　　　　(b) 左视图

1. 涡轮；2. 传动轴；3. 摩擦离合器；4. 大带轮；5. 托罐盘；6. 送罐进盖拨盘；7、8. 齿轮；
9. 垂直分配轴；10. 压盖杆；11. 带轮；12～16、26、27、32. 齿轮；17. 分盖器传动轴；18. 水平传动轴；
19、20. 交错轴斜齿轮；21. 转位凸轮；22. 托罐凸轮；23. 蜗杆；24. 电动机；25. 小带轮；28. 传送带；
29. 送罐转盘；30. 分罐转盘；31. 分盖器。

图 12-14　CT4B6 型自动卷边封口机结构图

（3）托罐、压罐机构。托罐机构采用几何封闭的凸轮机构。当配盖后的罐身传到托罐盘 5 上时，托盘在托罐凸轮 22 的作用下将罐顶起，同时，压盖杆 10 下移接罐，并一起上升到最高位置，然后进行卷封做业。卷封结束后，在压盖打杆作用下，对罐盖施加一定的压力，防止吊罐。

（4）卷封机构。本机卷封机构数目只有单一机头。它属于由凸轮控制滚轮径向进给的卷封机构，由齿轮 7、8 驱动。卷封机构内的头道和二道卷边滚轮数目共有两对 4 个，依次进行卷封做业，每封一个罐体，机头转 9 圈，滚轮完成一次进给和退出。当卷封不同罐径的罐体时，可对卷边滚轮进行径向位置调节。

（5）传动系统。电动机 24 通过胶带传动驱动垂直分配轴 9，经齿轮 7、8 驱动卷封机构完成卷封运动。垂直分配轴 9 经摩擦离合器 3 驱动传动轴 2，再经过蜗杆 23 与涡轮 1 驱动水平传动轴 18，使装在水平传动轴 18 上的托罐机构和转位机构工作。水平传动轴 18 通过交错轴斜齿轮 20 及 19 驱动分盖器传动轴 17 运转，并经齿轮 16、15、14、12、32 驱动配盖机构中的分盖器 31，再由齿轮 13、26、27 驱动送罐机构中的分罐转盘 30。带轮 11 通过传送带 28 驱动送罐转盘 29 进行连续送罐。

2. BZYG-8 型王冠盖压力封口机

BZYG-8 型王冠盖压力封口机是灌装线中的配套设备，有 8 个压盖头，用以对灌装工序后的瓶子用王冠盖进行压盖封口。最高生产能力为 6500 罐/h，瓶子容积为 340～500mL，瓶高 220～300mm，瓶颈不大于 90mm。

图 12-15 所示为 BZYG-8 型王冠盖压力封口机结构，该机主要由瓶子供送、送盖装置、压盖机主体、安全机构、电气控制等 5 个部分组成。完成灌装后的瓶子，由链带输送至供瓶装置 4，经变螺距螺杆隔开，被进出瓶拨轮 5 转送到压盖转盘 6 上；封口用的

瓶盖，在贮盖箱 1 中经槽式电振给料器振动后送出，被磁性带 2 吸附连续向上提升，经电磁振动给料器 3 使杂堆放的瓶盖沿螺旋滑道自动定向排列输出，并由滑道送到压盖机头 7 的导向环槽中定位。当瓶子随转盘回转进入导向环下部时即被加盖，并在压盖机头下降运动时（其升降运动规律由固定于机身的凸轮控制）完成封口，然后由进出瓶拨轮 5 输出。

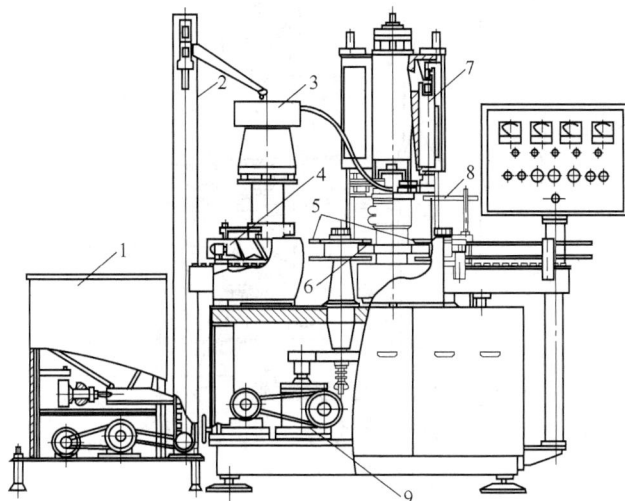

1. 贮盖箱；2. 磁性带；3. 电磁振动给料器；4. 供瓶装置；5. 进出瓶拨轮；6. 压盖转盘；
7. 压盖机头；8. 吊瓶安全装置；9. 宽带无级变速器。

图 12-15　BZYG-8 型王冠盖压力封口机结构图

3. LNGF-5 型扭断盖滚压封口机

LNGF-5 型扭断盖滚压封口机用于对套在瓶盖上的铝盖进行封口，它有 5 个机头，最高生产能力可达 9000 罐/h，瓶子容积为 25～750mL，瓶颈最大为 100mm，采用转动式给料器供盖。机器的结构如图 12-16 所示。组成部分主要有滚纹装置、托瓶转盘、传动系统（图 12-17）、高度调节机构等。

滚压螺纹装置由行星轮系和滚压机头两部分组成。其中，行星轮系的齿轮 9 与主轴 17 相连，齿轮 4 和 15 用双键固定在空心轴 13 上，空心轴与主轴是空套的。齿轮 14（即行星轮）除与齿轮 15 啮合外，还通过滚压机头座 16（即系杆）与主轴连接在一起。所以当驱动主轴时，滚压机头 12 随同齿轮 14 一起产生公转和自转运动；并且通过紧固于机身 10 之上的圆柱凸轮 11 的轨道做升降运动；此外，在滚压封口过程中还做进给运动，运动过程较为复杂。图中齿轮 5 的作用是使滚压机头的旋向与滚压螺纹的方向保持一致。

托瓶转盘 20 由轴承支承在机座 19 上，其上紧固着中心拨轮 18，并分别通过滑键与主轴连接。当主轴由齿轮 24 驱动时，驱动托瓶转盘、中心拨轮及滚压机头一起回转。此时，灌装后的瓶子经进瓶拨轮、中心拨轮连续送到转盘上，依次进行滚压螺纹封口。高度调节通过螺旋传动机构来实现，当转动手轮 7 时，螺母 3 驱动封盖上部沿立柱 1 的导轨上下移动，以适应不同高度瓶子封口的需要。

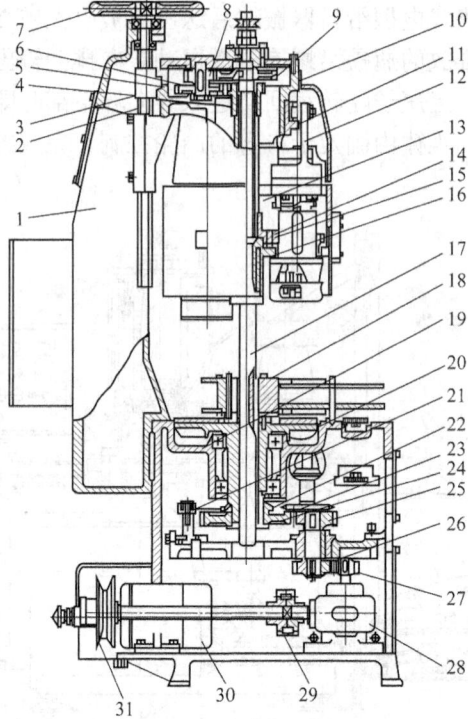

1. 立柱；2. 螺杆；3. 螺母；4～6、8、9、14、15、24～27. 齿轮；7. 手轮；10. 机身；11. 圆柱凸轮；
12. 滚压机头；13. 空心轴；16. 滚压机头座；17. 主轴；18. 中心拨轮；19. 机座；20. 托瓶转盘；21. 张紧链轮；
22、23. 链轮；28. 涡轮减速器；29. 联轴器；30. 电动机；31. 胶带无级变速器。

图 12-16　LNGF-5 型扭断盖滚压封口机的结构图

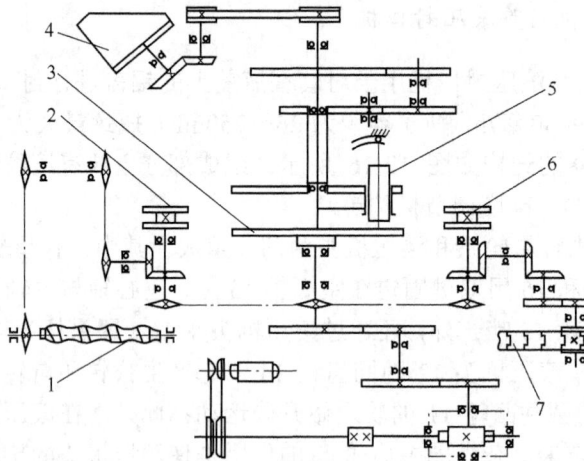

1. 供瓶螺杆；2. 进瓶拨轮；3. 托瓶转盘；4. 供盖器；5. 滚压机头；6. 出瓶拨轮；7. 平板链。

图 12-17　LNGF-5 型扭断盖滚压封口机传动系统

4. BZXG-4 型塑料盖旋合封口机

BZXG-4 型塑料盖旋合封口机用于对已灌装好酒类、饮料的玻璃瓶容器进行塑料盖旋合封口。它有 4 个旋盖机头，生产能力为 1800～3000 罐/h，适用瓶颈 76mm±2mm，瓶高 260～310mm；采用电磁振动给料器供盖。

该机旋盖工作所需的螺旋运动，是通过灌装瓶固定不动，瓶盖既转动又做轴向直线运动（通过旋盖机头来完成）的方法来实现的。

图 12-18 所示为该机主体结构。旋盖机头以上支承 19 和下支承 12 紧固在旋盖架 13 上，旋盖架与托瓶转盘 4 的空心轴部分连接在一起。托瓶转盘的盘体上方装有中心拨轮和旋盖机头一起绕主轴 1 回转。当灌装后的瓶子，由供送机构中的变螺距螺杆经进瓶拨轮、中心拨轮送到旋盖工位上时，瓶子由卡瓶板 11 定位；接着旋盖机头下降取盖，然后进行旋合封盖。旋盖机头的旋转运动，由齿轮 20（即行星轮）传入（中心轮，即齿轮 2 固定不动）；升降运动由升降定位块 15 通过凸轮 14 控制；旋转运动变为直线运动，由凸轮 3 和凸轮 18，经组合机构 16 控制挡轮 17 来实现。

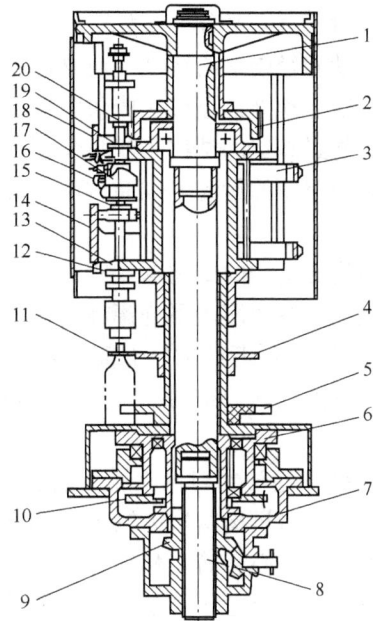

1. 主轴；2、10、20. 齿轮；3、14、18. 凸轮；4. 托瓶转盘；
5. 中心拨轮；6. 转盘；7. 机座；8. 小锥齿轮；
9. 大锥齿轮；11. 卡瓶板；12. 下支承；13. 旋盖架；
15. 升降定位块；16. 组合机构；17. 挡轮；19. 上支承。

图 12-18 BZXG-4 型塑料盖旋合封口机的主体结构图

（三）封口装置

1. 卷封装置

卷封装置是将罐身翻边与罐盖或罐底内侧周边互相钩合，以实现容器密封。罐盖或罐底内缘充填有弹韧性密封胶，起增强卷边封口气密性的作用。其主要用于马口铁罐、铝箔罐等金属容器。

（1）卷边的形成过程。用两个沟槽形状不同的滚轮，分先后两次对罐体和罐盖的凸缘进行卷合的过程，称为二重卷边过程，图 12-19 所示为其形成过程示意图。

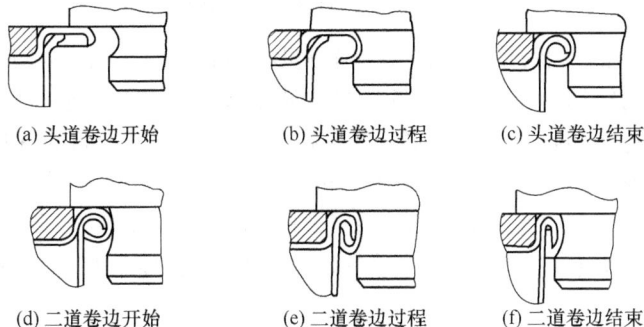

(a) 头道卷边开始　　　(b) 头道卷边过程　　　(c) 头道卷边结束

(d) 二道卷边开始　　　(e) 二道卷边过程　　　(f) 二道卷边结束

图 12-19 二重卷边形成过程示意图

（2）卷边滚轮的运动。在卷封装置中形成二重卷边封口的执行构件是卷边滚轮，因此滚轮相对于罐身必须完成如下的运动：对圆形罐，卷边滚轮相对于罐身应同时完成周向旋转运动和径向进给运动；对异形罐，卷边滚轮对于罐身，除必须完成周向旋转运动和径向进给运动外，还应完成仿型运动。

（3）卷封装置的结构。卷封装置是用来使卷边滚轮实现形成二重卷边封口所必需的运动。卷边滚轮的运动可以通过周向旋转运动、实现仿型运动和径向进给运动的结构形式来完成。

周向旋转运动的结构形式有：罐体与罐盖固定不动，卷边滚轮绕罐旋转；罐体与罐盖自行旋转，卷边滚轮不绕罐旋转两种。前者结构较为复杂，但生产能力能够有较大提高，应用广泛。后者结构虽然简单紧凑，但卷封实罐时内装物易从罐口流出，应用较少。

径向进给运动的结构形式又可分为偏心套筒机构、凸轮机构和行星齿轮偏心机构三种形式。

GT4B1 型卷边封口机就属于偏心套筒径向进给运动的结构形式。图 12-20 所示为偏心套筒径向进给机构结构齿轮 1、2 在卷边封口机主传动链轮驱动下，以相同方向、不同转速分别驱动偏心套筒 4 和轴套 3 转动，轴套通过滑块 8 驱动装有头道卷边滚轮 7 和二道卷边滚轮 6 的封盘 5 一起转动。由于封盘与偏心套筒有速差，故它们之间存在着相对转动，这就使得封盘上的卷边滚轮与旋转轴（即罐体中心）的距离不断变化。从而使卷边滚轮产生相应的径向进给运动。

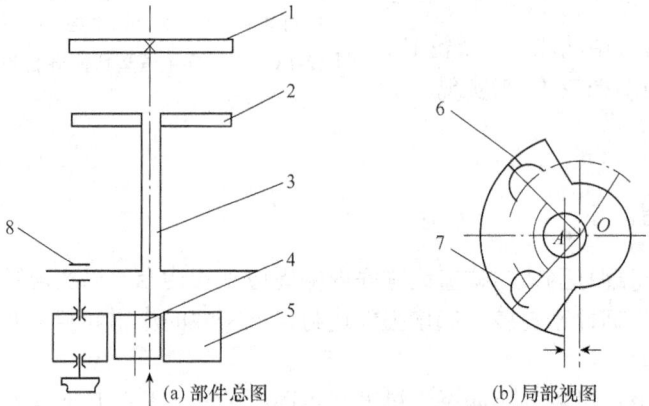

1、2. 齿轮；3. 轴套；4. 偏心套筒；5. 封盘；6. 二道卷边滚轮；7. 头道卷边滚轮；8. 滑块。

图 12-20　偏心套筒径向进给机构结构图

GT4B2 型卷边封口机属于行星齿轮偏心机构这种类型。图 12-21 所示为行星齿轮偏心径向进给机构结构。当齿轮 5、6 在机内同轴齿轮驱动下，以相同方向、不同转速分别驱动中心齿轮 4 和封盘 2 转动时，安装在封盘上的 4 只均布的行星齿轮 3，与封盘一起改绕中心齿轮公转。由于封盘和中心齿轮转速不同，遂使行星齿轮与中心齿轮以差动形式进行传动，故行星齿轮与偏心销轴 1 一起在公转的同时又做自转，从而使装在偏心销轴上的头道卷边滚轮 7 和二道卷边滚轮 8，既能绕罐体做周向旋转运动，又能产生径向进给运动。

(a) 部件总图 (b) 局部视图

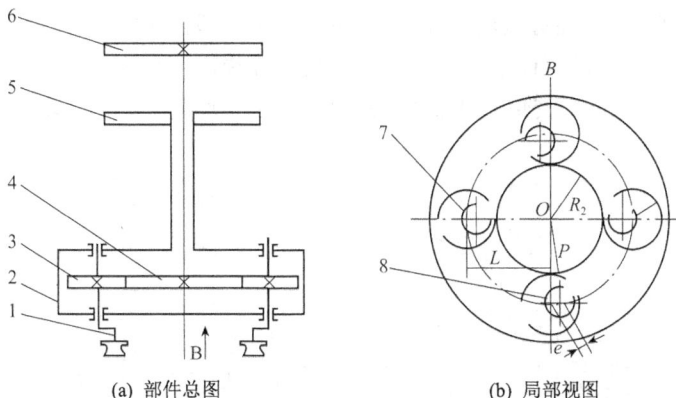

1. 偏心销轴；2. 封盘；3. 行星齿轮；4. 中心齿轮；5、6. 齿轮；7. 头道卷边滚轮；8. 二道卷边滚轮。

图 12-21　行星齿轮偏心径向进给机构的结构图

以上两种卷封装置，虽然具有结构简单、紧凑、加工制造方便的优点，但卷边质量较差，生产能力较低，只适用于卷封圆形罐。

GT4B6、40 P 等卷边封口机都属于凸轮机构这种结构形式。如图 12-22 所示为凸轮径向进给机构结构。齿轮 1、2 在机内同轴齿轮驱动下，以相同方向、不同转速分别驱动封盘 7 和四只凸轮 3、4、5、6 转运（其中 3、4 分别为头道和二道共轭进给凸轮，5、6 分别为头道、二道进给凸轮），在封盘上对称安装着的一对头道卷边滚轮 9 和二道卷边滚轮 10 也随封盘一起转动。由于封盘和凸轮有速差，所以当凸轮相对于封盘转动时，就通过摆杆 8 驱动卷边滚轮做径向进给运动。

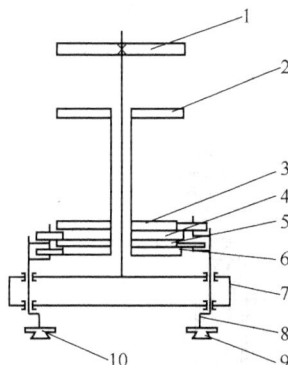

这种卷封装置，能控制径向进给的运动规律，并可增加一段光边过程，因而卷

1、2. 齿轮；3. 头道共轭进给凸轮；4. 二道共轭进给凸轮；5. 头道进给凸轮；6. 二道进给凸轮；7. 封盘；8. 摆杆；9. 头道卷边滚轮；10. 二道卷边滚轮。

图 12-22　凸轮径向进给机构的结构图

封工艺性能好，生产能力高，但结构比较庞大。这种结构形式既可封圆形罐，也可封异形罐。

实现仿型运动的结构主要有两种结构：一是罐型靠模仿型，即通过滚轮与罐型靠模的接触运动使卷边滚轮完成仿型运动，罐型靠模形状与所要卷封的异形罐外形相似或完全一致；二是采用靠模凸轮仿型，靠模凸轮外形与异性罐外形既不相同也不相似。前者因结构比较简单，应用广泛，如 GT4B4、GT4B7、GT4A6 等卷边封口机都属于这种类型。

如图 12-23 所示为罐型靠模卷封装置结构。该卷封装置可同时实现径向进给运动和仿型运动。齿轮 1、2 在机内同轴齿轮驱动下，以同方向、不同转速分别驱动封盘 4 和凸轮组 3 转动，该凸轮组共有四只凸轮，头道、二道进给凸轮各两个。由于封盘和凸轮有速差，所以当凸轮相对封盘转动时，使进给凸轮摆杆 12 产生摆动并通过摆杆 10、连杆 9

和卷边滚轮摆杆 8，驱动卷边滚轮 7 做径向进给运动。同时，封盘又驱动靠模摆杆 11 绕罐型靠模凸轮 5 转动，靠模摆杆在转动过程中又受到靠模凸轮外形轮廓的控制而产生摆动，由于卷边滚轮摆杆 8 和靠模摆杆 11 都铰接在 C 点上，所以卷边滚轮又能做仿型运动。

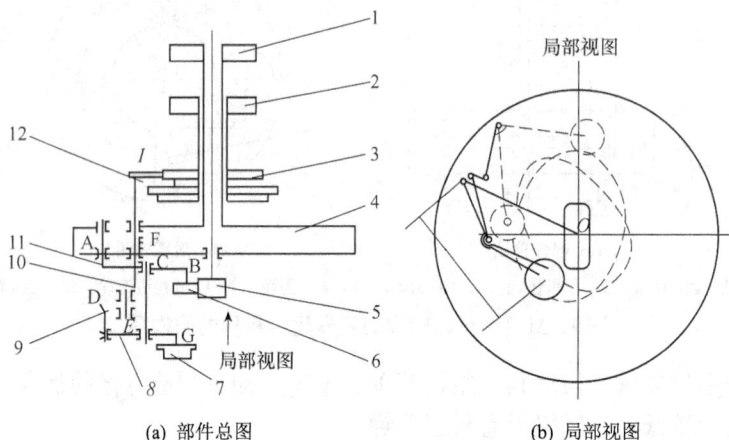

(a) 部件总图　　　　　　　　　　　(b) 局部视图

1、2. 齿轮；3. 凸轮组；4. 封盘；5. 罐型靠模凸轮；6. 靠模滚轮；7. 卷边滚轮；
8. 卷边滚轮摆杆；9. 连杆；10. 摆杆；11. 靠模摆杆；12. 进给凸轮摆杆。

图 12-23　罐型靠模卷封装置的结构图

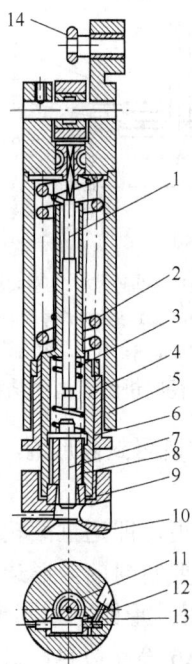

1. 调节杆；2. 大弹簧；3. 小弹簧；4. 导套；
5. 导筒；6. 外螺套；7. 压杆；8. 内螺套；
9. 压盖模；10. 导向环；11. 涡轮；12. 蜗杆；
13. 螺钉；14. 滚子。

图 12-24　压盖机头的结构图

（4）卷边滚轮径向进给距离的调整。卷边滚轮与罐体的最小中心距对保证封口的质量具有重要的意义。由于零件的制造误差，卷边滚轮的磨损，以及对卷边封口松紧程度的不同要求，都必须调整卷边滚轮径向进给的距离。这种调整是通过调整装置来实现的。

2. 压盖装置

由于压盖封口只要求压盖装置完成单一的轴向升降运动，因此压盖装置的结构（指压盖机头）一般都比较简单，无其他的传动机构。

图 12-24 所示为压盖机头结构。在封口机中，它以滑动配合安装在机内的压盖机头座上。对多头的压力封口机，压盖机头除通过滚子 14 在机内固定凸轮的滑槽内移动，使机头获得压盖封口工作所必需的升降运动外，还要随压盖机头座绕封口机的主轴旋转。

压盖机头的工作过程：瓶盖由供盖装置送到压盖机头的导槽内定位。当瓶子输送到托瓶转盘上的封口工位时，随着压盖机头的下降，瓶子进入导向环 10 内，使瓶体与机头的中心对准，这时瓶口被套上一个瓶盖子；随后压杆 7 在小弹簧 3

的作用下将盖子压向瓶口。由于压盖机头继续下降，紧压在瓶口上的瓶盖逐渐进入压盖模 9 的圆锥形空腔内，此时，大弹簧 2 通过压盖横向瓶盖的四周施加压力，迫使王冠盖的周边产生变形，并逐渐向瓶口收缩，最后扣在瓶口下部的凸缘处，使瓶盖和瓶口牢固地连接在一起，形成密封性的封口，然后，压盖机头上升，在小弹簧 3 的作用下，压杆 7 将压盖后的瓶子从压盖模中推出，从而完成压盖封口工作。图中调节杆 1 与压杆 7 之间的距离对封口质量有重要的影响。调整时，可先松动螺钉 13，然后扳动蜗杆 12，使涡轮 11 转动，并驱动调节杆 1 上下移动。

3. 滚纹装置

滚纹装置主要是对铝盖进行滚压螺纹封口。与其他封口方法相比，滚压螺纹所要完成的运动较多，其结构也比较复杂。

(1) 滚压螺纹封口过程与运动。当铝盖套在瓶口上时，首先通过压盖给铝盖施加一定的压力，使瓶盖和瓶子在滚压过程中不发生相对运动。接着由螺纹成形滚轮和封边成形滚轮同时向铝盖移进，进行滚压。其中螺纹成形滚轮在铝盖的外圆柱面上滚压出与瓶口螺纹形状一致的螺纹，使铝盖产生永久变形，与瓶口的螺纹完全吻合。旋转着的封边成形滚轮则滚压铝盖的裙部，使其周边向内收缩并扣在瓶口螺纹下沿的端面上，从而形成以滚压螺纹形式连接的封口，然后螺纹成形滚轮和封边成形滚轮离开铝盖，压盖头上升，从而完成一次工作循环。

从上述滚压螺纹形成的过程不难看出，要形成这种封口，滚压螺纹装置必须完成的运动是：封边成形滚轮随机头一起相对封口机主轴完成周向旋转运动（对多头封口机而言），相对瓶体完成轴向升降运动；螺纹成形滚轮相对瓶体完成周向旋转运动与轴向直线运动（即螺旋运动）；螺纹成形滚轮和封边成形滚轮相对瓶体完成径向的进给运动。

(2) 滚压螺纹装置结构。图 12-25 所示为多头扭断盖滚压螺纹机头结构。

机头的轴向旋转运动是利用行星轮系系杆的驱动实现的；机头的轴向升降运动是由圆柱凸轮机构实现的。

在图 12-16 中，行星轮系的系杆即滚压机头座 16，当主轴 17 回转时通过系杆驱动滚压机头 12 实现周向旋转运动。与此同时，机头上部的滚子受固定的圆柱凸轮 11 滑槽的控制，使机头相对于瓶体实现轴向的升降运动。在图 12-25 中压头 18 下降时，在瓶盖上的压力可通过弹簧盖 15 调整。

成形滚轮相对于瓶体的周向旋转运动是通过行星轮系实现的，螺旋运动是由成形滚轮上的弹簧的轴向移动实现的。

在图 12-16 中，当主轴回转，行星轮系的行星齿轮 14 在绕主轴实现周向旋转运动的同时，还产生自转运动。因滚压机头装在行星齿轮的孔内。由图 12-25 分析，行星齿轮通过键 6 驱动机头的下部，经滚动轴承绕心轴 3 的轴线旋转，也就是使螺纹和封边成形滚轮相对瓶体实现周向旋转运动。其次由于在铝盖外圆柱面形成螺纹的初始时刻，只要螺纹成形滚轮能把铝盖压入瓶口螺纹的凸槽内，则螺纹滚轮就能顺着瓶口螺纹凹槽的旋向继续成形，因此以通过装在螺纹成形滚轮上部弹簧的变形和螺纹成形滚轮的旋转运动就组成了滚压螺纹所需要的螺旋运动。

螺纹和封边成形滚轮的径向进给运动是通过凸轮机构实现的。

如图 12-25 所示，进给滚轮 5、进给滚轮臂 16、成形滚轮摆杆 12，螺纹成形滚轮 7、封边成形滚轮 8、弹簧 9、10、17 组成的进给装置组合件，每个机头共有三组，沿圆周均布。当滚压螺纹开始时，机头下降，固接在机头体 2 上的凸轮 4 触及进给滚轮 5，使进给滚轮 5 通过进给滚轮臂 16，驱动成形滚轮摆杆 12 沿逆时针方向绕其本身轴线转动，从而使装在成形滚轮摆杆 12 上的螺纹和封边成形滚轮同时向瓶体中心移进，使螺纹和封边成形滚轮实现径向进给运动。此时，弹簧 17 被压缩。当滚压螺纹完成以后，机头上升，凸轮 4 和进给滚轮 5 脱离，螺纹和封边成形滚轮在弹簧 17 作用下复位。

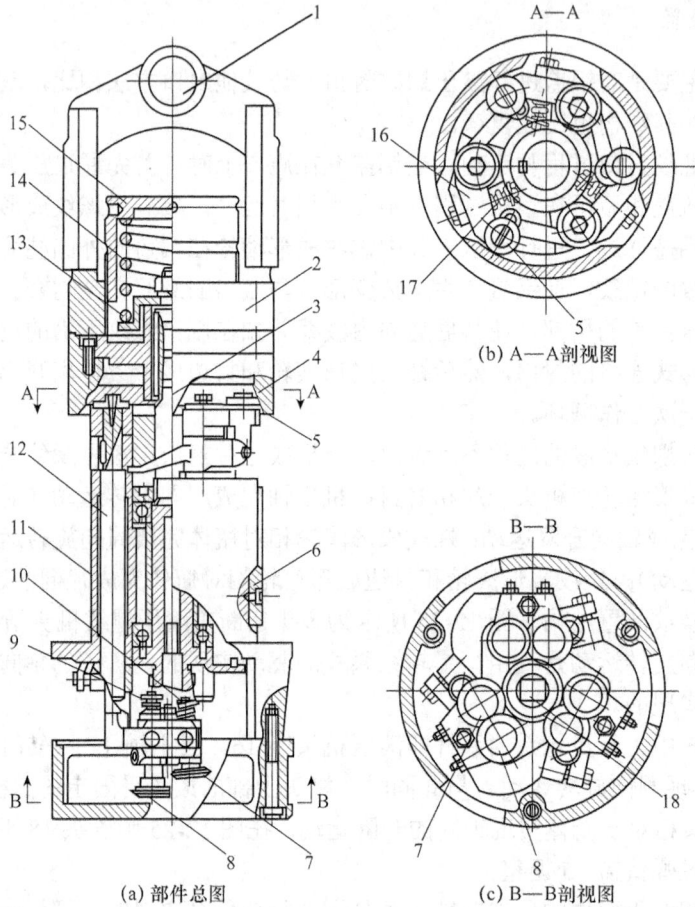

(a) 部件总图　　　　(b) A—A 剖视图　　　　(c) B—B 剖视图

1. 升降滚轮；2. 机头体；3. 心轴；4. 凸轮；5. 进给滚轮；6. 键；7. 螺纹成形滚轮；8. 封边成形滚轮；
9、10、13、14、17. 弹簧；11. 滚轮摆杆；12. 成形滚轮摆杆；15. 弹簧盖；16. 进给滚轮臂；18. 压头。

图 12-25　多头扭断盖滚压螺纹机头结构图

4. 旋盖装置

旋盖装置的结构形式很多，现以常见的两片式旋盖机头为例说明其工作原理。

（1）旋盖工艺过程。图 12-26 为使用两片式旋盖机头完成的旋盖工艺过程图。主要过程为：取盖、捉盖、对中、旋盖、脱瓶、复位。

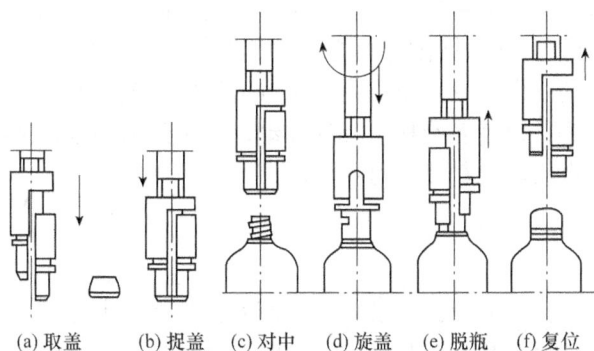

(a) 取盖　(b) 捉盖　(c) 对中　(d) 旋盖　(e) 脱瓶　(f) 复位

图 12-26　两片式旋盖机头旋盖工艺过程图

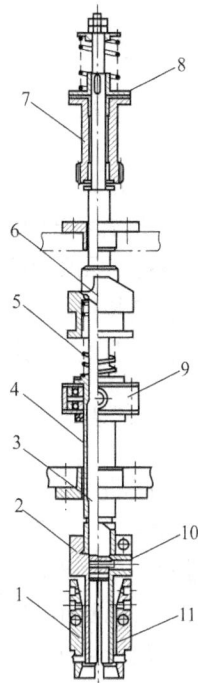

1. 左半爪夹头；2. 定夹头；3. 升降轴；
4. 轴套；5. 弹簧；6. 挡轮；7. 齿轮；
8. 摩擦离合器；9. 升降定位器；
10. 螺钉；11. 右半爪夹头。

图 12-27　旋盖机头结构图

（2）旋盖机头的结构。由旋盖工艺过程得知，旋盖机头要完成的运动有：夹头的旋转运动、两半爪夹头相对的升降移动，以及旋转与升降运动的相互交替。图 12-27 所示的旋盖机头结构就能够体现这些运动。

旋盖机头的齿轮 7 传入，经摩擦离合器 8，由升降轴 3 驱动半爪夹头实现旋转运动。因挡轮 6 铰接在升降轴上，所以，若挡轮受凸轮控制不能转动但能沿轴向移动时，摩擦离合器 8 就被强制打滑，而且右半爪夹头在升降轴的驱动下，就能实现相对于左半爪夹头的升降运动。当右半爪夹头处于最低位置时，弹簧 5 被压缩，能通过升降定位器 9、轴套 4、定夹头 2 使左夹头实现相对于右半爪夹头的快速下降，但运动规律由和升降定位器 9 的滚子相接触的凸轮来控制。同样道理，对于多机头的旋盖封口机，旋盖机头还要绕封口机主轴做周向旋转运动。

四、贴 标 机

贴标机是将事先印制好的标签粘贴到包装容器的特定部位的机械设备，其完成的工艺过程包括取标签、送标签、涂胶、贴标签、整平等。目前，贴标机已广泛应用于饮料、日化、食品、医疗等行业的产品包装容器和包装盒的贴标。

（一）贴标的方法

1. 吸贴法

吸贴法是最普通的贴标技术。当标签纸离开传送带后，分布到真空垫上，真空垫连接到一个机械装置的末端。当这个机械装置伸展到标签与包装件相接触后，就收缩回去，此时就将标签贴附到包装件上。这种技术可靠地实现了正确贴标，且精度高，这种方法对于产品包装件的高度有一定变化的顶部贴标，或对于难以搬动的包装件侧面贴标是非常适用的，但是它的贴标速度较慢。

2. 吹贴法

吹贴法的运做方式与吸贴法相似，就是将标签放置到真空表面垫上固定，直到贴附动作开始为止，只是吹贴法中真空表面是保持不动的，标签固定和定位在一个真空栅上，真空栅为一个上表面具有几百个小孔的平面，这些小孔是用来维持形成空气射流。由于这些空气射流吹出的压缩空气压力很强，可使真空栅上标签移动，让它贴附到被包装物品上。这是一项比较复杂的技术，具有较高的精度和可靠性。

3. 擦贴法

擦贴法是在贴标时，当标签的前缘部分黏附到包装上后，产品就马上带走标签。在这一种贴标机中，只有当包装件通过速度与标签分配速度一致时，这种方法才能成功。这是一项需要维持连续做业的技术，多适用于高速和高效的自动化医药包装生产线中。此外，为使标签的贴附满足完整、恰当的要求，像刷子或滚筒那样的第二套装置也是不可缺少的。

（二）贴标机的类型

由于包装目的、所用包装容器的种类和贴标黏结剂种类等方面的不同差异，贴标机有多种形式。

常用贴标机按操作自动化程度可分为半自动化贴标机和自动化贴标机；按容器种类可分为镀锡薄钢板圆罐贴标机和玻璃瓶罐贴标机等；按容器运动方向可分为横型贴标机和竖型贴标机；按照运动形式可分为直线式贴标机、回转式贴标机和压敏胶标签贴标机等。

1. 直线式贴标机

在直线式贴标机中，贴标对象物在整个贴标过程中做直线或近似直线运动。

1）直线式真空转鼓贴标机

直线式真空转鼓贴标机按所使用标签可分为页片式标签和卷盘式标签的两种。

图 12-28 所示为页片标签直线式真空转鼓贴标机结构。该机主要用于圆柱身瓶、罐包装件的贴标。

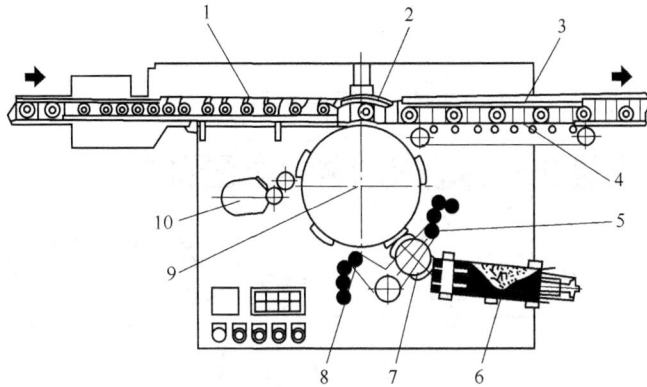

1. 分件供送螺杆；2. 加压弧形板；3. 施压衬垫板；4. 摩擦带；5. 正面打印装置；
6. 摇摆标签盒；7. 真空吸标递送辊；8. 背面打印装置；9. 真空转鼓；10. 涂胶装置。

图 12-28　页片标签直线式真空转鼓贴标机结构图

圆柱身瓶、罐包装件由板链输送机载运，自入口端送入，经由不等螺距分件供送螺杆装置 1 时，将瓶罐分隔成等间距排布，持续行进，页片式标签置放于摇摆运动的标签盒 6 中，标签的送出先由真空吸标递送辊 7 利用真空方式自标签盒中吸取标签，并经回转传递给真空转鼓 9，真空转鼓 9 吸持着标签做回转传送，经过背面打印装置 8，在标签背面打印上贴标日期（用正面打印装置 5 则可在标签正面打印），之后经过涂胶装置 10 时，对标签背面涂布适量的黏接胶液。

当转到与加压弧形板 2 相对位置时，正好与从分件供送螺杆 1 中出来的圆柱身瓶罐待贴标包装件协调相遇，真空转鼓上吸标的外圆周表面与加压弧形板 2 间的通道距离略小于贴标瓶罐包装件圆柱身外径，在这里的瓶、罐贴标包装件圆柱身将受到挤压，为不使其受到挤压而损坏，加压弧形板 2 上与真空转鼓相对的一面黏有高弹性材料的衬垫。在涂布有黏接胶液的标签与贴标包装件瓶罐表面相遇时，真空转鼓将消除对标签的吸持作用，标签将被贴到瓶罐包装件表面上去，然后进入由摩擦带 4 与贴附有弹性衬垫的施压衬垫板 3 组成的通道间，由于通道比瓶罐包装件圆柱身外径稍小，故瓶罐包装件通过其中时受到挤压，并在与摩擦带间摩擦力的带动下，沿施压衬垫板 3 弹性衬垫表面做滚转运动，在滚转运动中使标签舒展并牢实地贴附在瓶罐包装件圆柱身表面。最后由链板转送机载送排出。这种贴标机生产能力较高，最高可达 18 000 瓶/h。

图 12-29 所示为卷盘标签直线式真空转鼓贴标机结构。该机常用于圆柱身瓶、罐包装件的贴标。待贴标瓶、罐包装件，由板链输送机 8 载送供给，由分隔轮 9 定时分隔后，被锯齿形拨轮 10 拨送行进。卷盘标签 1 支承于支承装置上，标签自卷盘引出松展成带，绕经导辊 2、打印装置 3 而到达由输送对辊组成的输送装置 4，由输送对辊牵拉标签带做输送喂进，回转式裁切装置 5 对喂送来的标签带进行裁切，使之成为标签页片。标签裁切的长度与标签带上标签实有间距相适应，为此，贴标机标签带输送系统应设置标签间距检测装置和及时调节输送装置 4 运行速度的装置，使裁切下的标签完整、符合要求。被裁切下的标签页片由真空转鼓 6 接受，在真空吸力作用下吸持住做回转传送。传送中涂胶装置 7 在标签背面涂上适量的黏接胶液，继续传送到与锯齿

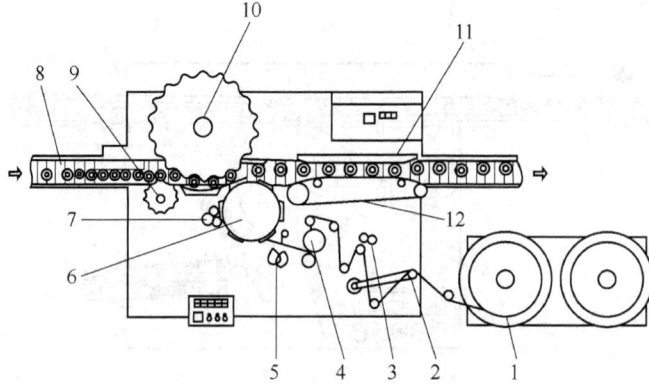

1. 卷盘标签；2. 导辊；3. 打印装置；4. 输送装置；5. 回转式裁切装置；6. 真空转鼓；
7. 涂胶装置；8. 输送机；9. 分隔轮；10. 锯齿形拨轮；11. 加压衬垫板；12. 摩擦带。

图 12-29　卷盘标签直线式真空转鼓贴标机结构图

形拨轮 10 拨送过来的相应的待贴标瓶、罐包装件圆柱身产生接触时，真空转鼓消除真空吸力，标签粘贴到瓶罐的表面。之后，粘贴上标签的瓶、罐包装件由板链输送机载送，进到由加压衬垫板 11 和摩擦带 12 组成的贴标摩滚通道中，在摩擦带的作用下，贴标瓶罐包装件将以滚转运动的形式向前行进，在滚转运动中标签将舒展并牢实地贴住；贴好标签的包装件瓶罐最后由板链输送机 8 载送排出。卷盘标签的直线式真空转鼓贴标机有着更高的贴标速度。

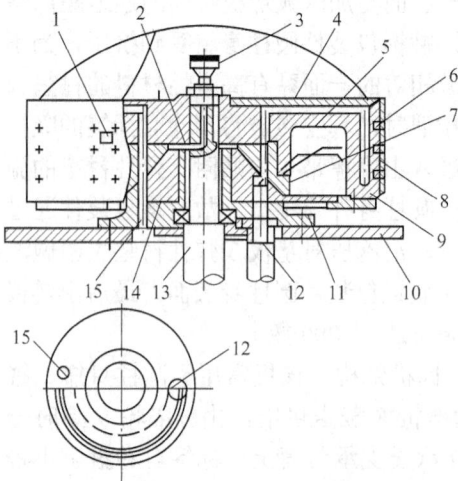

1. 鼓体；2. 鼓盖；3. 气道；4. 鼓盖；5. 气道；
6. 气孔；7. 上阀盘；8. 橡胶鼓面；9. 转鼓轻鼓；
10. 工作台面板；11. 配气阀；12. 真空通道；
13. 转轴；14. 下阀盘；15. 大气通道。

图 12-30　真空转鼓结构图

真空转鼓是直线式真空转鼓贴标机的主体部件，它的主要功能是从标签盒中吸取标签、传送标签（传送过程中接受打印贴标日期及涂布粘胶液）和将标签粘贴在贴标对象物上等。

图 12-30 所示为常见的一种真空转鼓结构，它由转鼓鼓体 9、鼓盖 4、配气阀 11 及转轴 13 等组成。配气阀由上阀盘 7 及下阀盘 14 组成，上阀盘 7 与转鼓鼓体 9 固装成一体；下阀盘 14 与配气阀 11 固装在一起，其上设有真空通道 12 和大气通道 15。转鼓鼓体 9 上按设计配置制作若干组气道 5，几个气道组成一个转鼓取标区段，各取标区段表面成粘贴有橡胶鼓面 8。各个气道与转鼓体外圆柱面上的气孔 6 相通，气道 5 同时有通道与配气阀盘连通，鼓盖 4 密封安装在鼓体上表平面。

2）直线式真空机械手贴标机

图 12-31 所示为用于圆柱身瓶、罐包装件的直线式真空机械手贴标机结构。

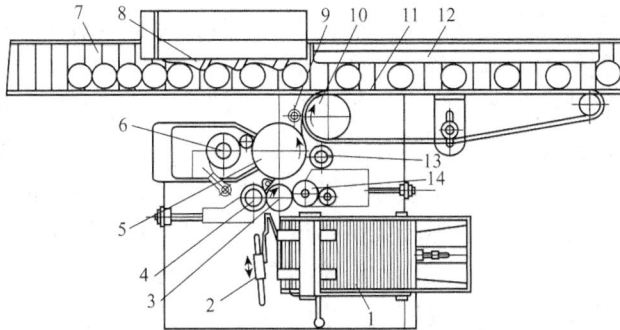

1. 标签盒；2. 真空吸标机械手；3. 传送辊；4. 加压辊；5. 标签传送辊；6. 涂胶装置；7. 板链输送机；
8. 分件供送螺杆；9. 分标叉；10. 摩擦带传送辊；11. 摩擦带；12. 施压衬垫板；13. 导向辊；14. 打印装置。

图 12-31　直线式真空机械手贴标机结构图

3）龙门式贴标机

龙门式贴标机由送罐带、粘胶贴标、辊轮抹标、贮罐转盘、机体传动等部分组成，如图 12-32 所示。标签贮放在标签盒 2 中，标签盒前的取标辊 1 不停地转动，将标签由标签盒中一张张地取出，取出的标签逐张地向下通过拉标辊 4、涂抹辊 5，标签的背面两侧即被涂上胶水，然后标签被送入龙门架，沿标纸下落导轨 8 自由下落，在导轨的底部保持直立状态。需要贴标的玻璃瓶经输送带送入导轨时，即由带钩链板将玻璃瓶等距推进，在通过龙门架时，瓶子将标签粘取带走，然后经过两排毛刷 10 之间的通道，标签被刷子抚平完好地贴在瓶子上。

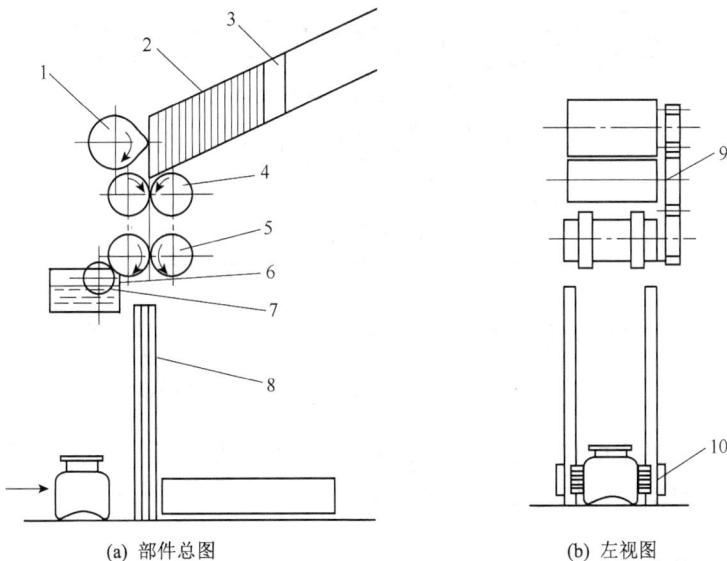

(a) 部件总图　　　　　　　　　　　　　　(b) 左视图

1. 取标辊；2. 标签盒；3. 压标重块；4. 拉标辊；5. 涂抹辊；6. 胶辊；
7. 胶水槽；8. 标纸下落导轨；9. 传动齿轮；10. 毛刷。

图 12-32　龙门式贴标机的结构图

4）门框直线式多功能贴标机

图 12-33 所示为门框直线式多功能贴标机结构。这种贴标机适用于给圆柱身及非圆

柱身结构形式的瓶罐包装件进行贴标。贴标工作主要由贴标包装件输供装置、标签输供装置及贴标摩擦装置等的协调一致的工作运动配合完成。贴标包装件输供与标签输供以相同的节律运行。页片式标签置放在标签盒2内，标签盒2以与待贴标瓶罐包装件运送相同节律做往复移动或摇摆运动，将标签贴附到已涂布有黏接胶液的取标转架3的取标挡叉上。取标转架3上均布有四个取标挡叉，它由传动机构驱动做间歇回转运动时，每次只转过一个90°的分度角。取标转架每转过一周，其上每个取标挡叉依次经过下方的固定工位并做相应停留，在第一工位，涂胶装置1往取标挡叉上涂布黏接胶液；第二工位为空工位，取标挡叉上的黏接胶液产生浓缩胶化；在第三工位，标签盒向取标挡叉进行，标签自标签盒黏附到取标挡叉上，此即取标；在第四工位，将黏取的标签提供给传送标签用的真空机械手4吸持而后回转传送，到达真空门框7处时，转交给真空门框吸持住，以备粘贴到待贴标包装件上。待贴标瓶罐包装件由板链输送机6载送行进，先经过定位等分件供送螺杆5将包装件按贴标要求位置和间距排布好，接着上部定位压头作用于瓶罐包装件顶部可靠地保持瓶罐包装件在上部定位压头制约下由板链输送机6载送，经过真空门框7时，真空门框7将及时破除真空，吸附于其上的标签就被粘贴到该包装件要求位置上。之后，在载运进行中经配置在输送机两边的毛刷8多次反复刷贴摩擦，标签即被摩擦舒展，且牢靠地贴合在瓶罐包装件表面上。完成贴标时，上部定位压头自动升起与贴标包装件相分离，已完成贴标的包装件由板链输送机载送排出。

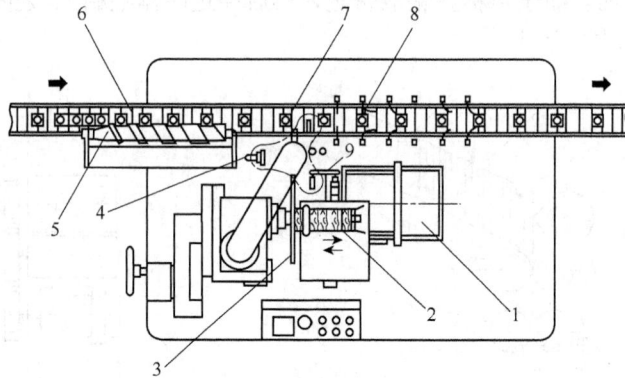

1. 涂胶装置；2. 标签盒；3. 取标转架；4. 机械手；5. 分件供送螺杆；
6. 板链输送机；7. 真空门框；8. 毛刷；9. 打印装置。

图 12-33 门框直线式多功能贴标机的结构图

此种贴标签机由于配置有定位压头和采用了回转式供送标签装置，因而贴标位置准确，且比其他门框式贴标机有较高的生产能力。

2. 回转式贴标机

在回转式贴标机的贴标工作中，贴标对象物由板链输送机与回转工作台交替载运着通过相应的贴标工作区段，接受贴标。包装件在贴标机上行经了一条由直线-圆弧组成的轨迹。

1）回转式真空转鼓贴标机

回转式真空转鼓贴标机是回转式贴标机中应用较为广泛的一种。图 12-34 所示为回转式真空转鼓贴标机结构，该机常用于页片标签的圆柱身瓶罐包装件的贴标。其贴标工作过程为：被贴标对象物即圆柱身瓶罐包装件，先由板链输送机 4 载运行经不等距分件供送螺杆 6，将瓶罐包装件实现等分间距，星形拨轮 7 将分件供送螺杆 6 中传送出的瓶罐包装件接续着供送到回转工作台（转盘）9 上就位，与此同时，处在回转工作台 9 上方的上部定位压头从上面往下降，加于送到回转工作台的瓶罐包装件顶部，使它们保持在确定位置上，由回转工作台 9 载运着一起回转。页片式标签放置在固定式标签盒 12 中，标签盒不运动，可于任何时候添补标签。取标转鼓 1 上有若干个活动弧形取标板，取标转鼓 1 回转中，先经过涂胶装置 2 而对取标板涂布上黏接胶液。经胶化浓缩转到标签盒所在位置时，取标弧板受凸轮碰块作用，从标签盒前面黏附出一张标签进行传送，传送中打印装置 11 于标签上打印上代码，在传送到与真空转鼓 3 接触位置时，分离铲将标签自取标转鼓 1 上剥离，并引导到真空转鼓真空吸持表面，利用真空吸持做回转传送。当与回转工作台 9 上的瓶罐包装件做对应接触时，真空转鼓即释放真空吸力，标签转移黏贴到瓶罐包装件表面。之后再由工作台载运回转，凸轮装置促成瓶罐转换位置，让包装件上所贴标签能受到理标毛刷 10 的梳理，使标签舒展并贴牢。最后定位压头升起与瓶罐包装件分离，瓶罐包装件由星形拨轮 8 自回转工作台 9 上排卸到板链输送机 4 上载送排出。

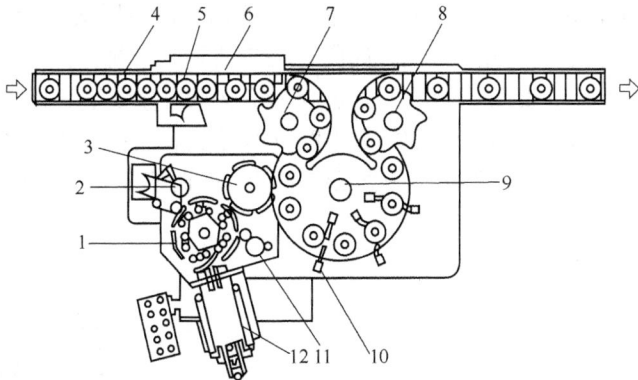

1. 取标转鼓；2. 涂胶装置；3. 真空转鼓；4. 板链输送机；5. 分隔轮；6. 分件供送螺杆；
7、8. 星形拨轮；9. 回转工作台；10. 理标毛刷；11. 打印装置；12. 标签盒。

图 12-34 回转式真空转鼓贴标机的结构图

2）回转式非真空转鼓贴标机

图 12-35 所示为回转式非真空转鼓贴标机结构。与真空转鼓贴标机不同，该机利用两个机械转鼓进行取标、传送和贴标工作。待贴标的圆柱身瓶、罐类包装件由板链输送机载运供给，经分件供送螺杆 2 传送，分隔成要求的等间距而到达回转工作台 10 上就位，此时装在工作台上方的定位压头受凸轮控制下降。加于待贴标瓶罐包装件顶部，使它们在回转工作台 10 上处于确定位置而运行。

3. 压敏胶标签贴标机

压敏胶标签是一种在标签背面预涂有压敏性粘胶剂标签。压敏胶标签在制作过程中就对标签背面进行了涂布压敏型粘胶物质的处理，贴标使用时不需再对标签背面进行涂胶，而直接将标签粘贴在包装件表面上。压敏胶型标签由隔离纸层、压敏胶层和标签层

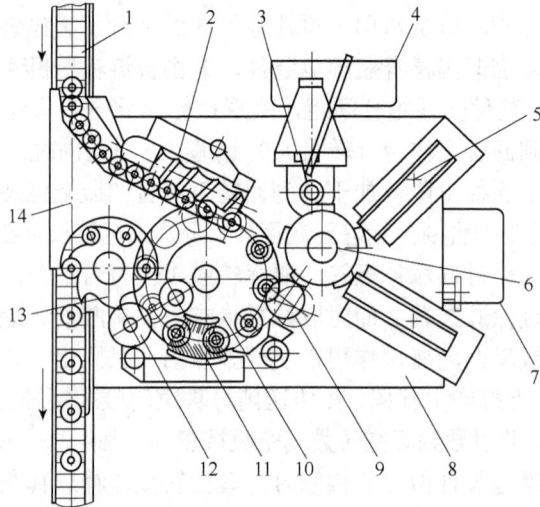

1. 板链输送机；2. 分件供送螺杆；3. 涂胶装置；4. 贮胶槽；5. 标签盒；6. 取标转鼓；7. 电器仪表；
8. 机架；9. 贴标转鼓；10. 回转工作台；11. 毛刷；12. 海绵滚轮；13. 星形拨轮；14. 导板。

图 12-35　回转式非真空转鼓贴标机的结构图

（或基材层）的组成，如图 12-36 所示。压敏胶标签贴标使用压敏胶标签贴标机进行。压敏胶标签贴标机有卧式和立式等形式。如图 12-37 所示为一种立式压敏胶标签贴标机结构。该机主要用于箱、盒表面贴标，由压敏胶标签支承机械装置、标签检测装置 12、印刷供墨装置 11、印刷辊 10，标签剥离装置 8，标签压贴装置 7，标签传送辊 6，隔离纸卷取装置 3，贴标物品检测装置 5，机器工作位置高度调节装置 14 及电子控制装置 9 等组成。

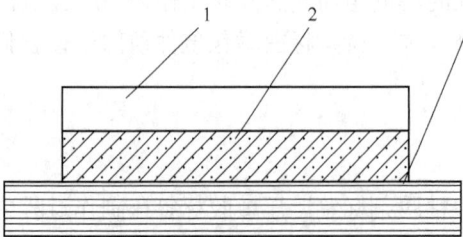

1. 标签（基材）层；2. 压敏胶层；3. 隔离纸层。

图 12-36　压敏胶标签贴标机的结构图

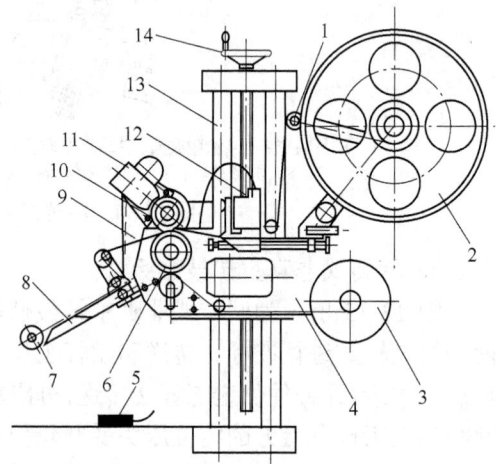

1. 张力调节装置；2. 压敏标签卷筒；3. 隔离纸卷取装置；
4. 滑座；5. 贴标对象物检测装置；6. 标签传送辊；
7. 标签压贴装置；8. 标签剥离装置；9. 电子控制装置；
10. 印刷辊；11. 印刷供墨装置；12. 标签检测装置；
13. 导柱；14. 高度调节装置。

图 12-37　立式压敏胶标签贴标机的结构图

压敏胶标签贴标机的贴标工作程序是：压敏胶标签卷筒 2 安装在支承架上，压敏胶标签带自卷盘引展，经张力调节装置 1 及导辊，再从标签检测装置 12 下面通过，到达印刷辊 10、传送辊 6 间接受印码和输送，绕经导辊组和标签剥离装置 8，当绕过剥离装置 8 前端头时，标签将从隔离纸带被剥离下来，被剥离下的标签由压贴滚轮装置 7 压贴到协调配合送达的待贴标对象物上；而剥离下的隔离纸带则绕经压轮与传送辊 6 间，由隔离纸卷取装置 3 取成卷盘。

各有关机械装置安装固定在滑座 4 上，滑座 4 可通过调节装置 14 调节其沿导柱 13 下移动，调整到合适的高度后固定，以适应不同情况下的工作需要。

标签检测装置 12 用于检测标签的位置间距，可以用检测标签供给是否中断。而贴标对象物检测装置 5 检测贴标对象物的供给情况。各检测装置将检测结果以电讯号输入电子控制装置 9 中，在电子系统中进行比较综合后，可得到相应的调节控制信号，且通过放大得到控制调节执行装置的电压，以驱动其相关装置实现调节执行，使贴标工作配合协调。

实践操作

等压灌装封口机的操作

【实践目的】

熟悉等压灌装封口机的基本操作。

【原料与设备】

（1）原料：水。

（2）设备：等压灌装封口机。

【操作步骤】

1. 气源操作

（1）首先关闭灌装机和气控箱上的全部阀门和开关按钮。

（2）旋转各减压阀的手柄，使阀内弹簧处于自由状态。

（3）打开压缩空气气源截门，入机前的压缩空气压力应大于 0.6MPa。

（4）调节气源三联件的减压阀调至压力 0.5MPa 后将锁紧母锁紧。

（5）旋转总开关阀手柄使阀门打开，慢慢旋转气缸调压手柄，使气缸压力表为 0.4MPa（使用聚酯瓶时为 0.2～0.25MPa），此时托瓶气缸的瓶托随压力上升而慢慢全部升起。

（6）接通 CO_2 或无菌气源，使压力表的压力较预定的灌装压力高 0.05～0.15MPa（视混合机贮液罐的压力而定）。

2. 进液操作

进液前混合机罐内的压力一般掌握在 0.3～0.4MPa，可视水温、压力等具体情况而定。

（1）慢慢打开预定开关阀，打开的同时，观察灌装缸上的压力表，使压力指示逐步上升到比饮料贮罐内压力高 0.05～0.1MPa 后，立即关闭阀门（至关重要）。

（2）旋转调压阀的手柄，使反压压力表指示比预定的灌装压力高 0.05～0.1MPa。

（3）慢慢打开总进液截门的同时，慢慢打开灌装缸上浮球液位控制器上的放气螺钉，使液体缓缓流入灌装缸内，直至液位在灌装缸内达到预定的中间位置时，放气阀全部打开，此时液位自动稳定在一定的位置上。

3. 电器操作

（1）全部接线完毕，打开电锁，电源指示灯亮，可以进行试机操作。

（2）按下变频送电钮，其指示灯亮，过几分钟后，待变频器稳定后依次按下主机运转、输瓶、送盖钮，观察其电机运转方向，若有反转，改变其接触器的接线顺序，确保正转运行。

（3）待电机旋转方向正确后，开机低速运行。调整进瓶检测传感器和同步信号传感器位置，保证两个信号同步，可观察传感器上的指示灯达到同步。

（4）调整送盖检测光电开关的位置，保证在检测距离内正常动作。

（5）待以上调试完毕，可适当加速运行，同时观察开阀动做是否正常，进瓶故障限位开关是否起作用，如无问题，可正常生产了。

（6）送盖、开阀都有自动、手动两种设置，便于生产中出现故障后不影响正常生产。若自动开阀出现问题，可按下开阀按钮，手动开阀。

4. 灌装操作

（1）灌装工作前，洗净合格的瓶子已上机，并使瓶子在输送带上呈单排紧密排列。输送带已经调试完毕，链道速度与灌装速度基本同步。

（2）按输送运行钮，链道开始运行。

（3）按主机运行钮，灌装随即开始。

注意：灌装工作开始前，灌装旋转速度应处于低速位置，然后随着工作的进行，再逐步升速到所需的产量。

5. 灌装结束

关闭进液截门和反压压力调压阀。灌装速度降至低速，使灌装缸内的产品灌装完。按动主机停钮。放掉管路内的残存液体。

思考题

（1）现代工业包装的基本含义和包装的主要功能是什么？

（2）简述食品包装的基本要求和常用食品包装技术。

（3）包装材料的基本要求包括哪些方面？常用包装材料和包装容器主要有哪几种？各有什么特点？

（4）简述包装机械的组成及各部分的功能。

参 考 文 献

蔡功禄，2002．食品生物工程机械与设备［M］．北京：高等教育出版社．

蔡惠平，鲁建东，2018．包装概论［M］．北京：中国轻工业出版社．

高平，刘书志，2005．生物工程设备［M］．北京：化学工业出版社．

顾林，陶玉贵，2016．食品机械与设备［M］．北京：中国纺织出版社．

黄亚东，2014．生物工程设备及操作技术［M］．北京：中国轻工业出版社．

李家民，吴正云，2017．固态发酵［M］．成都：四川大学出版社．

李良，2019．食品机械与设备［M］．北京：中国轻工业出版社．

刘晓杰，王维坚，2015．食品加工机械与设备［M］．北京：高等教育出版社．

马荣朝，杨晓清，2012．食品机械与设备［M］．北京：科学出版社．

徐锐，2016．发酵技术［M］．重庆：重庆大学出版社．

许学勤，王海鸥，2018．食品工厂机械与设备［M］．北京：中国轻工业出版社．

D. A. 米切尔，N. 克里格，2017．固态发酵生物反应器设计和操作的基本原理［M］．北京：中国轻工业出版社．